应用型本科(农林类)“十三五”规划教材

花卉学

(第四版)

主　编　宛成刚　赵九州

副主编　夏重立

主　审　马　凯

上海交通大学出版社

内 容 提 要

本书主要叙述了花卉的分类、花卉与环境条件的关系、花卉栽培的设施、花卉栽培管理、花卉装饰应用、花卉生产与销售等，并对常见的有发展前途的500种花卉进行全面介绍。

本书可作为高等院校本科、应用型本科园林、园艺等专业的教材，也可作为高级花卉园艺师和花卉技师的培训教材。

图书在版编目(CIP)数据

花卉学/宛成刚，赵九州主编. —4版. —上海：上海交通大学出版社，2013（2015重印）

应用型本科（农林类）“十三五”规划教材

ISBN 978-7-313-05168-4

Ⅰ. 花... Ⅱ. ①宛...②赵... Ⅲ. 花卉—观赏园艺—高等学校—教材 Ⅳ. S68

中国版本图书馆CIP数据核字(2011)第012825号

花 卉 学

（第四版）

宛成刚 赵九州 **主编**

上海交通大学出版社出版发行

（上海市番禺路951号 邮政编码200030）

电话：64071208 出版人：谈 毅

上海颛辉印刷厂 印刷 全国新华书店经销

开本：787mm×1092mm 1/16 印张：22.25 字数：546千字

2008年6月第1版 2013年8月第3版 2018年2月第7次印刷

ISBN 978-7-313-05168-4/S 定价：58.00元

前　　言

本书为高等院校本科、应用型本科园林、园艺等专业用教材，高等职业技术学院也可选用相关内容作为专业教材和参考书，同时也可作为高级花卉园艺师和花卉技师的培训教材，总学时为80～100。

本书主要叙述了花卉的分类、花卉与环境条件的关系、花卉栽培的设施、花卉栽培管理、花卉装饰应用、花卉生产与销售等，并对常见的有发展前途的500多种花卉进行全面介绍。这500多种花卉既有我国传统名花，如牡丹花、腊梅花、山茶花等，也有近几年引进的、有较好市场的花卉，如蝴蝶兰、大花蕙兰等。各院校可根据课时安排及当地的市场要求选择教学内容。由于花卉学的内容涉及面较广，各地差异较大，且花卉事业发展迅速，为此，本书在编写过程中，力求做到内容充实，结合实际，注重科学性、知识性、实用性原则，并在每章后附有思考题，便于学生对章节内容更好地理解和掌握。为了提高学生的动手实践能力，书后还附有实训指导，各地可根据具体情况选择8～10项进行实践性教学。

本书由宛成刚、赵九州担任主编，具体分工如下：宛成刚编写绪论、第3章、第9章；赵九州编写第1章、第5章、第7章、第10章和第15章1、2节部分；夏重立编写第4章、第14章；刘薇萍编写第2章、第6章；朱翠英编写第8章、第13章、第15章第2节部分；张荣确、周玉卿编写第11章；贾春蕾、周玉卿编写第12章。全书由宛成刚统稿。书稿由南京农业大学园艺学院马凯教授审阅，特致谢意。书中插图采用了《中国高等植物图鉴》、《中国花经》、《花卉学》等书的附图，书中未标出处。在编写本教材过程中吸取了有关教材和论著的研究结果，得到了有关同行专家的协助和支持，在此表示衷心地感谢！

由于编者水平有限，加之编写时间仓促，书中错漏之处，敬请读者批评、指正。

编者

2013年6月

目　　录

0 绪 论

我国素有世界园林之母的美称，花卉资源极为丰富，并有悠久的栽培历史、丰富的经验、精湛的技艺。在当前经济建设中，花卉在发展经济、改善环境中有不可替代的作用。花卉是与物质文明建设和精神文明建设都紧密相关的事物之一，因此加快花卉业的发展，以满足人们日益增长的物质和文化生活的需求，是社会发展的迫切需要之一。

0.1 花卉的概念及其在社会发展中的作用

0.1.1 花卉的概念

花是植物的繁殖器官，卉是百草的总称。花卉的狭义概念是指艳丽多彩、千姿百态、气味芬芳的花花草草，主要是指草本花卉。随着社会的发展，花卉的范围在不断扩大，现在人们一般理解的花卉是广义概念，它包括草本花卉，也包括灌木、乔木、藤本花卉及多浆植物，还包括不开花和开花不显著，但有一定观赏价值的所有观赏植物。

0.1.2 花卉在环境绿化、美化中的作用

花、草、树木能绿化美化环境；能进行光合作用，吸收二氧化碳，放出氧气，使空气清新，并有杀菌、防止污染促进人体健康作用。绿色植物覆盖地面，防止水土流失，对维持生态平衡起重要作用。目前各地都以建立花园城市、花园小区、花园式工厂、花园式学校为目标，楼顶平台上也要建屋顶花园，需要种植大量的花、草、树，所以花卉具有广泛的环境效益。

0.1.3 花卉在精神文化生活和社会交往中的作用

花卉是青春和生命的象征。花卉鲜艳的色彩和沁人肺腑的芬芳，令人赏心悦目、心旷神怡，使人得到高尚的精神享受。花卉可陶冶情操，使人产生美好的憧憬，增进人体健康。花卉象征着幸福、美好、繁荣昌盛。改革开放使中国经济繁荣、国力强盛，各大城市纷纷举办花事活动，如洛阳国际牡丹节、南京国际梅花节、99昆明世界园艺博览会等，并借助花事活动招商引资，吸引游客观光旅游，发展经济。

花卉成为联络友情的桥梁，国际交往以及亲朋好友往来以鲜花表达友情成为时尚；花卉也是传递爱情的红娘，花卉凝结着人间最美好、最纯真、最高尚、最炽烈的感情。

0.1.4 花卉业成为国民经济的组成部分

近年来花卉业发展迅猛，已成为一个新兴行业。栽培花卉不仅有广泛的环境效益和社会效益，还有巨大的经济效益。随着经济发展和人民物质文化生活水平的提高及环境保护意识的增强，人们对花、草、树的需求量越来越大，农民种花、种草、种绿化苗木可以脱贫致富，切花、切叶、盆花、盆景等花卉及种苗、苗木可以作为大宗商品出口创汇。世界花卉消费总额每年已

达2 000多亿美元，荷兰花卉业已成为其国民经济的支柱产业之一，我国云南省也把花卉业列为支柱产业。

0.2 我国花卉栽培的历史和现状

我国幅员辽阔、地势起伏、气候条件复杂，观赏植物资源极为丰富，既有热带、亚热带、温带、寒温带花卉，又有高山花卉、岩生花卉、沼泽花卉、水生花卉，为世界上花卉种类和资源最丰富的国家之一。例如全世界共有杜鹃花属植物 800 多种，我国就占 600 多种；报春花世界约有 500 种，我国就有 390 种；木兰科植物世界有 90 种，我国有 73 种；百合花世界约有 100 种，我国占有 60%；龙胆花属中国原产的有 230 种，占世界 50%以上。世界著名的花卉皇后——月季，其重要的杂交亲本是中国月季。据初步统计，我国所栽培的花卉植物有 113 科 523 属，约数千种之多，其中半数以上的原种均产自我国。我国各地有许多名花异木驰名中外，如北京的菊花，广东的兰花和金橘，河南洛阳和山东菏泽的牡丹，云南的山茶、杜鹃，南京和苏州的梅花，河南鄢陵的腊梅，福建漳州的水仙等，都闻名世界，因此中国花卉在世界上享有很高的声誉。

我国的花卉栽培最早从何时开始，目前已无法考证，但可以肯定地说，早在文字出现以前，花卉植物随着农业生产的发展，就开始被人们所利用了。在浙江余姚的“河姆渡文化”遗址里，有许多距今 7000 年的植物被完整地保存着，其中包括稻谷和花卉，还有荷花的花粉化石。在河南陕县出土的距今 5000 余年代表仰韶文化的陶彩上，绘有花朵纹饰。

公元前 11～前 7 世纪商周时代的甲骨文字中已有“圃”、“树”、“花”、“草”等字，说明早在那时我国劳动人民已经在园圃中培育草木了。到了公元前 5 世纪的战国时代，在当时的著作《礼记》一书中出现了“春秋之月，鞠有黄华”的记叙。“鞠”是“菊”的古写，“华”是“花”的古写，说明当时的人们已经把菊花用于观赏了。战国时期《诗经》中记载了 130 多种植物，其中不少是花卉。

至秦汉年间，栽培名花异草进一步增多，据《西京杂记》所载，当时搜集的果树、花卉已达2 000余种，其中梅花即有侯梅、朱梅、紫花梅、同心梅、胭脂等很多品种，说明当时人们已开始欣赏、应用植物的花和果了。

西晋时代芍药开始大量栽培，同时从越南引入奇花异木十多种供宫廷赏玩。唐朝是我国封建社会的全盛时代，花卉的种类和栽培技术有了进一步发展，开始栽培牡丹，其次是兰花、桃花、玉兰，水仙、山茶等；梅花、菊花和牡丹在这时东传日本。

宋代，我国花卉栽培技艺不断提高，并开始出现了一些花卉专著，如刘蒙、史正志等人的《菊谱》、王观的《芍药谱》、王贵学的《兰谱》等等。在这些专著中不但记载和描绘了许多花卉的名贵品种，同时还论述了风土驯化、选优去劣以及通过嫁接等无性繁殖方法来保持原品种固有特性的育种和栽培技艺。

明代以后花卉栽培又有新的提高，一大批花卉专著问世，如高濂的《兰谱》、周履靖的《菊谱》、陈继儒的《种菊法》，同时还出版了一批综合性著作，如王象晋的《二如亭群芳谱》等。各地还出现了不少花卉生产专业户。清代以后我国南方各地的花卉生产也兴旺起来。据广东《新语》一书中记载：“珠浦之人以珠为饭，花田之人以花为衣。”《旧都文物略》中说：“清代宫中陈列鲜花，对午一换，勒为定制。各府邸及宅第皆佣有花匠，四时养花，因是有开设花厂，以养花为营业，或以时向各住宅租送，或入市叫卖，或列置求售，中亦不乏能手。”

自1840年鸦片战争到1919年“五四”运动的80年间，资本主义列强侵入我国，闭关自守变成了门户开放。我国丰富的花卉资源在这时大量输往国外，而欧美以及南非等地原产的一些一、二年草花、球根类花卉和一部分稀有的温室花卉，大多在这一时期传入我国。

解放以后，在绿化祖国的群众运动中，园林花卉事业蓬勃地发展起来，各城市先后成立了园林局或园林科研所，有组织有计划地发展花卉生产。特别是改革开放以来，我国花卉生产发展迅猛，已成为一个新兴产业，全国出现了多方位、多层次、多种行业发展花卉的新局面。在一些花卉主产地，花卉生产已经形成了国有、集体、个体、合资、独资齐头并进、竞相发展的势头。截止2003年底，我国花卉种植面积达43万 ha，产值353亿元，其中鲜切花达50多亿枝，出口创汇9 756万美元，花卉种植面积、产值和出口创汇分别比1984年增长了27倍、57倍和47倍。

在全国鲜切花生产经营中，云南占48%，将近一半，居全国首位；广东占12.80%，位居第二。在全国的切叶生产经营中，浙江占34.10%，居全国首位。在全国盆花生产中，广东占29.28%，居全国首位；江苏占10.43%，位居第二。在全国的盆栽观叶植物生产经营中，广东占41.07%，居全国首位；四川占19.47%，位居第二。盆景生产经营中，广东占51.08%，高居全国首位，超过全国总数的一半；浙江占10.97%，位居第二。

经过20多年的发展，全国花卉业区域化布局基本形成。2003年云南鲜切花产量30亿支，占全国总产量近二分之一。上海的种苗，广东的观叶植物，广州、上海、北京的盆花，江苏、浙江、河南、四川的观赏苗木，东北的君子兰，福建的水仙，洛阳与菏泽的牡丹等，都形成了一定的生产能力，有些还远销海外。

全国花卉生产经营专业化、规模化水平明显提高，2003年花卉种植面积3ha或年营业额500万元以上的企业全国已有5 000多家。全国现有各类花卉市场2 185个，花店两万多家。1999年北京莱太花卉市场敲响中国花卉拍卖第一锤，实现了花卉交易方式的历史性突破。之后昆明、广州先后建立了花卉拍卖市场。一个以拍卖市场、批发市场、零售花店为主的花卉流通网络基本形成。

0.3 世界花卉发展概况

世界各国花卉业的历史多则长达二三百年，少则三四十年。第二次世界大战后，由于世界各国进入了相对平稳的时期，伴随着经济的恢复和快速发展，花卉业迅速在全球崛起，成为当今世界最有活力的产业之一，花卉产品已成为国际贸易的大宗商品。

在一些经济发达国家，花卉已成为人们日常生活中不可缺少的一项消费品，消费额相当可观。像美国、日本、德国、法国、韩国、意大利、西班牙等经济发达国家，其花卉生产相当发达，不但花卉产量和产值居前，而且每年仍需大量进口花卉才能满足其国内市场需要。进入20世纪90年代末期，每年世界花卉销售额在1 000亿美元以上，且年增长速度达10%以上，2000年已达2 000亿美元。被誉为“花卉王国”的荷兰，花卉业最发达，已成为其国民经济的支柱产业。荷兰花卉出口约占世界贸易额的60%以上，高居第一位，每年出口创汇达数百亿美元，主要是球根花卉、鲜切花和盆花；第二位是哥伦比亚，贸易额占11%；第三位是以色列，贸易额占4.3%；后起之秀印度、厄瓜多尔、肯尼亚，增长速度很快。日本花卉生产与消费表现出协同发展的趋势，尽管生产能力较强，但因国内生产成本增加和消费水平稳步增长，花卉进口的潜力仍然较大。有一定基础和优势的国家和地区有泰国、中国台北。我国大陆花卉出口不足世界总量的1%。综上所述，世界花卉产业发展状况良好，贸易活跃，整个花卉生产及贸易格局基本形成，具体表现为以下几个特点：

① 世界花卉生产稳步增长，发达国家发展趋于平衡或略呈下降趋势，而发展中国家增长较快，尤其是非洲和南半球的一些国家增长势头较猛。

② 花卉的生产发展趋势是生产重心正在由发达国家向发展中国家转移。全球有四大公认的传统花卉批发市场，即荷兰的阿姆斯特丹、美国的迈阿密、哥伦比亚的波哥大、以色列的特拉维夫。这些花卉市场决定着国际花卉的价格，引导着花卉消费和生产的潮流。但非传统的花卉市场已经开始影响全球的贸易，如俄罗斯、阿根廷、波兰等国已逐渐引起许多花卉供应商的兴趣。

③ 花卉消费市场主要是欧盟、美国和日本。发展中国家消费水平不高，消费量不大，但市场潜力很大，其中中国、印度和俄罗斯等人口大国将是市场潜力很大的国家。

④ 花卉生产国与花卉消费国的贸易格局基本形成，花卉产销表现出一定的地缘优势特征，同时与文化背景和社会经济形态密切相关。

0.3.1 国际市场上销售花卉的主要种类

(1) 鲜切花

将含苞欲放的鲜花连枝剪切下来，制作成各类插花，供室内瓶插水养；也可制成花束、花篮以馈赠亲友。鲜切花在国际市场上的销售额居首位。

(2) 盆花

盆景也属于盆花一类。它们进入国际市场一个最大障碍，就是盆土问题。进口国对土壤的检疫很严，一般很难通过。盆花空运成本也很高。国际市场上，西方人比较喜爱自然形态的中小型盆景。

(3) 球根花卉

球根出土后可干放很长时间，便于包装和运输，顾客买回后泡在水里或栽在土里就能开花，如水仙、郁金香、风信子、朱顶红等。球根花卉的出口额仅次于鲜切花。

(4) 干花

干花是用鲜花快速脱水而成，它是真花，故比绢花、塑料花逼真艳丽，保管好可使用4～5年，目前国内已有生产。干花的制作工艺过程比较复杂，适时采收后要经过清洗、精化、漂白、染色、软化、干燥等工序。干花在国际市场上也颇受欢迎。

0.3.2 先进国家花卉生产的特点

(1) 花卉生产现代化、工厂化

很多先进的花卉生产国，花卉生产完全在温室中进行，由计算机自动控制，各种不同的花卉种类，在各个不同生长发育时期所需温度、湿度、营养元素、浓度、光照强度、二氧化碳浓度、栽培基质的pH值、通风换气等都可以定时、定量自动调节。所以先进的花卉生产国，都拥有大面积生产温室。由于温室结构标准化、生产设备现代化，为科学化栽培、自动化集约化管理提供有力保证，大大提高了花卉的产量与品质，降低了生产成本；同时实现了工厂化生产和流水线作业，能全年适时供应市场，其产值比露地栽培高10倍左右。

(2) 高新技术广泛应用于生产

花卉业由于经济效益较高,科研与生产紧密结合,围绕生产和市场的高新技术往往最先应用于花卉。像植物组织培养技术、基因工程技术,首先应用在各种名贵花卉的优良品种选育方面,为花卉工厂化生产、脱毒苗培育等方面发挥重要作用。另外,无土栽培技术,微灌、滴灌技术,激素应用技术,温室节能技术,花卉保鲜技术等都广泛应用在花卉生产上。

(3) 专业化分工、社会化服务

先进的花卉生产国都具有完善的社会服务体系,实行专业分工、合作,其产前、产中、产后各个环节都有专门的服务公司,彼此密切配合。如有专门繁育种球、种苗的,有专做切花生产的,有进行花肥、花药生产经营的,不搞小而全。许多国家与地区的花卉协会发挥着重要作用,他们以市场为依托,从宏观上给予生产企业指导、协调,并广泛开展信息交流与技术推广工作,有力推动了花卉业的发展。

(4) 发展供销网络,实行拍卖市场机制

各种信息通过国际互联网传递。如荷兰首都阿姆斯特丹以南16km处有世界最大的"阿尔斯梅尔联合花卉交易所",总建筑面积近30ha,总占地面积42ha,这个联合企业有花农4 000多名,通过拍卖方式交易每天平均有800万支鲜切花和70万株盆花运往世界各地,美国各大城市和我国香港的居民可买到荷兰当天剪取的鲜切花。

0.4 今后的任务

中国花卉生产面积增加很快,总面积已居世界第一,但产量和质量与国际花卉生产水平仍存在着很大的差距,尤其是出口量较少。发展中国花卉产业应立足于改善栽培环境和提高栽培技术水平,重点解决花卉质量问题,同时要努力开拓国内外花卉市场,在国内注重宣传花卉文化,增强花卉消费意识,培养花卉消费习惯。面对国际竞争,要注重积累民族花卉知识产权,增加科技投入,注重现代化花卉市场建设,加强花卉统计工作,推广花卉质量标准,积极加强国内外技术合作,增强国际市场竞争力,尤其应密切注视中国周边国家和地区的花卉产销动态及变化,及时占领日本、我国香港、东南亚、中东及东欧等国家的花卉消费市场。我国要尽快赶上花卉生产先进国家,当前应抓紧做好以下工作:

① 调查各地丰富的花卉种质资源,发挥我国资源的优势,培育我国特有的具有自主知识产权的新品种,并加以保护。

② 引进、消化、吸收国外的花卉栽培管理新技术、新材料、新设施、新品种,尽快改变我国花卉生产设施简陋、生产技术落后、栽培品种陈旧的被动局面。

③ 当前花卉科技人才短缺,特别是高层次人才匮乏,制约了花卉的发展和提高,应多种形式多层次培养花卉业需要的各类人才。

④ 积极培育扶持花卉行业龙头企业和推进产业化经营。龙头企业一头联结市场,一头联结千家万户,将小生产和大市场紧密联为一体,形成规模,能有效抵御风险,推动花卉业健康发展。

⑤ 发展花卉市场,培育拍卖机制和销售网络,使花卉产品在市场中公平竞争、优胜劣汰,并形成畅通的销售渠道和出口渠道,使高投入得到高回报,促进花卉业良性循环。

思考题

1. 花卉的广义和狭义概念是什么?
2. 花卉在社会建设中的作用是什么?
3. 发达国家花卉生产的特点有哪些?
4. 我国花卉业目前的现状怎样?
5. 我国花卉业今后的主要任务是什么?

1　花卉的分类

中国花卉植物资源丰富，种类繁多。人们在花卉栽培实践中，通过各种育种手段，培育了丰富多彩的栽培品种，如全世界月季品种有2万多个。面对浩瀚的花卉种类，只有进行科学、实用的分类才能识别和认识花卉，才能更好地对花卉种质资源进行合理开发利用和保护，才能更加有效地应用。花卉分类是了解花卉生物学特性和进行科研工作的基础，亦是对外交流的有利工具。

由于进行花卉分类的依据不同、各地的自然条件不同，分类的方式以及各类花卉所包含的植物种类各不相同，现仅从花卉栽培的角度出发，列举几种常用分类方法，供应用参考。

1.1　按生物学特性分类

这种分类方法是以花卉植物的性状为分类依据，不受地区和自然环境条件的限制，南北各地均可使用。

1.1.1　草本花卉

1.1.1.1　一、二年生草花

(1) 一年生草花

此类花卉春季播种，夏季开花，秋后种子成熟，入冬枯死，在一年内完成一个生命周期的，均为草本植物，如百日草、凤仙花、一串红、鸡冠花、半支莲、羽叶茑萝、草茉莉等。

(2) 二年生草花

此类花卉第一年秋季播种，第二年春季开花，夏季种子成熟后枯死，亦为草本植物。它们的生长周期虽不满两年，但跨年度生长。如三色堇、石竹、金盏菊、瓜叶菊、紫罗兰、雏菊、风铃草、矢车菊、花菱草、矮雪轮等。

1.1.1.2　宿根草花

此类花卉冬季地上部分枯死，根系在土壤中宿存，翌年春暖后重新萌发生长，为多年生草本植物。如菊花、芍药、荷兰菊、蜀葵、萱草、玉簪、鸢尾、桔梗等。

1.1.1.3　球根类花卉

此类花卉地下部分肥大呈球状或块状的多年生草本植物。

(1) 按形态特征分类

① 球茎类。地下茎呈球形或扁球形，被革质外皮，内部实心，质地较硬。如唐菖蒲、仙客来、小苍兰等。

② 鳞茎类。地下茎呈鳞片状，外被纸质外皮的为有皮鳞茎，如水仙、朱顶红、郁金香等；在鳞片的外面没有外皮包被的称无皮鳞茎，如百合。

③ 块茎类。地下茎呈不规则的块状或条状，新芽着生在块茎的芽眼上，须根着生无规律性。如白头翁、马蹄莲、海芋等。

④ 根茎类。地下茎肥大呈根状，上具明显的节，并有横生分枝，每个分枝的顶端为生长点，须根自节部簇生而出。如美人蕉、玉簪、鸢尾等。

⑤ 块根类。主根膨大呈块状，外被革质厚皮，新芽着生在根颈部分，根系从块根的末端生出。如大丽花等。

(2) 按生物学特性分类

① 常绿球根类。为常绿草本植物，在北方多栽培为温室花卉。如仙客来、马蹄莲、朱顶红等。

② 落叶球根类。为落叶草本植物，在南北各地均为露地栽培。如唐菖蒲、水仙、美人蕉等。

(3) 按生态习性分类

① 春植球根类。春季将球根栽种后，夏秋开花，入冬地上部分枯死，如晚香玉、大丽花、唐菖蒲等。

② 秋植球根类。秋凉后栽植，冬春开花，夏季休眠，如水仙、郁金香、石蒜等。

1.1.1.4 多年生常绿草本观叶花卉

此类草本花卉无明显的休眠期，四季常青，地下为须根系，在北方均为温室栽培花卉。如文竹、吊兰、万年青、君子兰、鸭趾草等。

1.1.1.5 兰科花卉

此类花卉按其性状原属于多年生草本植物，因其种类繁多，在栽培中有独特的要求，为了应用方便，一般将其单列一类。兰科花卉因性状和生态习性不同，又可以分成以下两类。

(1) 中国兰花

为原产于我国亚热带及暖温带地区的兰属(*Cymbidium*)，草本丛生性植物，属地生类型，如墨兰、建兰、春兰、惠兰、台兰等。

(2) 洋兰类

原产于热带雨林中，植株呈攀缘状，多有气生根，附生在其他物体上生长，属附生兰类型，花朵多，花色丰富多彩。如卡特兰、兜兰、石斛兰、贝母兰、蝴蝶兰等。

1.1.1.6 水生花卉

本类花卉属多年生宿根草本植物，地下部分多肥大呈根茎状，除王莲外，均为落叶，都生长在浅水或沼泽地上，在栽培技术方面有明显的独特性。按其生态习性及与水分的关系，可分为以下几类。

(1) 挺水植物

根生于泥水中，茎叶挺出水面。如荷花、千曲菜等。

(2) 浮水植物

根生于泥水中，叶片浮于水面或略高于水面。如睡莲、王莲。

(3) 沉水植物

根生于泥水中，茎叶全部沉于水中，偶有露出水面。如莼菜。

(4) 漂浮植物

根伸展于水中，叶浮于水面，随水漂浮流动，在水浅处可生根于泥中。如凤眼莲、浮萍。

1.1.1.7 蕨类植物

本类属多年生草本植物，多为常绿，其生活史分有性和无性世代，不开花，也不产生种子，依靠孢子进行繁殖，如肾蕨、蜈蚣草、铁线蕨、鹿角蕨、鸟巢蕨等。

1.1.2　木本花卉

1.1.2.1　落叶木本花卉

木本花卉大多原产于暖温带、温带和亚寒带地区，在花卉栽培中多为地栽或入冷室越冬。按其性状又可分为以下三类：

(1) 落叶灌木类

地上部分无主干和侧生枝，多呈丛状生长。如月季、牡丹、迎春、榆叶梅、贴梗海棠等。

(2) 落叶乔木类

地上部有明显主干，侧枝从主干上发出，植株直立高大。如桃花、梅花、海棠、石榴、红叶李等。

(3) 落叶藤本类

地上部不能直立生长，茎蔓多攀缘在其他物体上。如紫藤、葡萄、金银花、木香、凌霄等。

1.1.2.2　常绿木本花卉

本类花卉多原产于热带和亚热带地区，也有一少部分原产于暖温带地区，有的呈半常绿状态。在我国除华南和西南的部分地区外，其他地区多作温室栽培，只有一少部分可在华中和华东地区露地越冬。按其性状又可分为以下四类：

(1) 常绿亚灌木类

地上主枝半木质化，髓部常中空，寿命较短，株形介于草本和灌木之间。如蓬蒿菊、八仙花、天竺葵、倒挂金钟等。

(2) 常绿灌木类

地上茎丛生，在花卉栽培中为了艺术造型，常保留中央一根老枝，让侧枝从老枝上发出，从而整成小乔木状。如杜鹃、茉莉、山茶、栀子、含笑等。

(3) 常绿乔木类

树体高大，其中阔叶树种占的比重较大，针叶树比重较小，在北方盆栽时多呈小乔木状。如云南山茶、白兰花、广玉兰、棕榈、橡皮树、五针松等。

(4) 常绿藤本类

株丛多不能自然直立生长，茎蔓需攀缘在其他物体上或匍匐在地面上。如常春藤、络石、凌霄、龙吐珠等。

1.1.3　多浆植物

这类花卉植物多原产于热带半荒漠地区，它们的茎部多变态成扇状、片状、球状，或多棱柱状；叶则变态成针刺状。茎多肉汁并能储存大量水分，以适应干旱的环境条件。按照植物学的分类方法，大致可分为以下两个类型。

1.1.3.1　仙人掌类

均属于仙人掌科植物，共有150属2000多种。用于花卉栽培的主要有仙人柱属、仙人掌属、量天尺属、昙花属、蟹爪属等21个属的植物。

1.1.3.2　多肉植物类

在花卉栽培中常见的这类植物分别属于几十个科，如番杏科、大戟科、龙舌兰科、凤梨科、菊科、景天科、百合科等。

1.1.4 草坪植物

草坪植物以多年生丛生性强的草本植物为主，大多能自身繁衍，供园林中覆盖地面使用。按其生态习性在我国可将它们分成以下两大类。

1.1.4.1 暖地型草坪植物类

本类包括原产于亚热带和暖温带的一些草种，适用于长江以南地区，多为常绿和半常绿。如结缕草、狗牙根、地毯草、假俭草、野牛草、海滨雀稗等。

1.1.4.2 冷地型草坪植物类

本类包括原产于温带和亚寒带的一些草种，适用于长江以北地区。如羊胡子草、高羊茅、黑麦草、早熟禾、猫尾草等。

1.2 其他分类方法

1.2.1 按自然分布分类

按自然分布，花卉可分为热带花卉、温带花卉、寒带花卉、高山花卉、水生花卉、岩生花卉、沙漠花卉等。

1.2.2 按园林用途和栽培方式分类

1.2.2.1 按园林用途的分类

按园林用途花卉可分为花坛花卉、花境花卉、盆栽花卉、室内花卉、切花花卉、观叶花卉、荫生花卉、地被植物、岩生花卉等。

1.2.2.2 按栽培方式分类

按栽培方式花卉可分为露地花卉、温室花卉、切花栽培、促成栽培、抑制栽培、无土栽培、荫棚栽培、种苗栽培等。

1.2.3 按观赏特性分类

按观赏特性花卉分为观花类、观果类、观叶类、观茎类、观芽类、芳香类等六类。

1.2.3.1 观花类

观花类似观赏花色、花形为主。由于开花时节不同，观花类植物还可分为春季开花型，如金鱼草、迎春、樱花、芍药、牡丹、梅花、春鹃等；夏季开花型，如茉莉、扶桑、栀子、丁香、夏鹃等；秋季开花型，如木芙蓉、菊花、桂花、鸡冠花等；冬季开花型，如腊梅、茶花、一品红、水仙等。还有许多花，花期很长，并可在几个季节开，如月季、扶桑；也有一些花通过人工光照或低温处理，可以在其他季节开花，如三角梅、郁金香、百合等。

1.2.3.2 观果类

观果类以观赏果实形状、颜色为主，如佛手、金橘、石榴、火棘、冬珊瑚、五色椒、乌柿、代代等。

1.2.3.3 观叶类

观叶类以观赏叶色、叶形为主，如苏铁、棕竹属、红背桂、彩叶芋、龟背竹、文竹、肾蕨、朱蕉、万年青、竹芋属、草胡椒属及其他一些观叶植物。

1.2.3.4 观茎类

观茎类以观赏茎枝形状为主，如佛肚竹、光棍树、红瑞木、山影拳、虎刺梅、仙人掌类及天门冬属植物。

1.2.3.5 观芽类

观芽类以观芽为主，如银芽柳等。

1.2.3.6 芳香类

芳香类花卉有米兰、含笑、茉莉、栀子花、白兰花、桂花等。

思考题

1. 按生物学特性为依据分类，花卉植物可分为几类？每个类别举出两个例子。
2. 按园林用途进行分类，花卉植物又可分为哪些种类？
3. 兰科花卉为什么单独分类？一般分为哪几类？
4. 水生花卉怎样进行分类？
5. 试述掌握花卉分类的方法对花卉生产和科研有何意义？

2 花卉与环境条件的关系

各种花卉在其遗传因素稳定后，其生长发育（萌芽、生长、开花、结实、芽或储藏器官的形成、休眠等）主要受各种自然及人造环境中的因子影响。这些环境因子主要包括光、温、水、气、土、肥及生物因子等。花卉栽培的技术关键也就是创造适宜的环境条件满足花卉生长发育需要，以达到栽培的目的。在花卉生长发育过程中，这些因子常常是不断变化、相互影响和作用的。不同的花卉植物及其不同的生长发育阶段对环境条件要求不同，但在同一花卉的一定发育阶段，诸多因子中总有一个是主导因子，抓住这个主导因子，就能控制好花卉的生长发育方向。

2.1 温度

温度包括水温、土温和气温，通常所指的温度为气温。

温度是影响花卉植物生长发育的重要的环境因子之一，各种花卉的生长发育必须在一定的最低温和最高温之间进行的，这个最高、最低温即为极限温度，超过这个温度范围必须采取相应的保护措施才能保证其正常活动，如采用大棚、温室栽培来提高温度；增强通风、喷水等可以适当降温等。不同花卉植物对温度的要求各异，每种花卉的生长发育有自己的最低温度、最适温度、最高温度，即温度的“三基点”。“三基点”的高低通常与花卉的原产地气候相一致，原产于热带的花卉“三基点”高，原产于寒带的花卉“三基点”低。最适温度指花卉生长快而健壮、不徒长的温度而非指生长速度最快的温度。温度的“三基点”直接影响到花卉的一系列生理过程，不同的生育时期也会有所变化，如牡丹、杜鹃在10℃开始生长，其花器的形成对温度要求很敏感，在花芽形成之后，必须经一定的低温（2℃～3℃），才能在适温（12℃～15℃）下开放。

2.1.1 温度与花卉的类型

花卉植物因原产地不同，对温度的要求也不同，根据花卉对温度的要求不同一般可分为耐寒性花卉、半耐寒性花卉和不耐寒花卉。

2.1.1.1 耐寒性花卉

原产于温带较冷处及寒带的二年生花卉及宿根花卉抗寒力强，在我国寒冷地区能露地越冬，一般能耐0℃以下的温度，部分能忍受－5℃～10℃的低温，这一类花卉属于耐寒性花卉。多数宿根花卉，如玉簪、蜀葵、萱草、金光菊、一枝黄花等，当严冬到来时，地上部分枯死，地下部分休眠到翌年春天气候适宜时重新发芽，生长开花。一些二年生花卉的生长发育能耐较低的温度，在华东及华北南部（如北京）可以在苗期陆地越冬，但生长缓慢，不耐高温，因此在盛夏到来以前，完成其结实阶段而枯死或生长极差，如福禄考、矮牵牛、三色堇、金鱼草、诸葛菜、蛇目菊等。

2.1.1.2 半耐寒花卉

原产于温带较暖处，耐寒力稍差，一般能忍受0℃左右的低温，在我国北方冬季需适当防寒才能越冬，在南方可露地越冬，这类花卉为半耐寒花卉。部分两年生和多年生花卉属此类，如金盏菊、紫罗兰、桂竹香等。通常秋季露地播种育苗，早霜来临前移至温室冷床保护越冬，当春季晚霜后定植于露地，因此种花卉喜欢冷凉气候，所以早春定植后生长发育较快，夏季到来之前可开花，用作春季大型广场摆放及花坛布置较多，初夏即结实，炎夏到来时死亡。

2.1.1.3　不耐寒花卉

一年生花卉和原产于热带及亚热带的多年生花卉，其耐寒力很差，不能忍受0℃以下的低温；一部分种类甚至不能忍受5℃以下的温度，如巴西木、散尾葵等热带观叶植物，冬季需满足10℃以上的温度才不会受冻。这类花卉分布于我国广东、云南、台湾一带，可露地越冬，在其他地区冬季需在高温温室内才可安全度过。原产亚热带的一些花卉，生长温度要求在8℃～15℃左右，冬季夜间要求最低温在8℃～10℃，在华南地区可露地越冬，在其他地方需在中温温室内越冬，如仙客来、香石竹、天竺葵等。其他能够忍受3℃～5℃温度过冬的为低温温室花卉，包括一些一年生及多年生花卉种类，如报春类、紫罗兰、瓜叶菊、茶花、倒挂金钟等，其在长江以南地区可露地越冬。

这类花卉普遍对高温的忍受力较强，因其耐热力较强，可以忍受35℃～40℃的高温而不会死亡。

2.1.2　温度与花卉的生长发育

花卉从种子萌发到种子成熟的不同生长发育时期对温度的要求是不断改变的，因花卉品种的不同也会有所差别。就一年生花卉而言，种子萌发时需要较高的温度，而苗期则需较低的温度，当营养生长开始后需要温度逐渐升高，但开花结果时大多又不需很高的温度。二年生花卉种子萌发需要较低的温度，苗期所需温度更低一些，以便通过春化，营养生长期要求温度较高，开花结实期的温度又更高一些。整体来讲，一天当中，在保证光合作用适宜温度和呼吸较低的温度条件下，温差越大，生长越快，养分积累也越多。

种子的耐寒力较营养体强，多数可耐0℃以下的低温。营养体对温度的忍耐可通过锻炼有所增强。

温度对花朵色彩形成的影响依据花卉开花期对温度的要求不同而不同。喜高温的花卉，开花时温度越高，花色越艳；开花时要求低温的花卉，温度高花色反而变淡。如矮牵牛复色种蓝白花在20℃的温度下可以正常表现，在35℃以上则只呈现蓝色。

2.1.3　温度与花芽分化及花的发育

2.1.3.1　春化

根据植物生长规律，其营养生长到一定的阶段，会进入花芽的分化发育时期。在花卉植物的一生中，其生长和发育与温度是密不可分的。花卉植物必须在某一阶段中经过一定的特殊的温度刺激才能从营养生长转向花芽分化，这一过程称为春化。不同植物要求的温度和通过的时期各不相同：

冬性植物通过春化阶段要求的温度较低，约0℃～10℃，30～70d可完成春化，在0℃时进行最快。如月见草、毛地黄、毛蕊花等秋播后以幼苗度过冬季的低温完成春化，若晚春温高播种则不能正常开花；春性植物通过春化阶段要求的温度比前者高，在5℃～12℃，需5～15d完成春化。一年生花卉春播秋花者，要求的春化温度更高一些；半冬性植物，介于两者之间，春化温度约15℃，15～20d完成，应不低于3℃。也有的植物无春化要求，花芽分化对温度要求不敏感。

不同花卉通过春化的时期各不相同，目前发现有两种，一种以萌芽种子通过，称“种子春化”，占少数；另一类以生育期的植物体通过，称“植物体春化”，多数植物属后者。

2.1.3.2 不同花卉植物花芽分化要求温度不同

春化阶段的通过是花芽分化的前提，也即开始。通过春化阶段以后还必须有适宜的温度条件，花芽才能完成正常的分化和发育。这一点也会因花卉的种类不同而呈现出不同的温度差别，大体上可以分成以下两种情况：

(1) 高温下进行花芽分化

许多花卉类，如杜鹃、山茶、梅、樱花和紫藤等都是在6～8月气温高至25℃以上时进入花芽分化；入秋后，植物进入休眠，经过一定的低温后结束或打破休眠而开花。许多球根花卉的花也在夏季高温下进行花芽分化，如唐菖蒲、晚香玉、美人蕉等春植球根于夏季生长期进行，而郁金香等秋植球根是在夏季休眠期进行。

(2) 低温下进行花芽分化

许多原产温带中北部及各地的高山花卉，其花芽分化多要求在20℃以下较凉爽条件下进行，如八仙花等种类在低温13℃左右和短日照下，能促进花芽分化；许多二年生秋播草花，如金盏菊、雏菊等也要求在低温下进行花芽分化。

2.1.4 温度的调节

各种花卉在不同生长发育阶段有不同的温度要求，因此在自然条件难以满足的情况下，常以人工控温来满足花卉的要求，可以实现花卉的周年供应。

温度的控制是根据花卉原产地不同而形成了对温度要求的不同而定。对高温的控制可采用通风、遮荫和喷水的方法。对于生长在温室或大棚内的花卉冬季需要在5℃以下越冬休眠的，当温室、大棚等设施内温度升高至15℃时，必须设法通风降温，以防花卉的芽过早萌发。对原产热带、冬夏需要高温的花卉，北方冬季应放在温暖处，低温时可利用温室中太阳的辐射和人工加温的方法提高温度。随着科技的发展，自动化、电气化，特别是计算机在温室中的应用，使温室内的环境在很大程度上与外界自然环境隔绝，形成了一个人为的空间，温度、湿度、阳光、水分、空气等环境条件全靠计算机自动化控制。发达国家这种智能温室的应用较多，我国尚处于科技开发向大面积应用的过渡阶段。

2.2 水分

2.2.1 花卉对水分的需求

花卉的一切生命活动都是在水的参与下进行的。水是花卉植物细胞的主要组成部分，占70%～90%。失水将导致植物体萎蔫，失去生机。水也是植物进行光合作用的主要原料之一，花卉植物在进行光合作用、呼吸作用等生理代谢时必须有水参加。水又是重要的溶剂，土壤中的营养物质只有溶解在水中才能被花卉吸收。植物从外界吸收的水分，除一部分参加同化作用外，大部分通过蒸腾作用消失于体外。根据不同花卉对水分的需求量不同大致可分成四种类型：

2.2.1.1 旱生花卉

旱生花卉原产于经常性缺水的地方，形成持水和保水的结构，从而适应干旱的环境，成为具有“多浆、多肉”的茎或叶及强大根系的种类，能忍受较长时间的水分亏缺，如果水分过多反而易引起根系腐烂。如仙人掌类、仙人球类、芦荟、龙舌兰、生石花等。

2.2.1.2 中生花卉

中生花卉对水分的需求介于旱生花卉和湿生花卉之间，在花卉中所占的比例最大，露地栽培的大部分花卉属于此种类型。一般要求适宜的土壤湿度，但由于品种的不同，它们之间的抗旱能力差异很大。凡是根系分枝力强，分布范围较深的种类抗旱能力就较强，如月季、大丽花、虞美人、金丝桃等；而根系不发达、分布较浅的种类则抗旱性差，如一串红、万寿菊等。宿根花卉比一、二年生草花及球根花卉的抗旱力强。

2.2.1.3 水生花卉

水生花卉指只有生活在水中才能正常生长的一类花卉，其根或地下茎常有较发达的通气组织，可以适应深水中氧气不足的条件，如荷花、睡莲、王莲、水葱、伞草等。通常这类花卉都需要较强的光照。

2.2.1.4 湿生花卉

湿生花卉指适于生长在水分较充分、潮湿甚至有些积水的地方，生长期要求空气湿度较大，在干旱的环境下生长不良的一类花卉。如喜阴的海芋、合果芋、龟背竹、蕨类等；喜光的水仙、马蹄莲等。

尽管花卉对水分的需求有干湿之别，但都是相对而言，总有一定的界限，若长期水分不足或土壤水分含量过多同样能产生危害，特别是一些盆栽花卉，盆土过干、过湿都会影响根系生长或造成烂根导致死亡。

2.2.2 花卉不同生育阶段与水分的关系

水分对花卉植物生长发育的影响，一方面体现在不同的花卉种类的需水量的差异，另一方面同一种花卉的不同发育阶段其对水分的需求也有明显的差别。

植物的含水量一般随年龄的增长而递减。花卉种子萌发时需水量最高，一般占种子重量的50%～100%，幼苗期根系小而浅，抗旱力差，需经常供给水分、保持土壤湿度，但水分不宜过多，以免引起徒长或发根慢；营养生长旺期则需水量较大，随营养生长走向成熟至衰老，花卉的含水量渐减。花期水分的供应应视花卉种类不同而确定，水分不足开花不良，水分过量也会引起落花、落蕾。花色与水分有关，水分充足才能显示品种的正常花色特性；水分不足则花色暗淡，花瓣软，无生机。

2.2.3 水分的调节

植物的形态结构与水分有关，例如生长在干旱地区的植物较湿润地区的气孔为少，但贮水能力较强。一般具革质叶片的植物较纸质叶者需水较少。这是由于纸质叶中的水分易于蒸腾丧失，需要及时补充。

花卉对水分的消耗决定于生长状况，如休眠期的鳞茎和块茎，不仅不需要水，有水反而易造成腐烂。朱顶红种植后只要保持土壤的湿润便会终止休眠生出根来，一旦抽出花茎，蒸腾增加，就需供给一定水分；当叶子大量生长后，需水量就大大增加。又如一些花卉重剪之后，失去许多叶片,减少了蒸腾面积,就应减少水的供应,而不能过多给水,以免造成积水烂根。多肉植物在冬季休眠时,温度在0℃以下可以不浇水。

不同种类花卉的根自土壤中吸收水分受土温的影响差异较大。原产热带的植物需在土温10℃~15℃以上才可吸水,而一些原产寒带的花卉在0℃以下还能吸水。多数室内越冬植物要求土温在5℃~10℃之间,所以在供给花卉水分时还须考虑不同种类花卉根系吸水温度,合理供水。

空气的湿度也会影响花卉生长。一些原产于阴湿地带的花卉,如兰花、花烛、蕨类等需要在80%~90%的空气湿度下才能生长良好。大多数花卉要求60%以上的空气湿度。所以人们常通过向空气中喷水来满足花卉的需要。同一花卉摆放场所不同,也应区别水分供给量,一些摆在室内或其他弱光下的花卉应注意控制水分的供给,以免引起徒长。

2.3 光照

光是花卉进行光合作用、制造有机物质的能量来源。光对花卉生长发育的影响主要表现在光照强度、光照时间和光的组成不同上。

2.3.1 花卉所需的光照条件

花卉因种类不同对光照的强度及光照时间的长短要求不同:

2.3.1.1 光照强度

光照强度即单位面积上接受可见光的能量,单位lx。光照强度随纬度、地势高低、季节不同而有一定规律。高纬度、地势高的地区光照强度大,一年当中以夏季的光照最强,晴天中午露地照度为10万lx;冬季的光照最弱,为2~5万lx。一天中的中午前后光照最强、早晚最弱。阴雨天的照度仅占晴天的20%~25%。叶片在光照强度为3000~5000lx时开始光合效应,但一般植物生长需光照强度为18000~20000lx,如阳光不足可用人造光源代替。一般光合强度随照度的加强而增大,但不能超过一定的限值,否则光合作用会停止或减弱。光合作用可在直射光和散射光下进行。

根据花卉对光照强度的要求不同,可分为阳性、阴性和中性花卉三类。

(1) 阳性花卉

阳性花卉对称喜光花卉,这类花卉在全光照下才能正常生长,不能忍受长时间的遮荫。喜光花卉包括大部分露地栽培的一、二年草花,宿根花卉,球根花卉,木本花卉及仙人掌科、景天科多浆植物等。如牵牛花、鸡冠花、百日草、大丽花、一串红、万寿菊、菊花、扶郎、香石竹、唐菖蒲、百合、仙客来、月季、扶桑等。这类花卉必须在阳光充足处才能有较高的光合效率,才能正常生长、开花。

(2) 阴性花卉(喜阴花卉)

阴性花卉多半原产于背阴、沟涧、林缘及热带雨林,不能忍受强烈的直射光,生长期间一般需50%~80%遮荫度的环境;否则,会出现叶片发黄、干燥无光泽现象,如蕨类、兰科、南天星科、秋海棠科、杜鹃花属、山茶等。

(3) 中性花卉

中性花卉对于光照强度的要求介于前两者之间,一般喜欢阳光充足,但在微阴下生长也良好，如凤仙、天门冬、苏铁等。

大多数观叶植物对光照要求较低，强光会使叶质增厚、叶色变淡，甚至灼伤，因而降低观赏价值。而观花植物一般要求充足的光照，紫外线多能促使花青素的形成使花着色，果色艳丽，强光可抑制植株生长，使节间变密、矮化。斑叶植物需要一定的光照才能呈现品种的特性，如花叶绿萝在弱光下，斑叶减少，斑块变小，甚至全部呈浓绿色。

2.3.1.2 光照时间

当花卉植物通过春化阶段以后便进入光照阶段。在此阶段，不同花卉植物对光照长短的反应是不同的，若不能满足其对光照的要求就不能正常孕蕾开花。长日照花卉每日光照长度一般要超过 12h，经过一段时间才能形成花芽。如唐菖蒲是典型的长日照花卉，只有在日照长度长达 13～14h，经过一段时间才能花芽分化；若日照时间不够将会出现盲花。而一品红与菊花是典型的短日照花卉，光照时间每日减少到 12h 以下才进行花芽分化。中日照花卉则对日照长短要求不严，如月季一年四季都可开花。另外，日照长度对某些花卉的休眠有一定的影响。以储藏器官进行休眠的花卉，有的在短日照下促进贮藏器官的形成，如唐菖蒲、大丽花等；有的是在长日照下进入休眠，如水仙、仙客来、郁金香等，当温度适宜、水肥条件良好休眠常会推迟。

2.3.2 光照的调节

太阳光中对花卉影响最大的是可见光、紫外线和红外线三部分。可见光是花卉进行光合作用的能源。太阳光由红、橙、黄、绿、青、蓝、紫七色组成，叶绿素吸收最多的为红橙光和蓝紫光。紫外线能使植物体内某些生长激素的形成受到抑制，从而抑制茎的伸长，还可促进花青素的形成，直接影响花和果实的色彩。红外线能促进茎的伸长和种子的萌发。它是一种热源线，被地面吸收变为热量，并提供花卉所需热量。由于光质的这种作用机理，人们可以通过控制光的种类完成不同的栽培目的。

植物通过内在的机理传递光照时间长短，影响花芽的形成。长日照花卉在日照长度低于所需临界日照时，不能进行花芽分化；采用人工补光可提前开花。如满天星正常开花在 7 月，用白炽灯 45W 每晚加光 8h，可在冬季开花。对短日照花卉来讲，增加光照，每日给予 12h 以上的光照，可使其继续营养生长，以调节花卉的周年供应。

通过遮光或人工补光可使花卉在非自然花期开花，这一方法在花卉生产上用于催延花期，现已被广泛应用。对光照强度的控制可以通过选择不同种类的光源来完成，也可通过加光或遮光即调整光源分布的密度的方法来实现。

2.4 土壤

土壤是花卉生长的物质基础，是花卉植物生长的载体，而且为花卉生长提供必需的矿质营养。不同种类土壤其理化性状的差异，将导致花卉不同的生长发育表现。土壤对花卉生长发育的影响，主要表现在土壤质地、土壤酸碱度及土壤盐分。

2.4.1 土壤质地

土壤质地不同，肥力差异很大，对其管理利用和改良应各具特点。一般把土壤质地分成三类:砂土类、黏土类、壤土类。砂土类粒间孔隙大,透气性好,但有机质含量少,保水保肥力差,土温度变幅大,这类土壤适宜作扦插基质或种植耐旱的花卉种类和品种,如仙人掌及景天科花卉。砂土类多不单独使用,可与其他质地土壤混合,能改善其团粒结构。黏土类含矿物质丰富,保水保肥力强,土壤透气性差,平时坚硬,早春土温上升慢有机物分解慢,绝大多数花卉在这类土壤中生长不良,少数深根性多年生花卉能适应此类土壤,场圃遇到此类土壤须应时耕作,种植多年生深根性花卉,或加砂土进行改良。壤土类所含砂粒与黏粒比例适当,通透性和耕性良好,保水保肥力强,而且有机质含量丰富,是多种花卉栽培生产的理想土壤。实际上,土壤质地往往不是以上三种单纯成分独立存在的,而是相互以不同比例混合,各有所侧重,有些偏黏性,为黏质壤土,适宜宿根类花卉及根系较深的花卉栽培用;有些偏砂性,适宜一、二年生和球根类花卉栽培。

2.4.2 土壤酸碱度

土壤酸碱度对花卉的生长发育有密切的关系。一方面,土壤的酸碱度可以影响矿物质的分化速度,如在石灰性土壤或碱性土中,铁即转为不可给状态,造成植物缺铁;另一方面,土壤的酸碱度可以左右微生物的活动,影响有机物的分解。但大多数花卉的生长适宜中性或微碱、微酸的土壤环境,即 pH 值在 5.0～7.5 之间。在这个范围内,有益土壤微生物活动较强,使植物所需营养元素大都呈有效状态。另外,土壤的酸碱度不同可使花呈现不同颜色。著名植物生理学家 Molish 研究证明,八仙花的蓝色花在 pH 低时呈现,粉色花在 pH 高时呈现。

2.4.3 土壤盐分

土壤盐分在露地栽培条件下一般不会成为影响花卉生长的限制因子。但目前保护地的应用越来越多,由于土壤全被覆盖,得不到大量降雨的淋溶;而保护地内全年温度偏高,蒸发量大,盐分随水分蒸发被带到地表,同时施入的肥料也残留于地表,因此保护地土壤盐分往往很高,可达10 000mg/L以上,而露地则最高只有3 000mg/L。花卉生长的适宜浓度一般在2 000mg/L,超过4 000mg/L就会抑制生长。在新建的大棚、温室中花卉一般开始生长较露地好,但时间越长,盐分积累越多,逐渐成为花卉生长的限制因子。土壤的含盐量可通过测定其电导度(EC 值)来确定。通常 EC 值超过 2 即会影响生长。土壤盐分可通过合理适量施肥、完善排灌设施、淋洗和换表土的方法减少。

2.4.3 土壤肥力

花卉在土壤中生长究竟靠的是什么力量呢?土壤科学工作者提出了土壤肥力的概念,认为在植物生活期间,土壤具有供应和调节植物的生长所需要的水分、养分、空气、热量和其他生活条件的能力即为土壤肥力,并且土壤水分、养分、空气、热量等肥力因素是相互联系而又相互制约的,但不能相互替代的。

土壤肥力是由自然因素和人们对土壤的管理改良而决定的。人们通常以有机质含量的多少来判断肥力的高低。土壤有机质的作用是多方面的,一是提供花卉生长所需要的养分,土壤有机质不断矿化分解成简单的无机盐类,供花卉吸收利用;二是土壤有机质在矿化过程中能产生多种有机酸,又有助于矿物岩石的风化,有利于某些营养物质的释放与有效化。此外,丰富的土壤有机质加强了土壤微生物的活性,促进了土壤养分的转化,因此有机质含量高的土壤肥力平衡持久，保肥性能强，蓄水透气性也强。

提高和维持土壤有机质含量的措施，一是增施有机肥，如粪肥、厩肥、堆肥、饼肥等；二是调节土壤有机质的转化条件，如土壤有机体的 C/N、土壤水、热条件和 pH 等。

2.4.5　土壤耕作

种植花卉的土壤是经人类生产活动和改造的农业土壤，是花卉生产最基本的物质基础。在合理的利用和改良条件下，土壤的肥力得到不断提高。

土壤的肥沃主要表现在能充分供应和协调土壤中的水分、养分、空气和热能以最大限度满足花卉的生长和发育的需要。土壤中含有花卉所需的有效肥力和未转化的潜在肥力，通过适宜的耕作措施，使潜在肥力转化成有效肥力，使土壤熟化。生产中常用的措施有精耕细作、冬耕晒垡，排涝疏干、合理施肥等。

通过耕作措施使土壤疏松深厚，增加透气性，改善土壤结构，使有机质含量高，保肥、保水能力高，微生物活动旺盛，从而促进花卉的生长发育。

为了改造土壤耕作层的构造、提高土壤肥力，还应与灌溉、施肥制度相配合，并根据当地气候、地形特点、生产技术等综合因素加以考虑，采取适宜的耕作措施，为花卉的生长发育创造良好的土壤环境。

2.4.6　其他栽培基质

2.4.6.1　腐叶土

腐叶土由阔叶树的落叶堆积腐熟而成，含有大量的有机质，疏松、透气和透水性能好，保水、保肥能力强，质轻，是优良的传统盆栽用土，适合于多种常见的盆栽花卉，如秋海棠、仙客来、大岩桐、天南星科观叶植物、地生兰、观赏蕨类植物等。腐叶土的堆制方法：秋季将各种落叶收集起来，拌以少量的粪肥和水，堆积成高 1m、宽 2～2.5m，长数米的长方形堆，表面盖一层园土，翻动数次，经 1～3 年的堆积，春季用粗筛筛去粗大未腐烂的枝叶，经消毒后便可使用。筛出的粗大枝叶仍可继续堆积发酵，以后再用。

2.4.6.2　堆肥土

堆肥土也称腐殖土。将废旧的培养土或砂质园土和各种植物的残枝落叶、作物秸秆、温室苗圃中各种容易腐烂的垃圾废物，加少量牛马粪和人粪尿，堆积数年，每年翻动 2～3 次，使用前过筛，将未腐烂的重新放到堆内去腐烂；过筛后的堆肥土经消毒，杀灭害虫、虫卵、有害菌类及杂草种子，即可应用。堆肥土稍次于腐叶土，但仍是优良的花卉栽培用土。

2.4.6.3　泥炭土

泥炭土又称草炭、黑土，分高位泥炭和低位泥炭两类。高位泥炭是由泥炭藓、羊胡子草等形成的，主要分布在高寒地区，我国东北及西南高原很多。高位泥炭含有大量的有机质，分解程度较差，氮和灰分含量较低，酸度高，约为 pH 值 6～6.5 或更酸。低位泥炭是由低洼处的植物残体经多年沉积形成的，我国西南、华中、华北及东北有大量分布。低位泥炭一般分解程度较高，酸度较低，灰分含量较高。泥炭土含有大量的有机质，疏松、透气、透水性能好，保水持肥能力强，质地轻，无病害孢子和虫卵，是优良的盆栽花卉用土。泥炭土在加肥后可以单独盆栽，也可以和珍珠岩、蛭石、河砂等配合使用。值得注意的是，泥炭土在形成过程中，经长期的淋溶，本身的肥力甚少，在配制培养土时可根据需要加进足够的氮、磷、钾和其他微量元素肥料。

目前园艺发达国家在花卉栽培中，尤其在育苗和盆栽花卉中多以泥炭为主要盆栽基质。

2.4.6.4 河砂

河砂一般作为培养土的配制材料和扦插介质，前者要求粒径 0.2～0.5mm，后者要求粒径 1～2mm。与腐殖土、泥炭土比较，河砂透气、透水性能好，保水持肥能力差，一般不单独作为盆栽用土。

2.4.6.5 珍珠岩

珍珠岩是粉碎的岩浆岩加热至 1000℃以上膨胀形成的，具封闭的多孔性结构，质轻，通气好，无营养成分。珍珠岩可作培养土添加物，能改善盆土的物理性能，使土壤更加疏松、透气、保水，但在使用中容易浮在混合培养土的表面。

2.4.6.6 蛭石

蛭石是硅酸盐材料，在 800℃～1 100℃高温下膨胀而成。蛭石也常用作培养土添加物，但配在培养土中使用容易破碎变致密，使通气和排水性能变差，最好不用作长期盆栽植物的材料。蛭石用作扦插床基质，应选颗粒较大的，使用不能超过一年。

2.4.6.7 煤渣

煤渣作盆栽基质需粉碎过筛，去掉 1mm 以下的粉末和较大的渣块。选用 2～5mm 的粒状物，和其他盆栽用土配合使用或单独使用。

2.4.6.8 树皮

主要是栎树皮、松树皮和其他较厚而硬的树皮，具有良好的物理性能，能够代替苔藓和泥炭，作为附生植物的栽培基质。将树皮破碎成 0.2～2cm 的小块，按不同直径分筛成数种规格，小颗粒的可以与泥炭等混合，用来栽种一般盆花；大规格的栽植附生类花卉。

另外，塘泥、锯末、刨花、稻壳、椰糠、陶粒等也可作为混合栽培基质材料，各地因材料来源和习惯不同，可用上述几种材料调配栽培用土。

2.5 营养

2.5.1 营养元素

花卉生长发育所需的营养是指花卉在生长发育过程中从环境中（大气、土壤）通过吸收器官吸收的各种物质，在体内同化后构成植物机体，或形成植物生命活动所必需的能量物质，或在植物的新陈代谢过程中起直接或间接的作用，从而为植物生长发育创造良好的营养条件。

一般来讲，新鲜的花卉含有 75%～95%的水分、5%～25%的干物质。在干物质中有机物质占绝大部分，约为干物质总量的 95%，余下的为矿物质，占干物质总量的 5%。组成有机物的化学元素主要有碳、氢、氧、氮；矿物质由很多化学元素组成，其中磷、钾、硫、钙、镁、铁与前四种元素共同构成花卉生长发育所必需的大量元素。硼、锰、铜、锌等为植物生长所需的微量元素，仅占植物干重的百万分之几到万分之几，虽含量少，但不可缺少，它们对花卉的大小、多少、颜色影响很大。花卉在生长发育过程中要从空气里的二氧化碳中吸收碳，从水中吸收氢和氧，其他元素来自土壤及肥料。

花卉对氮、磷、钾的需要量最大，施肥以这三种元素为主，故又称为肥料三要素。主要元素对花卉生长的作用如下：

2.5.1.1　氮

氮是植物体内合成蛋白质和叶绿素的主要成分，是植物营养生长的主要元素。当植物缺少氮肥时，整株发育不良，生长缓慢，枝条细弱，其叶片逐渐变黄。但如果氮肥供应过多，就会造成枝叶的过分徒长，延迟开花，花朵小，而且会因组织空虚使抗逆性减弱。对开花植物而言，一般苗期至蕾期可多施些氮肥。进入开花期后，则要减少氮肥，观叶类花卉必须在整个生育期保持施用氮肥，才可保证枝叶茂盛翠绿。常用的无机肥料有尿素、碳氨、硫酸氨、硝酸铵等。

2.5.1.2　磷

磷是构成细胞核和原生质的重要成分。磷的作用是促进种子发芽，提早开花，使茎部坚韧不易倒伏，增强根的发育能力，增强抗逆性。花卉缺磷时，上述作用将会失去，叶子变成暗绿，有些叶子呈红色或紫红色。植物体内含磷过量时会引起缺铁、缺锌。一般花卉在幼苗期可适当补充些磷肥，进入花期后则要增加磷肥的施入量。常用的磷素无机肥料有过磷酸钙、磷酸二氢钾、氮磷钾复合肥、钙镁磷肥、磷矿粉等，大多数磷肥分解缓慢，常作基肥使用。

2.5.1.3　钾

钾主要对植物体内各种重要反应的酶起着活化剂的作用。钾主要集中于植物最活跃的部分，如生长点、幼叶、幼根、形成层等。钾可以使花卉茎秆坚韧、挺拔不易倒伏，增强抗逆性，促进叶绿素的形成和光合作用。植物缺钾时，叶的边缘与叶脉间会出现黄褐色的斑点，茎组织软弱。钾过量会造成植物低矮、节间缩短、叶子变色皱缩。常用的无机肥料有草木灰、硫酸钾、氯化钾、磷酸二氢钾、氮、磷、钾复合肥等。

2.5.1.4　钙

钙用于细胞壁、原生质及蛋白质的合成，促进根的发育。钙还可以降低土壤的酸碱度，是我国南方酸性土壤改良的肥料之一。植物缺钙时，嫩叶的尖端和边缘腐败，幼叶的叶尖常形成钩状，根系在上述病症出现以前已经死亡。常用的钙肥有过磷酸钙、石灰等。

2.5.1.5　硫

硫为蛋白质成分之一，能促进根系的生长，并与叶绿素的形成有关。植物缺硫叶时，淡绿色，叶脉色泽浅于叶脉相邻部分；有时发生病斑，老叶少有干枯。

2.5.1.6　铁

铁主要在叶绿素的形成中起重要作用。一般在石灰质土或碱土中易发生缺铁现象。缺铁造成新叶的叶片黄化，叶脉仍保持绿色，严重时叶缘、叶尖干枯，仅剩主脉保持绿色。常用的铁肥有黑矾、尿素铁，可用0.1%～0.2%的浓度进行根外追肥。

2.5.1.7　镁

镁在叶绿素的形成过程中是不可缺少的，对磷的可利用性有很大的影响，因此植物的需要量虽少但作用很大。植物缺镁，下部叶脉间黄化，叶脉仍为绿色，晚期出现枯斑，叶缘向上或向下反卷形成皱缩。常用的肥料有钙镁磷肥，可适量追于土中补充施肥。

2.5.1.8　硼

硼能改善氧的供应，促进根系的发育和豆科根瘤的形成，有促进开花结实的作用。缺硼时，嫩叶基部腐败，茎与叶柄极脆，根系死亡。常用的硼肥为硼酸、硼砂等，可用0.025%～0.1%的硼酸或0.05%～0.2%的硼砂溶液喷施叶片。

2.5.1.9　锰

锰对叶绿素的形成和糖类的积累转运有重要的作用，对种子的发芽和幼苗的生长及结实均有良好的影响。缺锰时，叶片整片会出现斑点，叶脉极细仍保持为绿色，形成细网状；花小而花色不良。缺锰可用0.05%～0.1%的硫酸锰（含锰24.6%）叶面喷施来补充。

花卉在生育期内肥料的供给根据各时期的生长发育特点，配合施用不同数量的营养成分，特别是氮、磷、钾三要素，避免施用单一的肥料。但如果确定植物缺少某种营养成分时，可单独补充。

2.5.2 肥料种类

2.5.2.1 有机肥料

有机肥料是一种营养元素以有机形式存在的完全肥料，含有花卉生长发育所必需的营养成分。有机肥料的特点是种类多、来源广、养分完全，不仅含氮、磷、钾，还含有微量元素、激素和抗生素等，并能调节和改善土壤物理性状，提高土壤肥力。这些作用是单一化学肥料所不能具备的。但是有机肥效缓慢、养分含量低，所以有机肥在花卉生产中常作基肥，在实际生产中必须配合增施其他速效肥料才能满足花卉的生长发育需要。

(1) 人粪尿

人粪尿是一种偏氮的完全肥料，有机质含量少，约5%～10%，含氮0.5%～0.8%、磷0.2%～0.4%、钾0.2%～0.3%、可溶盐1.5%，pH值中性，易分解，肥效快。人粪尿因含氮量较高，含磷、钾较低，所以常作氮肥施用。为了防止臭味及病菌的传染，不宜直接使用人粪尿，需经贮藏腐熟后才可使用，也可作堆肥和木屑等发酵作氮源。

(2) 堆肥

堆肥是利用各种植物残体和其他可以腐烂的废弃物，加适量氮肥或饼肥堆制，经微生物发酵而成的一种完全有机肥料，养分丰富，肥效缓慢，pH值为中性，一般作基肥用，可以提高土壤肥力，改良土壤的物理性质。

(3) 饼肥

肥饼是油料作物种子榨油后剩下的残渣用作肥料，如花生饼、豆饼、菜籽饼、芝麻饼等。饼肥的营养十分丰富，含有大量的有机质，约为75%～85%，氮占2%～7%、磷占1%～3%、钾为1%～2%。饼肥的pH值小于6，属于酸性肥料。饼肥是优质的有机肥，其肥效慢而持久，常作基肥，于播种或移苗前2～3周，将饼肥均匀撒施翻于土中；也可将饼肥泡制发酵后兑水作追肥用。肥饼中的氮、磷、钾含量见表2.1。

表2.1 饼肥氮、磷、钾含量表

种类	氮/%	磷/%	钾/%
大豆饼	6.25～7.02	1.09～1.79	1.20～1.90
花生饼	6.39	1.10	1.90
棉子饼	5.62	2.49	0.85
芝麻饼	4.90	2.00	0.92
菜子饼	4.64	0.32	0.39

(4) 禽粪

禽粪主要有鸡、鸭、鹅、鸽粪等，是良好的有机肥料，其氮、磷、钾含量均比家畜粪尿高，其中的鸡、鸽类养分含量最高，鸭鹅类养分含量低。禽粪一般作基肥用，也可经发酵后兑水作追肥用，其养分含量见表2.2。

表2.2 新鲜家禽的养分含量表/%

种类	水分	有机物	氮	磷	钾
鸡粪	50.5	25.5	1.63	1.54	0.85
鸭粪	56.6	26.2	1.10	2.40	0.62
鹅粪	77.1	23.4	0.55	0.5	0.62
鸽粪	51.0	30.8	1.76	1.78	1.00

(5) 腐殖酸类肥料

腐殖酸类肥料是以泥炭、褐炭风化煤等为原料，加入适量的速效氮、磷、钾肥混合而制成的，既含有丰富的有机质，又含速效养分，兼有速效和缓速的特点，一般与其他介质，如蛭石、珍珠岩等混合，在上盆或移栽时施用。

2.5.2.2 无机肥料(化肥和微量元素)

无机肥料又称化肥。化肥具有肥效单一、肥效快、肥分含量高等特点，在花卉栽培中常作追肥，少量可作基肥，无土栽培时也常作为配制营养液的原料，定期输送到植物的根部，满足生长发育的需要。常用的化肥有下列几种；

(1) 氮肥

花卉生产中最常用的氮肥是尿素和硫酸铵。尿素含氮量45%～46%，有吸水性，易溶于水，中性肥料，一般可用0.5%～1%的水溶液施入土中；或用0.1%～0.3%的水溶液进行根外追施，最好在傍晚进行，以免烧伤叶片。硫酸铵简称硫铵又称肥田粉，含氮量20%～21%，白色的像白砂糖，吸湿性小，易溶于水，肥效快，是生理酸性肥料，不能与碱性肥料混用，常作基肥、追肥，也可作种肥，施用时应注意覆土。硫酸铵适于喜酸性土壤的花卉施用。

(2) 磷肥

① 过磷酸钙。简称普钙，是一种能溶于水的酸性灰白色粉状磷肥，含五氧化二磷为16%～18%，吸湿，易结块，不易久放，肥效慢，常做基肥。过磷酸钙常与盆花上盆、换盆用的营养土混合补充磷肥，也可用1%～2%的水溶液施于土中，或0.5%～1%的溶液进行根外追肥。

② 磷酸二氢钾。为磷钾复合肥，白色结晶，含磷53%、钾34%，易溶于水，呈酸性反应。常用0.1%左右溶液作根外追肥，如在花蕾形成前喷施，可促进开花，花大色艳。

③ 磷酸铵。为磷酸一铵及磷酸二铵的混合物，含磷46%～50%、氮14%～18%，白色颗粒状，吸湿小，易溶于水，是高浓度的速效肥料，可做基肥和追肥。

(3) 钾肥

① 硫酸钾。白色灰白色结晶，含48%～52%，易溶于水，速效，适用于球根、块根、块茎花卉，一般作基肥效果好。也可用1%～2%的水溶液施于土中作追肥。

② 硝酸钾。白色结晶，粗制品为黄色，易溶于水，含钾45%～56%、含氮12%～15%，可作基肥和追肥。一般用1%～2%水溶液浇施于土中，0.3%～0.5%作根外追肥，适于球根花卉。

(4) 硫酸亚铁

俗称黑矾，主要作用是供给花卉生长需要的铁及中和碱性土壤的碱性。用硫酸亚铁配制的矾肥水，在花卉生长季节作根外追肥可使花卉叶片翠绿，对喜酸的花卉如杜鹃、茶花、桂花等尤其适宜。

(5) 硼酸

硼酸是一种微量元素，在花卉孕蕾期喷施，可提高开花的数量，并能防止落花、落蕾。

除上述几种肥料外，还有一些复合肥(如氮、磷、钾三元复合肥)和花卉专用肥，营养元素较全，使用起来卫生方便，既适合大田及温室花卉使用，更适宜室内盆栽观赏花卉。

总之，肥料的施用必须根据花卉吸收养分的特性和对土壤的要求，做到合理施肥，提高施肥质量、节约成本。花卉任何生长时期对肥料的需求都不是单一的，为满足生长的需要，常常需同时补充几种或多种营养元素。

2.6 气体

2.6.1 氧气(O_2)

氧气是花卉呼吸作用必不可少的，植物进行呼吸作用，吸收二氧化碳释放氧气产生能量，成为生命活动的动力。有氧呼吸通过吸收氧气放出二氧化碳大大提高了新陈代谢的效能。通常大气中氧气的含量为 21%，足以满足花卉的呼吸作用。但花卉的地下部分生长在土壤中，如果土壤过于板结或浇水太多，就会造成土壤中缺乏氧气，正常的有氧呼吸就会受到抑制，而造成新根的生长受阻。另一方面由于缺乏氧气，造成植物厌氧呼吸，产生大量酒精，毒害根系，缺氧严重时，嫌气性微生物大量滋生，引起根系腐烂而导致全株死亡。因此当土壤板结时，必须采取土壤改良、土壤松土等技术措施增加土壤的通透性。

2.6.2 二氧化碳(CO_2)

二氧化碳是绿色植物进行光合作用、制造有机物的原料之一。它在空气中的含量通常只有 0.03%。通常白天植物光合作用过程中吸收二氧化碳的速度总是超过呼吸作用释放二氧化碳浓度。因此为了提高光合效率，增加花卉的产量，在温室、大棚的条件下，常可采取相应措施(人工增加)提高空气中二氧化碳的浓度。但二氧化碳的浓度不能超过 0.3%，否则会对植物产生危害。当二氧化碳浓度过高时，可通过松土、通风来克服。

2.6.3 氨气(NH_3)

空气中氨的含量过高时，如小棚育苗时使用的氮肥会释放出氨气，在通风不良时，花卉的叶缘立即会出现烧伤症状，严重时会整株死亡。温室栽培中经常施用的氮肥肥水，或肥水缸加盖不严，都会增加空气中氨气的含量，为避免其对花卉的危害，应注意通风。

2.6.4 二氧化硫(SO_2)

化工厂、造纸厂及温室栽培中加温设施的使用不当都会向空气中释放一定量的二氧化硫，当空气中的二氧化硫超过 0.002%时，就会造成花卉叶脉间出现退绿斑点，严重时叶脉变黄褐或白色，叶片脱落。花卉对二氧化硫的吸收是通过叶片的气孔进入，叶肉吸收后变成亚硫酸盐，使细胞叶绿体破坏，组织脱水而死亡。对二氧化硫敏感的花卉有矮牵牛、百日草、玫瑰、石竹、唐菖蒲、天竺葵、月季等；较抗二氧化硫的有美人蕉。为防止二氧化硫危害，首先应对工厂区的污染进行处理。温室中注意加温的炉灶（煤加温）与花卉隔开，并防止烟道漏烟直接进入花卉场地。

2.6.5　其他有害气体

工矿企业的烟囱冒出的烟，下水道所排出的废气、废水，除含有二氧化硫外，还有氟化氢、氯化氢、硫化氢等。当这些废气到达一定的浓度就会对花卉产生危害，造成叶缘变褐、植株矮化、早期落叶、不能开花结实等现象，所以必须采取措施杜绝污染源。另外在花卉品种的选育上应注意选育一些抗污染的花卉，以抵抗这些有害气体。

2.7　生物因素

环境中的生物因子有动物、植物和微生物。生物因素对花卉的影响，主要指对花卉的生长发育过程中危害比较多的病害及虫害。

2.7.1　病害

2.7.1.1　病害概述

花卉病害是指花卉受不良环境或病原生物的侵害后，所发生的外观生理上的不正常表现。花卉的病害分侵染性病害和非侵染性病害两大类，以侵染性病害的危害最多、最普遍。

（1）非侵染性病害

非侵染性病害又叫生理性病害，是因花卉所生长的环境条件不适而造成的花卉的非正常表现。如土壤营养元素不足造成的缺素表现；过强的光照对植物叶片造成的日灼病；环境中的有害气体、农药，或化肥使用不正确而造成的病害。这种病害没有传染性。一方面满足花卉生长所需的营养及环境条件，另一方面使花卉生长发育健壮，可以克服非传染性病害。

（2）侵染性病害

侵染性病害是由病原性生物引起的，有传染性。主要的病原物种类有真菌、细菌、线虫、病毒、寄生性种子植物等。预防方法首先应选育抗病品种；其次，避免连作同一种类的花卉，以免传染相同病害。防治方法有多种，如植物检疫，种子、苗木消毒，清园消毒，及时销毁病株，加强环境卫生，清除杂草，通风透光，浇水时尽量避免淋浇花叶。在病害发生初期及时喷药，较易控制侵染性病害。另外，合理施肥，使植株生长健壮，可增强抗性。

2.7.1.2　常见病害及药剂防治方法

（1）猝倒病

猝倒病又叫立枯病，属真菌性病害，主要危害花卉的幼苗。此病发生时，常使幼苗近地表处茎基部出现水渍状腐烂、缢束，造成幼苗倒伏。猝倒病传染快，严重时成片倒伏，短期内叶片仍呈正常绿色。如果嫩茎木质化后被侵染时，死亡后仍然直立，但易被折断。防治猝倒病首先注意土壤及种子的消毒；药剂防治可在发病初期喷75％百菌清800倍液，40％代森锰锌及70％甲基托布津1 000～1 500倍液。

（2）白粉病

白粉病属于真菌性病害，在花卉中发生较普遍，栽培品种中蔷薇科及温室草花中较常见。

感病时，植株受侵染部位布满白粉，呈现卷曲、畸形等症状。

该病露地每年8、9月为害最重。分生孢子可受多次重复侵染，若防治不及时，可造成病害的大量传染。药剂防治，在木本花卉休眠期可喷施3～4度的波美石硫合剂，以消灭芽内越冬病菌；生长期可在初发生时用粉锈宁1000～2000倍或70%的甲基托布津1000～1500倍液喷杀。

(3) 叶斑病

花卉的叶斑病种类很多，主要有黑斑、褐斑、紫斑、白斑、灰斑等，是花卉叶片上最常发生的一种真菌性病害，防治不及时会造成花卉的早期落叶，影响产量。

该病以每年的夏秋季发生最严重。可在病害发生之前喷0.5%～0.1%的波尔多液保护植物。发病初期喷50%代森锰锌500～600倍液效果很好，喷药前注意先摘除病叶。

(4) 枯萎病

枯萎病常发生在成苗期，发病植株最初表现为生长缓慢，下部叶片失绿发黄，失去光泽，病害逐渐向植株上部扩展，最后全株叶片枯萎下垂、变褐死亡。有时植株一侧感病，而另一侧表现正常。病株病茎部微肿，表皮粗糙，间有裂缝，潮湿时可见白色霉状物。球根花卉球茎感病，最初球茎表而出现水渍状红褐色至暗褐色小斑，扩大后病斑呈圆形或不规则形，略凹陷，呈环状萎缩、腐烂。球茎受害严重的不能抽芽；受害轻的也可抽芽、开花，但最后叶尖还是变黄并逐渐蔓延，致全株死亡。花朵受害后，花瓣变窄，色变深，不能正常开放。

用50%多菌灵可湿性粉剂200～400倍，或50%代森铵乳剂800倍液淋浇土壤可防治枯萎病。挖球时应在晴天，挖出后尽快晒晾使球充分干燥，放置通风良好处贮藏，可减少球茎病害的发生。

(5) 软腐病

软腐病为细菌性病害，多在球根、宿根花卉中发生，软腐后有恶臭。常见的细菌性软腐病有仙客来软腐病、君子兰软腐病、唐菖蒲软腐病、马蹄莲软腐病等，病害发生较为普遍，并且具毁灭性。如仙客来软腐病，病害使叶柄、花发生水渍状，出现暗绿色和褐色粘滑性软腐，上下蔓延，进而侵入健康的叶柄、花；严重时，球茎内部腐败，软糊状有臭味，7、8月高温高湿期发生严重。

发病初期喷洒农用链霉素1000倍液可控制病害。

(6) 病毒病

病毒病是花卉植物中最为严重的一类毁灭性病害，植株一旦感病，花朵畸形，残缺变色，花的质量和产量明显下降，且很难以药剂防治，使之恢复。

病毒病传染性很强，可以通过蚜虫、土壤、种苗机械摩擦等途经传播，很多花卉的繁殖常采用营养体，或球根、球茎繁殖，是病毒逐渐加重的主要原因。

因病毒的药剂治愈效果很差，所以其防治主要要从减少病原和传播途经开始。首先，繁殖材料应选用无毒株，现采用茎尖培养经脱毒培养新的种苗是一种防止病毒很好的手段；其次，田间栽培一旦发现病株必须及时拔除烧毁；另外，要及时杀灭虫害以减少传染媒介。

2.7.2 虫害

花卉常见的虫害有蛴螬、介壳虫、夜蛾、蚜虫、螨虫、温室粉虱等。

(1) 蛴螬

蛴螬又名地老虎，是金龟子的幼虫，也是常见的土壤害虫。蛴螬主要咬食各种花卉幼苗的根茎部，使受害植株地上部叶片萎蔫。蛴螬一年有两次危害高峰。早春 3～4 月天气转暖，地下越冬的蛴螬开始活动；7～8 月当年卵所出的新一代蛴螬危害逐渐严重。用 50％的辛硫膦乳油1 000～1 500倍液浇根际，灭虫率可达 100％。

(2) 斜纹夜蛾

斜纹夜蛾又名夜盗虫，遍及全国许多省市，寄主很广，在菊花、月季、天竺葵、百合、仙客来、香石竹、菖兰、万寿菊、扶郎等许多花卉上都有发生，以每年 6～9 月危害严重。

幼虫危害期可喷 50％锌硫磷乳剂 1500 倍液，能有效防治，或用合成菊酯类1 000～2 000倍液喷施。发生严重时，可夜晚人工捕杀卵块和初孵未散的幼虫。

(3) 介壳虫

介壳虫种类很多，一年发生一代，以受精雌成虫越冬，翌年 5 月下旬起陆续开始产卵，6 月初先后孵化。其孵化期是药剂防治的最佳时期，也可用人工将其刮除。在孵化期喷施 40％氧化乐果或 50％久效磷1 000倍液，或 20％杀灭菊酯1 500～2 000倍液，从 6 月上旬起间隔 10 天喷一次，连喷 3 次可获及理想效果。

(4) 蚜虫

蚜虫种类极多，危害极广。蚜虫繁殖力很强，在夏季 4～5 天就能繁殖一代。蚜虫以刺吸式口器刺入植物组织内吸取汁液，多在嫩芽、嫩叶处危害。蚜虫危害期间排泄蜜露诱发煤烟病，使植株枝叶呈现一层污黑覆盖物，影响光合作用，并大大降低切花的观赏价值。此外，蚜虫在危害过程中，还能传播病毒。在初发期喷施乐果或氧化乐果1 000～1 500倍或杀灭菊酯2 000倍液。

(5) 螨虫

螨虫种类很多，分布全国各地。成虫或若虫以口器刺吸汁液。被害叶片初期呈黄白色小斑点，以后逐渐扩展到全叶，很快枯萎脱落。螨虫危害花蕾，可造成花蕾发育不良；切花僵硬、畸形、残缺、花瓣失色，失去商品价值，危害严重时可造成长时间无正常花朵产出。

防治方法有：及时剥除感染螨虫的叶片、花蕾等并销毁；清除杂草等，消灭越冬虫源。药剂防治以三氯杀螨醇效果最好，浓度为 800～1 000倍；也可用 30％克螨特乳油2 000倍，20％马扑立克乳油2 000倍及 20％双甲脒乳油1 000倍液防治。但叶螨易产生抗药性，所以使用药剂防治时，必须注意农药的交替使用。

(6) 温室白粉虱

温室白粉虱又名小白蛾子，在全国各地都有发生。该虫在不同地点发生代数有差异，从北方温室到南方露地一年可发生 9～10 代，且世代重叠，彻底灭杀较难；华东及华南地区以卵在室外越冬。雌雄成虫都有双翅，偶有惊动即乱飞。其幼虫一般都在叶背刺吸汁液，造成叶片失绿发黄。温室白粉虱会排泄大量蜜露，引起煤污病的发生，同时可传染病毒病。

成虫有趋黄性，可用黄色塑料板涂油诱粘。20％杀灭菊酯或 40％氧化乐果或 50％杀虫冥硫磷1 000～1 500倍都有良好效果。严重危害时喷施扑虱灵（灭虱灵）2 000倍液或 10％天王星乳油（联苯菊酯）4 000倍液防治。因飞虱世代重叠，喷药需每隔 7～10d 喷 1 次，连喷 3～4 次才能灭除。

对于虫害的防治，国内传统的方法多以农药解决。由于用药不科学和害虫的不断进化，使害虫的抗药性不断增强，不得不加大药量，或制造新药，这些农药对人体健康的危害不容忽视，因此现在提倡选择性的使用生物农药，对治虫有效，对人无毒，也可保护天敌。

2.8 环境条件的综合作用

在花卉的生长发育过程中，环境条件起着不可替代的作用，而且它们之间还相互影响，左右花卉的生长。

花卉生活的环境因子中，在一定条件下常因一个因子的变化而引起花卉对其他因子需求的变化。例如，许多花卉冬季因温度降低，对水分的需求也相应减少，有的花卉如仙人掌类甚至不需要水分；夏季来临后，随温度的不断升高，水分又成了花卉生存的主导因子。

此外，在环境因子对花卉的综合作用过程中，某些因子的缺乏可以由其他因子补偿。如弱光下光合作用减弱，可以在一定范围内增加二氧化碳的供给来提高光合强度。但不能超出一定的范围，因环境因子是不能相互替代的。

花卉的生长发育受环境诸因子综合作用的影响，但是生长发育的速率受需要量最低而强度比较小的因子制约。因此花卉培育过程中常采用各种技术措施以满足花卉对主导环境因子的需求，同时还应不断调整它与其他因子之间的相互影响，只有经常协调这些因子才能获得优质高产的花卉。

思考题

1. 根据对温度的不同要求花卉分为哪几类？举出一些常见花卉的例子。
2. 简述草本花卉从播种到开花结果的不同生育阶段对温度的不同要求。
3. 何为春化现象？
4. 花卉不同的生育阶段对水分的要求如何？
5. 举例说明哪些花卉为喜阳花卉，哪些为喜阴花卉，哪些为长日照花卉，哪些为短日照花卉。
6. 何为侵染性病害？何为非侵染性病害？花卉生产中常见的病害种类有哪些？

3 花卉栽培设施

花卉栽培是较为精细的栽培，现代社会的发展为花卉生产提出了更高的要求，不仅要求花卉种类丰富，高产优质，而且要求不受地区和季节限制达到周年生产，这就必须有一定的设施保障，同时设施也为花卉的集约栽培、工厂化生产创造了条件。设施栽培在花卉生产中有不可替代的地位，常见的花卉栽培设施有温室、塑料大棚、荫棚、温床、冷床等。

3.1 温室

温室是用能透光的材料覆盖屋面形成的植物保护性栽培设施。在不利于花卉生长的自然环境中，温室能够创造适宜植物生长发育的条件。在我国北方及华东地区，一些原产热带、亚热带的植物，冬季都要进入温室养护，或利用温室条件进行促成或抑制栽培。温室是花卉生产中必不可少的设施之一。

3.1.1 国内外温室发展概况

早在2000多年前，即公元前221～前206年，秦始皇就密令"冬种瓜于骊山谷中温处，瓜实成"。造纸术发明后出现了纸温室，并开始了人工加温的温室生产。公元前3～公元69年，罗马帝国应用云母片覆盖物生产早熟黄瓜。唐朝(公元618～907年)用天然温泉进行瓜类栽培。到了17世纪，法国、美国、德国、英国等国已有温室生产。19世纪世界已有加温温室、玻璃覆盖温室。二次世界大战后，由于塑料工业的发展，塑料薄膜成为覆盖材料，质轻价廉，日本等国家大力发展塑料温室。20世纪70年代后大型钢架温室出现，连栋温室成片建成，可以形成几公顷至十几公顷的规模，而且室内加温、降温、灌水、换气、多层覆盖、二氧化碳施肥以及水耕栽培等设施配套，应用计算机管理、自动控制和远距离遥控成为现实。近20年来，温室在我国得到迅猛发展，北方建成塑料日光温室，面积已达十几万公顷，用来栽培蔬菜、花卉。进入20世纪90年代，我国各地从荷兰、美国、以色列等国引进现代化大型温室，主要用于花卉、蔬菜工厂化生产和育苗，已取得一些成功经验。目前国内已有能生产现代化大型温室成套设备的厂家。各地相继建成一批以现代化大型温室为主体的高科技农业示范园，为我国的温室工厂化生产展现了美好的前景。

3.1.2 温室的类型和结构

温室的种类繁多，一两种温室往往满足不了花卉生产的需要，一般按花卉栽培目的、室内温度、栽培的花卉种类以及覆盖材料、建筑结构等进行分类。

3.1.2.1 根据冬季室内需要保持的温度分类

(1) 高温温室

室温在18℃～32℃，主要栽培原产热带的植物，也可用于花卉的促成栽培，还可在冬季生产切花或替代繁殖温室使用。

(2) 中温温室

室温在 12℃～25℃，主要栽培养护原产亚热带和热带高原的植物，亦可供一、二年生草本花卉进行育苗和栽培。

(3) 低温温室

室温 7℃～16℃，主要用于栽培养护原产亚热带和大部分暖温带的常绿花木越冬使用，亦可用于贮存不耐寒的球根及扦插月季等。

(4) 冷室

室温为 0℃～10℃，可用于亚热带、暖温带植物越冬，还可贮存水生花卉的宿根和耐寒力强的宿根和球根。

3.1.2.2 根据花卉栽培目的分类

(1) 展览温室

展览温室也称“观赏温室”、“陈列温室”，多建在公园、植物园、植物研究所或其他公共场所，用于展览各种花卉、盆景等，供观赏、科研、科普和教学使用。展览温室外形较为美观，室内宽敞。

(2) 繁殖温室

繁殖温室专用于播种或扦插。室内设有扦插床、苗床、台架等。其建筑形式多采用半地下式，以便保温、保湿。

(3) 盆花温室

盆花温室用于生产和养护各类盆花。室内需设有花架，最好采用起脊倾斜式温室。

(4) 切花温室

切花温室用于鲜切花的周年生产，为地栽温室，有良好的光照、加温保温、遮阳、通风、降温等条件。该温室的室内地面应充分利用，只留出很少的步道和畦埂即可。

(5) 促成温室

促成温室又叫催花温室，专供冬季花卉的促成栽培之用，随着花卉的生长要求，可以控制温度的高低。

3.1.2.3 根据栽培植物分类

植物种类不同对环境的要求也不同，一些研究单位和专业生产单位常建专业温室，每个温室只养一种花卉。

(1) 兰花温室

室内保持中温，不需过多阳光，室内安装弥雾机定时喷雾，以保持 90%以上的相对湿度。

(2) 菊花温室

室内要求低温干燥的环境，可供菊花秋冬扦插，保存母株，存放盆花，养护大立菊、塔菊等。

(3) 棕榈室

室内要求中温或高温，通风良好，夏季可遮阳。屋顶应高大，地栽面积大。

(4) 王莲室

室内要求高温，光照条件好，室内均为水面。

(5) 蕨类室

室内要求遮阳和潮湿环境，保持中温和低温，湿度要求较大。

(6) 多浆植物室

主要栽培仙人掌和多浆植物，室内要求阳光充足，高温干燥，地栽池用粗砂和小砾石作基质。

3.1.2.4 根据覆盖材料分类

(1) 玻璃温室

用玻璃作覆盖物，这也是应用比较普遍的材料。玻璃温室的优点是透光性好，保温力强，使用年限长，但投资费用高。

(2) 塑料薄膜温室

用塑料薄膜作覆盖材料，其主要原料是聚氯乙烯(PVC)和聚乙烯(PE)树脂。目前主要产品有 PVC 和 PE 防老化膜、无滴膜等，使用寿命 1～2 年。

(3) 聚碳酸酯中空板、波瓦板

聚碳酸酯类塑料制品属硬质材料，具有透光好、保温、轻便、强度高、抗击穿、抗破坏性强的特点，易于设计造型，波瓦板厚度在 1mm 左右。中空板有双层和三层结构，使用寿命在 10 年以上，是新一代玻璃代替产品，但材料造价高，多用于温室侧墙。

3.1.2.5 根据建筑式成分类

(1) 双屋面脊式温室

双屋面脊式温室主要采用钢、木、铝合金作为框架，覆盖玻璃或聚碳酸酯硬质材料，主要采光面向东西方向，南北延伸。屋面角应小于 35°。该温室有单脊式和连脊式两种形式。其光线充足，但保温性能差，昼夜温差大，多在长江流域使用。双屋面脊式温室见图 3.1。

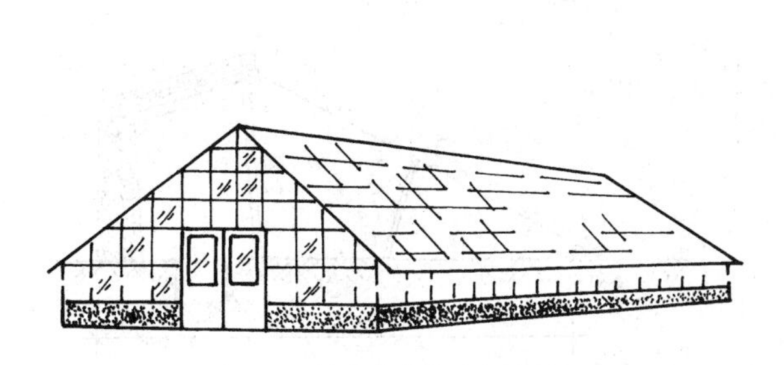

(a) 单脊式温室示意图

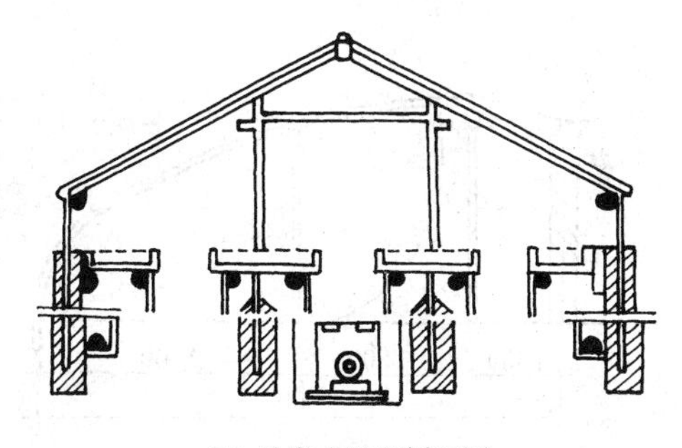

(b) 单脊式温室剖面图

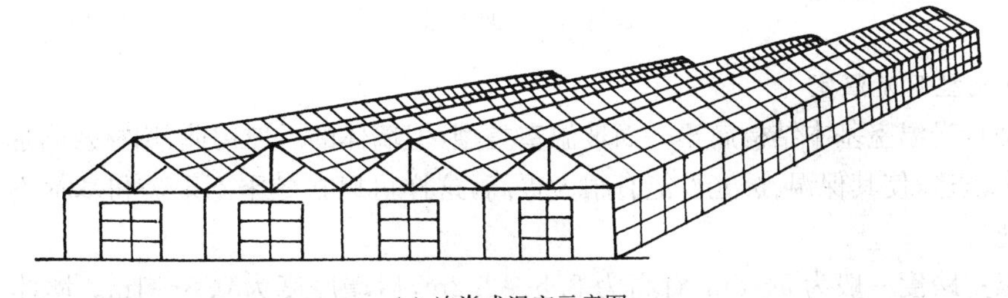

(c) 连脊式温室示意图

图 3.1 双屋面脊式温室

(2) 拱形温室

拱形温室多为南北向延伸，太阳光从东西两侧进入室内。因太阳散射光多，室内光线均匀柔和，空间利用率高。这种温室一般以镀锌钢管为框架，覆盖塑料薄膜，有些采用双层塑料膜中间充气以增加保温效果，一般都设有加温和通风降温系统。拱形温室可分为单拱和连拱型两种。在大规模生产中使用连拱型温室，比单拱温室节能30%以上。拱形温度见图3.2。

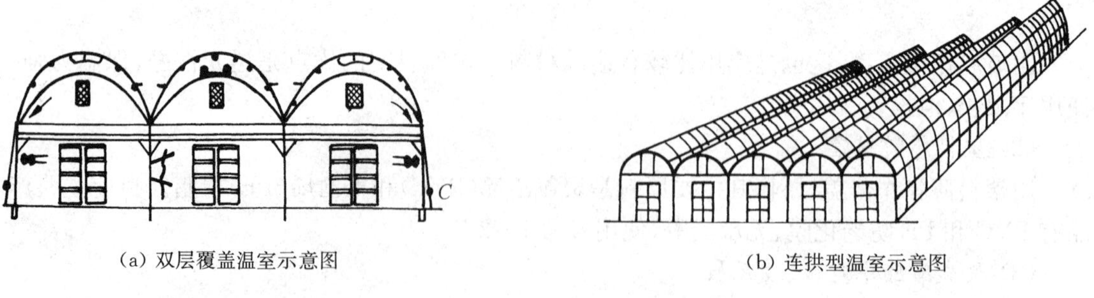

(a) 双层覆盖温室示意图

(b) 连拱型温室示意图

图3.2 拱形温室

(3) 一面坡温室

一面坡温室有全坡式、非全坡式和弧形坡式三种形式。这三种温室都是东西延伸，坡面向南倾斜。全坡式温室从顶部呈一个平面倾斜，前窗和坡面用玻璃覆盖。非全坡式温室南北两侧屋面坡度相同，但倾斜长度不同，北侧较南侧短，其中前坡占温室的3/4，与前窗一起用玻璃覆盖；后坡占温室跨度的1/4，由水泥板和其他材料覆盖。弧形坡式顶部朝南的一面为弓形框架，以塑料薄膜覆盖。这三种温室的后墙和山墙大多为砖结构，因此结构牢固并有较好的保温隔热作用，且造价低廉；但不足之处是三面为墙，采光较差，通风不良。一面坡温室见图3.3。

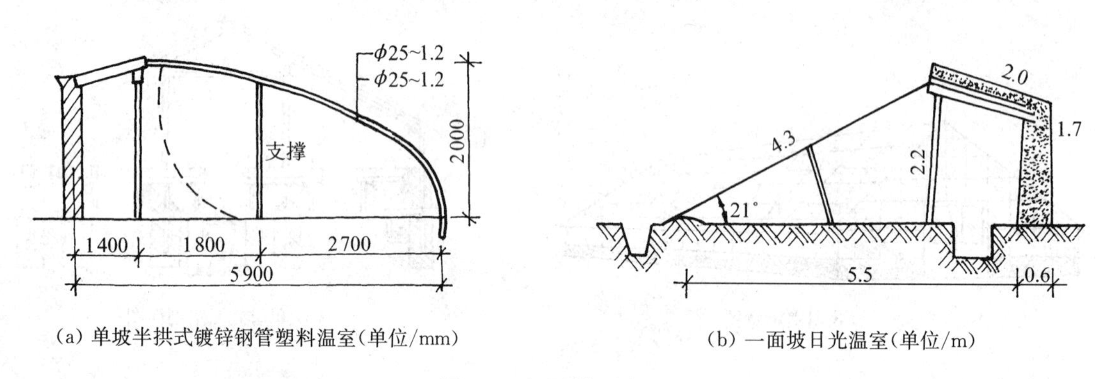

(a) 单坡半拱式镀锌钢管塑料温室(单位/mm)

(b) 一面坡日光温室(单位/m)

图3.3 一面坡温室

(4) 节能型日光温室

节能型日光温室基本结构属于一面坡温室类型，但墙体的后坡构造、用材及附加设备等方面做了很多改造，使其保温、透光性能有很大提高，这样可以在冬季不采暖和基本不采暖的条件下生产花卉。

日光温室跨度一般为5～8m，脊高为2.5～3.2m，后墙厚度为0.8～1m。墙体一般为三层，两墙中间为隔热层，填充珍珠岩、锯末等多孔材料，外墙多为加气混凝土墙。温室承力骨架由竹片、竹竿、钢筋或钢管构成。后屋面多由预制板和一些保温性能好的材料复合而成。温室前坡多为半拱形，上面覆盖塑料薄膜。温室内还设有加温设备，以便在阴天或夜间温度太低时补温。目前较常见的日光温室为全钢结构，造价低，室内无柱，操作空间大，易于机械化作业，且经久耐用。日光温室见图 3.4。

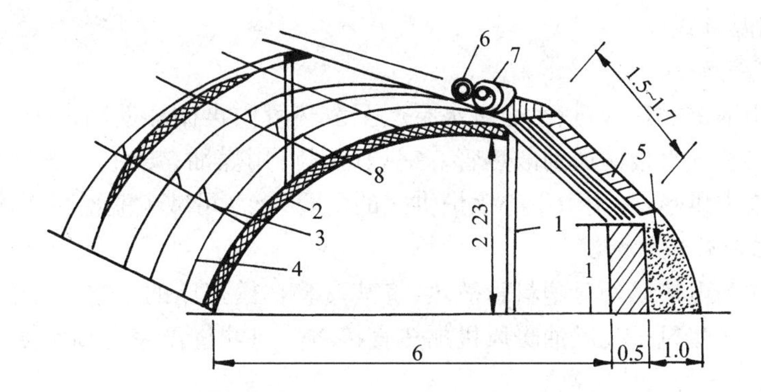

图 3.4　节能型日光温室(单位/m)

1. 中柱　2. 钢架　3. 横向拉杆　4. 拱杆

5. 后墙后坡　6. 纸被　7. 草帘　8. 吊柱

3.1.3　温室的设计

3.1.3.1　温室设计的基本要求

设计温室主要根据使用目的及观赏植物的栽培方式、种类，当地纬度和气候条件的不同来确定采取温室的结构和形式。温室设计应满足植物生长所需的温度、光照、湿度，符合不同植物的生态特性。

3.1.3.2　温室选址

温室选址应考虑光照及通风条件，如树林、树丛及建筑物北侧不宜建造温室，而应建在其南侧。温室应建在地势略为高燥、地下水位低的地方，以防雨季积水；选择地势平坦，土质良好的地方以利于温室花卉的生长；此外还要考虑水源、电源交通等是否便利等因素。

3.1.3.3　温室的间距

设计温室群的重要问题是温室的间距。所有温室应尽可能集中，以利于管理和保温，但以彼此不遮光为原则。东西向温室之间的距离，由于中午前后彼此没有遮阳现象，在管理方便和有利通风的前提下，两排之间的距离以不小于温室高度的两倍为宜。

3.1.3.4　温室的总体尺寸设计

温室面积的大小，应根据生产需要、栽培花卉的种类以及加温通风条件而定。一般生产温室宜大，盆栽或供繁殖用的温室宜小。学校、植物园的标本温室，公园的展览温室需要栽培不同环境条件的各种观赏植物，应根据需要分隔成各种不同的小间。

全坡式温室的宽度一般为 3～3.5m，半坡式结构为 5～10m，双屋面温室可达 5～24m，但跨度越大，屋顶的高度也越高。一般生产性温室的脊高达 3～8m，观赏性温室和栽培高大植物的温室可达 10m 以上。温室的长度主要应考虑管理和使用上的方便，宽度和长度应有一定比例，一般小温室长度不超过 50m；大面积生产温室的长度可根据实际需要而定。

3.1.4　温室的附属设施

3.1.4.1　加热设施

(1) 烟道加热

烟道加温方式由炉灶、烟道、烟囱三部分组成。烟道为主要散热部分，烟道与炉灶应有一定坡度，烟囱应高出温室屋脊。炉灶一般烧煤，热能利用率低，且污染空气，并占据部分栽培用地，是较落后的加温方式。

(2) 热水和蒸气加热

热水加热是用锅炉加热水，热水通过水泵运至散热管内再循环返回锅炉。蒸气加热是利用锅炉将水加热为蒸气直接输送到散热管。锅炉燃料可用煤油、柴油、天然气、液化气等。大规模花卉生产应集中供热，采用由中心锅炉供热的采暖系统，可减少能耗和环境污染。

(3) 电热加温和暖风机加温

电热加温方式为电热线外套塑料管散热，将其安装在繁殖床的土壤中，用来提高土温，或用裸线加热气温。电暖风机或燃油暖风机加热直接将热风吹进温室提高室温，即直接将热空气吹入温室，使温室气温很快提高。

3.1.4.2　保温设施

在冬季，温室除靠人工加温外，还要利用温室白昼所吸收的日光辐射热，应尽量防止热量在夜晚散出。常用蒲草、稻草和芦苇编制成草帘夜间覆盖保温。草帘一般宽 2.2～2.4m，长可根据需要而定。此外化纤保温被、纸被、泡沫塑料、棉被等也可用作温室覆盖保温。

3.1.4.3　补光遮光设施

温室内墙面涂白或北墙内侧设置反光镜、反射板、反射膜可增加室内光照 30%以上，并可提高气温和地温，是花钱少、效益高的补光设施。为促成栽培还需要在温室内设置人工补光的白炽灯、荧光灯、高压钠灯等，一般挂在栽培床的正上方，依据植物的不同需要进行人工补光。

温室内遮光设施主要用来进行人工短日照处理，一般用双层黑布或黑塑料膜制成可以往复扯动的黑幕，根据不同植物对短日照要求进行人工遮光。

3.1.4.4　通风降温和遮阳设施

(1) 通风

我国双屋面脊式温室和一面坡温室一般在顶部和侧面设通风窗，有的还在后墙开小窗。顶窗侧窗和后窗打开可形成空气对流，达到通风排湿作用。温室内还可装空气压缩机，把吹风机设在下部，产生人造风，对通风换气、夏季降温也十分有效。

(2) 降温

一般温室降温主要依靠通风窗和门进行，如果通风换气无法满足要求时，需要降温设备。

(3) 遮阳

常用的遮阳材料有芦帘、竹帘、遮阳网等，根据植物对遮光的不同需要，编制成不同遮光率的帘膜，夏季光照过强时，用遮阳网覆盖整个温室，形成遮阳降温效果。

3.1.4.5　花架与栽培床

(1) 花架

花架是用来放置盆栽植物的，常见的有平台架和阶梯式台架。平台架一般宽 100cm，高度为 80cm。阶梯台架最多不超过三阶，每阶高出前一阶 20～30cm。台架通常用木板，钢筋水泥、角钢或镀锌钢材制作。

(2) 栽培床

栽培床用于室内观赏植物的栽培，就地设置的为地床，高出地面的为高床。地床是用砖在地面砌成一长方形槽，壁高 30cm，内肋宽 100cm，长度不限，通常延南北向砌成。高床离地面 50～60cm，床内深 20～30cm，一般用混凝土制成。还有一种用于生产种苗的苗床或扦插床，与栽培床大同小异，但床中所装基质的种类和厚度不同。

3.2　现代温室

现代温室(俗称智能温室)是设施园艺中的高级类型，设施内的环境实现了计算机自动控制，基本上不受自然气候条件下灾害性天气和不良环境条件的影响，能周年全天候进行设施园艺作物生产的大型温室。现以世界最大的温室生产企业之一——美国胖龙温室公司(已在我国建立独资企业)生产的几款温室为例，了解现代温室的结构和性能。

3.2.1　现代温室的主要类型

(1) WJK-108 文洛式温室

WJK-108 文洛式温室采用热镀锌钢制骨架、进口/国产聚碳酸酯中空板覆盖材料，铝合金型材或专用聚碳酸酯连接 / 密封卡件。

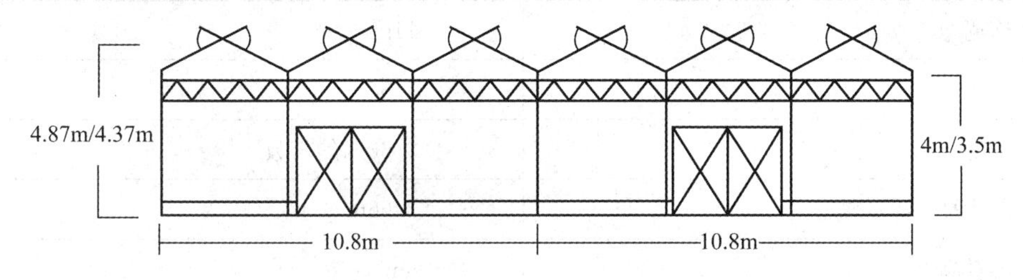

图 3.5　WJK-108 文洛式温室

WJK-108 温室见图 3.5，一跨三尖顶，具有小屋顶、多雨槽、大跨度、格构架结构等特点，内部可方便地设置隔间。温室屋顶相对低矮，冬季可节省加热能耗。温室有很强的排水能力，可大面积连栋；可设置外遮阳设备。

表 3.1　WJK-108 温室技术指标

栋宽	10.8m
开间	4m
长度	4m 的倍数
雨槽高	4m / 3.5m
屋脊高	4.87m / 4.37m
抗雪载	0.3kN / m^2
抗风载	0.5kN / m^2
吊挂载荷	15kg/m^2

V-96 文洛式玻璃温室的覆盖材料为国产 4mm 厚浮法玻璃，透光率大于 96%。温室顶部及四周为专用铝型材，其余形式、结构同 WJK-108 文洛式温室。

(2) SU-110 温室

SU-110 温室见图 3.6，为尖顶温室，采用热镀锌钢制骨架，聚碳酸酯中空板覆盖材料，铝合金型材或专用聚碳酸酯连接 / 密封卡件。

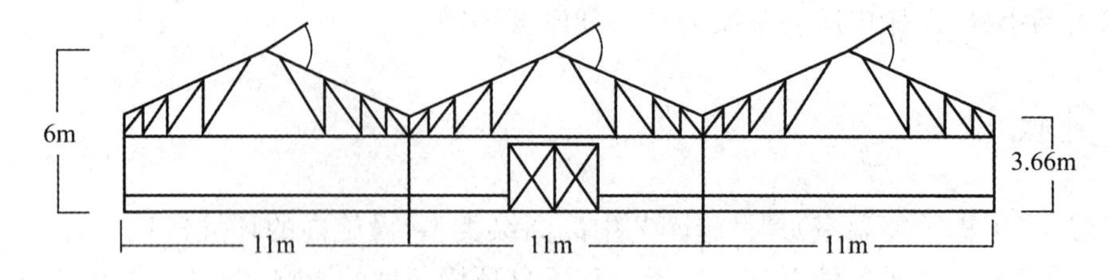

图 3.6　SU-110 型温室

SU-110 温室的四周墙面也可以根据用户的需要选配玻璃等其他材料。外部可增设外遮阳设备。

SU-110 温室顶窗采用铝合金型材，宽度为 1m，开其角度为 40°，可单双两侧开窗。窗的起落可采用手控或计算机自动控制方式实现。侧窗可以配置齿条外翻窗、直齿条外翻窗或铝合金/塑钢推拉窗。

表 3.2　SU-110 温室技术指标

栋宽	11m
开间	3.66m
长度	3.66m 的倍数
雨槽高	3.66m
屋脊高	6m
抗雪载	0.30kN / m^2
抗风载	0.50kN / m^2
推拉门	3.2×2.8 3.2×2.5

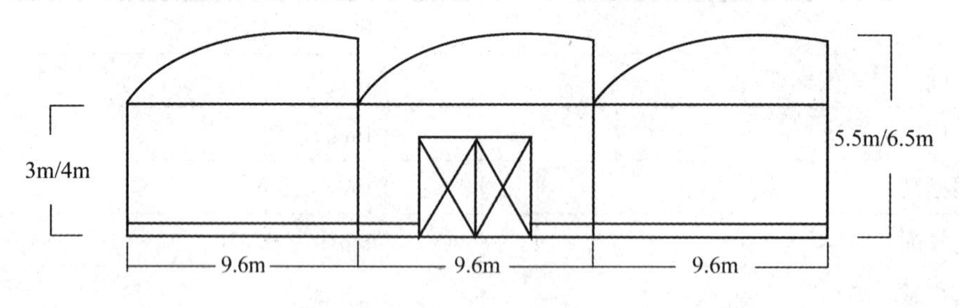

图 3.7　JFA-96 型温室

(3) JFA-96 型温室

JFA-96 型温室见图 3.7，为拱顶锯齿型自由通风窗温室，所有杆件之间均采用螺栓铰连接；立柱顶端装有大流量的排水槽；自由通风窗位于每栋温室的排水槽上部，通过电动卷膜或 POLYVENT 气墙可将通风窗徐徐开启，窗的启落可通过按钮手动或控制器自动控制实现。

JFA-96 温室具有通风面积大、空气流动性好、自然降温效果明显等特点。

在温室四周可安装双层充气齿条外翻窗，有良好的保温作用。温室安装手动或电动的卷帘芘，该窗适合环境温度较高的地方。整座温室由侧窗和顶窗构成了良好的通风系统。

为解决冬季保温问题，温室在周边及顶部的各种窗子内侧都装有备用的卡槽、卡丝，以备冬季安装备用薄膜(夏季可装防虫网)。这样备用薄膜与窗子相配合可产生良好的保温效果。外部可增设外遮阳设备。

表 3.3　JFA-96 型温室技术指标

栋宽	9.6m
开间	4m
长度	4m 的倍数
雨槽高	3m / 4m
顶高	5.5m / 6.5m
抗雪载	0.30kN / m^2
抗风载	0.50kN / m^2
对开推拉门	3m×2.5m

该温室根据不同地区、不同气候条件及不同的作物生长需要还可配制以下温室设备：降温加湿系统、加热系统、遮阳幕系统、灌溉施肥系统、防虫网系统、计算机控制系统、补光系统、二氧化碳补充系统等。

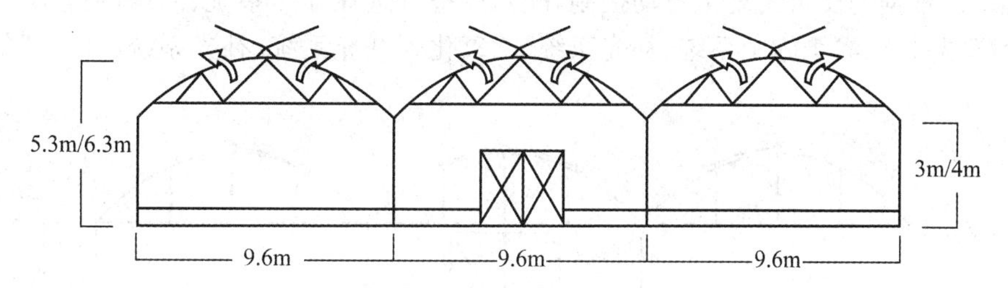

图 3.8　WGK-96 型温室

(4) WGK-96 型温室

WGK-96 型温室见图 3.8，为尖弧顶蝶式顶开窗温室。顶部及四周均为双层充气膜覆盖。该温室为轻型钢结构，顶部拱梁采用国产热镀锌管，立柱、顶窗为结构用冷弯矩型管，所有杆件之间均采用螺栓铰连接，立柱顶端装有大流量的排水槽。

蝶式通风窗位于温室的屋脊处(通风率约为 35%)，通过电机带动齿轮 / 齿条可将顶窗徐徐开启。窗的启闭可通过按钮手动或通过控制器自动控制实现。外部可增设外遮阳设备。

WGK-96 型温室具有以下优点：顶窗开在屋脊部，顺应了热空气的流动方向，有利于空气的流动和热量的散失，有助于夏季降温和除湿。拱顶的弧线为了满足雨水的下流和减少积雪的需要，作了特殊处理，设计更趋完美，提高了温室的抗雪载能力，减少冷凝水下滴，降低了由于湿度过大而引发菌病的发生率。

温室的栋宽加大，内部空间增大，有利于室内操作。两扇顶窗可独立开启。当风较大时，朝风向一扇窗户可关闭，而另一扇可照常开启。也可配置单侧顶窗。

表 3.4 WGK-96 型温室技术指标

栋宽	9.6m
开间	4m
长度	4m 的倍数，总长小于 100m
雨槽高	3m / 4m
屋脊高	5.3m / 6.3m
抗雪载	0.30kN / m^2
抗风载	0.50kN / m^2
对开推拉门	2.95m×2.8m

与 WGK-96 型温室同类型的还有 WGK-80 型温室，它们具有共同的特点：双层膜充气后，可以形成厚厚的气囊，能有效地防止热量流失和阻止冷空气的侵入，保温效果好，冬季运行成本低。由顶窗和侧窗组成的通风系统可充分利用自然风来使温室降温和除湿，外部可增设外遮阳设备。故夏季用于降温的费用相对较少。温室制造成本相对较低，属经济型温室，适用于我国大部分地区。

温室的端面及两侧可选用聚碳酸酯中空板覆盖，外表美观漂亮，保温效果优于双层膜，且使用寿命要高得多，一般在十年以上。对于寒冷地区，为了增加其保温效果，温室的北端面还可选用保温板覆盖，而温暖地区则可选用波浪板覆盖。这类温室既可作为生产型温室，也可作为育苗温室。根据需要可实现全自动控制，配套设备可选择加热系统、内保温遮阳幕系统、微雾或水帘降温系统、灌溉施肥系统、补光系统、二氧化碳补充系统、补光系统、计算机综合控制系统等。

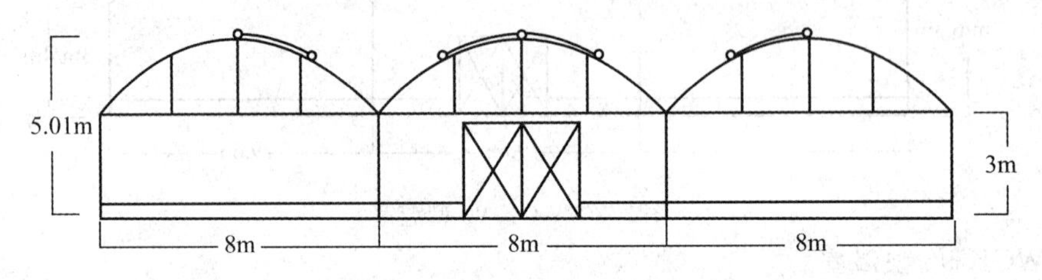

图 3.9 WGJ-80 型温室

(5) WGJ-80 型温室

WGJ-80 型温室见图 3.9，系胖龙公司针对中国南方大部分地区的实际情况而专门开发的尖弧顶单膜温室，采用了较高的风雪载荷指标，美观耐用。

温室主体骨架采用国产热镀锌型材，特别适合南方多雨潮湿情况。针对南方雨量大的特点，采用大容量雨槽，保证雨水及时排泄。

温室主拱采用三吊杆结构，并对周边跨及端跨进行加强处理。

温室顶部采用进口无滴膜，周边选用进口长寿膜(也可选国产膜)，墙裙覆盖加强膜，采用铝合金卡槽及塑包卡丝固膜。

用户可根据需要选用不同目数的防虫网，防止来自外部的害虫进入温室内部造成无法估量的损失。操作灵活的大面积通风系统，可充分利用自然风力。温室在顶部屋脊两侧各设 2m 宽顶窗(8 级风)，或雨槽两侧各设 2m 宽的顶窗 (10 级风)，通风面积达 5%；四周设 2m 高侧窗,加上精心设计的温室长宽比,构成了良好的自然通风降温系统。通风窗全部采用手动/电动卷帘,手动卷膜器使操作更省力,而用户可根据实际需要和天气情况灵活选择天窗侧窗的开启数量和高度,从而较好地调节温室内的环境。

表 3.5 WGJ-80 型温室技术指标

项目	指标
栋宽	8m
开间	4m
雨槽高	3m
屋脊高	5.01m
长度	4m 的倍数
宽度	8m 的倍数
抗雪载	0.3kN/m^2
抗风载	0.5kN/m^2

3.2.2 现代温室的配套设备与应用

3.2.2.1 自然通风系统

自然通风系统是温室通风换气、调节室温的主要方式,一般分为顶窗通风、侧窗通风和顶侧窗通风等三种方式。侧窗通风有转动式、卷帘式和移动式三种类型。玻璃温室多采用转动式和移动式;薄膜温室多采用卷帘式。屋顶通风天窗的设置方式多种多样,如何在通风面积、结构强度、运行可靠性和空气交换效果等方面兼顾,综合优化结构设计与施工是提高高温、高湿情况下自然通气效果的关键。

3.2.2.2 加热系统

加热系统与通风系统结合,可为温室内作物生长创造适宜的温度和湿度条件。目前冬季加热方式多采用集中供热、分区控制方式,主要有热水管道加热和热风加热两种系统。

(1) 热水管道加热系统

热水管道加热系统由锅炉、锅炉房、调节组、连接附件及传感器、进水及回水主管、温室内的散热管等组成。在供热调控过程中,调节组是关键环节,主调节组和分调节组分别对主输水管、分输水管的水温按计算机系统指令,通过调节阀门叶片的角度来实现水温高低的调节。温室散热管道有圆翼型和光管型两种,设置方式有升降式和固定式之分,按排列位置可分垂直和水平排列两种方式。

热水加热系统在我国通常采用燃煤加热,其优点是室温均匀,停止加热后室温下降速度慢,水平式加热管道还可兼作温室高架作业车的运行轨道;缺点是室温升高慢,设备材料多,一次性投资大,安装维修费时费工,燃煤排出的炉渣、烟尘污染环境,需占用土地。

(2) 热风加热系统

热风加热系统是利用热风炉通过风机把热风送入温室各部位加热的方式。该系统由热风炉、送气管道(一般用 PE 膜做成)、附件及传感器等组成。

热风加热系统采用燃油或燃气加热,其特点是室温升高快,停止加热后降温也快,易形成叶面渍水,加热效果不及热水管道加热系统,但节省设备资材,安装维修方便,占地面积少,一次性投资少等，适于面积小、加温周期短、局部或临时加热需求大的温室使用。温室面积规模大的，仍需采用燃煤锅炉热水供暖方式，运行成本低，能较好地保证作物生长所需的温度。

此外，温室的加温还可利用工厂余热、太阳能集热加温器、地下热交换等节能技术。

3.2.2.3 帘幕系统

帘幕系统包括帘幕系统和传动系统，帘幕依安装位置可分为内遮阳保温幕和外遮阳幕两种。

(1) 内遮阳保温幕

内遮阳保温幕是采用铝箔条或镀铝膜与聚酯线条间隔经特殊工艺编织而成的缀铝膜。按保温和遮阳不同要求，嵌入不同比例的铝箔条，具有保温节能、遮阳降温、防水滴、减少土壤蒸发和作物蒸腾，从而节约灌溉用水的功效。这种密闭型膜可用于白天温室遮阳降温和夜间保温。夜间因其能隔断红外光波，阻止热量散失，故具有保湿效果。在晴朗冬夜盖膜的不加温温室比不盖膜的平均增温 3℃～4℃，最高达 7℃，可节能 20%～40%；而白天覆盖铝箔可反射光能 95%以上，因而具有良好的降温作用。目前有瑞典产和国产的适于无顶通风温室及北方严寒地区应用的密闭型遮阳保温幕，也有适于自然通风温室的透气型幕等多种规格产品可供选用。

(2) 外遮阳系统

外遮阳系统利用遮光率为 70%或 50%的透气黑色网幕或缀铝膜(铝箔条比例较少)覆盖于离顶通风温室顶 30～50cm 处，比不覆盖的可降低室温 4℃～7℃，最多时可降 10℃，同时也可防止作物受强光灼伤，提高作物的品质和质量。

幕帘的传动系统有钢索轴拉幕系统和齿轮齿条拉幕系统两种。前者传动速度快，成本低；后者传动平稳，可靠性高，但造价略高，两种都可自动控制或手动控制。

3.2.2.4 降温系统

暖地温室夏季热蓄积严重，降温可提高设施利用率，实现冬夏两用型温室的建造目标。常见的降温系统有：

(1) 喷雾降温系统

喷雾降温系统使用普通水，经过喷雾系统自身配备的两级微米级过滤系统过滤后进入高压泵，经加压后的水通过管路输送到雾嘴，高压水流以高速撞击针式雾嘴的针，从而形成微米级的雾粒，喷入温室，迅速蒸发以大量吸收空气中的热量，然后将潮湿空气排出室外达到降温目的，适于相对湿度较低、自然通风好的温室应用。喷雾降温系统不仅降温成本低，而且降温效果好，其降温能力在 3℃～10℃之间，是一种最新降温技术，一般适宜长度超过 40m 的温室采用。该系统也可用于喷农药、施叶面肥和加湿及人工造景等。多功能喷雾系统产品依功率大小有多种规格。

(2) 湿帘降温系统

湿帘降温系统利用水的蒸发降温原理实现降温。以水泵将水输送至湿帘墙上，使特制的湿帘能确保水分均匀淋湿整个降温湿帘墙。湿帘通常安装在温室北墙上，以避免遮光影响作物生长。风扇则安装在南墙上，当需要降温时，启动风扇将温室内的空气抽出，形成负压；室外空气因负压被吸入室内的过程中以一定速度从湿帘缝隙穿过，与潮湿介质表面的水汽进行热交换，导致水分蒸发和冷却，冷空气进入温室吸热后经风扇再度排出而达到降温目的。在炎夏晴天，尤其中午温度达最高值、相对湿度最低时，降温效果最好，是一种简易有效的降温系统，但高湿季节或地区降温效果不佳。

3.2.2.5 补光系统

补光系统成本高，目前仅在效益高的工厂化育苗温室中使用，主要是弥补冬季或阴雨天因光照不足对育苗质量的影响。所采用的光源灯具有防潮设计、使用寿命长、发光效率高、光输出量比普通钠灯高 10%以上等特点。补光系统由于是作为光合作用能源，补充阳光不足，要求光强在 10klx 以上，悬挂的位置宜与栽植行相垂直。

3.2.2.6 补气系统

补气系统包括二氧化碳施肥系统和环流风机两部分。

(1) 二氧化碳施肥系统

二氧化碳气源可直接使用贮气罐或贮液罐中的工业用二氧化碳，也可利用二氧化碳发生器将煤油或石油气等碳氢化合物通过充分燃烧而释放二氧化碳。如采用二氧化碳发生器可将发生器直接悬挂在钢架结构上；采用贮气贮液罐则需通过配置的电磁阀、鼓风机和输送管道把二氧化碳均匀地分布到整个温室空间。为及时检测二氧化碳浓度，需在室内安装二氧化碳分析仪，通过计算机控制系统检测并实现对二氧化碳浓度的精确控制。

(2) 环流风机

在封闭的温室内，二氧化碳通过管道分布到室内，均匀性较差，启动环流风机可提高二氧化碳浓度分布的均匀性，此外通过风机还可以促进室内温度、相对湿度分布均匀，从而保证室内作物生长的一致性，并能将湿热空气从通气窗排出，实现降温的效果。荷兰产的环流风机采用防潮设计，具有变频调速功能，换气量达 4 280m^3/h、转速 250～1 400r/min，送风距离约 45m。

3.2.2.7 灌溉和施肥系统

灌溉和施肥系统包括水源、储水及供给设施、水处理设施、灌溉和施肥设施、田间管道系统、灌水器如滴头等。进行基质栽培时，可采用肥水回收装置，将多余的肥水收集起来，重复利用或排放到温室外面；在土壤栽培时，在作物根区土层下铺设暗管，以利排水。现代温室采用雨水回收设施，可将降落到温室屋面的雨水全部回收，成为一种理想的水源。在整个灌溉施肥系统中，灌溉首部配置是保证系统功能完善程度和运行可靠性的一个重要部分。常见的灌溉系统有适于地栽作物的滴灌系统、适于基质袋培和盆栽的滴灌系统、适于温室矮生地栽作物喷嘴向上的喷灌系统或喷嘴向下的倒悬式喷灌系统，以及适于工厂化育苗的悬挂式可往复移动式喷灌系统（带有启动器，智能控制喷灌地块，具有自动变速、停运、退回等功能），见图 3.10。

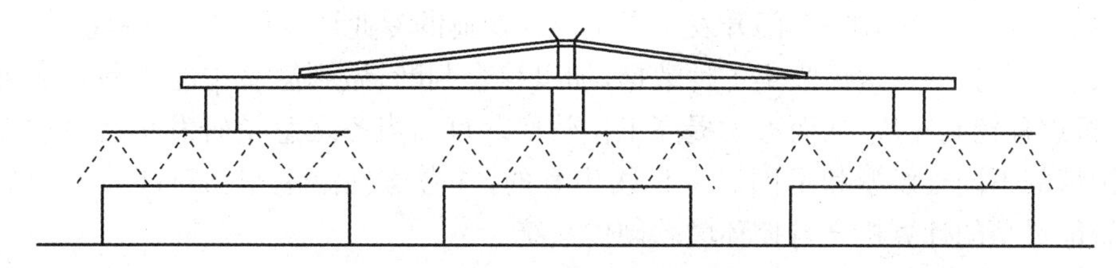

图 3.10 自走式喷雾器示意图

在灌溉施肥系统中，目前多采用混合罐方式，即在灌溉水和肥料施到田间前，按系统 EC 值和 pH 值的设定范围，首先在混合罐中将水和肥料均匀混合，同时进行定时检测，当 EC 值、pH 值未达到设定标准值时，至田间网络的阀门关闭，水肥重新回到罐中进行混合。同时为防止不同化学成分混合时发生沉淀，设A、B罐与酸碱液。在混合前有二次过滤，以防堵塞。灌溉设施首部是肥料泵重要的部分，依其工作原理分为文丘里式注肥器、水力驱动式肥料泵、无排液式水力驱动肥料泵和电驱动肥料泵等。

3.2.2.8 滑动花架

一般每间温室，除了纵向的花床外，还需留有多条通道，以便进行操作，却致使温室的有效利用面积只有总面积的2/3左右。使用滑动花架，每间温室只需留出一条通道，温室有效面积可以提高到86%～88%，并节约燃料及各种费用。滑动花架是将花床的座脚固定后，用两根纵长的镀锌钢管放在花架和座脚之间，利用管子的滚动，花架可以左右滑动。当上面摆满盆花时，在任何温室一端用手即能容易地拉动，变换通道位置。

3.2.2.9 活动花框

使用活动花框可以减少人工搬摆盆花的劳动消耗，能使大量盆花很容易地从温室移到工作室、荫棚、冷气室或装车的地方。花框呈长方形式浅盘状，大小一般为1.2m×3.6m～1.5m×6m，框边高10～12cm，用铝制成，很轻，框边放在两条固定的钢管上，框底有滚筒能在钢管上滚动，每个花框可以推滚到过道，装车后移向目的地。这种框除了能沿钢管纵向移动外，还能左右滑动40～50cm，留出人行道。固定钢管在冬天还可以通热水，兼作加温用。

除上述配套设施外，有的温室还配以穴盘育苗精量播种生产线、组装式蓄水池、消毒用蒸气发生器、各种小型农机具等配件。

3.2.2.10 计算机自动控制系统

自动控制是现代温室环境控制的核心技术，可自动检测温室气候和土壤参数，并对温室内配置的所有设备实现自动控制和优化运行，如开窗、加温、降温、加湿、光照和二氧化碳补气，灌溉施肥和环流通气等。计算机自动控制系统不是简单的数字控制，而是基于专家系统的智能控制。一个完整的自动控制系统包括气象监测站、微机、打印机、主控制器、温湿度传感器、控制软件等。控制设备依其复杂程度、价格高低、温室使用规模大小等不同的要求，有不同的产品。较普及的是微处理机型的控制器，以电子集成电路(IC)为主体，利用中央控制器的计算能力与记忆体贮存资料的能力进行控制作业，可担任开关控制或多段控制的功能，在控制策略上还可使用比例控制、积分控制或整个控制技术的整合体。近年由于单片机的功能不断加强、成本降低而日渐普及。荷兰现代大型温室使用的专用环控计算机，是一种适于农业环境下使用的能耐温湿度变化、又能忍受瞬间高压电流的专用计算机，具有强大运算功能、逻辑判断功能与记忆功能，能对多种气候因子参数进行综合处理，能定时控制并记录资料，并可连接通信设备进行异常警告通知，其性能更稳定，具有可控一栋或多栋的两种控制器模块。此外，目前还针对大规模温室生产需求，专门开发了温室环控作业的专业计算机中央控制系统，可实施信号远程传送，利用数据传送机收集各种数据，加以综合判断，做到温室中花卉栽培从种到收完全由计算机远程控制完成，从而大大提高工作效率。目前当务之急是研发具有自主知识产权的、符合国情的不同气候型和不同温室作物生育的，并考虑到温室作物对环境的影响这一因素，研发智能灵巧的计算机全自控环境软硬件系统。

3.3 塑料大棚

塑料大棚是不加温的大型花卉越冬设备，造价低廉，大多可随意拆装、更换地点，夏季可以拆掉薄膜作露地花圃使用；在北方还可以替代温室或代替冷床，早春播种一、二年生花卉以及一些花木的扦插繁殖。在南方秋冬季可以利用塑料大棚不用加温进行花卉生产，而在鲜切花生产上，可以"春提早，秋延后"，能获得较好的经济效益。塑料大棚应用较多和比较实用的主要有以下几种类型：

3.3.1　竹木结构大棚

竹木结构大棚跨度为 12～14m，矢高 2.6～2.7m，以 3～6cm 宽的竹片为拱杆，按棚宽每 2m 左右设一立柱，拱杆间距 1～1.1m。立柱为木杆或水泥预制柱。拱杆上盖薄膜，两拱杆间用 8 号铅丝做压膜线，两端固定在预埋的地锚上。竹木结构大棚优点是造价低廉，建造容易；缺点是棚内柱子多，遮光率高，作业不方便，抗风雪荷载能力差。

3.3.2　悬梁吊柱竹木拱架大棚

悬梁吊柱竹木拱架大棚跨度为 10～13m，矢高 2.2～2.4m，长度不超过 60m，中柱为木杆或水泥预制柱，纵向每 3m 一根，横向每排 6～4 根。用木杆或竹秆作纵向拉梁，把立柱拉成一个整体，在拉梁上每个拱杆下设一立柱，下端固定在拉梁上，上端支撑拱架。拱杆用竹片或细竹竿作成，间距 1m。拱杆固定在各排柱与吊柱上，两端入地，盖膜后用 8 号铅丝做压膜线。该大棚减少部分支柱，但仍有较强的抗风载雪能力。

3.3.3　拉筋吊柱大棚

拉筋吊柱大棚跨度 12m 左右，长 40～60m，矢高 2.2m，肩高 1.5m，水泥柱间距 2.5～3m，水泥柱用 6 号钢筋纵向连接成一个整体，在拄筋上穿设 20cm 长吊柱支撑拱杆，拱杆用 3m 左右的竹片，间距 1m，覆盖薄膜及压膜线。该大棚支柱较少，减少遮光，作业较方便。

3.3.4　装配式镀锌薄壁钢管大棚

装配式镀锌薄壁钢管大棚跨度 6～8m，矢高 2.5～3m，长 30～50m，用薄形钢管制成拱杆、拉杆、立柱（两端棚头用），经热镀锌可使用 10 年以上；用卡具套管连接棚杆，组装成棚架；覆盖薄膜，用卡膜槽固定。此棚属定型产品，组装拆卸方便，棚内空间大，无柱，作业方便，目前使用普遍，但造价稍高。装配式镀锌薄壁大棚见图 3.11。

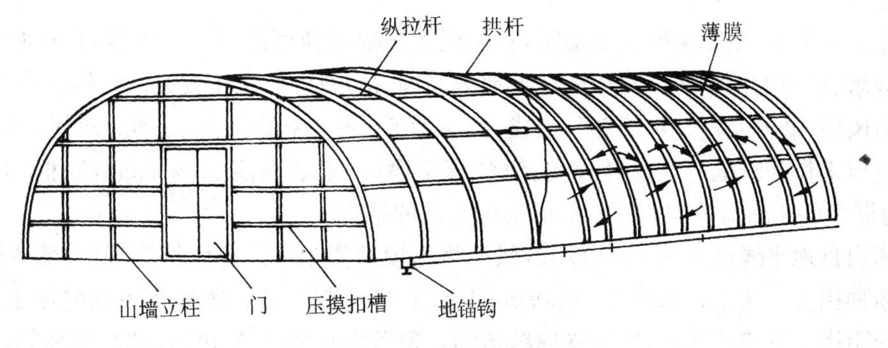

图 3-11　塑料大棚

3.3.5 无柱钢架大棚

该大棚跨度 10～12m，矢高 2.5～2.7m，每隔 1m 设一道桁架，桁架上下弦及拉花用钢筋焊接而成，桁架下弦用五道纵向拉梁，为防拱梁扭曲，拉梁上用钢筋焊接两个斜向小立柱支撑在拱架上。上盖一大块薄膜，两肩下盖 1m 高底脚围裙，便于扒缝放风，压膜线与前几种相同。此棚无柱，透光好，作业方便，有利于保温，但造价较高。

3.4 其他栽培设施

3.4.1 荫棚

荫棚是培育观赏植物不可缺少的设施，具有避免阳光直射、降低温度、增加湿度、减少蒸腾等特点，为阴性、半阴性、中性花卉的养护，以及为上盆或翻盆、缓苗、嫩枝扦插、幼苗管理创造了适宜的环境。荫棚应选在地势高燥，通风与排水良好的地方。用于摆放温室花卉的荫棚，应建在温室附近，以方便出房及日常管理。温室花卉用的荫棚一般高 2～3m，宽 6m，其长度依摆放盆数而定。永久性荫棚的棚架材料多用水泥钢筋预制成梁或钢管等。用于扦插或播种用的临时性荫棚一般宽度为 50～100cm，长度则根据需要而定，多以竹材作棚架。用于遮阳的材料多用竹、苇帘、木板条及黑色遮阳网等，按照不同材料以及花卉遮阳要求采用单层或多层覆盖。荫棚内应设置水泥预制摆盆台架，地面可铺设煤渣和砖以防积水。荫棚见图 3.12。

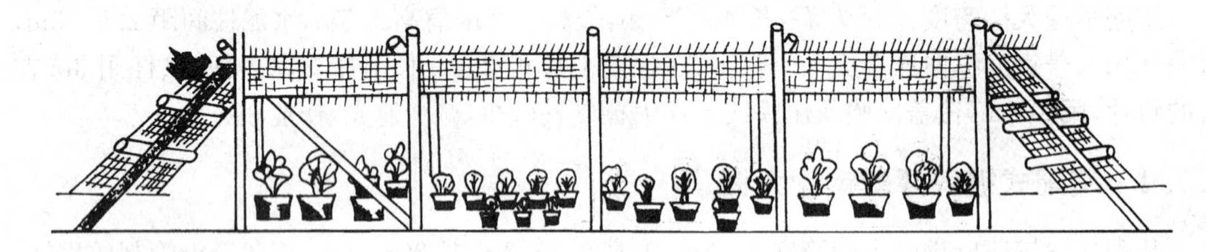

图 3.12 荫棚

3.4.2 冷床、温床

3.4.2.1 冷床

冷床又称阳畦，是不需要人工加温，只利用太阳辐射即可维持一定温度，使植物安全越冬或提早栽培、繁殖的栽培床。冷床应选择地势高燥、排水良好、土质较黏、背风向阳的地方。冷床通常由风障、畦埂及覆盖物三部分组成，按东西 5～6m、南北 1.4～1.6m 放线，然后把线框内的土挖出来作为畦框。畦框经夯实、铲削等工序，一般北框高 30～50cm，底框 40cm，顶宽 20cm；南框 20～40cm，顶宽 25cm，形成南低北高的结构。

冷床内自地平线以下挖 30～40cm，然后将土埂踏实拍平。冷床打造好后，装入配制好的扦插和播种用土。床上面保持 20～30cm 的空间，供花苗生长。然后在南北畦埂上，按 60cm 左右的间距搭上竹竿或木棒，用来支撑覆盖物。覆盖物常用玻璃、窗框、塑料薄膜等，以保持床内温度。风障设在苗床北侧，用芦苇、高粱秆、玉米秆作材料，向南倾斜与地面呈 70°～80°的夹角。

3.4.2.2 温床

温床除利用太阳辐射热外，还需人工加热，以维持一定温度，是供促成栽培或越冬之用的栽培床，是常用的保护地类型之一。温床保护性能明显高于冷床，是不耐寒植物越冬、一年生花卉提早播种、二年生花卉促花的简易设施。温床结构与冷床相仿，见图 3.13，四周床框用砖砌筑，床内深度根据酿热物的厚度确定(酿热物厚度由床内所需温度高低确定)。

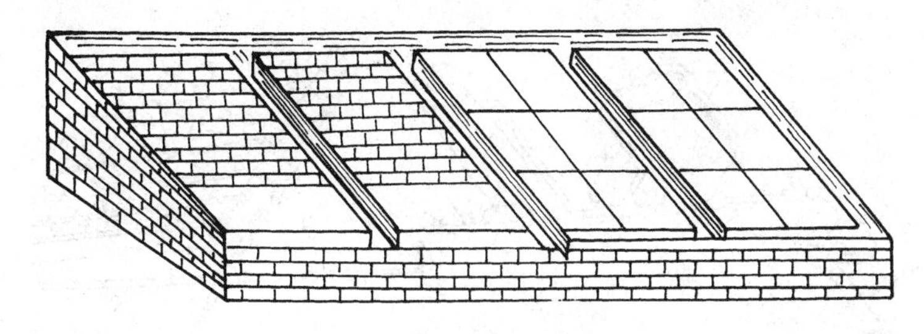

图 3.13 砖木结构温床

温床加温可分为发酵热和电热两类。发酵热的发酵物依其发酵速度快慢可分为两类：马粪、鸡粪、蚕粪、米糠等具有发热快，但持续时间短的特点；稻草、落叶、猪粪、牛粪及有机垃圾等发酵慢但持续时间长。在实际应用中，可将两者结合。床内填充物为三层，下层为发热迟缓的碎草；中层为快速发热的牛马粪，以 15cm 左右为一层，每次填完要踏实，并加入适量人粪尿或水，使其发酵；待温度稳定后，再铺一层 10～15cm 厚的培养土或河砂、蛭石、珍珠岩等物。发酵温床由于设置复杂，不易控温，现较少采用。目前多用可控温、升温快、热量分布均匀、使用方便的电热温床。电热温床主要由电热线、控温器、继电器、配电箱等组成。电热线选用外包塑料绝缘、耗电少、发热 50℃～60℃、电阻适中的加热线，在铺设线路前先垫 10～15cm 厚的煤渣，再盖 5cm 厚的沙，加热线在沙上以 15cm 间隔铺设，最后覆土。

3.4.3 灌溉设施与用具

灌溉设施是花卉生产的重要设施之一。由于灌溉方式不同而采用不同的设施、用具。

3.4.3.1 漫灌

漫灌主要由水源、水渠、动力设备、胶管等组成。电水泵将自来水或水源水送至总水渠，然后再分配到各级分水渠，最后送到种植畦内，或者将自来水通过管道和胶管直接灌入畦中。这是传统的灌溉方式，也是对水资源利用最差的一种方式。

3.4.3.2 喷灌

喷灌是用动力将水喷洒到空中，充分雾化后成为小水滴，然后像下雨一样，降落到地面的一种灌溉方式。喷灌系统由喷头、喷灌泵、动力机械、喷灌输水管道、喷灌机组成。喷灌一般分固定式喷灌和移动式喷灌两种。

固定式喷灌一般指管道按一定的间距安置，固定不变，并按一定距离安设喷头进行喷洒。喷头为固定式喷灌系统的关键设备，主要有散水式喷头和摇臂式喷头两大类。散水式喷头又可分为折射式、缝隙式及离心式三种。在花卉生产中可根据花卉种类、生产目的选择不同的喷头。

3.4.3.3 滴灌

滴灌是滴水灌溉的总称，是将水增压、过滤、通过低压管道达滴头，以点滴的方式，经常地、缓慢地滴入植物根部附近，使植物主要根区的土壤经常保持最优含水状况的灌溉方式。

一个典型的滴灌系统由贮水池(水源)、水泵、过滤器、化肥罐、输水管道、阀门滴头和控制器等组成，见图3.14。一般利用河水、井水等水源都应设贮水池，但如果用自来水，则可不用贮水池和水泵，因为自来水本身有一定压力。过滤器是滴灌中至关重要的设备，因此贮水池出口以及水泵出口处都应装有过滤器，这样可有效地防止滴头被水垢及杂质堵塞。

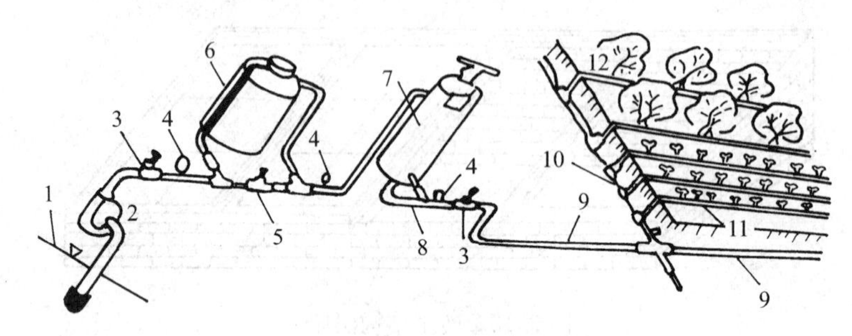

图3.14 典型微灌系统组成图

1. 源 2. 水泵 3. 阀门 4. 压力表 5. 调压阀 6. 化肥罐
7. 过滤器 8. 冲洗管 9. 干管 10. 毛管 11、12. 滴头

滴灌系统分为地面滴灌和盆栽滴灌。地面滴灌所用的滴水器根据结构不同有多种类型，较为先进的为涡旋式双壁滴灌等，有特殊的迷宫式内部设计，可防止水孔堵塞，节水节肥。盆栽滴灌在细小的塑料管一端有个小喷头和固定器，另一端插在总管上，总管共插20根细管，总管和输水管连接，由定时器控制。滴灌可将水直接送到根区，大大提高水的利用率，一般可节水50%～60%，同时土壤表面和叶片湿润度减小，减少了病虫害发生，滴灌通常与施肥结合，大大提高了肥料的利用率，减少了肥料的用量，为现代温室常用的灌溉方式之一。

3.4.3.4 毛细管吸水装置

毛细管吸水装置又称吸水垫，是通过毛细管作用，从盆底孔引水进入盆内。先在花床上铺上黑色聚乙烯薄膜以防漏水，其上放垫(人造纤维)，然后给水。这种方法的优点是盆内无机肥不会因淋溶而损失，介质始终保持湿润，安装容易；缺点是花床要求水平，易长青苔，垫的使用寿命不长。

3.4.3.5 喷壶

喷壶是花卉栽培必备的浇灌工具，常用来浇灌盆花、苗床、清洗叶面和追施液肥。喷壶由壶体、提把、喷嘴和喷头组成，常有大、中、小三种规格，可根据需要选用。喷头一般不焊死，装上喷头可洒水、淋水，卸下喷头可浇水和追施液肥，同时也便于清除喷头和壶嘴内堵塞的污物。喷头分粗眼和细眼两种，每把喷壶上应各配一个。粗眼喷头用于喷洒叶面和降温增湿，细眼喷头供播种和扦插苗床使用。在给花卉和盆花群浇水时，还要特制长嘴喷头。养护怕水淋的仙人球等花卉时，还应制作小型细嘴浇壶供使用。

3.4.4 栽培容器

为满足育苗、生产、观赏和陈列时的不同需要，花卉栽培常用以下各类容器：

3.4.4.1 泥瓦盆

泥瓦盆用黄黏土烧制，根据工艺不同有黑泥盆和红泥盆两种，盆底中央有排水孔，通气透水性非常好。泥瓦盆根据口径和颜色深浅不同有多种规格。由于泥瓦盆价格低廉，且有利于植物生长发育,盆花生产上大量使用,缺点是易破碎,不美观。口径 50cm 左右、深度 20cm 左右、底部多孔的泥瓦盆是专为盆播育苗用盆。

3.4.4.2　瓷盆

瓷盆用瓷泥烧制而成,有圆形,六棱状圆形和方筒形。前两种体量很大,供室内摆花时作套盆使用;后者很小,为栽植微型盆景时使用。瓷盆细腻美观,并绘有精美图案,主要供陈列观赏或作套盆使用;缺点是不透水不透气,对植物生长不利。

3.4.4.3　陶盆

陶盆有两种,一种是素陶盆,用陶泥烧制成,有一定通气性;另一种是在素陶盆上加一层彩釉,比较精美坚固,但不透气。

3.4.4.4　紫砂盆

制作紫砂盆的泥料有红色的朱砂泥、紫色的紫泥和米黄色的团山泥。紫砂盆以江苏宜兴产的最好,成为我国独特的工艺产品。紫砂盆精致美观,有微弱的通气性,多用来养护室内名贵的中小型盆花,或栽植树桩盆景用。

3.4.4.5　塑料盆

塑料盆以硬质塑料加工制成,有各种形状、规格,可大量生产,价格便宜,质轻,不易破损,色彩丰富,观赏效果好,但透气排水性较差,使用时需配以疏松介质,应用日趋普及。塑料盆还可以制成各种规格的育花穴盘,用于大型机械化播种育苗。

3.4.4.6　兰花盆

兰花盆主要为气生兰及附生蕨类专用,盆壁有各种形状孔洞。使用时以蕨根、棕皮、苔藓、泥炭块或砖块将植物固定在盆中,根可从盆孔中伸出来,给予植物湿润的生长环境,满足气生根的需求。

3.4.4.7　水盆

水盆盆底无排水孔,可以盛水,浅者用于山石盆景或培养水仙;大的为荷花缸,可以栽植荷花、睡莲等。

3.4.4.8　其他容器

其他容器还有拼制活动花坛的种植钵或种植箱,外形美观,色彩简洁淡雅、柔和,制作材料有玻璃钢、泡沫砖、混凝土和木材等。

思考题

1. 按温度、栽培目的、植物种类、建筑形式的不同,可将温室分成哪些类型?
2. 温室设计应考虑哪些主要问题?
3. 温室冬季加温常用哪些设施和方法?
4. 温室夏季降温常用哪些措施与方法?
5. 现代温室如何调控温度和湿度的?
6. 塑料大棚常见哪几种形式? 各有何特点?
7. 灌溉常用哪几种方式? 滴灌有何优点?
8. 常见花卉栽培容器有哪几种? 各有何优缺点?

4　花卉的繁殖与良种繁育

花卉繁殖就是用各种方式增加花卉植物的个体数量，以延续其种族及扩大其群体的过程和方法，也是保存种质资源的重要手段，并为花卉选种、育种提供条件。不同种或品种的花卉，各有其不同的繁殖方法和适宜的繁殖时期，对不同的花卉适时地应用正确的繁殖方法，不仅可以提高繁殖系数，而且可使幼苗生长健壮，并能完整地保留亲本的优良性状，从而为良种繁育提供保证。繁殖技术是花卉生产中不可缺少的重要环节。花卉植物在人工培育以前，为延续后代，大多具有发达的繁殖器官（花、果实、种子），而人们有目的地把一些具有观赏性的植物进行人工栽培，通过各种方法，如杂交育种、辐射育种、组织培养等手段进行花卉植物定向培育和人工选择，保持其优良特性，培育出符合人们观赏要求的优良品种，如花朵硕大、色彩丰富、香味浓郁、重瓣性强的变种和品种。但有些优良品种的生殖器官开始退化，造成植株不育，如重瓣大岩桐很难获得种子，只能用扦插繁殖或组织培养来延续后代。

4.1　种子繁殖

种子繁殖也就是实生苗繁殖。种子具有体积小、重量轻、产苗量大、便于长期贮藏和运输、繁殖方法简便等特点。通过播种得到的苗木生长健壮，根系发达，寿命长，适应性强，但从幼苗到植株开花需要的时间较长，且通过异花授粉的种子易发生变异，不易保持原品种的优良特性，有不同程度的变异和退化现象。种子繁殖多用于一、二年生草本花卉或杂种优势育苗，其次是草坪植物和部分仙人掌类及多肉植物。

4.1.1　种子发芽所需的环境条件

4.1.1.1　水分

种子萌发首先需要吸收充足的水分。种子吸水膨胀后，种皮破裂，吸水强度增加，各种酶的活性也随之加强。蛋白质及淀粉等储藏物进行分解、转化，被分解的营养物质输送到胚，才使胚开始生长。种子的吸水能力随种子的构造不同差异较大。如文殊兰的种子，胚乳本身含有较多的水分，在播种中吸水量就少。另一些花卉种子较干燥，外皮坚硬，吸水较困难，通常称此类为硬实种子。这一类种实在播种前要进行种皮刻伤，如美人蕉、牡丹、香豌豆等。还有些花卉种实带有绵毛，如千日红、白头翁等应在播种前去除绵毛或直接播种在蛭石里，促进吸水，以利萌发。

4.1.1.2　温度

种子发芽，需要一定的温度，因为种子内部营养物质的分解与转化过程，都需要一定的温度。每一种花卉植物的种子有其生长发育的适温，这是该物种在进化演变过程中形成的一种生理要求。温度过低或过高，都会对种子造成伤害，甚至腐烂死亡。大部分种子萌发的适温是15℃～22℃。播种时，土壤温度最好保持相对的稳定，变化幅度不易太大，但一些仙人掌类植物适宜用大温差育苗。一般来说花卉种实的萌发适温比其生育温度高 3℃～5℃。原产温带的一、二年生花卉，多数种类的萌芽适温为 20℃～25℃，适于春播；也有一些种类适温为 15℃～20℃，如金鱼草、三色堇等，适于秋播；萌芽适温较高的可达 25℃～30℃，如鸡冠花、半支莲等。通常原产热带的花卉种实萌发需高温，如原产美洲热带地区的王莲在 30℃～35℃水池中，经 10～21d 萌芽。

4.1.1.3 氧气

氧气是花卉种实萌发的条件之一。种子是有生命的有机体，种子的生理活动时时刻刻在进行着，一直在进行微弱的呼吸，当它们遇到水分后，内部贮存的营养开始氧化，放出二氧化碳，这时如果土壤中含水量达到或接近饱和状态，氧气缺乏，正常的呼吸作用就会受到影响，大部分种子就会因酒精发酵毒害而丧失发芽力。但水生花卉例外。

4.1.1.4 光照

多数花卉种子的发芽不受光照的影响。但对好光性种子，在发芽期间必须具备一定的光线才能萌发，如报春花、毛地黄、瓶子草等。嫌光性种子在光照下不能萌发，发芽前可覆上黑色薄膜，如黑麦草、雁来红等。

4.1.2 选种

种子品质的优劣直接影响种子生产、销售的信誉及花卉生产者的利益，因此播种前应对种子进行严格的选择。优良品种的种子，应符合该品种的特性，性状整齐，不混有其他作物、杂草种子及杂质，有高的发芽力，不带病虫，有安全贮藏的低含水量。要取得良种，凡引进花种都要进行种子质量检验及来源鉴定。繁殖良种要从选择良种母株开始。专门用于采种的植株为采种母株，其基本要求是品种纯正、发育优良、生长健壮、无病虫害。采种母株要及早确定，加强肥水管理，促进植株健壮，必要时疏花疏果。

4.1.2.1 种子的保存年限

花卉种子的保存年限各有不同，如飞燕草的种子为 1 年，非洲菊只有 3～6 个月，花亚麻和霞草则可保存 5 年。超过年限的种子发芽率会大大降低。常见花卉种子寿命见表 4.1。

表 4.1 常见花卉种子寿命

花卉种类	寿命年限	花卉种类	寿命年限	花卉种类	寿命年限	花卉种类	寿命年限
花菱草	2	蜀葵	3～4	鸢尾	2	美人蕉	3～4
金盏花	3～4	百合	2	醉蝶花	2～3	荷花	极 长
蒲包花	2～3	桔梗	2～3	茑萝	4～5	紫罗兰	4
福禄考	1	旱金莲	2	万寿菊	4	非洲菊	0.6
勿忘我	2～3	霞草	5	矢车菊	2～3	风铃草	3
彩叶草	5	鸡冠花	4～5	百日草	3	波斯菊	3～4
剪秋萝	3～4	金鱼草	3～4	向日葵	3～4	翠菊	2
霍香蓟	2～3	牵牛	3～4	耧斗菜	2	大岩桐	2～3
石竹	3～5	凤仙花	5～8	飞燕草	1	雏菊	4
菊花	3～5	香豌豆	2	一串红	1～4	大丽花	5
三色堇	2	报春	2～5	半支莲	3～4	桂竹香	5

4.1.2.2 种子的纯度

在花卉种子中，小粒种子占绝大多数，秋海棠的种子呈粉面状，虞美人和瓜叶菊的种子也非常细小。如果在种子中混入了杂物，会给正确掌握播种量带来一定困难。盲目加大播种量是有害的，它不但会给间苗工作带来麻烦，同时也会影响幼苗期的正常生长，由于苗株过密还可能引起猝倒病而造成花苗死亡。如果混入了杂草种子，幼小的花苗往往会被杂草挤掉，因此在采种之前必须先清除杂草。细小的种子进行脱粒时，应细心剥开果皮，将种粒轻轻抖入容器内，勿使果皮、萼片等混入种子内。采收中粒种子和线状、片状种子时，应仔细摘采，防止落到地面上。需要采收果实后再脱粒的种子，应将果皮和果肉清理或冲洗干净。大粒种子则应逐个采收。

4.1.2.3 种子无病虫害

采种的植株和地段不能有病虫害，更不能在发生病毒病的植株上采种。种子是向地传播病虫害的主要媒介，因此在出售前，应交植物检疫站进行检疫。自用的种子如果染上了病菌或混入了虫卵，应立即淘汰，然后购买良种使用。

4.1.2.4 品种必须纯正

有些花坛是用草花种子直播建立的。在进行播种时，都是根据花坛的设计方案，按照不同品种的花型、花色和株高分块下种，如果品种不纯，整个花坛就会杂乱无章，严重时还会使花坛报废。为了保持种子的纯正，都应在没有天然杂交可能的地段进行采种，在晾晒和收藏时应按品种分别处理，保证各个环节都不出现品种混杂，更不要采收落到地下的种子。

4.1.2.5 种粒应充实饱满

种子只有充实饱满，种胚才能发育键全，胚乳内才具有充足的营养，苗木才能生长健壮。只有充分成熟的种子才能充实饱满，应在生长健壮的母株上采种外，还应掌握适时的采种期。

4.1.3 种子处理

种子经处理可以促使种子早发芽，出苗整齐。由于各种花卉植物种子大小、种皮的厚薄、本身的性状不同，应采用不同的处理方法区别对待。

4.1.3.1 容易发芽种子的处理

万寿菊、羽叶茑萝、仙客来及一些仙人掌类种子都很容易发芽，可直接进行播种，也可用冷水、温水处理。冷水浸种(0℃～30℃)12～24h，或温水浸种(30℃～40℃)6～12h，以缩短种子膨胀时间，加快出苗速度。

4.1.3.2 发芽困难种子的处理

一般的大粒种子发芽困难，如松子、美人蕉、鹤望兰、荷花等，它们的种皮较厚且坚硬，吸水困难，难发芽，对这些种子可在浸种前用刀刻伤种皮或磨破种皮，如用锉刀磨破部分种皮，然后用温水浸种，播后很快发芽。大量处理种子时可用稀硫酸浸泡，要掌握好时间，种皮刚一变软，立即用清水将种皮外的硫酸冲洗干净，防止硫酸烧伤种胚。芍药、牡丹、鸢尾等花卉种子采后即播不易出苗，可在秋后以湿沙堆藏。

另外使用化学药剂处理能代替低温作用，改善种皮透性，促其发芽等。如大牵牛花的种子，播种前用10～25mg/L赤霉素溶液浸种，可促其发芽；结缕草种子用0.5%氢氧化钠溶液处理可显著提高发芽率；兰科中的地生兰种子在无菌播种时，用0.6%氢氧化钾溶液预处理5～10min，能显著提高种子萌芽率。

4.1.3.3 发芽迟缓的种子处理

有些花卉种子如珊瑚豆、文竹、君子兰、金银花等，它们出苗非常缓慢，在播种前应进行催芽。催芽前先用温水浸种，待种子膨胀后，平摊在纱布上，然后盖上湿纱布，放入恒温箱内，保持25℃～30℃，每天用温水连同纱布冲洗1次，待种子萌动后立即播种。

4.1.3.4 需打破休眠的种子处理

有些种子在休眠时即使给予适宜的水分、温度、氧气等条件，也不能正常发芽，它们必须在低温下度过春化阶段才能发芽开花，如桃、杏、荷花、月季、杜鹃、白玉兰等。

对休眠的种子可采用低温层积法处理，把花卉种子分层埋入湿润的沙里，然后放在0℃～7℃环境下，层积时间因种类而异，一般在3个月左右。如杜鹃、榆叶梅需30～40d，海棠需50～60d，桃、李、梅等需70～90d，腊梅、白玉兰需3个月以上。种子经层积处理后即可取出，筛去沙土，或直接播种，或催芽后再播。

在播种前应做发芽试验，用百粒种子浸种后放在几层湿纱布上，保持湿度，在20℃～25℃条件下观察发芽率。为了防止花卉幼苗染病，常在播种前对种子进行消毒。用1%的福尔马林浸种15min，或1%硫酸铜浸种30min，也可用福美双0.5kg加20g农药处理，处理后用清水冲洗干净再播种。

4.1.4 播种期

何时播种应根据各种花卉的生长发育特性、计划供花时间以及当地环境条件并结合对环境条件的控制程度灵活掌握。适时播种能节约管理费用，且出苗整齐，能培育出优质壮苗，满足花卉应用的需要。在自然条件下各类花卉的播种期并不一样。

4.1.4.1 一年生花卉

一年生花卉原则上在春季气温开始回升，平均气温稳定在花卉种子发芽的最低温度以上时播种。若延迟到发芽最适温度时播种则发芽较快而整齐。在生长期短的北方或需提早供花时，可在温室、温床或大棚内提前播种。

4.1.4.2 二年生花卉

二年生花卉原则上秋播，其种子宜在较低温度下发芽，温度过高反而不易发芽。一般在气温降至30℃以下时争取早播。华东地区可选择在9月下旬～10月上旬。

4.1.4.3 多年生花卉

耐寒性宿根花卉因耐寒力较强，春播夏播或秋播均可，尤其在种子成熟后即播为佳。一些要求低温与湿润条件完成休眠的种子，如芍药、鸢尾、飞燕草等必须秋播。不耐寒常绿宿根花卉宜春播或种子成熟后即播。原产温带的落叶木本花卉如牡丹、苹果、杏、蔷薇等，种子有休眠特性，一些地区可在秋末露地播种；在冬季低温、湿润条件下起到层积效果，休眠被打破，次年春季即可发芽；也可人工破除休眠后春季播种。

原产热带或亚热带的花卉，在种子成熟时，外界的高温高湿条件均适于种子发芽与幼苗生长，故种子多无休眠期，经干燥或储藏会使发芽力丧失。这类种子采后应立即播种。

4.1.5 播种方式

花卉的播种育苗，应根据花卉品种特性、栽培设施和生产要求的不同而有不同方式。

4.1.5.1 播种方法

(1) 撒播

撒播是把种子均匀撒在播种床上。此法适用于小粒种子。种子过于细小时,可将种子与适量细沙混合后播种。撒播播量大,出苗多,省工省地,但用种量大,管理较为困难。

(2) 点播

点播是按一定的株行距挖穴播种,适用于大粒种子和较稀少的种子,如银杏、松类、珍稀的仙人掌类种子等。点播费工费时,但出苗健壮,管理方便。

(3) 条播

条播即按一定行距开沟播种,适用于中、小粒种子,行距与播幅视情况而定。条播用种量较少,管理方便,木本苗木大多采用此法。

4.1.5.2 播种程序

(1) 播种

根据种子大小及具体情况采用适宜的播种方法。

(2) 覆土

播后应及时覆土。覆土厚度为种子直径的2～4倍。一些极细小的种子如秋海棠类、大岩桐、部分仙人掌类种子可以不覆土,但播种后必须用玻璃、塑料膜覆盖保湿。覆土应选用疏松的土壤或细沙、草木灰、椰糠、泥炭等,不宜选用黏重的土壤。

(3) 镇压

镇压使种子与土壤紧密结合,使种子充分吸水膨胀,促进发芽。镇压应在土壤疏松、上层较干时进行。土壤黏重不宜镇压,以免影响种子发芽。催芽播种的不宜镇压。

(4) 覆盖

播种后,用薄膜、遮阳网等覆盖,保持土壤湿度,有防止雨淋及调节温度等作用。但幼苗出土后覆盖物应及时撤除。

(5) 浇水

播种前,营养土应灌足底水,出苗前不需要灌水。如有些种子发芽期较长,需要灌水时,应进行喷雾灌溉,避免直接用大水漫灌,以免苗床板结。如果采用盆播,可用浸水法,直到盆土表面土壤湿润为止。

4.1.5.3 移栽育苗

集中育苗后再移栽是花卉生产最常见的方法。在小面积上培育大量的幼苗,对环境条件易于控制,可以精细管理,特别适用于种子细小、发芽率低、发芽期长、育苗要求高或新引进名贵种子量少的情况。

(1) 室内育苗

室内育苗多在温室或大棚内进行。

(a) 苗床育苗。在室内固定的温床或冷床上育苗,多用于大规模生产。通常等距离条播,播种深度以不超过种子直径的2～3倍为宜,大粒种子2～3cm、中小粒种子1～3cm。极细小种子使其与土壤紧密结合即可,不再覆土。仙客来、君子兰、鹤望兰等种子较大可用点播法,间距2～5cm。凤仙花、麦秆菊、茑萝等小粒种子在苗床内沟播,行距8～10cm。中粒种子常开沟撒播。细小种子撒播时,可用细沙2～3倍与种子混匀撒播,再用钉耙纵横轻耙一遍,适当镇压。出苗前常覆膜或喷雾保湿。

(b) 容器育苗。容器育苗容器搬动与灭菌方便,移栽时易带土且不伤根,有利于早出壮苗。用一定规格的容器可配合机械化生产。

(2) 露地育苗

露地育苗常用于木本花卉。选阳光足、土质疏松、排水良好的环境,耕翻整平后,作畦播种。多用薄膜、草帘、稻草等覆盖。

4.1.5.4 直播栽培

直播栽培是指将花卉种子直接播种于容器内或播于露地永久生长的地方,不经移栽直至开花。如植株小、生长期短的矮牵牛、孔雀草、花菱草等;还有生长快但不适移栽的直根性花卉,如虞美人、花菱草、香豌豆、扫帚草萝等。

花卉播种育苗成功的关键在于幼苗的管理,种子萌发后要接受足够的阳光,保证幼苗的健康生长。光照不足会长成节间稀疏的细长弱苗,故间苗要及时。过密者分两次间苗,第二次间出的苗可加以利用。播种基质肥力低,苗期宜每周施一次极低浓度的完全肥料。移栽前先炼苗,在移栽前几天适当控制水分,最好使温度处于比发芽温度低3℃左右的环境。一般在幼苗2～4片真叶展开时进行。阴天或雨后空气湿度高时移栽,成活率高。忌晴天中午栽苗。起苗前半天,苗床浇一次透水,使幼苗吸足水分更适移栽。移栽后常采用遮荫、中午喷水等措施保证幼苗不萎蔫,有利于株苗成活及快速生长。

4.2 常规营养体繁殖

4.2.1 分生繁殖

分生繁殖是指从母本分离出小植株或小子球另行栽植成新株的繁殖方法。分生繁殖是最简单、最可靠的繁殖方法,成活率高,但产苗量少。因花卉植物的生物学特性不同,分生繁殖又可分为分株法和分球根法两种方式。

4.2.1.1 分株法

分株法是指用自母本发生的根蘖、茎蘖、根茎等进行分割栽种,见图4.1,多用于一些多年生草本花卉及丛生性强的花灌木。常绿花木多在春暖前进行分株,落叶花木在休眠期进行。分株法成苗快,分栽植株几乎当年开花。

(a) 切除分株法

(b) 开劈分株法

图4.1 分株法

(1) 萌枝的种类

① 短匍茎。短葡茎是指从母株近地面的节上生出的短匍匐茎顶端上弯曲而成的分枝,有时亦称分蘖。如竹类、天门冬、万年青、麦冬、棕竹等均常用短匍匐茎分株繁殖。

② 根出条。由根上不定芽萌生的分枝称根出枝。

③ 根颈分枝。根颈分枝是指由茎与根连接处产生的分枝，如樱桃、腊梅、木绣球、夹竹桃、紫荆、结香、隶棠、麻叶绣球等。多浆植物中的芦荟、景天等在根际处常生吸芽，凤梨的地上茎叶腋间也生吸芽，可自母株分离而另行栽植；落地生根的叶子边缘常生出很多带根的无性芽，可摘取繁殖。

(2) 分株的方法

① 露地花卉。露地花卉在分株前需将母株从田内挖掘出来，并尽可能多带根系，然后将整个株丛分成几丛，每丛都带有较多的根系，如芍药、牡丹等。还有一些萌蘖力很强的花灌木和藤本植物，在母株的四周常萌发出许多幼小株丛，在分株时不必挖掘母株，只挖掘分蘖苗另栽即可，如蔷薇、凌霄、月季等。

② 盆栽花卉。盆栽花卉的分株繁殖多用于草本花卉。分株前先把母本从盆内脱出，抖掉大部分泥土，找出每个萌蘖根系的延伸方向，并把盘在一起的根分解开来，尽量少伤根系，然后用刀把分蘖苗与母株连接的根颈部分割开，并对根系进行修剪，剔除老根及病根后立即上盆栽植。

③ 仙人掌类及多肉植物。仙人掌类植物较少使用分株繁殖，只有白檀、松霞、银琥、绒毛球等少数种类可采用。这些种类易生子球，但子球与母株没有明显的大小差异，子球在母株上就已长出根系，就形成丛生植株，过分拥挤时需及时分株。分株一般用手掰开分成几丛，分别上盆栽植即可。分株在南方一年四季均可进行，但以春季为佳；北方在春、夏进行为宜。

分株在多肉植物中应用较多，如芦荟、虎尾兰、十二卷等。这些植物根部常有许多萌蘖株，很快就长得和母株同样形状并长出自己的根系，可在生长初期结合换盆把它们单独上盆。

4.2.1.2 分球法

大部分球根类花卉的地下部分分生能力都很强，每年都能长出一些新的球根，用它们进行繁殖，方法简便，比播种繁殖开花早。将地下茎(美人蕉、鸢尾等)、球茎(唐菖蒲、小苍兰等)、鳞茎(郁金香、百合、水仙等)、块茎(仙客来、马蹄莲)、块根(大丽花等)自然分离后另行栽植，可长成独立个体。在春秋两季挖球时，将基部萌出的小子球剥离，大小球分别储藏，并另行栽植。

(1) 球茎类

唐菖蒲、小苍兰的种球属于球茎。开花后在母球茎干枯的同时，能分生出几个较大的新球茎和很多小子球。新球茎第二年分栽后，当年即可开花；小子球则需培养 2～3 年后才能开花。

(2) 鳞茎类

鳞茎是变态的地下茎，具有鳞茎盘，其上着生肥厚多肉的鳞片而呈球状。每年从老球基部的茎盘分生出子球，抱合在母球上，把这些子球剥离下来另行栽植，可培养成新植株。

4.2.1.3 分块茎、块根法

(1) 块茎类

块茎类由茎肥大变态而成块状，芽通常在块茎顶端。如美人蕉的地下部分具有横生的块茎，并发生很多分枝，其生长点位于分枝的顶端。在分割时，每个块茎分枝都必须带有顶芽，才能长出新的植株，新根则在块茎的节部发生。这种块茎分栽后，当年都能开花。

(2) 块根类

块根类由地下的根肥大变态而成，块根上没有芽，它们的芽都着生在接近地表的根颈部，单纯栽一个块根不能萌发新株。因此分割时每块都必须带有根颈部分才能形成新的植株。如大丽花、花毛茛等。

(3) 根茎类

一些植物具有肥大而粗长的根状变态茎,具有节、节间、芽等与地上茎类似的结构,节上可形成根,并发出侧芽,切离母体后可长成为新的植株。如马蹄莲、蜘蛛抱蛋等。

4.2.2 扦插繁殖

植物营养器官具有再生能力,能发生不定芽或不定根。利用这一习性,切取植物茎、叶、根的一部分,插入基质中,使其生根发芽,成为新的植株。此种方法比播种苗生长快、开花时间早,可在短时间内获得大量幼苗,并保持原种的特性。对不易产生种子的花卉多采用这种繁殖方法。但扦插苗无主根,根系较播种苗弱,苗木寿命短。近年来研发的全光照弥雾法、水插法和气插法都大大提高了扦插苗的质量和成活率,而且省工省时。

4.2.2.1 扦插生根所需的环境条件

(1) 温度

温度影响扦插生根。不同的花木要求不同的扦插温度,温度适宜生根迅速。大部分花卉的扦插适温是20℃～25℃,如桂花、山茶、夹竹桃等;而原产于热带的花木则需在25℃～30℃的高温下扦插,如茉莉、橡皮树、鸡蛋花、朱蕉等。如果温度过高,伤口易发霉腐烂,因此,在盛夏进行嫩枝扦插时,成活率较低,当气温超过35℃时不要扦插。适宜的土温是保证扦插成活的关键,土壤的温度如能高出气温2℃～4℃可促进生根。如果气温大大超过土温,插条的腋芽或顶芽在发根之前就会萌发,于是出现假活现象,使枝条内的水分和养分大量消耗,不久就会回芽而死亡。如银杏在高温季节扦插时往往出现这种现象。

(2) 湿度

① 土壤湿度。土壤的湿度要适度,以保证插枝生根所需的水分。当扦插基质含水量达到饱和时,会使基质通气不良,含氧量降低,引起嫌气性细菌的大量发生,致使插条腐烂而死亡。一般基质含水量在最大持水量的50%～60%为宜。

② 空气湿度。硬枝扦插对空气湿度的要求不严,因为它们不带叶片,枝条大都木质化。而嫩枝扦插要求相当高的空气湿度,因为扦插时插条很难从基质吸收水分,加上插条本身的蒸腾作用,极易造成水分失去平衡。只有在较高的空气湿度下,才能最大限度地减少插穗的水分蒸腾,防止插条和叶片发生凋萎,并依靠绿色枝叶制造一些养分供发根的需要。因此,常用喷雾或塑料薄膜覆盖的方法,保证扦插床湿度在85%～90%以上。

(3) 光照

许多木本花卉如木槿、锦带花、荚迷、连翘,在较低光照下生根较好;但许多草本花卉,如菊花、天竺葵、一串红,适当增强光照生根较好。另外,软材扦插一般都带有顶芽和叶片,可在日光下进行光合作用,从而产生生长素并促进生根。但过强的日光对插穗成活不利,因此在扦插初期应给予适度遮荫。一些试验还证明,夜间增加光照有利于插穗成活。

(4) 氧气

当愈伤组织及新根发生时,呼吸作用增强,因此要求扦插基质具备良好的供氧条件。理想的扦插基质既能经常保持湿润,又可做到通气良好,因此扦插不宜过深,愈深则氧气愈少,不利于插条生根成活。

(5) 扦插基质

在露地进行硬枝扦插时,可在含沙量较高的肥沃沙壤土中进行,没有什么特殊的要求。嫩枝扦插可在水中、素沙中、蛭石中以及珍珠岩、椰子壳纤维、砾石、炉渣、木炭粉和大粒河砂中进行。上述这些材料在扦插繁殖中统称为扦插基质。

扦插基质应具有良好的通气条件,不含有机肥料和其他容易发霉的杂质,并能保持一定的湿度。上述扦插基质各有不同的优缺点,比如沙和大粒河砂的通气条件好,又不含杂质,但它们的保湿和保温性差,夜间散热快,不能保持比较恒稳的土温;而蛭石则具有很强的保温能力,但生产成本高。因此在选用扦插基质时,多用两种以上的材料相混合,相互弥补彼此的缺点。如在大粒河砂中掺入 1/2～1/3 的泥炭来提高保温和保水性能,并利用泥炭中富含的腐植酸来刺激插条产生愈伤组织和发根,保证较高的成活率。总之要因地制宜、就地取材,根据不同的花卉种类灵活掌握,以求达到事半功倍的效果。

不论采用哪种材料作扦插基质,事先都必须消毒,或用流水冲洗,或用日光暴晒的方法来清除杂质和消灭有害细菌,这是保证扦插成功的关键。水插时应经常换水,水质要清洁,水需提前 1 昼夜来存放,使水温和气温相接近,以免忽冷忽热而延缓发根时间。

4.2.2.2　扦插方法

根据插穗材料、插扦条件、扦插时间及扦插目的不同,有多种扦插方法。

(1) 按插穗材料分

按插穗材料分有枝插、叶插、叶芽插、根插四种方法。

① 枝插。枝插指用花木枝条做繁殖材料进行扦插的方法。枝插又分四种:

(a) 软枝扦插或嫩枝扦插,即用木本植物未完全木质的绿化嫩枝作为材料,或用草本花卉、仙人掌及多肉植物在生长旺季进行扦插。

(b) 硬枝扦插或老枝扦插,即用木本植物已充分木质化的老枝作为材料,在休眠期进行扦插。硬枝插一般在春秋季,选一、二年生充分木质化的枝条,长 15～20cm,带 3～4 个节剪去叶片,插入苗床。

(c) 芽插,即用生长饱满尚未萌发的芽作为材料。

(d) 嫩枝插。一般剪取当年发育充实的半木质化枝条 6～10cm,保留 2～3 个节,上端留2～3片小叶,剪口宜在节下,扦插深度占总长度的 1/3,随剪随插,见图 4.2。嫩枝水插可把插穗捆成小捆,入水 1/3,每两天换一次水,在荫棚下养护。

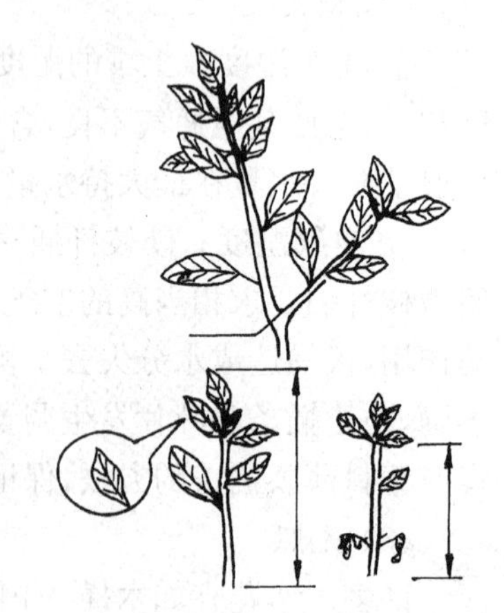

图 4.2　杜鹃花的嫩枝插法

② 叶插。叶插是指利用叶柄、叶脉的伤口部分产生愈合组织,然后萌发不定根、不定芽,进而形成新的植株。进行叶插的植物,大都有粗壮的叶柄、叶脉或肥厚叶片,如景天科和龙舌兰科的多肉植物及个别常绿花卉。叶插法常用三种方法,见图 4.3。

(a) 平置法,亦称全叶插。切去叶柄,叶片平铺在干净湿润的沙土上,用竹针固定,或用小块厚玻璃压在叶片几个部位上,使其全叶脉与沙面贴紧,保持较高的空气湿度,约一个月幼苗从叶脉伤口处萌发。

(b) 直插法。将叶片切成小段,每段长 4～6cm,浅插于素沙土中,经过一段时间后可见从基部萌发须根,进而长出地下茎。根状茎顶芽长出新植株。

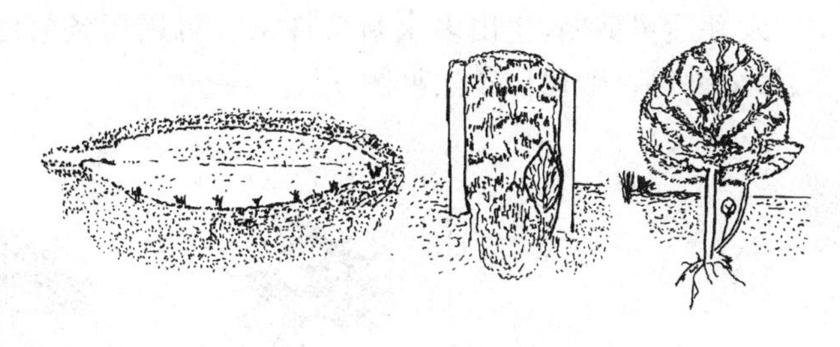

(a) 平置法　　(b) 直插法　　(c) 叶柄插

图 4.3 叶插法

(c) 叶柄插。叶片带 3cm 长叶柄插入沙土中，则先在叶柄基部发生小球茎，而后发生根与芽。

③ 叶芽插。在腋芽成熟饱满而尚未萌动前，将一片叶子连同茎部的表皮一起切下，叶腋有芽，一起再插入基质中，腋芽和叶片留在土面外。当叶柄基部主脉的伤口部分发生新根后，腋芽成长为新的植株。此法常用在菊花、秋海棠、橡皮树、山茶、八仙花等花卉植物上。

④ 根插。有些宿根花卉根系粗壮，根部易生不定芽，如鸢尾、宿根福禄考、贴梗海棠、紫藤、樱花等。将根剪成 5～10cm，粗根斜插入基质，细根平埋约 1cm 深，保持表土湿润，需见光，提高土温。

(2) 按扦插季节分

按扦插季节分有春插、夏插、秋插、冬插四种。

① 春插。春插在春季进行扦插。主要用老枝或休眠枝作材料，适于各种花卉，应用普遍。插条可用冬季储存的枝条。

② 夏插。夏插于夏季梅雨季节进行扦插。此时空气湿润，气温合适，用当年生绿枝或半绿枝扦插，特别适用于要求高温的常绿阔叶树种。

③ 秋插。秋插在 9～10 月进行，用发育成熟的枝条，生根力强，具一定的耐寒力，为第二年生长打下基础。多用于多年生草本花卉。

④ 冬插。冬插于冬季温室内或大棚内进行。

插条在进行扦插时常用吲哚乙酸、吲哚丁酸、萘乙酸等进行处理，其应用浓度、作用时间、搭配方式，因花卉种类而异。草花常用 5～10mg/L 的水溶液，木本花卉适宜浓度为 40～200mg/L。浸泡 24h 后扦插。扦插基质常用日晒消毒或 0.1%高锰酸钾溶液消毒。扦插后盖薄膜保持温度，防日光直晒。注意每天打开塑料薄膜 1～2 次补充氧气，插穗根长 2～3cm 即可移植。

4.2.3 压条繁殖

压条繁殖法是一些扦插不易发根的木本花卉常用的繁殖方法，其优点是成活率高、成苗快、开花早、不需特殊处理。压条繁殖的方法是在母株的枝条上刻伤，然后埋入土中，促使伤口处发生新根，然后剪离母株另行栽植。压条法一般可分为普通压条法、埋土压条法和高枝压条法。

4.2.3.1 普通压条法

将母株基部 1～2 年生枝条下部弯曲并用刀刻伤埋入土中 10～20cm，枝条上端露出地面。埋入部分用木钩钩住或石块压住。灌木类还可在母株一侧挖一条沟，把近地面的枝条节部多部位刻伤埋入土中，各节都可生根发苗。藤本蔓生的花卉可将枝条波浪状埋入土中，部分露出，部分入土。枝条生根发芽后可剪断，生出多个新植株来。可用压条繁殖的花木很多，如石榴、栀子花、腊梅、迎春、吊金钟等。普通压条法见图 4.4。

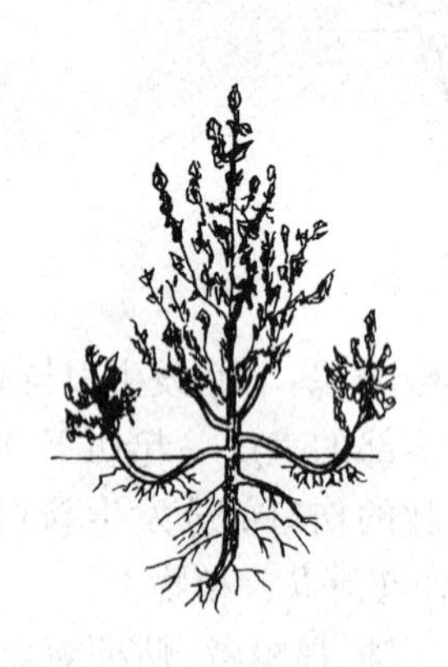

图 4.4 普通压条法

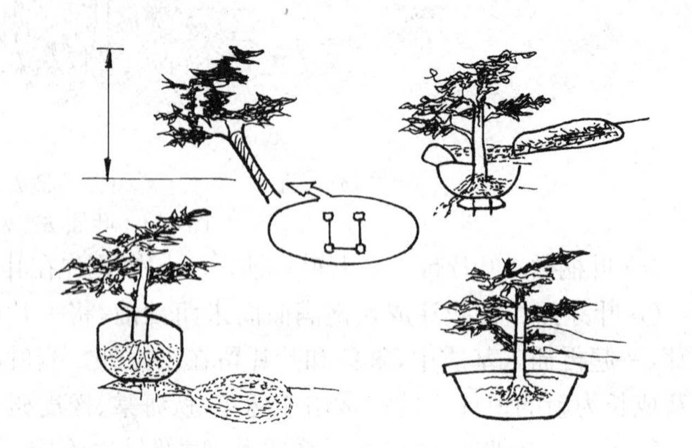

图 4.5 空中压条繁殖示意图

4.2.3.2 埋土压条法

根部发生萌蘖的花木，只要在母株基部培土，枝条不需压弯即可使其长出新根，如木兰、牡丹、柳杉、海桐、八仙花、金银木等。

4.2.3.3 空中压条法

有些花木树体大、枝条不易弯曲且发根困难，如白玉兰、米兰、含笑、变叶木、山茶、金橘、杜鹃等。在生长旺季，用二年生发育完好的枝条，适当部位环状剥皮或用刀刻伤，然后用竹筒或塑料袋装上泥炭土、苔藓、培养土等包在剥刻部位，常供水保持湿润，待生根后切离母株，带土去包装植入盆中，放在荫棚下养护。空中压条法见图 4.5。

为促进压条生根，经常在枝条被压部位采取刻痕法、去皮法、缢缚法或拧枝法处理，使茎较快生根，还常在伤口涂抹一些生长激素促进生根。

4.2.4 嫁接繁殖

嫁接是将一植物体的枝或芽，嫁接到另一带根的植物上，使两者结合成一个独立的新个体并能继续生长的繁殖方法。被接的枝和芽叫做接穗，承受接穗的植物叫砧木。

嫁接繁殖是花卉植物繁育技术的一种主要方法。嫁接繁殖具有成苗快、开花早的特点。

(1) 嫁接繁殖的优点

① 克服某些植物不易繁殖的缺点。一些优良品种花卉植物扦插或压条不易成活，或者播种繁殖不能保持其优良特性，如矮化观赏碧桃、重瓣梅花等。再如仙人掌类不含叶绿素的黄红、粉色品种只有嫁接在绿色砧木上才能生存。一些不易用扦插、分株等方法繁殖或生长发育较慢的优良品种，如云南山茶、白兰、梅花、桃花、樱花等，常用嫁接方法繁殖。

② 保持原品种优良性状。由于接穗能保持植株的优良性状，而砧木一般不会对接穗的遗传性产生影响，因此可将不同品种的花木嫁接在一株砧木上以提高观赏价值，这种做法在杜鹃、山茶、菊花、仙人掌类上常用。

③ 提高苗木的抗性。嫁接选用的砧木具有多种优良性状，可以影响到接穗，使接穗在抗病虫害、抗寒性、抗旱性、耐瘠薄性有所提高。如牡丹嫁接在芍药上、西鹃嫁接在毛白杜鹃上均

可提高其适应能力。菊花利用黄蒿作砧木可培育出高达 5m 的塔菊。

④ 提前开花结实。由于接穗嫁接时已处于成熟阶段，砧木根系强大，能提供充足的营养，使其生长旺盛，所以嫁接苗比实生苗或扦插苗生长茁壮，能提早开花结实。

⑤ 改变植株造型。通过选用砧木，可培育出不同株型的苗木。如利用矮化砧寿星桃嫁接碧桃；利用乔化砧嫁接龙爪柳；利用蔷薇嫁接月季，可以生产出树状月季等，使嫁接后的植物具有特殊的观赏效果。垂枝桃、垂枝槐等只有嫁接在直立生长的砧木上方才能体现下垂的优美姿态。

⑥ 成苗快。由于砧木比较容易获得，而接穗只用一小段枝条或一个芽，因而繁殖期短，可大量出苗。

⑦ 提高观赏性和促进变异。对于仙人掌类植物，嫁接后，由于砧木和接穗互相影响，接穗的形态比母株更具有观赏性。有些嫁接种类由于遗传物质相互影响，发生变异，产生新种。著名的龙凤牡丹，就是绯牡丹嫁接在量天尺上发生的变异品种。

(2) 嫁接的缺点

① 局限性。嫁接主要限于双子叶植物，而单子叶植物较难成活，即使成活，寿命也较短。

② 费工费时。嫁接和管理以及砧木的培育需要一定的人力和时间。

③ 技术性强。嫁接是一项技术性较强的工作，要有熟练的技术人员。

4.2.4.1　砧木的选择与培育

(1) 砧木的选择

由于砧木对接穗的影响较大，而且可选取砧木种类繁多，所以选择砧木要因地、因时制宜。

砧木从其来源分有实生砧和无性系砧两类。

① 实生砧。实生砧用种子繁殖、生产简单、成本低，能在短时间内获得大量的苗木。又由于大部分病毒不是通过种子传播，因而实生砧带其母株病毒的机会少。这是我国当前生产砧木的主要方法。

② 无性系砧。经过选择或育出对接穗有良好影响的砧木，再用营养繁殖法加以繁殖，使同一无性系的植株有相同的遗传性。无性系砧一般用扦插、压条、分蘖等方法繁殖。

理想砧木的选择应具备以下条件：

① 与接穗亲和力强，和多数栽培品种亲和良好。一般的同属植物的亲和力较强，如梅花嫁接在杏砧、野梅砧、山桃、毛桃均可。

② 对栽培地区、气候、土壤等环境条件的适应能力强。如毛桃耐湿性强，但抗寒性较弱；而山桃则相反。因此，在选用梅花砧木时，南方选用毛桃，北方多选用山桃。

③ 对接穗的生长、开花、结果、寿命能产生积极的影响。如把梅花接在杏砧或梅砧上，要比接在山桃和毛桃上寿命长，但开花较晚。

④ 来源充足、易繁殖。如西鹃所用映山红或毛鹃砧木，砧木来源广泛，野生数量较大，可满足嫁接的需要。

⑤ 对病虫害、旱涝、低温等有较好的抗性。野生砧木一般都具有较强的抗性，如山桃、野梅、映山红等。

⑥ 在运用上能满足特殊需要，具有所希望的生长力，如乔化、矮化、无刺等。如嫁接碧桃盆栽观赏，必须用寿星桃作砧木，寿星桃能使嫁接苗矮化，以满足观赏需要。

⑦ 根系发达，能吸收足够的营养物质。

(2) 砧木的培育

砧木可通过无性或有性繁殖。但繁殖砧木最好用播种方法培育实生苗,这是因为实生苗对外界不良环境条件抵抗力强、寿命长。另外,它的真年龄小,不会改变优良品种接穗的固有性状。如月季可用蔷薇的实生苗,也可用扦插苗嫁接,但扦插苗的真年龄往往要比月季的真年龄要大,嫁接后容易改变月季的某些特性。实生苗砧木在培育时应注意肥水供应,并结合摘心措施使之尽快达到嫁接的要求。

表 4.2 常用砧木一览表

接　穗	砧 木	接 穗	砧 木	接 穗	砧 木
云南山茶	野生山茶	仙人掌类	量天尺、草球	含 笑	黄兰、木兰
月季	蔷薇	梅花	山杏、山桃	白兰	黄兰、木笔
碧桃	寿星桃	桂花	女贞、小蜡	广玉兰	黄兰、木兰
玉兰	木兰	菊花	青、黄、白蒿	翠柏	桧柏、侧柏
金橘	其他橘类	紫丁香	女贞、小蜡	牡丹	芍药
樱花	毛樱桃	西鹃	映山红、毛鹃	腊梅	其他腊梅

4.2.4.2 嫁接的时间和方法

影响嫁接成活的首要因素是砧穗的亲和力,其次是接穗的类型、质量和环境条件。常用的嫁接方法主要有枝接、芽接、根接三种。春、夏、秋三季均可嫁接,但以春秋为佳。一般枝接多在早春进行,芽接宜在夏末秋初接穗腋芽已发育充实时进行为佳。菊花在其生长期内均可进行嫁接,仙人掌类植物可周年进行,常绿阔叶树、针叶树一般现采现接。嫁接后砧木和接穗要有一定的温度才能愈合,因此自然条件下的嫁接多在生长季节。

(1) 枝接

枝接是用植物的枝条作为接穗进行嫁接。接穗多选择成年母树冠外围一年生的枝条。枝接按操作方法又分为切接、劈接、靠接、插接、舌接、皮接、袋接、髓心形成层贴接、籽苗嫁接等。

① 切接。切接多用于露地木本花卉,在春季芽刚萌动而新梢尚未抽出时进行,成活率高。一般选一年生枝条剪成 6～10cm、带 2～3 芽作接穗,然后用切接刀在接穗上削出两个对称斜面,一面长 1cm,另一面长 2cm。砧木在距地面 20cm 处剪短。按接穗粗细在砧木北侧切一深 2.5cm 左右切口,将接穗的长削面向里插入砧木切口内,形成层对齐,用塑料条绑紧。幼嫩接穗可套一小塑料袋,在接穗成活后去除。切接见图 4.6。

② 劈接。劈接多在大型母株作砧木时使用。落叶花木劈接时间与切接相同,常绿花木多在立秋后进行。劈接与切接相似,只是砧木截面上的切位于截面的中央,接穗两侧削面长短一致。常在劈口两端各接一接穗,对好形成层,绑紧,用塑料条带将接口封好。劈接见图 4.7。

③ 靠接。一些常绿木本花卉扦插困难,其他嫁接方法也不易成活时,常用靠接。如用女贞作砧木靠接桂花,木兰作砧木靠接白兰。靠接在生长季节均可进行,最好避开雨季和伏天。选两株粗细相近的花木,在接穗的部位削出梭形切口,约 3～5cm,深至木质部;砧木在相同部

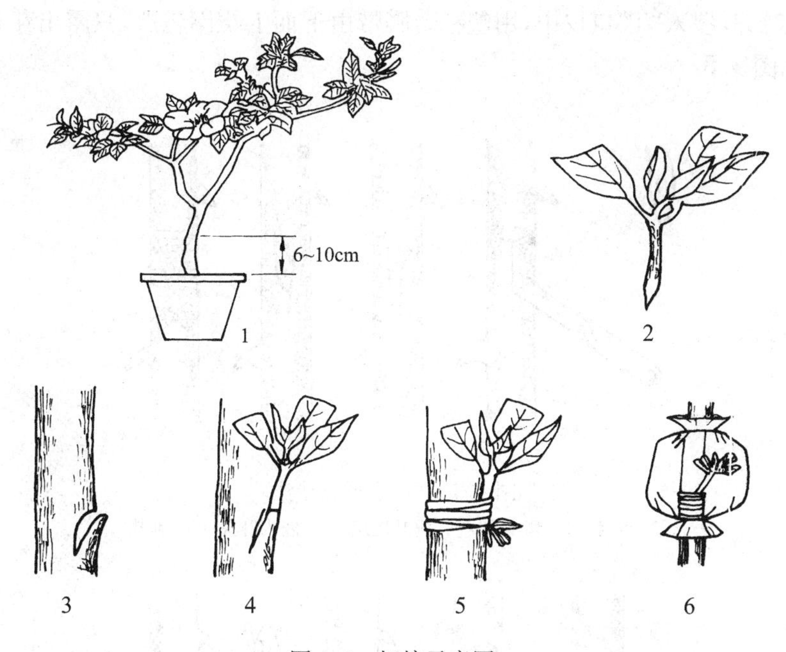

图 4.6 切接示意图

1. 部位 2. 接穗 3. 开刀 4. 插入 5. 扎紧 6. 套袋

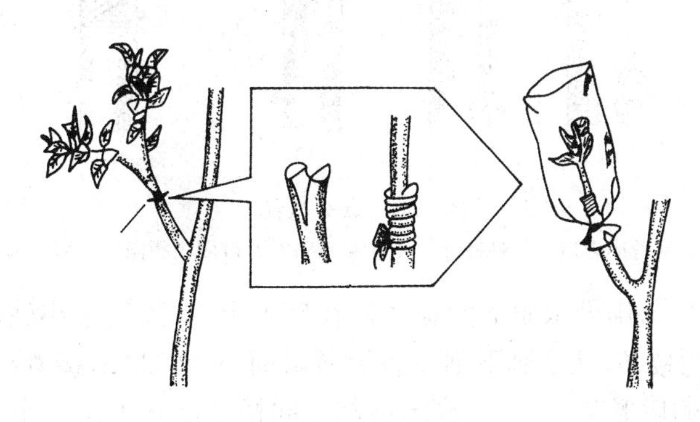

图 4.7 劈接法

位相应处削出切口，然后使两株形成层对齐，用塑料条扎紧，2～3 个月后愈合，剪断接口下的接穗和接口上的砧木即成。

(2) 芽接

芽接是在接穗上剥取一个芽，嫁接在砧木上的新枝条，由接芽发育成一个新植株。一年生苗即可嫁接，一般在 6～9 月进行。芽接方法简便，成活率高。芽接分"T"字型接法和嵌芽接法。

① "T"字形芽接法。"T"字形芽接法适用于 1～2 年生小砧木，或在大砧木的当年枝上应用。嫁接前采带叶且生长旺盛、发育充实的当年新枝，剪去叶片，但留 1cm 长的叶柄，用湿布包好，放在阴凉处。在砧木的地上部 4～5cm 处选光滑无疤的部位切一个"T"形口，横切口宽约为砧木粗的一半，纵切口长约 2cm，深至木质部。选饱满芽用芽接刀由下而上取盾形芽片；即在芽上部 0.5cm 处横切，另一刀在芽下部 1cm 处深至木质部向上削至横切口处，取下芽片，

留少许木质部。芽片长约 2cm、宽约 1cm，芽和叶柄在中间。撬开砧木“T”形口，芽片上端与“T”字上切口对齐，埋入“T”口皮中，用塑料薄膜带由下而上绕圈包严，只露出芽和叶柄。“T”字形芽接法见图 4.8。

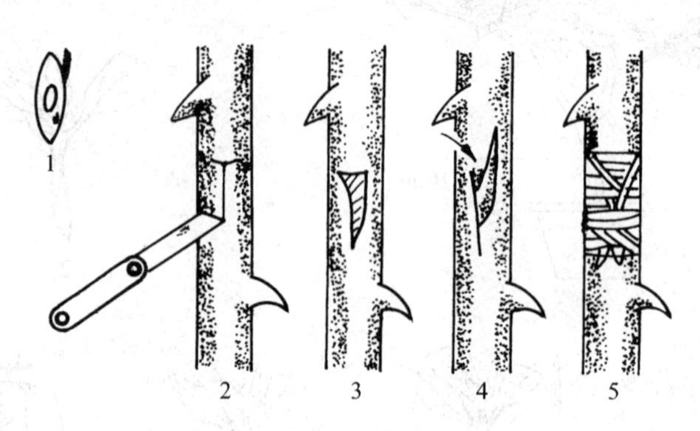

图 4.8 “T”字形芽接法

1. 叶芽 2. 切砧木 3. 挑开皮层 4. 嵌入叶芽 5. 绑扎

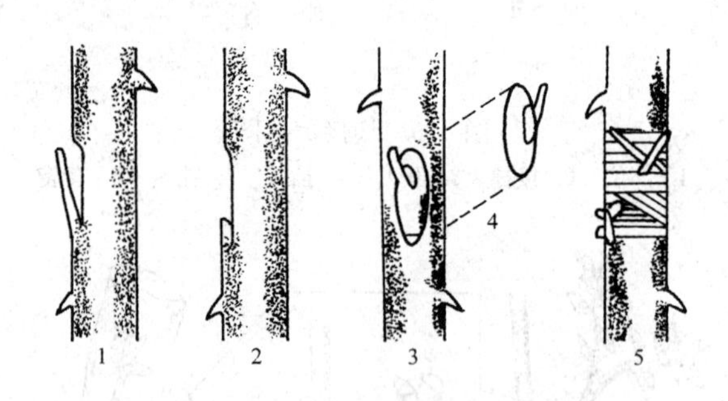

图 4.9 嵌芽接法

1、2. 砧木上削盾形刀口 3. 贴叶芽 4. 叶芽与砧木刀口面积相同 5. 绑扎

② 嵌芽接。嵌芽接是用带木质部的芽片嵌在砧木上，多适用于小砧木，从春至秋都可进行。春接时取上年生的枝条，从上到下削一盾形薄斜面，长约 2cm，接着在刀口下部再向上削一刀取下一块长 2cm 的盾形芽片，带少许木质部。同样在砧木上削一个盾形刀口，使两者能相吻合，对准形成层绑紧。嵌芽接见图 4.9。

(3) 根接

根接是用根作砧木采用劈接、切接等方法进行嫁接。如用芍药根接牡丹于秋分前后把芍药地上的根茎剪除，将接穗下部中间切一个口，深约 2cm，根的上部左右各削一刀成楔形插入接穗下部劈口中，接后埋入土中，来年发芽。此法适于牡丹、玉兰、月季、大丽花等花木，多在冬季和早春进行。

4.2.4.3 嫁接后的管理

嫁接后的苗木要加强管理，尤其在最初的一段时间，温度应保持 12℃～32℃间，土壤含水量应保持在 14%～17.5%，空气湿度高有利于愈合。光照对愈伤组织的形成和生长有抑制作用，因此嫁接后要遮光。嫁接后一般要进行如下管理：

(1) 检查成活

枝接一般在接后 3～4 周检查成活，如接穗已萌发，接穗鲜绿，则已成活。芽接 1 周后检查成活情况，如用手触动芽片上保留的叶柄，一触即落，表明已成活；否则芽片已死亡，应在其下面补接。

(2) 松绑

枝接的接穗成活一个月后可松绑，一般不宜太早，否则接穗愈合不牢固，受风吹易脱落；也不易过迟，否则绑扎处出现溢伤影响生长。芽接一般在9月进行，成活后腋芽当年不再萌发，因此可不将绑扎物除掉，待来年早春接芽萌发后再解除。

(3) 剪砧、抹芽、去萌蘖

剪砧视情况而定，枝接苗成活后当年就可剪砧，大部分芽接苗可在抽穗当年分1～2次剪砧，并抹去砧木孳生的大量萌芽，还应除掉接穗上过多的萌芽，以保证养分集中供应。

(4) 生长期管理

在花卉生长期要进行土、肥、水管理，注意防治病虫害，及时中耕除草。

4.3　组培繁殖

组培繁殖是应用植物细胞的"全能性"理论，在无菌条件下，把离体的植物器官、组织、细胞放在人工控制的环境中，使其分化、增殖，在短时间内产生大量、完整的新植株。组织培养繁殖不仅保持了常规营养繁殖方法的全部优点，还独具以下特点：繁殖周期短、速度快，增殖倍数高，需要的繁殖材料量少，有利实现工厂化育苗，能获得无病毒的苗木无性系等。

4.3.1　组培繁殖在花卉上的应用

许多花卉，如波士顿蕨、各种兰花、彩叶芋、花烛、喜林芋、百合、萱草、非洲紫罗兰、草莓、香石竹、唐菖蒲、非洲菊、菊花、秋海棠、杜鹃花、月季花及许多观叶植物用组培繁殖都很成功，不仅扩大了繁殖规模，而且通过无病毒苗的生产，大大提高了花卉的观赏价值。随着转基因花卉的出现，组培繁殖在花卉生产中的应用会越来越广泛。

4.3.2　蕨类孢子的组织培养繁殖

蕨类的孢子在无菌条件下人工繁殖，虽手续较繁、成本较高，但更安全可靠。将消毒后的孢子，用离心或过滤方法除去消毒液，用无菌水冲洗后，播于加有3%蔗糖及维生素B_1的琼脂培养基中，在有光处27℃下2～3周，即可见有原叶体产生，2～3个月便可移入土壤基质中培育。原叶体在琼脂培养基中还可不断增殖成为大团，并能产生少数孢子体。

4.3.3　种子的组培繁殖

植物界中有些植物的种子本身胚乳发育不良或在发育中产生一些抑制发芽的物质，导致发芽困难。如兰科植物的种子非常细小，在自然条件下只有在一定的真菌参与下，极少数的种子才能发芽。1922年Kundson首先用无机盐与蔗糖培养基在试管内将兰花种子培育成幼苗获得成功。后来利用种子的组培繁殖在其他植物上也广泛应用。

4.3.4　营养体的组织培养繁殖

营养体的组培繁殖亦称微体繁殖，是用一小块营养器官作为外植体进行培养，最后生产出大量幼苗的方法。营养体的组培繁殖一般可分为四个阶段，即外植体建立、芽和嫩梢的增殖和生长、诱导生根及炼苗移栽。因此繁殖成功与否受下列主要因素影响：

(1) 植物种类

不同植物间组培成苗难易差别很大。有些植物增殖很快，但有些植物至今仍未获成功。

(2) 外植体的来源

植物的茎端、根尖、幼茎、幼叶、幼花茎、花蕾等都可作为外植体，不同的植物都有其最适于繁殖的外植体种类。

(3) 无菌环境

组织培养的环境条件及培养基成分都有利于微生物生长，故外植体及用具消毒不彻底，操作不正确都会造成污染使繁殖失败。

(4) 培养基成分

除水、温、光条件外，培养基的成分因不同的植物种类、不同的发育阶段而不同。

(5) 瓶苗移栽

已生根组培苗要及时移栽。由异养到自然的环境改变，是组培成功的关键步骤。

4.4 良种繁育

同一种花卉植物，往往因品种不同，观赏性和商品价值差异很大。花卉良种繁育是运用遗传育种的理论与技术，在保持并不断提高种性与生活力的前提下，迅速扩大良种数量的一套完整的种苗生产技术。其特点是：

① 在保证质量的情况下迅速扩大良种数量。

② 保持并不断提高良种种性，恢复已退化的优良品种。因在一般的栽培管理条件下，生产上常发生优良种性逐步降低的现象，优良品种在缺乏良种繁殖制度的栽培条件下，往往不能长时间地保持其优良的种性。

③ 保持并不断提高良种的生活力。在缺乏良种繁育制度的栽培管理条件下，许多自花授粉和营养繁殖的良种，常常发生活动力逐步降低的现象，表现为抗性和观赏性降低。

花卉良种繁育制度是一套严格的管理制度，内容包括优良品种的保存和繁殖技术、新品种的培育技术。

4.4.1 优良品种的保存繁殖

4.4.1.1 花卉植物品种退化的原因

花卉植物品种退化的原因主要有：

① 机械混杂与生物学混杂。

② 生活条件和栽培方法不适合而引起的退化。

③ 遭受病虫害而引起的退化，如郁金香的彩花病、大丽花的病毒病、香石竹的病毒病，其中多为昆虫传染。

④ 生活力衰退而引起退化。长期无性繁殖而得不到有性复壮的机会，致使生活力降低；长期自花授粉，生活力不断降低，生长势、抗病力和其他特性皆表现退化；长期在相同的栽培条件下栽培，也会表现出生活力的退化。

4.4.1.2 保持与提高优良品种种性的措施

(1) 防止遗传性劣变与分离的措施

① 防止品种混杂。如把一个品种的种子或花苗,混入了另一个品种中,就会降低品种的纯度,栽入花坛后,必将造成花色、花型、株高和花期早晚不能一致,不仅会造成栽培管理的困难,而且还会降低观赏价值。这种混杂有的是在种子采收、苗木扦插、分苗移栽或上盆以及运输、贮藏、分级、包装、假植的过程中人为造成的,称为机械混杂;有的则是因品种间天然杂交,造成原品种固有特性的丧失,此为生物学混杂。因此,在花卉培育时,要严格控制每个操作程序:采种必须由专人负责,采、晾、晒的过程中,品种间要隔离且用标签标明;播种育苗时,播种地每年最好和大苗培育地或扦插地相互轮作;在大量扦插同一花卉的不同品种时,在每一个扦插容器或扦插地段上,只许插一个品种,并有标牌标明;花苗育成后,在开花之前根据株形和叶形进行多次去杂,以保证种子纯度;栽植时,彼此能杂交的品种应在时间和空间上隔离,如分期播种、移苗或定植等。

② 控制性状表现。提供良好的栽培条件和栽培制度,如选择排水良好、土质疏松、适于品种生长的栽培基质,合理施肥,扩大营养面积,加大株行距,合理轮作,加强病虫害防治等。

③ 经常进行选择。如选择品种典型性强的单株;选择品种典型性强的花序;选择品种典型性强的种子,如三色堇首批成熟的种子,波斯菊、翠菊、万寿菊等花盘边缘的种子。

(2) 提高良种生活力的措施

① 改变原有的生活条件。如改变播种期或扦插繁殖期,增加内部矛盾性,促使生活力的加强;异地栽培;特殊农业技术处理,如低温、高温、盐水、干燥等。

② 杂交授粉和人工辅助授粉。在保持品种性状一致性的条件下,利用有性过程中内在条件的改变提高生活力。如品种内杂交优势可维持 4～5 代;品种间杂交在提高品种生活力的同时还能保持原品种的固有特征。人工辅助授粉扩大了有性过程的选择范围,为母本提供了选择受精的机会。

③ 创造有利于生活力复壮的客观条件。可以选择易于复壮的繁殖材料,利用花卉植物阶段发育年幼部位的营养器官,如木本花卉的一年生枝,菊花、大丽花外围根际萌发的鲜嫩脚芽,牡丹等落叶灌木新萌的根蘖苗。也可改善栽培条件,如改良土壤,加强肥水管理,增加营养面积,合理使用修剪、嫁接技术,采用轮作制度等。

④ 减轻病虫害。避免品种退化,增加保护设施,如加纱罩等,避免病虫害传播和感染;利用茎尖脱毒、基因转移等生物技术复壮种性和增强植株抗逆性。

4.4.2 新品种的培育

4.4.2.1 引种驯化

引种是指引进外地的或野生的植物进行栽培的过程;驯化指加速引种植物适应生长环境的手段。引种驯化是最经济的丰富本地区植物种类的方法。引种驯化成功的标准:首先以不降低原有品种的经济性状或观赏品质;其次与原产地植物相比,能露地越冬或越夏而生长良好;再者,能用原来的繁殖方式进行正常繁殖。

4.4.2.2 杂交育种

花卉育种大多在同种的不同品种间进行杂交,这种品种间杂交第一代均表现原母本的性状,体现杂种优势。品种间杂交同样可用父本的某些优良性状来改变母本的某些特性,从而获得一个新品种。

(1) 人工杂交技术

杂交授粉前，母本首先去雄，然后套袋，让柱头、花柱和子房在袋内慢慢成熟。人工授粉需在一天内间隔授粉二三次，或者隔日重复授粉，每次授粉后都要立即套好袋，直到子房或花托开始膨大、幼果始现后去袋。父母本花期不同时，花粉常放在避光下冷藏，保持10℃的恒温和50%以下的相对湿度，最好置于有氯化钙或硅胶的干燥瓶内，有的花粉可保存3～4个月。

(2) 杂种实生苗的选择和培育

杂交种子成熟以后，要细心脱粒和保存。杂交种第一代花苗开花后，除主要表现其母本的性状外，许多花卉植物的株形、叶形、花形、花色等性状极不稳定，还会出现许多返祖遗传的个体，如月季、菊花、唐菖蒲、美人蕉、百合等等都是如此，因此大多对第一代不进行选择。然后通过自花授粉取得第二代种子，用它们播种长成的实生苗开花后，父本的性状开始显现。这时实生苗的个体之间的性状表现仍有很大差异，因此要进行选择，淘汰掉其中大部分没有价值的个体，选择其中达到或接近人们要求的个体，使目标集中。在培养过程中，由于这些杂种实生苗的真年龄很小，仍会发生变异，因此需要再选择、再淘汰，有些还需要拿来和其父本进行回交。对于多年生花卉植物来说，要培育出一个杂交新品种，需要经过多年的选育才能得到，然后进行命名，再通过无性方法来繁殖和推广。

(3) 天然杂交育种

为了减少人工杂交育种的工作量，在品种繁多的花卉里，对一些实生苗容易发生变异的盆栽花卉，如月季、菊花等，也可通过天然杂交的方法来选育新品种。

首先要根据人们的要求，有目标地选择出几个品种的盆花，把它们搬到远离原来的场地，然后交叉摆放，通过昆虫传粉来取得种子。这种杂交种子只知其母不知其父。采种后以一个果实为单位，挂上写有母本品种名称的标牌，分开收藏、催芽和播种。当这些天然杂交后代开花以后，经过多年的选择，把其中具有高度观赏价值并且与众不同的个体用无性繁殖方法保存下来并命名，于是一个新的品种就形成了。目前在世界上每年培育出来的成千上万个新品种中，有许多是从天然杂交后代中选育出来的。

4.4.2.3 选择和诱发突然变异

选择育种是多种育种途径都必须做的步骤之一，如引种、杂交育种、辐射育种等都必须通过相应的选择，才能培育出优良的植物品种。花卉观赏价值的高低和生活力的强弱往往是选择育种的目标，如速生、矮生、垂枝、直枝、芳香、花色、花型、花期、抗逆性等等。选择的主要方法有混合选择、单株选择和无性系选择。植物的突然变异简称“突变”，常见的有“芽变”或“枝变”。突变的内容可能是花色、花型，也可能是叶色或枝的形态等。突变的产生有自然突变，也有人工诱发突变。

诱发突变育种指利用物理、化学等因素处理植物器官，诱发其遗传物质基础发生变化，从而导致相应的性状发生明显的变异，再通过选择和培育创造出新品种的方法。物理诱变应用较广泛的是辐射育种，目前正在探索的激光诱变育种、太空育种也是此方面的应用。化学诱变是利用化学药品处理植物，使其遗传性状发生变异。常用化学药品有乙烯亚胺(EI)、硫酸二乙酯(DES)、甲基磺酸乙酯(EMS)等。

4.4.2.4 单倍体育种

单倍体只有一组染色体，表现在性状上，没有显性掩盖隐性的问题，能加速育种进程。花卉植物中许多杂交起源的种类,如现代月季经过了多次人工杂交,包含有多种野生月季的血统成分,其遗传基础复杂。优良品种用种子繁殖的后代,不能保持品种特性,只能借助无性繁殖方法生产种苗。如将具有丰富遗传内容的月季花粉,直接培养成单倍体植物,再加倍成纯合的二倍体,就会涌现出丰富多彩的类型,像打开积累多年的宝库一样,供我们挑选和利用。杂种起源的菊花、香石竹、牡丹、芍药、大丽菊等利用花药培养,就可获得新品种,此类品种不仅可以用营养繁殖而且还可用种子繁殖来保持其品种特性。

4.4.2.5 多倍体育种

植物界约有 1/2 的物种属于多倍体,花卉中有 2/3 以上是多倍体,尤其多年生草本中最多。自然界天然产生的多倍体,有卷丹、风信子、蓬蒿菊等为三倍体,大丽花为八倍体。人工诱导的多倍体有我国选育的四倍体的凤仙花,美国培育成功的四倍体的百日草、金鱼草、百合等。多倍体花卉生长健壮、抗逆性强、花瓣多、花色浓艳,有较高的生产和观赏价值。多倍体育种能根据人们的需要来诱导出对人类社会有利的多倍体物种,世界著名的观赏树种——红花七叶树,就是 1855 年由二倍体欧洲七叶树与二倍体美国七叶树杂交加倍后产生的异源四倍体。

多倍体诱导常使用秋水仙碱,采用浸渍、涂抹等方法处理植物生长点。诱导成功多倍体后,可通过无性繁殖直接利用,不需进一步选育。对需用种子繁殖的一、二生草花,诱导成功的多倍体后代中往往会出现分离现象,故需用选择的方式不断选优去劣,甚至通过常规杂交育种,逐步克服一些不利的性状。

4.4.2.6 离体培养育种

花卉植物种类多而复杂,遗传性多样而高度杂合,应用离体培养技术,在细胞水平上进行突变体筛选,可大大提高变异率和选种效果。离体胚的培养、原生质体融合技术及由此发展起来的试管授精技术能有效克服远缘杂交育种的障碍,另外败育胚的成功培育和利用胚乳培育三倍体都为花卉育种提供了新的途径。

4.4.2.7 分子育种

把离体培养技术与分子生物学方法结合起来,在分子水平上进行遗传修饰,重组 DNA,进行基因转化,这已成为当前最为诱人的花卉育种途径。借助于分子生物学手段,进行动、植物新品种的选育或种质资源创造的过程,就是分子育种。分子育种技术给花卉植物提供了一条重要的品种改良途径,目前可分为植物基因工程和分子标记辅助育种。植物基因工程是把不同生物有机体的 DNA 分离提取出来,在体外进行酶切和连接,构成重组 DNA 分子,然后转化到受体细胞(大肠杆菌),使外源基因在受体细胞中复制增殖。外源基因可通过基因枪、电穿孔转化、PEG 转化等生物的或理化的方法将外源基因直接整合到靶细胞的染色体上,进行转译或表达;也可利用农杆菌中的 Ti 质粒或 Ri 质粒、病毒等作为载体,促进外源基因离体转移,并整入植物的基因组中进行表达。由于目的基因控制的性状明确,在导入到植物细胞之后,可预知赋予的植物性状,因此具有定向改良植物的特点。分子标记辅助育种是利用分子遗传标记,结合常规的杂交育种等其他育种途径,提高选择效率,加快育种进程的分子育种技术。当带有目的基因的嵌合基因被转入某种受体系统(细胞或组织)后,必须对转基因材料进行生化及分子生物学鉴定。此外需观察基因是否能稳定遗传,如有价值的基因被转入后,还需鉴定基因的功能。

以上是生产中培育新品种的几种途径,在见效速度上有快有慢、解决问题上有难有易、需要条件上有简有繁,应结合品种选育目标,根据实际需要和可能的条件,来确定采用哪些方法。

思考题

1. 基本概念：

   (1) 杂交育种 (2) 组织培养 (3) 良种繁育 (4) 嫁接 (5)扦插 (6)分株 (7)压条 (8) 突变 (9) 单倍体育种 (10) 多倍体育种 (11) 分子育种

2. 花卉的无性繁殖与有性繁殖在生产应用中有什么不同?
3. 如何提高花卉植物播种繁殖的质量?
4. 哪些花卉适于分株繁殖?
5. 压条繁殖有何特点?
6. 影响嫁接成功的主要因素有哪些?
7. 如何评价利用组织培养繁殖花卉的作用?
8. 试述良种繁育制度应用于花卉生产的意义。

5 花卉的栽培与管理

5.1 露地花卉的栽培与管理

5.1.1 整地作畦

在露地花卉播种或移植以前，整地作畦是栽培管理过程中的重要一环。整地质量与花卉生长发育有重要关系，是苗齐、苗均、苗壮的保障，一般要求土壤疏松、土层深厚、细碎均匀而平整，无土砢砾石。整地不仅可以改进土壤物理性质，使水分空气流通良好，种子发芽顺利，根系易于伸展。适宜的整地时期和整地方法可以蓄水保墒，防止土壤水分散失；还可以促进土壤风化和有益微生物的活动，增加土壤中可溶性养分含量。通过整地还可将土中的病虫翻于表层，暴露于日光或严寒等环境中加以杀灭。整地也是防除杂草的有效方法。

5.1.1.1 整地深度

整地深度依花卉种类及土壤状况而定，一、二年生花卉宜浅，宿根、球根及木本花卉宜深。一、二年生花卉生长期短，根系入土不深，宜浅耕，深 20～30cm。宿根花卉定植后，继续栽培数年至 10 余年，根系发育比一、二年生花卉强大，因此要求深耕土壤至 40～50cm，同时需施入大量有机肥料。球根花卉因地下部分肥大，对土壤要求尤为严格，深耕需 30cm 左右，可使松软土层加厚，利于根系生长，使吸收养分的范围扩大，土壤水分易于保持；深耕应逐年加深，不宜 1 次耕翻过深，否则心土与表土相混，对植物生长不利。整地深度还根据土壤质地不同而有差异，沙土宜浅，黏土宜深。新开垦的土地必须于秋季进行深耕，并施入适量有机肥料，以改良土质。

5.1.1.2 整地的方法

整地的方法主要是翻耕、细碎土块，清除石块、瓦片、残根、断茎及杂草等，以利种子发芽及根系生长。翻耕可用犁式翻耕机，如五华犁；如只需疏松表土打碎土块，可用旋耕机。面积小的地块可用人工翻土。土壤经深耕后，若过于松软，毛细管作用被破坏，根系吸水困难，所以耕后必须适度镇压，可用机械镇压器，通常用滚筒或木板等进行，如面积不大，也可用脚轻踏镇压。花坛土壤的整地除按上述要求进行外，如土壤过于瘠薄或土质不良，可将上层 30～40cm 的土壤，换成新土或培养土。土地使用多年后，导致病虫为害加剧，此时可用深翻法使表土埋入深层，并在翻耕后大量施入堆肥或厩肥，补给有机养分。

5.1.1.3 整地的时间

整地在土壤干湿适度时进行，土块过干不易打碎，费工费力；过湿则破坏团粒结构，使物理性质恶化，形成硬块，此种情况尤以黏土为甚。春季使用的土地应在前一年秋季翻耕，秋季使用的土地应在上茬花苗出圃后立即翻耕。当土壤相对含水量为 40%～60%时，是整地最适宜时间，因为此时土壤可塑性、凝聚力、黏着力和阻力最小。若土壤过于黏重应在翻耕前掺砂和施入适量有机肥料，以改善其物理特性。

5.1.1.4 作畦方式

作畦方式依地区和地域的不同而异,常用的有高畦与低畦两种方式。

高畦用于南方多雨地区及低温之处,其畦高出地面。高畦不仅便于排水,畦面两侧为排水沟,还有扩大与空气接触面积及促进风化的效果。畦面的高度依排水需要而定,通常多为20～30cm。

低畦多用于北方干旱地区,畦面两侧有畦梗,以保存雨水便于灌溉。畦面宽度一般为80～100cm,除种子撒播外,畦面定植或点播通常为2～4行,与畦的长边平行。植株较大的种类如菊花、大丽花等为2行;植株较小的如金盏菊、紫罗兰等为3行;三色堇与福禄考可栽4行。植株很大的种类如芍药等畦宽可为70～80cm,栽1行。

北方低畦灌溉均采用畦面漫灌的方法,因此畦面必须整平,坚实一致,顺水源方向微有坡度,以使水流通畅,均匀布满畦面。如畦面不平,则低处积水,高处仍干,灌溉不均。近年来采用喷灌或滴灌法较多,对畦面平整要求不严。喷灌及滴灌既可节省用水,又可保持土壤良好的物理性能。

5.1.2 间苗

间苗又称"疏苗"。出苗后,幼苗拥挤,予以疏拔,目的是为了调整幼苗的疏密度,使苗株之间保持一定的间隔距离,占有一定的营养面积、空间位置和光照范围,使根系均衡发展,苗株生长整齐健壮。若不及时间苗,不仅幼苗生长柔弱,而且容易引起病虫害。间苗还有选优去劣的作用,即选留强健苗,拔去生长柔弱、徒长或畸形苗;还可除去混杂其间的其他种或品种的幼苗。间苗的同时还可进行除草。

间苗常用于直播一、二年生花卉,以及不耐移植而必须直播的种类。

间苗通常在1～2片真叶长出时进行,过迟则苗株拥挤引起徒长,不利壮苗。露地培育的花苗一般间苗两次,间拔的苗若是易于移植成活的种类,仍可栽植。最后一次间苗称为"定苗"。间苗要在雨后或灌溉后进行,用手拔出,操作要细心,不可牵动留下的幼苗,以免损伤幼苗的根系,影响生长。间苗后要及时灌溉1次,使土壤与根系紧贴,有利于苗植的恢复生长。

5.1.3 移植

5.1.3.1 移植的作用

露地花卉,除去不宜移植而进行直播的花卉外,多是先在苗床育苗,经分苗和移植后,最后定植于花坛或花圃中。移植的主要作用有:

① 苗床中幼苗借移植以增大株间距离,即扩大幼苗的营养面积,增加日照,流通空气,使幼苗生长强健。

② 移植时切断主根,可促使侧根发生,再移植时比较容易恢复生长。

③ 有抑制徒长的效果,使幼苗生长充实,株丛紧密。

幼苗移栽时要把握"三看一带"的原则:即"一看地二看苗三看天"。"看地"是指移苗前土壤要准备好,做到细碎平整无石砾,土壤水分适宜。"二看苗"是指根据苗龄移栽。"看天"是指在无风的阴天傍晚温度低时最适,忌烈日下中午移栽。"一带"即"带土球"移栽。

移植包括"起苗"和"栽植"两个步骤。移植又有两种情况:其一,幼苗栽植后不再移植,称为"定植";其二,栽植后经一定时期的生长,还要再行移植者,称为"假植"。此外,苗株起苗后到栽植前，为防止根系干燥，配上湿润土壤暂时放置，习惯上亦称为“假植”，但两者的含义是不同的。

移植时间因苗的大小而定，露地床播或冷床播种的幼苗，一般应在真叶生出5～6枚时进行分苗，因苗过大不易恢复正常生长。较难移植的花卉，应于苗更小时进行。结合间苗进行幼苗移植，可提高种子的利用率。对珍贵的或小粒种子的种类，可进行床播，待幼苗长出2～3片真叶后，再按一定的株行距进行移植。移植的同时也起到截根的效果，促进侧根的发育，提高植株质量。

移植时间以幼苗水分蒸腾量极低时进行最为适宜，原因是移植时必然损伤根系，使吸水量下降，使植株水分蒸腾量失去平衡，造成植株萎蔫而影响成活。所以在无风的阴天移植最为理想；天气炎热则必须于午后或傍晚日照不过于强烈时进行，并且在移植时应边栽植边喷水，以保持湿润，防止萎蔫。待一畦全部栽完后再进行灌水。降雨前移植，成活率更高，幼苗生长亦良好。经过1次移植的带土移植苗，即使炎热的天气亦可进行。移植时土壤不宜过湿或过干，过湿会使土壤组织黏闭；过干，不便于工作，也不能保持根的湿润状态。

栽植距离依花卉种类而异，还取决于是假植或定植。如果是假植，栽植距离较定植者为近，并且依据花卉生长速度的快慢和留床时间的长短来定大小。如果是定植，栽植距离主要取决于花卉的种类或品种所需要的营养面积。此外，肥沃土壤生长的植株比较旺盛，距离宜稍大。迟播和迟移的苗发育差，距离宜较小。

5.1.3.2 移植的方法

(1) 起苗

起苗应在土壤湿润状态下进行，使湿润的土壤附在根群上，同时避免掘根时根系受伤。如天旱土壤干燥，应在起苗前一天或数小时充分灌水。有时为保持水分的平衡，苗起出后，可摘除一部分叶片以减少蒸腾。但摘除叶片过多，减少光合作用面积，会影响新根的生长和幼苗以后的生长。

起苗的方法包括裸根移植和带土移植两类。

① 裸根移植。裸根移植通常用于小苗及一些容易成活的大苗。起苗时，用工具将苗带土掘起，然后将根群附近的土块轻轻抖落，尽量减少伤根，随即进行栽植。栽植前勿使根群暴露于强烈阳光下或强风吹袭处，以免细根干缩影响成活。木本花卉裸根起苗后若不随即栽植，可将裸根粘上泥浆，以延长须根的寿命。

② 带土移植。带土移植多用于常绿针、阔叶花卉和少数根系稀少较难移植成活的大苗。起苗时，先用铲将苗四周铲开，然后从侧下方将苗掘出，保持完整的土球，勿令之破碎。土球的大小应依苗木的大小和方便运输而定。土球一般需要用草绳来包扎。

(2) 栽植

栽植方法可分为沟植法与穴植法。沟植法是依一定的行距开沟栽植。穴植法是依一定的株行距掘穴或以移植器打孔栽植。裸根栽植时应将根系舒展于穴中，勿使卷曲，然后覆土并镇压，使根系与土壤密接。镇压时压力应均匀向下，不应用力按压茎的基部，以免压伤植株。带土球的苗栽植时，填土于土球四周并镇压之，不可镇压土球，以避免将土球压碎，影响植株成活和恢复生长。栽植深度应与移植前的深度相同。如定植于疏松土壤中，为了防止干燥可稍栽深些。根出叶的苗不宜深栽，否则发芽部位埋入土中，容易腐烂。栽植完毕后，用细喷壶充分灌水。定植大苗常采用畦面漫灌的方法。第一次充分灌水后，在新根未生出前，不可灌水过多,否则根部易腐烂。小苗组织柔弱,根系较小而地上部分蒸腾量大,移植后数日应遮住强烈日光,以利恢复生长。

宿根花卉分株后栽植方法与裸根栽植相同。一、二年生草本花卉于秋季或早春播种育苗。若为早春育苗,则在幼苗长出4～5片真叶时,应先移植到室外,株行距以起苗时少伤根为原则。宿根花卉的移植一般在秋末地上部分枯萎停止生长或草春发芽前将老根挖出,结合分株繁殖进行。球根花卉可于早春挖出并结合分株繁殖,待新芽长至10cm左右时,再移植到田间。为保证成活,在移植后,应浇透水1～2次,使根系与土壤紧贴,利于根系吸收水分。

5.1.4 灌溉(浇水)

露地花卉栽培,依靠自然降雨远不能满足花卉生长的需要。特别是干旱缺雨季节,常对花卉的生长发育造成不良影响,影响花卉的观赏品质,因此灌溉工作是花卉栽培管理的重要环节。

5.1.4.1 灌溉种类

(1) 地面灌溉

地面灌溉方法依地区的不同、面积的大小及生产设备情况而定。

① 畦灌。我国北方干燥而地势平坦地区一般均采用此法,用电力或畜力吸取井水,经水沟引入畦面。北方地区雨水较少,干旱时期较长,为便于充分灌溉采用低畦。畦灌设备费用较少,灌水充足;缺点是灌溉后,易使土面板结,整地不平或镇压不均时,常使水量分布不均。

② 小面积的灌溉。如花坛、苗床等,常采用橡皮管引自来水进行灌溉,大规模生产栽培则不宜采用此法。

(2) 地下灌溉

将素烧的瓦管埋在地下,水经过瓦管时,从管壁渗入土壤中,使土壤湿润。此法优点甚多,可以不断地给根系适量的水分,有利于花卉的生长;水流不经过土面,不会使土面板结;表面干土可以阻止水分的蒸发,能节省用水。但此法须有足够水量不断供给,才能发挥其优点。在土质过于疏松或心土有不透水层时,不能采用此法。地下灌溉的缺点是管道造价高,易淤塞,表层土壤不太湿润。

(3) 喷灌

依靠机械力将水压向水管,喷头接于水管上,水自喷头喷成细小的雨滴进行灌溉。喷灌与地面灌溉相比,省水、省工、不占地面,还能保水、保肥,地面不板结,防止土壤盐渍化,提高水的利用率。在冬季要灌溉的地区,喷灌比畦灌的土温高;在干热的季节,喷灌又可显著增加空气湿度,降低温度,改善小气候。喷灌的缺点主要是设备投资较大。

(4) 滴灌

利用低压管道系统,使灌溉水成点滴状,缓慢而经常不断地浸润植株根系附近的土壤。滴灌在必要时可分别给予不同的灌水量,因此能极大地节省用水。滴灌时,株行间土面仍为干燥状态,因此可抑制杂草生长,减少除草用工和除草剂的消耗。滴灌的缺点是投资大,管道和滴头容易堵塞,在接近冻结气温时就不能使用。

5.1.4.2 灌溉用水

灌溉用水以软水为宜,避免使用硬水,最好是河水,其次是池塘水和湖水。工业废水有污染,对植物有害,不可使用。不含碱质的井水也可利用。井水温度较低,最好先贮于蓄水池内,待水温升高后使用;否则水温较低,对植物根系生长不利。河沟的水富含养分,水温亦较高,适合用于灌溉。小面积灌溉也可采用自来水,但费用较高,常用于花坛及草坪灌溉。有泉水的地方,可用泉水灌溉。

5.1.4.3 灌溉的次数及时间

灌溉的次数与时间要根据气候特点和花卉的需水规律来确定灌水定额,总的原则是春夏季温高风大时水分蒸发和植物蒸腾作用强,需水量大;秋冬季节温度低,水分散失少,水量则较少。适宜的水分是花卉正常生长发育的保障,因此土壤要保持湿润。露地播种苗,因植株小,宜用喷壶喷水,避免将小苗冲倒,土面泥土以不玷污叶片为宜。幼苗移植后的浇水与幼苗成活关系密切,因幼苗移植后根系尚未与土壤充分密接,移植时部分根系受损伤,吸水力减弱,若得不到及时的水分供给,幼苗生长将受到较大影响,甚至死亡。通常在移植后连续灌水 3 次,称为"灌三水"。即在移植后随即灌水 1 次;过 3d 后,第 2 次灌水;再过 5～6d,灌第 3 次水,每次都需放水把畦灌满。"灌三水"后进行松土。一般幼苗在移植后均需连续灌水 3 次,但有些花卉的幼苗根系较强大,移栽后恢复较快,灌溉 2 次以后就可松土,不必灌第 3 次水。有些花苗生长势较弱,移苗后生长不易恢复,可在第 3 次灌水后 10d 左右,再灌第 4 次水,灌水后松土。幼苗生长稳定后,再进行正常水分管理。

再次浇水应充分浇足。浇水量及浇水次数依季节、土质、气候条件及花卉种类不同而异。夏季及春季高温干旱水分散失快,应多浇水;一、二年生花卉及球根花卉容易干旱,浇水次数应较宿根花卉和木本花卉为多;疏松土质如砂土及砂质壤土的保水能力差,浇水次数应比黏重的土质为多;晴天风大时应比阴天无风时多浇。

浇水时间因季节而异。夏季浇水应在清晨和傍晚时进行,因此时水温与地温相近,对根系生长活动影响小。傍晚浇水更好,因夜间水分下渗到土层中去,可以避免日间水分的迅速蒸发。冬季因晨夕气温较低,浇水应在中午前后进行。

5.1.5 施肥

5.1.5.1 肥料的种类及施用量

花卉施肥要根据土质、土壤肥力、前作情况、气候、雨量以及花卉种类的不同来确定肥料种类及施用量。土壤养分状况必须经过土壤分析,才能确知某一营养元素的缺乏情况,然后给予合理施肥。花卉不同种或品种,对于肥料的要求不一样;各类花卉间又有显著的差异,如一般草花类与球根类的施肥量见表 5.1。

表 5.1 花卉的施肥量/(kg/100m²)

花卉类别	N	P_2O_5	K_2O
草花类	0.94～2.26	0.75～2.26	0.75～1.69
球根类	1.50～2.26	1.03～2.26	1.88～3.00

花卉施肥不宜施用只含某一种肥分的单一肥料,氮、磷、钾三种营养成分应配合使用。不同花卉种类对肥料的要求也不一样,各种肥料的具体施用量可按其所含的营养成分计算。花卉栽培常用肥料种类及其营养成分见表 5.2:

表 5.2 花卉栽培常用肥料营养成分表/%

肥分 肥料种类	N	P_2O_5	K_2O	其他
硝酸钠	15～16			
硝酸钾	17～18		36～44	
硝酸钙	17			
硝酸铵	33～35			
硫酸铵	20.5			
尿素	46～48			
氯化钾			50	
硫酸钾			48～52	
草木灰			20～40	
过磷酸钙		16～20		
重过磷酸钙		30～40		
骨粉		20～30		
人粪(鲜)	1.30	1.16	1.40	
人尿(鲜)	0.80	0.16	0.19	
人粪(干)	2.60	1.95	1.15	
牛粪	0.30	0.17	0.10	有机物 15.00
牛尿	0.60	0	0.50	有机物 2.30
猪粪	0.50	0.40	0.50	有机物 15.00
猪尿	0.40	0.07	0.30	有机物 2.50
鸡粪	1.60	1.50	0.80	含水 5.60
大豆饼	6.55	1.32	2.46	
花生饼	7.56	1.31	1.50	
芝麻饼	5.86	3.27	1.45	
堆肥(干)	0.92～1.77	0.39～0.8	1.03～1.64	

5.1.5.2 施肥的方法

花卉的施肥可分为基肥和追肥两大类。

(1) 基肥

基肥以有机肥料为主,常用的有厩肥、堆肥、饼肥、骨粉、粪干等,对改进土壤的物理性质有重要作用。厩肥和堆肥多在整地时翻入土内;饼肥、骨肥和粪干可施入栽植沟或定植穴的底部。目前花卉栽培中已普遍采用无机肥料作为部分基肥,与有机肥料混合施用。基肥与追肥相比较,就一般花卉来说,基肥中所含氮、磷、钾的总量多于追肥;宿根花卉和球根花卉则要求更多的有机基肥。基肥的施用量应视土质、土壤肥力状况和植物种类而定,一般厩肥、堆肥应多施;饼肥、骨粉、粪干宜少施。所施基肥应充分腐熟,否则易导致肥害。一般花卉每 $100m^2$ 宜施厩肥 113～225kg。以化学肥料作基肥时,应注意三种主要肥分的配合,见表 5.3。目前国外多应用颗粒状缓释性化学肥料作基肥,养分在土壤中慢慢释放。

表 5.3 花卉的基肥施用量/($kg/100m^2$)

肥料 花卉种类	硝酸铵	过磷酸钙	氯化钾
一年生花卉	1.2	2.5	0.9
多年生花卉	2.2	5.0	1.8

化学肥料作基肥施用时,可在整地时混入土中,但不宜过深;亦可在播种或移植前,沟施或穴施,上面盖一层细土,再行播种或栽植。

(2) 追肥

追肥是补足基肥的不足,以满足观赏植物不同生长发育阶段的需求,常用的有化肥、人粪尿、饼肥水等。化肥的施用浓度一般不宜超过 0.1%～0.3%。在生长旺盛期及开花初期,可进行叶面喷施。叶面施肥常用的肥料见表 5.4。

表 5.4 叶面施肥常用的肥料

化肥	元素含量/%	喷施浓度/%
尿素	含氮 45～46	0.1～0.5
硫酸铵	含氮 20.5	0.3～0.5
磷酸二氢钾	含磷 $>$ 50,含钾 $>$ 30	0.2～0.3(与 0.1%尿素混合效果更好)
过磷酸钙	含磷	2～3(取上层澄清液)
草木灰	含钾	2～3(取上层澄清液)
硫酸亚铁	含铁	0.1～0.2
硼酸	含硼	0.1
硫酸锌	含锌	0.05
钼酸铵	含钼	0.02～0.05
硫酸锰	含锰 24～28	0.05
硫酸铜	含铜 24～25	0.02

一、二年生花卉在幼苗时期追肥的主要目的是促进其茎叶的生长,氮肥成分可稍多一些,但在以后生长期间,磷钾肥料应逐渐增加。生长期长的花卉,追肥次数应较多。多年生花卉(宿根和球根)追肥次数较少,一般追肥 3～4 次,第 1 次在春季开始生长后;第 2 次在开花前;第 3 次在开花后;秋季叶片枯萎后,应在株旁补以堆肥、厩肥、豆饼等有机肥料,进行第 4 次追肥。一些开花期长的花卉,如美人蕉、大丽花等,在开花期间亦应适当给予追肥。

追肥除常用粪干、粪水及豆饼外,亦可施用化学肥料,各种肥分施肥量的配合,依花卉种类不同而异。各种花卉大致的施肥量见表 5.5。

表 5.5 花卉的追肥施用量/(kg/100m²)

花卉种类 \ 肥料	硝酸铵	过磷酸钙	氯化钾
一年生花卉	0.9	1.5	0.5
多年生花卉	0.5	0.8	0.3

追肥的施用方法依肥料种类及植株生长情况而定。植株较大、距离较远，施用粪干或豆饼时，可采用沟施或穴施。施用人粪尿或化学肥料时，常随水冲施，化学肥料可按株点施，或按行条施，施后灌水。

5.1.6 中耕除草

5.1.6.1 中耕

在降雨或浇水后，土壤容易板结，中耕能疏松表土，减少水分蒸发，增加土温，使土壤内空气疏通，以利于土中有益微生物的繁殖活动，从而促进土壤中有机质的分解，为花卉根系生长和养分吸收创造良好的条件。中耕的同时，可以除去杂草，避免杂草与观赏植物争夺水分、养分及阳光。但除草不能代替中耕，因为雨后或灌溉以后，在没有杂草的情况下，也要进行中耕。可以在表土保持疏松状态又无杂草滋生时不进行中耕，以免浪费人力。这个时候中耕会将潮湿的土壤翻于土面，水分更易散失。

幼苗期间及移植后不久，大部分土面暴露于空气中，除了土面极易干燥外，还容易生杂草，这时应及时中耕。幼苗渐大、枝叶覆盖地面后，有利于阻止杂草的发生，此时根系已扩大于株间，中耕停止，否则因中耕切断根系，使植株生长受阻。

中耕深度依花卉根系的深浅及生长时期而定。根系分布较浅的花卉应浅耕；根系分布较深的，中耕可适当深些。幼苗期中耕宜浅，以后随苗株生长逐渐加深。株行中间应中耕较深；近植株处应浅耕，深度一般为 3～5cm。

5.1.6.2 除草

杂草会与花卉争夺养分、水分和阳光，影响花卉的正常生长，降低花卉的观赏价值。除草可以保存土壤中的养分及水分，有利于植株的生长发育。除草要点有：

① 除草应遵守“除小，除早，除了”的原则。除草应在杂草发生之初，尽早进行。因杂草幼苗小，根系较浅，入土不深，易于防除。否则杂草苗龄过大，根系强健时不易防除。

② 杂草开花结实之前必须清除，否则 1 次结实后，需多次除草，甚至数年后始能清除。除草力求除尽，免留后患。

③ 除草不仅要清除栽培地上的杂草还应将周围环境中的杂草除净。多年生杂草必须将其地下部分全部掘出深埋或烧掉；否则，地上部分不论刈除多少，地下部分仍能萌发，难以全部清除。

小面积除草以人工为主，大面积可用机械或化学药剂除草。除草剂种类繁多，包括无机化合物与有机化合物等，后者因其杀伤力较大，应用较广。除草剂根据杀伤种类可分为灭生性(全部杀光)及选择性除草剂两大类；又根据作用方式可分为芽前(植物发芽前施入土中)及芽后两大类，应谨慎选择使用。

此外，采用“地面覆盖”可防止杂草发生，兼收中耕效果。常用的覆盖材料有腐殖土、泥炭土及特制的覆盖纸。杂草在厚度为4～5cm的腐殖土及泥炭土下，大多死亡。

5.1.7 露地花卉的整形修剪

5.1.7.1 整形

露地园林植物的整形方式比较简单，一般以自然形态为主，也可根据需要进行整形。整形的形式主要有：

(1) 单干式

单干式即只留一个主干，不留分枝。对于草本植物，仅在主干顶端开花1朵，如独头大丽菊和标本菊等。这种方法可将养分集中供给顶蕾，可充分表现品种特性。木本植物的单干式有广玉兰、女贞等。

(2) 多干式

多干式即留主枝数个，每一枝干顶端开1朵花，开花数较多。如大丽菊、多头菊、牡丹等。

(3) 丛生式

丛生式即通过植株的自身分蘖或生长期多次摘心、修剪，促使发生多数枝条，全株成低矮丛生状，开花数多。一些草本花卉和花灌木可按此法整形，如藿香蓟、矮牵牛、一串红、金鱼草、百日草、榆叶梅、棣棠、紫荆等。菊花中的大立菊亦为此种形式，但对分枝及花朵的位置要求更为整齐严格。

(4) 悬崖式

悬崖式即使全株枝条向同一方向伸展下垂，有些可通过墙垣或花架悬垂而下，多用于小菊类品种的整形。

(5) 攀援式

攀援式多用于藤本花卉，使枝条附着在墙壁上，缠绕在篱笆上或枯木上生长，如牵牛、茑萝、爬山虎、凌霄、香豌豆等。

(6) 匍匐式

匍匐式即利用枝条自然匍匐地面生长的特性，使其覆盖于地面或山石上，如蔓锦葵、地被菊、铺地柏、旱金莲等。

(7) 支架式

支架式发即通过人工牵引，使植株攀附于一定形式的支架上，形成透空花廊或花洞，多用于藤本花卉，如金银花、紫藤、葡萄等。

(8) 圆球式

圆球式即通过多次摘心和修剪，使形成稠密的侧枝，然后对突出的侧枝进行短截，将整个树冠剪成圆球形或扁球形，如大叶黄杨、枸骨、龙柏等。

(9) 象形式

象形式即把整个植株修剪或蟠扎成动物或建筑物的形状，如圆柏、刺柏等。

5.1.7.2 修剪

(1) 摘心

摘心指摘除枝稍顶芽。摘心可以抑制主枝生长，促进分枝形成，增加枝条数目，并能使枝条矮化,达到花繁叶茂的目的。摘心还可以延迟花期或促进其第二次开花。适合摘心的花卉有一串红、菊花、百日草、波斯菊、牵牛花、千日红、金鱼草、万寿菊、大丽花、翠菊等。花穗长而大或自然分枝能力强的种类不宜摘心,如鸡冠花、凤仙花、紫罗兰、麦秆菊等。

(2) 除芽

除芽包括剥去过多的腋芽或挖掉脚芽,前者多用于观果类花卉,后者多用于球根或宿根类草花和一些多年生木本花卉。摘除腋芽和脚芽,可以限制枝数的增加和过多花朵的发生,使养分相对集中,花朵充实而美大,如菊花、大丽花等。

(3) 修枝

剪除枯枝、病虫害枝、交叉枝、密生枝、徒长枝及花后残枝等,改善通风透光条件,减少养分消耗。修枝应从分枝点上部斜向剪下,伤口较易愈合,且不留残桩。

(4) 曲枝

为使枝条生长均衡,将生长势过旺的枝条向侧方压曲,将长势较弱的枝条顺直,可得抑强扶弱的效果。大立菊整形常用此法。直立向上生长的木本植物,可用绳索将枝条向下拉平,或拉向左右两侧,使分布均匀。

(5) 剥蕾

剥蕾通常指除去侧蕾而留顶蕾,使营养集中供应顶蕾开花,保证花大色艳,芍药、菊花、大丽花等常用此法。在球根花卉生产过程中,为使球根肥大,亦用此法。

(6) 折枝和捻梢

折枝是将新梢折曲,但仍连而不断;捻梢指将半木质化枝梢捻转。对于一些剪短后非常容易发生侧枝的花木,折枝和捻梢均可抑制新梢徒长,促进花芽形成。一些蔓生藤本花卉如牵牛、茑萝等常采用此法。

5.1.8 防寒越冬

防寒越冬是对耐寒能力较差的观赏植物实行的一项保护措施,以免除过度低温危害,保证其成活和翌年的生长发育。防寒方法很多,常见应用的主要有:

5.1.8.1 覆盖法

在霜冻到来前,在畦面上覆盖干草、落叶、马粪、草席、蒲帘等,直到翌年春晚霜过后去除。此法常用于一些二年生花卉、宿根花卉、一些可露地越冬的球根花卉和木本植物幼苗。

5.1.8.2 培土法

对于冬季地上部分枯萎的宿根花卉和进入休眠的花灌木,壅土压埋或开沟覆土压埋植物的茎部或地上部分进行防寒,待春季到来后萌芽前再将培土扒开,使其继续生长。

5.1.8.3 熏烟法

在圃地周围上风向点燃干草堆,烟和水汽组成的烟雾,能减少地面散热,防止地温下降。冒烟时,烟粒吸收热量使水气凝结成液体,而放出热量,也可使气温升高,防止霜冻。此法常用于露地越冬的二年生花卉,在环境温度不低于-2℃时效果明显。

5.1.8.4 灌水法

冬灌能减少或防止冻害;春灌有保温、增温效果。由于水的热容量大,灌水后能提高土的导热量,使深层土壤的热量容易传到土表面,从而提高近地表空气温度。灌溉可提高地面温度2℃~2.5℃。在严寒来临前1~2d,常灌水防止冻害。

5.1.8.5 浅耕法

浅耕可降低因水分蒸发而产生的冷却作用，同时，因土壤疏松，有利于太阳热量的导入，对保温和增温有一定效果。

5.1.8.6 包扎法

一些大型观赏植物常用草或塑料薄膜包扎防寒，如芭蕉、苏铁等。

5.1.8.7 设立风障

对一些耐寒能力较强但怕寒风的观赏植物，可在植物西北部设立风障防寒。

5.1.8.8 合理密植

合理密植可以增加单位面积茎叶的数目，降低地面的热辐射，起到保温作用。

5.1.8.9 喷洒药剂

喷洒某些药剂如硼酸，可以在一定程度上提高植物的抗寒能力。

5.2 盆花的栽培与管理

5.2.1 培养土的配制

培养土(栽培基质)起到锚定植株的作用，为花卉生长发育提供适宜的养分、水分和空气。特别是盆栽花卉时，由于根系生长受到限制，浇水频繁而易破坏土壤结构，造成土壤板结、盆土养分易流失等，培养土的理化特性是影响花卉生长发育的限制性因子。

培养土的物理特性比营养成分更为重要，因为土壤营养状况是能够通过施肥调节的，但是土壤的物理性状，一旦植物栽上后再要改变它的特性，调节其通透性就困难了。良好的透气性应是培养土的重要物理性质之一，因为盆壁与底部使排水受限制，气体交换也受影响，且盆底易积水，影响根系呼吸，所以盆栽培养土的透气性要求较高。盆栽培养土还应有较好的持水能力，这是由于盆栽土体积有限，可供利用的水少，而壁面蒸发水量相当大，约占散失水的50%，而叶面蒸腾仅30%，盆土表面蒸发20%。因此，盆栽培养土应疏松、透性好、保水保肥能力强、腐殖质量丰富和具有较适宜的pH值。

培养土通常由园土、沙、腐叶土、泥炭、松针土、稻糠灰及蛭石、珍珠岩、腐熟的木屑、稻壳、椰糠等材料按一定比例配制而成。园土一般取自菜园、果园、苗圃等表层土壤。由于园林植物的种类不同，对培养土要求不一，各地材料来源和习惯不同，可用几种材料按不同比例调配成盆栽用土。

通用的配方(以体积计)：园土＋腐叶土＋黄沙＋骨粉(6∶8∶6∶1)，或泥炭＋黄沙＋骨粉(12∶8∶1)。

一般草花类，如鸡冠花、一串红等：腐叶土(或堆肥土)＋园土＋稻糠灰(2∶3∶1)。

一般花木类：堆肥土＋园土(1∶1)；菊花及宿根花卉：堆肥土＋园土＋稻糠灰＋细沙(2∶2∶1∶1)；多浆植物：腐叶土＋园土＋细沙(2∶1∶1)；山茶花、杜鹃花、秋海棠类、地生兰、八仙花等：腐叶土＋少量黄沙。

各地可因地制宜制定适合当地特色的配方，但各种配方的趋向是要降低土壤的容重，增加空隙度、水分和空气含量，提高腐殖质的含量。一般讲混合后的培养土，容重应低于$1g/cm^3$，通气孔隙应不小于10%为好。

5.2.2 上盆、翻盆与换盆

5.2.2.1 上盆

上盆是指将幼苗从苗床或育苗容器中移出后，栽植到花盆中的操作步骤。按幼苗的大小或根系的多少选用适宜规格的花盆，切忌盆太大苗太小，反之亦然。用碎瓦片将盆底排水孔盖住，然后填放粗粒培养土，以利排水，其上再填上一层培养土，以待植苗。将苗放于盆口中央深浅适当的位置，填培养土于苗根的四周，用手指压紧或将花盆提起在地上轻轻蹾实。土面与盆口应有2～3cm距离，便于浇水。栽植完毕后，最好用浸盆法灌水，置于蔽阴处缓苗数日。待苗恢复生长后，逐渐移到光照充足处。

5.2.2.2 翻盆

盆栽花卉的盆土土壤物理性质恶化、养分丧失或为老根所充满后，脱盆，需要修去部分老根，更换部分旧土，再装入原盆的。

5.2.2.3 换盆

换盆是指把盆栽植物换到另一个盆中去的操作过程。花苗长大，原盆已显小，为了扩大营养面积，利于苗株继续健壮的生长，需把苗株从小盆换到大盆中去。

换盆时应注意两个问题：一是应按植株发育的大小逐渐换到较大的盆中，不可直接换入过大的盆内，因为盆过大给管理带来不便，浇水量不易掌握，常会造成缺水或积水现象，不利植物生长；二是根据植物种类确定换盆的时间和次数，过早、过迟对植物生长发育均不利。一般来说，春季开花的种类在秋季换盆，如八仙花、天竺葵、含笑、杜鹃、山茶等；初夏和秋季开花的种类则在春季换盆，如茉莉、扶桑、米兰、珠兰、白兰花等。

换盆时，分开左手手指，按置于盆面植株茎部，将盆提起倒置，并以右手扣盆边，将植株带土球从盆内取出。土球取出后，如为宿根花卉，应将土团四周外围的旧土去掉一部分，并剪除一些老根、枯根和卷曲根，然后放在新盆内，填入培养土蹾实。一、二年生花卉换盆时，土球可不加任何处理，即将原土球栽植。木本花卉依种类不同将土球适当切除一部分，如棕榈类可剪除1/3老根，橡皮树则不宜修剪。换盆后应立即浇水，第一次必须浇透，以后浇水不宜过多，尤其是根部修剪较多时，吸水能力减弱，水分过多易使根系腐烂，待新根长出后再逐渐增加灌水量。为减少叶面蒸发，换盆后应放置阴凉处养护。

5.2.3 浇水

浇水是花卉栽培管理中的重要环节。浇水按方式不同可分为浇水、找水、放水、喷水和扣水等。浇水多用喷壶进行，水量以浇后能很快渗完为宜。找水是补充浇水，即对个别缺水的植株单独补浇。放水是指生长旺季结合追肥加大浇水量，以满足枝叶生长的需要。喷水即对植物进行全株或叶面喷水。喷水不仅可以降低温度，提高空气相对湿度，还可清洗叶面上的尘埃，提高植株光合效率。扣水指少浇水或不浇水，在根系被修剪而伤口尚未愈合时、花芽分化阶段及入室前后常采用。

浇水次数、浇水时间和浇水量，应根据花卉种类、不同生育阶段、自然气象因子、培养土性质等条件灵活掌握。蕨类植物、兰科植物、秋海棠类等喜湿花卉要多浇水；多肉多浆植物等旱生花卉要少浇水。进入休眠期时，浇水量应依花卉种类的不同而减少或停止。从休眠期进入生长期，浇水量逐渐增加。生长旺盛时期，要多浇水；开花期前和结实期少浇水，盛花期适当多浇水;疏松土壤多浇,黏重土壤少浇;夏季以清晨和傍晚浇水为宜,冬季以上午10时以后为宜。浇水的原则是盆土见干则浇水,浇应浇透,要避免多次浇水不足,只湿及表层盆土,形成“腰截水”,下部根系缺乏水分,影响植株的正常生长。

有些植物对水分特别敏感,若浇水不慎会影响生长和开花,甚至导致死亡。如大岩桐、蒲包花、秋海棠的叶片淋水后容易腐烂;仙客来球茎顶部幼芽、非洲菊的花芽和君子兰的花蕾等淋水会腐烂而枯萎;兰科植物、牡丹等分株后,如遇大水也会腐烂。因此,对浇水有特殊要求的种类应和其他花卉分开摆放,以便浇水时区别对待。

5.2.4　施肥

盆栽花卉因长期生长在盆钵之中,根部受盆土限制,施肥对其生长和发育显得更为重要。在上盆及换盆时,常施以基肥;生长期间施以追肥。常用基肥主要有人粪尿、牛粪、鸡粪、蹄片和羊角等。基肥施入量不要超过盆土总量的20%,与培养土混合均匀施入。蹄片分解较慢,可放于盆底或盆土四周。追肥以薄肥勤施为原则,通常以沤制好的饼肥、油渣为主,也可用化肥或微量元素追施或叶面喷施。有机液肥的浓度不宜超过5%,化肥的施用浓度一般不超过0.3%,微量元素浓度不超过0.05%。

施肥要在晴天进行。施肥前先松土,待盆土稍干后再施肥。施肥后,立即用水喷洒叶面,以免残留肥液污染叶面。施肥后第二天一定要浇1次水。温暖的生长季节,施肥次数多些,天气寒冷而室温不高时可以少施。根外追肥不要在低温时进行,应在中午前后喷洒。叶子的气孔多,背面吸肥力强,所以喷肥应多在叶背面进行。

盆栽花卉的用肥应合理配施,否则易发生营养缺乏症。苗期主要是营养生长,需要氮肥较多;花芽分化和孕蕾阶段需要较多的磷肥和钾肥。观叶植物以氮肥为主;观茎植物以钾肥为主;观花和观果植物以磷肥为主。

5.2.5　盆栽花卉的整形与修剪

整形、修剪两者在应用上既有密切的关系,又有不同的涵义。整形一般是对幼苗而言,是指对幼苗实行一定的措施,使之形成一定的结构和形态;修剪一般是对大苗而言,意味着要去掉植物的地上部或地下部的一部分。整形通过修剪来完成的,修剪又是在整形基础上根据某种目的而实行的。整形修剪是一项重要的园艺实践,它对于盆栽花卉的成功生产是不可缺少的。整形修剪的重点是整形。

5.2.5.1　整形修剪的意义

整形修剪的意义主要有:

① 通过整形修剪可培养出理想的主枝、侧枝,使株形圆满、匀称、紧凑、牢固,为培养优美的株形奠定基础。

② 整形修剪能改善观赏植物的通风透光条件,减少病虫害,使植株健壮、质量高。

③ 整形修剪是人工矮化的措施之一。有些盆栽花卉需要重修剪并结合其他综合措施使之矮化,从而使其与室内、花坛或岩石园的空间比例相协调。

5.2.5.2　整形修剪的时期与方法

(1) 修剪时期

修剪时期是根据植物抗寒性、生长特性及物候期等来决定的,通常分为休眠期(冬季)修剪和生长季(夏季或春季)修剪两个时期。前者视各地气候而异,大抵自气候转冷植株生长缓慢或进入休眠后至次年春季植株萌动前进行,一般为12月至翌年2月。抗寒力差的种类最好在早春修剪,以免伤口受风寒之害;伤流特别严重的种类,不可修剪过晚,否则会自剪口流出大量体液而使植株受到严重伤害。生长季的修剪期是自萌芽后至新芽生长停止前(一般4～10月),其具体日期也视当地气候条件及植物特性而异。

(2) 修剪方法

修剪方法包括剪梢、长放、回缩、疏枝、摘心、剪枝、摘叶、剥芽、剥蕾等。

① 摘心与剪梢。用剪刀剪除已木质化的枝梢顶部,称剪梢;用手指摘去嫩梢顶部称为摘心。摘心与剪梢的作用是使枝条组织充实,去除顶端优势,促进侧芽发生;使植株矮化,株形圆满;调节开花期等。

② 剪枝。剪枝包括疏删修剪和短截修剪两种。疏删修剪指将枝条自基部完全剪除,主要是一些病虫害枝、枯枝、重叠枝、细弱枝等。短截修剪是指将枝条先端剪去一部分。剪时要充分了解植物的开花习性和注意留芽的方向。在当年生枝条上开花的花卉种类,如扶桑、倒挂金钟、叶子花等,应在春季修剪;而一些在二年生枝条上开花的花卉种类,如山茶、杜鹃等,宜在花后短截枝条,使其形成更多的侧枝。留芽的方向要根据生出枝条的方向来确定,要其向上生长,留内侧芽;要其向外侧斜向生长时,留外侧芽。修剪时应使剪口成一斜面,芽在剪口的对方,芽尖距剪口斜面顶部1～2mm。

③ 摘叶。在植株生长发育过程中,当植株叶片生长过密,或出现黄叶、枯叶时,应进行摘叶。摘叶不仅可以改善通风透光条件,促进植物生长,减少病虫害发生,还能促进新芽的萌发和开花。如茉莉可通过摘除老叶的方法来提早新芽萌发的时间,天竺葵摘叶能提高其开花的数量及质量。

④ 剥芽与剥蕾。剥芽即剥除侧芽。侧芽太多时,因营养分散,常影响主芽的生长发育,同时也影响通风透光,容易发生病虫害。剥蕾指当侧蕾长至一定大小时,用手剥除的过程。侧蕾若不及时剥除,将影响主蕾生长,影响开花的质量。

5.2.6 绑扎与支架

绑扎与支架是调整植株生长势、创造良好株形的有效方法之一,依据不同的植物种类和栽培目的,一般可分为自然式和人工式两种。自然式是利用植物的自然株型,稍加人工修整,使分枝布局更加合理美观。人工式则是人为对植物进行整形,强制植物按照人为的造型要求生长。绑扎与支架使用的材料有竹片、细竹、铅丝、棕丝、棕线等。在确定植株形式前,必须对植株的特性有充分了解,枝条纤细且柔韧性较好者,可整成镜面形、牌坊形、圆盘形或"S"形等,如常春藤、三角花、藤本天竺葵、文竹、令箭荷花、结香等。枝条较硬者,宜制成云片形,或各种动物造型,如腊梅、一品红等。

5.3 温室花卉的栽培与管理

温室栽培花卉是在人工控制的条件下进行的,因此可以根据所栽花卉的要求,调节温度、湿度、光照、通风等各个环节。现代化的智能温室已实现完全自动化控制,但投资高,耗能大,管理要求水平高,目前普及还存在困难,因此人工调控环境因素还是温室管理常用的手段。

5.3.1 温度的调节

温室温度的控制是温室花卉生产中关键技术之一。温度调节要根据季节变化和温度的日变化合理控制，主要有加温、降温、通风和遮荫等措施。冬季除了充分利用日光以增加温度外，通常需要人为加温。春秋两季视地区气候的不同和花卉种类的不同来决定加温与否。夏季室内温度很高，一般盆花均需移置室外，在荫棚下栽培，只有一部分热带植物和多浆植物仍留置温室内。

室温的控制和调节应根据温度日变化合理进行，中午的温度较高，早、晚温度应较低，并要防止温度的骤然升降和温差过大。温度调节方法主要有：

① 采用燃煤或暖气来提高室内气温；利用电热线加温或热水循环等方式来提高盆土或床土的温度。

② 屋顶覆盖草席棉被等，减少室内热量散失，保持室温。

③ 常用的降温方法有开门、开窗通风、屋顶遮荫、喷水和室内喷雾等。

④ 根据花卉种类安排适当的摆放位置，离热源近温度较高；离热源远和靠门窗处，温度较低。

5.3.2 湿度的调控

温室因密闭、水分不易蒸发，因此有时湿度很高；或因加温、室内通风、日照强烈等原因使室内空气相对湿度变得很低，所以应根据需要相应给予调节。常用调节方法有在室内地面、花台、花架上喷水或修建水池，增大蒸发面积；或安装喷雾装置，进行定时喷雾。当室内湿度过大时，打开门窗通风，或相应提高室温。

5.3.3 光照的管理

遮荫和补光是调节光照强度的常用方法。春秋两季应遮去中午前后的强烈光线，晨夕予以充分光照。夏季阳光强烈，要求遮荫时间更长，遮荫程度更大。遮荫还应根据花卉种类的不同具体安排阴性花卉的遮荫时间和程度比阳性花卉相应加大。常用调节光照的方法有苇帘或竹帘覆盖、遮阳网覆盖、石灰水涂刷玻璃窗（加入适量食盐，增加附着力）、降低透光效果。补光通常在秋冬季节及连续阴雨天进行，温室内安置人工光照。目前通常采用高压钠灯，以补光照的不足。

5.3.4 盆花的出室与入室

温室内部夏季温度过高，通风不良，不利于花卉的正常生长发育，因此在每年春季晚霜过后，应把其移至室外阴棚中养护，待秋季气温逐渐下降，早霜出现以前，再将搬入温室内加以养护。仙人掌及多肉植物以及夏季休眠的种类如仙客来等，可以一直留在温室内。

进出温室的时间应根据各地的气候因子和植物种类灵活掌握。一般说，南方春季气温回升较早，秋季气温下降较晚；而北方春季气温回升较晚，秋季气温下降又较早。因此南方盆栽观赏植物出室较北方早，入室又较北方晚。对温度要求不太高的花卉种类先出后进，而喜高温的花卉种类则后出先进。长时间在温室环境条件下生长的观赏植物，一般都比较娇嫩，经不起环境条件的剧烈变化，因此，出室前一定要给以锻炼。从 2 月底始，逐渐打开门窗通风.降低室内温度，让花卉逐渐适应室外的环境，同时适当减少水分及氮肥的供应，多施磷、钾肥，促进植株组织成熟，增加花卉抗寒力。

入室前，要把温室打扫干净，并彻底消毒，多用硫磺粉加木屑混合烟熏或用40%福尔马林50倍液喷洒。花卉进室后的初期，应经常开窗通风，降低温度，使植株逐渐适应室内环境条件。

5.4 花卉的无土栽培

5.4.1 无土栽培的优点

无土栽培即水培(广义)，就是不用土壤，直接用营养液栽培植物的方法。近20年，无土栽培技术发展迅速，在美国、英国、法国、加拿大、荷兰、日本等发达国家已广泛应用。无土栽培的优点如下：

① 无土栽培可以更有效地控制植物生长发育过程中对水分、养分、空气、光照、温度等的要求，使植物生长良好。

② 无土栽培可以不用土壤，所以扩大了观赏植物的种植范围，在沙漠、盐碱地、海岛、荒山、砾石地或荒漠，都可进行，规模可大可小。无土栽培还可在窗台、阳台、走廊、房顶等场所进行。在屋顶进行无土栽培，夏天可使楼顶天花板面温度降低5℃～8℃，室内温度降低2℃～3℃。

③ 无土栽培能加速植物生长，提高产量和品质。如无土栽培的香石竹香味浓、花朵大、花期长、产量高，盛花期比土壤栽培的提早2个月。

④ 无土栽培可以节省肥水。土壤栽培由于水分流失严重，其水分消耗量要比无土栽培高7倍左右。无土栽培施肥的种类和数量都是根据花卉生长的需要来确定的，且其营养成分直接供给花卉的根部，完全避免了土壤的吸收、固定和地下渗透，大约可节省1/2的肥料用量。

⑤ 无土栽培无杂草、无病虫、清洁卫生。无土栽培由于不用人粪尿、禽畜粪和堆肥，故无臭味且清洁卫生，可减少对环境的污染和病虫害的传播，同时也便于运输和交流。

⑥ 无土栽培由于不用土壤，只是在人工培养液中进行，因此省略了土壤的耕作、灌溉、施肥等操作，可节约劳动力，减轻劳动强度。

5.4.2 无土栽培的基本方法

因环境和条件的不同，无土栽培可采用的方式多种多样，目前常用方法有水培和基质培。

5.4.2.1 水培法

水培法是指使植物的根完全悬浮在营养液中，用一层惰性基质或其他方法将根颈固定。营养液内要有足够的氧气，并要处于黑暗中。因此，水培需要一定的装置设备。目前国外已有成套现代化的水培装置。

水培法常用的类型有一般水培法、营养膜栽培、地下灌溉法、漂浮培法、雾培(气培)法等。

(1) 一般水培法

水培槽装置首先要有种植床，可用木材、塑料、水泥或砖砌成。槽宽一般不超过1.2m，长度不限，深度为 15～30cm，槽内刷一层沥青或用塑料膜作衬里。水槽上面的种植床深 5～10cm，底部托一层金属或塑料网，种植床内覆盖约 5cm 厚的基质，如泥炭、木屑、谷壳、干草等，也可用塑料或其他颗粒代替，这样可阻止光线透入溶液，又可用来播种及固定植物。如种子细小，可先播于土壤或细沙中，当幼苗可用手拿时，移栽到种植床内。在播种或移植时，槽内营养液液面稍高，离种植床面约 1～3cm，以不浸湿种植床为准。待植物的根逐渐伸长，可随根伸长使营养液面下降，以离床面 5～8cm 为宜。槽内的装置要设有出水和进水管，以调整液面高度。

(2) 营养膜栽培

使槽内营养液不断流动，植物固定在槽中。营养液面较浅，可保证氧气供应。营养膜栽培安装简便，操作方便。

(3) 地下灌溉法

在栽培槽内放沙砾、珍珠岩、煤渣等基质，使营养液定时从基质中通过。栽培槽底中部做一缓坡排水，槽外设营养液槽，槽内贮存的营养液容量不少于栽培槽的一半。然后用离心抽水机将贮有营养液的槽与栽培槽连接，每天按时抽营养液于栽培槽内。该营养液可重复使用。地下灌溉可节省劳力，有利养分和空气的供应，但设备投资较大。

(4) 雾培法

雾培法又称气培，也是水培的一种形式。栽培装置为一密闭凹槽(高、宽各 20cm)，将植物的根系悬挂于凹槽的空气中，槽内通入营养液管道，管道上隔一定距离有喷雾头，使营养液以喷雾形式提供给根系，对根系生长极为有利。雾培法对喷雾的要求很高，雾点要细而均匀。

5.4.2.2 基质培法

基质培法是指将植物栽培在各种清洁的基质中，如沙砾、锯末、树皮、泥炭、蛭石、珍珠岩、岩棉、陶粒、砻糠灰等。以上各种基质可依植物习性不同和不同基质的物理性能，合理选用，以利植物的生长。基质培法的方法步骤如下：

(1) 栽培容器

小面积栽培可用盆或箱栽植；大面积可用栽培槽栽植。栽培槽通常宽 1.2m、深 0.3m，槽底可用混凝土铸成，中部稍低，似盘状，有利排水。槽内壁涂沥青保护。所选基质要清洁无石灰质。

(2) 营养液施入装置

如选长 9m、宽 0.6m 的栽培槽，可用直径 1.3cm 钢管或塑料管，每隔 15cm 在管壁设 0.4mm 直径的小孔。溶液箱稍高于栽培槽，约 30cm，需要营养液时打开龙头即可。

(3) 营养液施入方法

生长初期，每周给 1～2 次营养液；对生长特快的植物，每天给一次，每次用量以饱和为宜。数次后用清水冲洗一次。夏天更应如此，以免基质中聚集多余的有害废物。

5.4.2.3 其他无土栽培方法

(1) 筒培

将植物种植在塑料膜制成的筒内，筒内装满泥炭或其他混合基质。圆筒基部有底，不设排液孔，以防根系由孔内伸出，放入经消毒的土壤中。筒下部侧壁设一些排液孔。

(2) 柱状垂直栽培

用水泥、木料或塑料薄膜等制成柱状管,柱内装基质以栽培植物,用营养液浇灌。柱状管周围侧面留有种植孔,柱内装基质用以栽培植物,用水泵定时抽取营养液浇灌。

(3) 袋培

以消毒过的泥炭、锯木屑等为栽培基质,进行基质培;以滴灌系统提供水肥。

5.4.3 营养液选配

无土栽培中应用的营养液配方甚多,可根据不同的植物种类和品种,以及植物不同的生长发育阶段和不同的气候条件,选择相应的配方。

(1) 营养液的配制

在配制营养液时,要先看清各种药剂的商标和说明,仔细核对其化学名称和分子式,了解其纯度、是否含结晶水等,然后根据选定的配方,准确称出所需的肥料。

溶解无机盐类时,可先用少量50℃的温水分别溶化,然后按配方开列的顺序逐种加以溶解,倒入装有相当于所定容量75%的水中,边倒边搅拌,最后用水定容到所需的量。

调节酸碱度时,应先把强酸强碱加水稀释或溶化,然后逐滴加入营养液中,并不断用pH精密试纸或酸度计进行测定,调节至所需的pH值为止。

在配制营养液时,还要添加少量微量元素。在选择微量元素肥料时,要注意营养液的pH值的影响,因为某些元素,如铁在碱性环境中易生成沉淀,不能被植物吸收。

配制营养液一般用自来水,而自来水中的氯化物和硫化物对植物有毒害作用,有的地区水质较硬,所以在用自来水配制营养液时,应加少量的乙二胺四乙酸钠(EDTA钠)或腐殖质盐酸化合物来克服上述缺点。

(2) 常用营养液配方

① 格里克(W·F·Gericke)基本营养液配方。格里克基本营养液配方见表5.6:

表5.6 格里克基本营养液/(mg/L)

化合物	化学式	数量	化合物	化学式	数量
硝酸钾	KNO_3	542	硫酸铁	$Fe(SO_4)_3 \cdot n(H_2O)$	14
硝酸钙	$Ca(NO_3)_2$	96	硫酸锰	$MnSO_4$	2
过磷酸钙	$CaSO_4+Ca(HPO_4)_2$	135	硼砂	$Na_2B_4O_7$	1.7
硫酸镁	$MgSO_4$	135	硫酸锌	$ZnSO_4$	0.8
硫酸	H_2SO_4	73	硫酸铜	$CuSO_4$	0.6
				总计	1000.1

② 月季、茶花、君子兰等花卉营养液配方。月季、茶花、君子兰等花卉营养液配方见表5.7。

表 5.7 月季、茶花、君子兰等花卉营养液/(g/L)

成分	化学式	用量	成分	化学式	用量
硝酸钾	KNO_3	0.6	硫酸亚铁	$FeSO_4$	0.015
硝酸钙	$Ca(NO_3)_2$	0.1	硼酸	H_3BO_3	0.006
硫酸镁	$MgSO_4$	0.6	硫酸铜	$CuSO_4$	0.0002
硫酸钾	K_2SO_4	0.2	硫酸锰	$MnSO_4$	0.004
磷酸铵	$(NH_4)_2HPO_4$	0.4	硫酸锌	$ZnSO_4$	0.001
磷酸二氢钾	KH_2PO_4	0.2	钼酸铵	$(NH_2)_6Mo_7O_{24}$	0.005
乙二胺四乙酸二钠	Na_2EDTA	0.1			

③ 菊花营养液配方。菊花营养液配方见表 5.8：

表 5.8 菊花营养液/(g/L)

成分	化学式	用量
硝酸钙	$Ca(NO_3)_2$	1.26
硫酸镁	$MgSO_4$	0.54
硫酸钾	K_2SO_4	0.87

④ 康乃馨营养液配方。康乃馨营养液配方见表 5.9：

表 5.9 康乃馨营养液/(g/L)

成分	化学式	用量
硝酸钠	$NaNO_3$	0.88
氯化钾	KCl	0.08
过磷酸钙	$Ca(H_2PO_4)_2 \cdot 2CaSO_4$	0.47
硫酸铵	$(NH_4)_2SO_4$	0.06
硫酸镁	$MgSO_4$	0.27

⑤ 观叶植物营养液配方。观叶植物营养液配方见表 5.10：

表 5.10 观叶植物营养液/(g/L)

成分	化学式	用量	成分	化学式	用量
硝酸钙	$Ca(NO_3)_2$	0.492	硝酸铵	NH_4NO_3	0.04
硝酸钾	KNO_3	0.202	硫酸钾	K_2SO_4	0.174
磷酸二氢钾	KH_2PO_4	0.136	硫酸镁	$MgSO_4$	0.12

(3) 营养液的消耗和补充

营养液使用一段时间后，离子关系会失去平衡，应及时给以调整。

① 钙、镁含量超标。当钙、镁含量相对超过其他元素时的补充液配方见表 5.11。

表 5.11 钙、镁含量相对超过其他元素时的补充液/(g/L)

成分	化学式	用量
磷酸二氢铵	$NH_4H_2PO_4$	0.111
硝酸钾	KNO_3	0.51
硫酸钙	$CaSO_4$	0.08
硝酸铵	NH_4NO_3	0.08

② 钙、镁含量不足。当钙、镁含量不足时的补充液配方见表 5.12：

表 5.12 钙、镁含量不足时的补充液/(g/L)

成分	化学式	用量
磷酸二氢铵	$NH_4H_2PO_4$	0.07
硝酸钾	KNO_3	0.334
硝酸钙	$Ca(NO_3)_2$	0.05
硝酸铵	NH_4NO_3	0.55
硫酸镁	$MgSO_4$	0.195

5.4.4 几种花卉无土栽培实例

(1) 香石竹

香石竹可用泥炭和炉渣做苗床，以水培方式培养，生长良好。如果从幼苗开始就用水培培养，植株健壮，有良好的品质和强烈的香味。

(2) 仙客来

水培的仙客来花丛直径可达 50cm，花葶高 40cm。每株花一年可开 130 朵花，大花品种的花瓣可达 12cm。其次，仙客来水培可耐夏季高温，但不能忍受营养液温度过高，否则导致球根腐烂死亡。

(3) 菊花

菊花最适合水培种植，生长快，根系旺盛。

(4) 马蹄莲

因马蹄莲喜生沼泽地，故水培效果良好，叶大、花大数量多。

(5) 文竹

文竹用无土栽培，因营养液有丰富的矿物质盐类，生长特别旺盛观，不木质化，枝多，鲜嫩，最适温为 20℃。

(6) 非洲菊

非洲菊无土栽培时生长极好，要注意溶液温度保持在 20℃、气温在 18℃为最佳温度。

(7) 球根类

球根类无土栽培时不仅促进开花，且花大、茎长，如风信子花茎可达 30cm。唐菖蒲和郁金香在土壤中易患病毒病，水培则可防止病毒病的发生。

(8) 其他无土栽培的花卉

花叶芋、万年青、西番莲等无土栽培效果较好。仙人掌类植物在水培中生长快、开花亦好。

5.5 花期调控

花期调控又称促成和抑制栽培，是人为利用各种栽培措施，使花卉在自然花期之外，按照人们的意志定时开放。开花期比自然花期提早称为促成栽培；开花期比自然花期延迟称为抑制栽培。促成和抑制栽培常用的方法有温度处理、光照处理、农艺措施处理、化学药剂处理等。

5.5.1 温度处理

5.5.1.1 温度处理的作用

(1) 打破休眠

打破休眠是指增加休眠胚或生长点的活性，打破营养芽的自发休眠，使之萌发生长。

(2) 春化作用

在花卉生活周期的某一阶段，在较低的温度下，通过一定时间，即可完成春化阶段，使花芽分化得以进行。

(3) 花芽分化

花卉的花芽分化要求一定的适宜温度范围，只有在此温度范围内，花芽分化才能顺利进行。不同的花卉适宜温度不同。

(4) 花芽发育

有些花卉在花芽分化完成后，花芽即进入休眠，要进行温度处理能打破花芽的休眠而发育开花。花芽分化和花芽发育常需不同的温度条件。

(5) 影响花茎的伸长

有的花卉花茎的伸长要有一定时间低温的预先处理，然后在较高的温度下花茎才能伸长，如君子兰、郁金香、喇叭水仙、风信子等。有一些花卉春化作用需要的低温，也是花茎伸长所必需的，如球根鸢尾、小苍兰、麝香百合等。

因此，温度对打破休眠、春化作用、花芽分化、花芽发育、花茎伸长均有决定性作用。我们进行相应的温度处理即可使花卉提前打破休眠，形成花芽并加速花芽发育而提早开花；反之，不给相应的温度条件，亦可使之延迟开花。

5.5.1.2 温度的处理方法

(1) 休眠期的温度处理

① 越夏休眠的球根花卉在夏季高温期休眠，在高温或中温条件下形成花芽，于秋季凉温中萌芽，越冬低温期内进入相对静止状态，并完成花茎伸长的诱导，在春季温度升高后生长开花。调节开花的方法主要是控制夏季休眠后转入凉温的迟早以及低温期冷藏持续时间的长短。如喇叭水仙在叶枯前5月间已经开始分化花芽，6～7月高温期已完成花芽分化，起球后将鳞茎冷藏于5℃～11℃环境12～15周，便可完成花茎伸长的诱导。当芽伸长到4～6cm时，升温至18℃～20℃进行培养，可提前至年内开花。如选早花品种提前收球，起球后用30℃～32℃高温处理3周，促使花芽形成，以后再经冷藏、升温栽培，可提前到10～11月开花。

② 越冬休眠的球根花卉在秋季起球时，叶片已干枯进入休眠，通常在冬季低温中储藏并

解除休眠，春季升温后栽培，经生长发育于夏季开花。若起球后立即置于低温环境一定时间即能打破休眠。如唐菖蒲，起球后置3℃～5℃环境冷藏5周即打破休眠，采取提前或延后升温种植，可达到促成或抑制栽培目的。

③ 越冬休眠的宿根花卉也是通过低温打破休眠或延长休眠时间进行花期调节。如铃兰，10月底以0.5℃处理3周，然后进行23℃的高温栽培，12月中旬开花，从处理到开花50d；若9月中旬将植株放入0℃的冷藏库中处理50d，效果更好，开花繁茂而整齐。

④ 越冬休眠的落叶木本花卉经低温能解除休眠的芽，于春季升温后萌发并生长开花。因此落叶木本花卉可用低温打破休眠，再升温促成开花；或延长休眠期，使其延后开花。如牡丹，落叶后置5℃左右低温处理45d，再将温度升至20℃～25℃，湿度增加到80%以上，经35～60d能够开花。

(2) 生长期的温度处理

种子发芽后立即进行低温处理，仅矢车菊、飞燕草、多叶羽扇豆等有春化效果。而在植株营养生长达到一定程度再行低温处理的，能够促进花芽分化的花卉种类比较多，如满天星、紫罗兰、报春花、瓜叶菊、小苍兰、石斛、木筒蒿等。这些花卉在夏秋持续高温的地方茎不伸长，叶呈莲座状，这时候一经低温处理，就会形成花芽，茎亦旺盛伸长。

5.5.2 光照处理

对于长日性和短日性花卉可以人为的控制日照时间，以提早或延迟其花芽分化或花芽发育，调节花期。

长日性花卉在日照短的季节，用电灯补充光照能提早开花；如长期给予短日照处理，即抑制开花。短日性花卉在日照长的季节，进行遮光短日照处理，能促进开花；相反，若长期给予长日照处理，就抑制开花。

春天开花的花卉多为长日照性植物，秋天开花的花卉则多为短日照性植物。一般短日性和长日性花卉，光照强度30～50lx就有日照效果，100lx有完全的日照作用。

5.5.2.1 短日照处理

(1) 菊花的遮光处理

日照长度对菊花花芽分化、发育、开花有很大影响。现以秋菊为例介绍菊花短日照处理的方法。

① 品种选择。若使秋菊夏天开放，宜选用早花或中花品种，并应注意因光照和温度引起的花色变化。夏季应尽量选用白色和黄色品种，而盛夏前或盛夏后可选用粉色和红色品种。

② 植株高度。遮光处理前植株应有一定的高度。切花应用要求株高在50cm以上、高干品种24cm、矮干品种36cm，进行遮光处理，待开花时株高均可达到切花应用的标准。

③ 遮光时间。前半月遮光11h，然后缩短至9h，效果较好。

④ 遮光日数。不同的品种需要遮光日数不同，通常约需35～50d。将日照处理加入短日照处理中，则开花期延迟。

⑤ 遮光时刻。一般短日照遮光处理多遮去傍晚和早晨的阳光，而遮去正午的光线无效，以遮去傍晚的阳光为好。遮去傍晚的阳光，有提早开花的效果；遮去早晨的阳光，开花偏晚。

⑥ 遮光材料。在遮光处理时，若遮光不严密，有光线透入，则受光的植株不进行花芽分化，或者花芽分化不完全形成柳芽。现在简易的遮光设备，多用黑色塑料薄膜覆盖，效果较好，

管理比较方便。

(2) 一品红的遮光处理

一品红在盛夏进行遮光处理,因气温太高,导致茎软弱、苞叶减少。9月中旬以后,日照9~10h为宜,日照11h,则苞叶上稍见绿点。其临界日照长度是12~12.5h。单瓣一品红40多天开花,重瓣一品红处理时间要长一些。处理时,温度应在15℃以上,要求日照充足、通风良好;若低于15℃则生长发育不良,苞叶也发育不良。

一品红在华北地区通常于12月下旬开始开花,为短日性花卉。为提早开花,常进行遮光短日照处理。生产中给予8~9h光照,7月底处理,1个月后形成花蕾,9月下旬逐渐开放。

5.5.2.2 长日照处理

长日照处理用于长日性花卉的促成栽培和短日性花卉的抑制栽培。以菊花的长日照处理为例,适用品种为晚花的秋菊和部分寒菊,处理要点如下:

(1) 品种选择

宜选用低温下花芽分化良好的晚花品种和花瓣(小花)众多的品种,抑制栽培效果好。

(2) 插芽时间

插芽时间依用花时间而定。元旦用花,7月10日扦插;春节用花,7月25日插芽。

(3) 电照时期

晚花秋菊与寒菊皆于9月中旬进行花芽分化,应在此之前实行电灯光照。若12月开花,电照到10月10日;春节出售,电照到10月25日。晚花秋菊电照后65~70d可取切花;2月以后则要90余天。

(4) 电照的方法

光照时间为14.5h,在日照后再加几小时电灯光照。8月,加电照2h;9月,加电照2.5h;10月,加电照3h;11月,加电照4h;12月,加电照5h。电照后,直到花蕾有豆粒大小,要保持花芽分化和花芽发育的适宜温度。因为夜间温度低于15℃时,花芽不分化。

据报道,在短日照时期,夜里给以短时间的光照,就有长日照的效果,长日照植物即可进行花芽分化,短日照植物如菊花则能抑制花芽分化。处理时可用自动开关设备控制。100W白炽灯加有锡箔的反射罩,有效照明范围为15.6m^2。电照的有效范围见表5.13:

表5.13 电照有效半径(立石,1950)

电灯瓦数/w	有效半径/m	
	效果显著	效果不显著
32	1.20	1.57
50	1.35	2.15
100	2.23	2.75
150	2.90	3.25

5.5.3 激素处理

在花卉园艺生产中为打破休眠、促进茎叶生长、促进花芽分化和开花,常应用一些激素对花卉进行处理。常用的激素有赤霉素(GA)、萘乙酸(NAA)、2,4-D、秋水仙素、吲哚乙酸

(IAA)、脱落酸(ABA)等。

5.5.3.1 赤霉素的应用

(1) 打破休眠

用200～4000mg/L赤霉素对八仙花、杜鹃、樱花等打破休眠有效。牡丹应用赤霉素500～1000mg/L,滴在芽上,4～7d开始萌动。

(2) 茎叶伸长生长

赤霉素多有促进开花的作用,应用于菊花、紫罗兰、金鱼草、报春花、四季报春、仙客来等。菊花于现蕾前,以赤霉素100～400mg/L处理;仙客来于现蕾时,以赤霉素5～10mg/L处理,效果良好。若处理时间偏晚,会引起花梗徒长,观赏价值降低。

(3) 促进花芽分化

赤霉素有代替低温的作用,对一些需要低温春化的花卉如紫罗兰、秋菊、紫菀等有效。对紫罗兰,从9月下旬起,用50～100mg/L赤霉素处理2～3次,则可开花,但叶数比对照者少。

使用赤霉素应注意浓度,过高易引起畸形,药效时间2～3周。应于花卉生长发育的适当阶段进行适量的处理,可涂抹或点滴施用。若开花时赤霉素仍有药效,则花梗细长、叶色淡绿、株形破坏,进而推迟花期。

5.5.3.2 乙烯利的应用

乙烯利可加速发育提早结果。用100mg的乙烯利来处理观果类花卉,可提高座果率和加快果实成熟。

5.5.3.3 生长素的应用

吲哚丁酸、萘乙酸、2,4-D等生长激素对开花激素的形成有抑制作用,处理后可推迟花期。例如秋菊在花芽分化前,用50mg/L萘乙酸每3天处理1次,共进行50d,可延迟开花10～14d。2,4-D对花芽分化和花蕾的发育有抑制作用,当未被处理的菊花已经盛开时,用0.01mg/L喷布后呈初花状态;用0.01mg/L喷布的菊花花蕾膨大而透色;用5mg/L喷过的花蕾尚小。

5.5.3.4 其他激素的应用

乙醚、三氯一碳烷、α-氯乙醇、乙炔气、碳化钙等均有促进花芽分化的作用。例如,利用0.3～0.5g/L的乙醚气处理小苍兰的休眠球茎或花灌木的休眠芽24～48h,能使花期提前数月至数周。碳化钙注入凤梨科植物的筒状叶丛内能促进花芽分化。

5.5.4 栽培措施调节

调节繁殖期或栽植期,采用修剪、摘心和控制水分等措施可有效调节花期。为保证促成和抑制栽培的顺利进行,在处理前要预先做好准备工作。

首先要选择适宜的花卉种类和品种,另外要选择在确定的用花时间比较容易开花、不需过多复杂处理的花卉种类。为了提早开花,应选用早花品种;若延迟开花,则应选用晚花品种。球根花卉进行促成栽培,要设法使球根提早成熟。

思考题

1. 花卉播种移植及移植后至活棵前的管理应注意哪些问题?

2. 花卉浇水的方法有哪些? 如何掌握浇水量及时间?
3. 露地花卉与盆花在施肥方法、时间及用量上有何不同?
4. 如何对露地花卉进行整形和修剪?
5. 盆花营养土应具备哪些特点? 常用基质有哪些?
6. 控制温室温度的方法有哪些?
7. 盆花入室与出室时注意些什么?
8. 无土栽培有何有优点? 常见栽培基质有哪些?
9. 花期控制的方法有哪些?

6　花卉装饰和应用

现代城市的快速发展，建造大量的高楼、广场等建筑物，这些建筑虽然不乏独特美观的造型，但构成材料主要是水泥、钢筋、混凝土和玻璃等人工制品，在造型和色彩上无论怎样变化，始终是生硬、单调、缺乏生气的。长期在只有这些人工建筑材料构成的空间中生活和工作，很容易使人产生沉闷和疲劳感。花卉作为一种美丽的“绿色”植物，来自自然，种类丰富多彩，身处其中，处处能感觉到生命的律动——花开花落、春华秋实的四季变化。加上近年人们对花卉植物在生态功能方面的作用的认识和重视，城市环境景观的构成已从原来的大比例的建筑、道路加上少量绿化逐渐向提升绿化量的方向迈进，越来越多的花卉植物被应用到城市的装饰美化中，从而使人类生存的环境越来越接近大自然。

广义的花卉种类很多，包括盆花、切花、干花、草坪及地被植物等都属于此范畴，这些花卉常被布置、设计成各种样式来装饰、美化环境，即为花卉装饰。

6.1　盆花装饰

6.1.1　盆花装饰的特点

盆花指所有盆栽的观花、观果、观茎、观叶、观芽及观根的花卉。盆花装饰因其种类的多样性、可移动性决定了其应用的广泛性和灵活性。人们根据需要将盆花运用到各种室内、室外的装饰中，可以根据所装饰的环境进行单独摆放装饰，也可以巧妙地设计成各种图案或景观，将不同花色品种的观叶、观果、观花等花卉灵活地组合运用到广场、路旁、建筑物周围等场合的花坛中去，而且不受地域的限制。

因盆花是直接栽在盆土中，长成达到观赏形态时被移到装饰场所摆放的，对单株盆花而言，摆放一定时间后失去最佳观赏效果，需要更换，所以装饰时间相对较短。但整体的盆花装饰是连续的，人们可根据不同季节安排不同的花卉来进行装饰。

6.1.2　盆花的种类

6.1.2.1　按盆花的观赏器官分类

(1) 观叶盆花

观叶盆花指有优美的叶片的盆花，主要以叶片为观赏部位。这类盆花有蕨类植物、裸子植物及被子植物中以叶为观赏主体的花卉。近年来室内装饰应用较多的有：棕榈科的散尾葵、鱼尾葵、棕榈椰子等；天南星科的有龟背竹、春羽、红宝石、绿宝石、绿地王、红地王、合果芋、绿萝等；百合科的有巴西木、文竹、天门冬；蕨类的肾蕨、富贵蕨、凤尾蕨、狼尾蕨、波斯顿蕨等以及其他种类的橡皮树、发财树等。这些观叶植物都叶型优美，喜欢温暖，比较耐阴、耐修剪，是室内摆放的好材料；喜光的天门冬、彩叶草、五色苋等常在街道、公共场所摆放。

(2) 观花盆花

观花盆花的种类很多,其优美艳丽的花朵是主要的观赏部位。这类盆花比较喜欢光照,可放在室外及室内南窗附近和光线比较充足的地方,生长较好,如木本的月季、牡丹、杜鹃等;草本的菊花、凤梨、矮牵牛、一串红、瓜叶菊、万寿菊等;球根类的仙客来、郁金香、水仙、百合等。

(3) 观果盆花

观果盆花的其果实色彩鲜艳、美丽,为主要的观赏部位,种类比观叶及观花盆花少。常用的观果盆花有盆栽佛手、金橘、珊瑚豆、石榴、朱砂根等。此外盆栽果树类种类丰富,果实收获的季节硕果累累、色彩丰富美观,也可作为很好的装饰材料。

(4) 观茎盆花

观茎盆花用于装饰的种类较少,其叶多为变态叶,花期短,茎发育比较丰满奇特,用于装饰时常有独特效果。常用的观茎盆花有仙人掌类、假叶树。观茎盆花一般较耐旱,管理方便,观赏期较长。

6.1.2.2 按盆栽花卉的组成分类

(1) 独本盆花

独本盆花指一个花盆中只栽一株花卉植物。此类花卉一般是通过本身自然生长或通过整形形成的,树冠比较丰满特别,有特定的观赏特色。装饰使用的独本盆花比较多,如梅花、月季、橡皮树、大丽花、凤梨、仙客来等。

(2) 多本盆花

一些单独盆栽时树冠或体量偏小或易于分蘖的花卉常在一盆中栽植两株以上,同一种类的盆花形成多本盆栽,就像丛林缩于盆中,增加观赏效果。多本盆花有棕竹、马尾铁、巴西木、广东万年青、天门冬、冷水花、鹤望兰及一些一年生草花类。

(3) 多类组合盆栽

多类组合盆栽指一些种类不同但对环境条件要求相似的,不同大小、颜色的花卉按照一定排列方式混合栽在同一容器内形成具有变化及协调美的混栽盆花。此类盆花为盆栽花卉中欣赏价值最高的一类。

多类混栽时必须全面考虑栽培基质的理化性质及不同花卉植物对环境条件的要求。如不能把喜酸与喜碱的花卉放在一起栽培,或者把耐旱与喜湿的植物栽在一起。选择的花卉种类不宜过多,确定1~2个主要花卉,在大小、色彩上要突出,然后配以相协调的其他花卉。选择的容器一般不宜太深,以免影响小型花卉的整体表现。

6.1.2.3 按花卉植物形态及造型分类

(1) 直立式盆花

直立式盆花有明显挺拔的主干构成直立线条,在装饰组合中常选体量较大者作焦点花,放在中心或其他重要位置上;也可以单独应用,如发财树,南洋杉、榕树等。

(2) 散射式盆花

散射式盆花的枝叶向外扩散占较大空间,叶较干突出,单独摆放或与小型盆花组合摆放都可收到较好效果,如散尾葵、鱼尾葵、铁树等。

(3) 垂直式盆花

垂直式盆花如吊竹梅、蔓长春花、小叶绿萝、常春藤、吊兰等,其茎叶细软下垂,装饰时常摆在较高的物体上,起到立体绿化的效果。

(4) 攀援式盆花

攀援式盆花具蔓性或攀援性，盆栽后可经牵引沿墙壁或栏杆生长，可作为立体装饰材料，如茑萝、文竹、紫藤、凌霄、铁线莲、木通、藤本月季等。

(5) 图藤式盆花

图藤盆花为蔓性，常具气生根，盆栽时常在中央插一根包有可以吸湿的软质材料的竹子或木柱，围绕柱子一周栽3～5株花卉，花卉蔓顺柱生长，气生根绕在柱上可固定和吸湿，如绿萝、合果芋、红(绿)宝石等。

6.1.3 盆花装饰的原则和方法

盆花装饰是以盆花为主体、按一定的设计要求将其分布到具体的空间。在设计时需要考虑到盆花的整体效果以及与环境的协调，充分表现盆花个体及整体美为重要原则；其次为经济和实用原则，需要考虑盆花本身的特性及所摆放的时间，以减少更换盆花的运输的成本。

盆花装饰的过程大体上有调查、构思设计及实施等几个步骤。

(1) 调查

调查是为盆花装饰设计的第一步。首先要了解使用的意图和要求，然后了解装饰现场的环境。

(2) 构思与设计

在调查的基础上，根据装饰的环境及用途进行构思，设计花卉的种类、大小，画出设计图。如果作室内装饰，需考虑环境中的光照强度、空气湿度及周围空间的大小，再选择高矮适宜的树种。如窗口及光照强的地方宜放置喜光的花卉，像米兰、发财树等。大多数室内光线较弱，所以常选用喜阴或耐阴植物装饰，可延长摆放时间，如棕竹、绿萝、合果芋、红(绿)宝石、散尾葵等。喜阴植物大多产于南方雨林，喜湿怕干，室内摆放较适宜，而在装有空调的房间通常比较干燥，需采用加湿的方法来满足植物的需求。室外装饰通常用于庆典、重大节日、开业等活动，一般在广场临时装饰布置，常以喜光草本盆花中的观花盆花应用较多，配合观叶类，设计成各种图案进行摆放，美丽热烈的画面起到烘托气氛的作用。

(3) 实施

最后按设计图上所标植物的种类、位置、大小摆放相应的植物。室内摆放植物还需考虑花盆的整洁、美观；室外装饰时需要预先装好喷水装置，随时可补充盆花所失水分。立体装饰时需预先装好花架。

6.2 切花装饰

6.2.1 插花

6.2.1.1 插花的概念

插花是一种艺术，是以从植物体上剪切下来的切花为主要材料，通过组合和一定的艺术设计而完成造型，是花卉自然美与人工装饰美的结合。

6.2.1.2 插花的类别

插花艺术的种类很多，比较常用的分类如下：

(1) 依所用花材的性质分类

根据所有花材的性质分为鲜花插花、干花插花及人造花插花。鲜花插花所用材料为新鲜的植物材料，插出的作品鲜艳、自然美丽而富有生机。干花插花是以干花为材料的插花，其插花方法及原理与鲜花插花相同，使用的固定材料为干花泥。人造花插花是使用仿真花、绢花、塑料花、棉纸花等作材料进行插花。干花及人造花作品插好后可以保持较长的时间，但效果不如鲜花作品。

(2) 依使用的目的分类

根据使用的目的分为礼仪插花及艺术插花。前者是为了喜庆、迎送、社交礼仪活动而用，主要表达敬重、欢庆等欢乐气氛，一般都用较规则的造型，大方而且稳重；后者主要为装饰环境及艺术欣赏用，多用不规则的造型，比较灵活自然，耐人寻味。

(3) 按艺术风格分类

根据艺术风格分为东方式插花、西方式插花及现代自由插花。东方式插花以中国和日本的插花为代表，注重表现插花材料的神韵及线条美，讲究花材的含义，即意境的表达，常用不对称造型，用花量少。西方式插花以欧美插花为代表，意在表现人工美和几何图案美，追求花材群体效果，即整体美和色彩美，造型多为对称式几何或图案式结构，用花量多。现代自由插花结合了东西方插花的优点，造型上不拘泥于固定的格式，任意挥洒，是作者依据自己的思想创造出的随心所欲的插花作品，选择的花材范围广，而且常将花材分解使用，或重新组合，具浓郁的时代气息。

插花艺术除了以上三种常用的分类外，还有按所用器具不同分瓶花、盆花、篮花等，以及按艺术表现手法分写景式、写意式及抽象式插花。

6.2.1.3 插花的花材

(1) 线形花材

线形花材一般用于构成插花作品的基本骨架，形态多为直线形的花枝、茎、根、长形叶等，如唐菖蒲、银柳、一叶兰。线形花材有直线型和弯枝型、粗线条型和细线条型两大类。直线、粗线条型有刚毅之美，弯线条型则表达出婀娜多姿、柔美飘逸的风格。

(2) 团状花材

团状花材花朵为圆状或块状，是插花常用的材料，特别是西方式插花用量较多，其花色鲜艳、丰富，种类繁多，如月季、香石竹、菊花、扶郎等。另外有些植物的叶片呈平展的圆形、大小不等，也属于此类花材，是很好的造型材料，如龟背竹、鹅掌柴、棕竹、蒲葵的叶片。

(3) 散状花材

散状花材如满天星、情人草、小菊花等，一枝花序上生有许多小花呈散射状向四周生长，常用作插花作品的点缀或大花间的填空材料，增加层次感；也可以缓和作品中过强的对比色彩和形状。

(4) 特形花材

特形花材的形态比较特别，插花用量少，但常作为焦点花插到重要的位置上，引人注意，如鹤望兰、红鹤芋、龙爪花等。

6.2.1.4 插花器具

插花除需要花材外，还需要一些特定的容器和工具。

(1) 容器

容器主要是用于盛放花材和水，以保持花卉新鲜，延迟凋谢时间。同时容器还有一个重要作用，就是参入作品的构成。作品的构图包含花材及容器。容器的原料有玻璃、陶瓷、铜质、塑料、竹木等，形状有盆、瓶、盘、筒、篮、钵等。

容器的选配是根据插花作品的大小，构图的形式，花材的种类、用途，表达的意境以及周围的环境等来确定的。传统中式摆设厅堂常选用古色古香的花瓶、钵等，西式插花则选用一些中性色的花盆、盘，如白、黑、灰、米色等。通常容器的选择应避免过分华丽，以免造成喧宾夺主的效果。

(2) 垫座

垫座即摆放作品的花架，有大小、高矮、方圆之分。垫座的选择在大小、色彩、高矮上都需与插花作品取得协调一致，从而起到相形益彰的效果。

(3) 固定材料

插花作品的完成必须有简单方便的固定材料，现应用较多的是剑山、插花泥和铁丝网。剑山又叫花插，为金属制品，底座较重，形状有圆形、方形、半月形等，其上铸有许多钢针，可以使花插在上面不倒伏。剑山一般在东方式盆插花中应用较多。花泥是现在最常用的一种固定材料，为绿色海绵状固体，干时很轻，能吸水。一般一块花泥插花 2～3 次后便不再使用。

铁丝网是放于瓶底固定瓶花插花材料，使花材可以按要求以各种角度固定。

6.2.1.5 插花造型的原则

自然界中插花的材料丰富多彩，插花的造型主要取决于花材的色彩、形态及质地，因而其变化也非常丰富，但无论如何变化都必须遵守一些共同的美的规律才能使作品达到理想的效果。

(1) 比例与尺度

比例对插花作品的构成极其重要。比例是指插花花材之间的长短比及花材与容器之间的比例。首先根据作品摆放的环境空间大小确定插花作品的整体尺度，空旷、宽大的环境适宜 1～3m 高的大型插花；书桌、茶几等处应插 20～30cm 的小型作品。确定了插花作品的整体尺度后，选择适宜的花器，然后确定花器与主枝间的比例。

第一主枝长为容器的长宽总和的 1.5～2 倍；第二主枝长为第一主枝长的 3/4；第三主枝长为第二主枝长的 3/4。各主枝的补枝长不应超过其主枝长度。以上比例为插花创作的一个基本尺度，而实际插花操作中可以允许在以上比例的基础上有一定的调整。

(2) 多样与统一

插花作品的完成常常是许多花材的有机组合。当用花量少时，特别是用单一花材时，应力求在协调的基础上有一定的变化，如花的大小、姿态、长短、开放程度有所不同，可在变化的同时巧妙安排，使花材错落有致、高低呼应、有疏有密，使得花材在变化中求得统一。对花材用量多的作品，首先要主、次分明，有焦点花，有陪衬花；主色调占的比例大，次色调占的比例小，应尽量避免平均分配。

(3) 调和与对比

调和与对比是插花构图中重要的法则之一，运用得好可以使整幅作品艳而不俗、雅而不呆。

插花中协调与对比的关系表现在很多因素之间，如花材之间的色彩、质地、形态，花材与花器之间，整体与环境之间，比较复杂。插花时善用对比手法可使作品显得活泼，但对比过强又会使作品俗气。所以在运用对比时又必须考虑各因素之间的调和，比如色彩的选择上，可以在两对比色之间用灰、白、金等中间色彩来调和，取得整体的协调一致；或对比色之间用量相差较大一些。

(4) 动势与均衡

插花中花材的姿态、高低位置、开放程度的不同往往让人有动态的感觉，作品中有了这些变化才显得生动，耐欣赏。均衡是指平衡与稳定感。无论采用何种构图、选用何种容器都必须使插花作品在稳定的基础上产生，应避免头重脚轻、倾斜歪倒等现象。

均衡有对称均衡和不对称均衡之分。对称均衡是指处在对称轴两边的色彩、数量、姿态等的等同分配，这种插花造型简单明了，容易达到稳定效果，但要注意变化，避免作品的过于单调。西方式插花常采用这种形式。不对称均衡是在中心轴线两边的色彩、姿态、数量在表现形式上不对称，但通过对花材高低、远近、疏密、虚实、深浅的合理组合使人在心理及视觉上感觉相等。这种方法插出的作品生动灵活，富有自然情趣和神秘感。

(5) 韵律与节奏

韵律与节奏是指事物有规律的重复和有组织的变化。一件好的插花作品必须是韵律与节奏的有机结合，如只有韵律，即只有重复，那作品会显得呆板、单调没有美感。为避免单调必须有一定的变化，这种变化也不是忽高忽低或只呼不应，没有章法，造成混乱，而必须按照一定的规律，如同日夜的交替、花开花落、四季的变化一样。插花中的韵律常有连续、渐变、间隔或交替的重复变化；有时是一种花组成一整块花材，与另一种花组成的一整块花材组合，联系在一个作品中，反映出简单的韵律与变化；有时是单枝花材与其他花材组成的有规律变化；有时是整块与单枝相结合组成一定的变化，种种变化有机地重复，使作品看起来清晰明快、和谐自然。

6.2.1.6 现代插花的形式

现代插花的形式是在插花造型的基本原则基础上完成的。

(1) 自然式

自然式是模仿自然界植物生长的形态为主的造型形式，以直立型、倾斜型、下垂型为主。枝条较靠近直立方向、角度较小的为直上型，倾斜型枝条横向倾斜较大的为水平型，通常插于瓶、钵、筒、圆盆中；若插于盆景盆中，可以单株或几株组合称为盆景式。这类插花突出东方风格的线条美，构图简洁，艺术性强。

(2) 规则式

规则式多为几何图案式，是较典型的西方风格，讲究色彩和外形的整齐，可做大的造型，装饰性强

(3) 自由式

自由式是为近代兴起的插花形式，结合东西方插花造型的特点，既能表现线条的美，也能体现色彩的多变，且造型随意多样，不拘一格，可以用来装饰多种场合，体现现代气息，艺术创造性强。

6.2.1.7 插花的步骤

(1) 立意构思

在进行插花操作之前，先根据摆放的环境及用途，选择适宜的风格类型，进行形象思维，确定主题，勾画作品的外形，最后选择花材的种类、形状、色彩和容器。

(2) 花材整理

选择花材后,需对花材进行初步的整理,去掉多余的枝叶及进行弯曲绑扎等。

(3) 造型

根据设计的造型先插骨架花将外形限定,再插焦点花,最后插填充花及配叶。

(4) 补充完善

仔细观察插好的作品,看是否可以表达预先确定的主题,有没有多余及欠缺之处,需要重新调整和补充。

6.2.2 切花的其他应用

6.2.2.1 花束

花束是根据实际需要的场合和所送对象的选择适宜的花材,按照一定的形式设计捆扎包装出的一种手持的花卉装饰品。花束按用途可分为礼仪花束和新娘捧花。礼仪花束常制作成扇形、三角形、圆锥形、半球形及自由式。新娘捧花是专为婚礼新娘设计的花束,最常用的形式是半球形及下垂形。

6.2.2.2 胸花

胸花是在会议、庆典等活动中用于佩戴胸前的装饰花。胸花的设计从色彩、大小、形态上要与佩戴人的体型、服饰相协调。胸花完成后用别针别于胸前,所以要求轻巧,避免过于累赘,所用花朵的大小不易过大,花的数量不易过多。做胸花的花朵材料以玫瑰、洋兰、百合为多,配花选满天星、天门冬、蓬莱松、肾蕨、文竹等。胸花的花型有圆形、三角形等,可用 1 朵花加配叶、满天星制成;也可用 2~3 朵大花制成三角形、圆形加配叶制成。胸花的花茎须剪短,用绿色胶带包裹,以不露出花束外为宜。

6.2.2.3 花篮

花篮是将切花插在用柳条、藤、竹条编制的篮子里,与花篮一体构成一定的艺术造型的装饰。鲜花花篮常用于馈赠亲友、家庭布置、社交、商业活动及庆贺生日等场所。花篮的造型常用弯月形、三角形、倾斜式、下垂形等。花篮制作时需先用防水包装纸垫于篮底,再将吸水花泥放置其中,然后进行插作。

6.2.2.4 桌饰

用于宴会席桌面上摆放的装饰花称桌饰。桌饰花要求雅致美观,能引起人的食欲,宜采用暖色调来布置。花型插成平矮的规则图案,以不遮挡视线、整齐为好,如椭圆形、半球形、圆锥形等。常用的切花品种有玫瑰、非洲菊、百合、热带兰、香石竹、满天星等,配叶可选文竹、天门冬等细小枝叶品种。作品插好后通常摆于桌面的中央,桌子外缘用细小配叶及数朵花装饰,与中心摆花遥相呼应。

一般餐厅的小型餐桌,桌饰花不求大,要尽量精致些,可以用 1、2 枝花,适当插些配叶,主要是增添气氛。

6.2.2.5 花圈与花环

花圈与花环是用软性枝蔓编制而成的圆盘和圆环。花圈多为祭奠与悼念场合用,选择冷色为主的花材,暖色只作点缀。花材绑扎在花圈上,常以松枝、黄杨、常青树枝叶作陪衬,以表示对死者的哀悼和崇敬。花环可悬挂于室内装饰门厅、墙面。花环无吸水材料,制作时应选一些花期长、不易蒸发失水的材料,如松枝、热带兰、鸡蛋花、松果等,以保持较长的观赏期。

用鲜花装饰的软环，套在脖子上佩戴，是一些国家迎送宾客和民俗活动中常用的花卉装饰形式，其形式及风格常具鲜明的民族特点。

6.3 干燥花装饰

6.3.1 干燥花装饰的特点

干燥花是用新鲜的植物材料（如花、枝叶、根等）经脱水、干燥加工成的制品。干燥花有比人造花真实、自然的优点，又有鲜切花所不及的耐久性，所以受到人们的喜爱。干燥花按预计的造型，经一次制作后，可长久使用，不受季节及采光限制，制作管理方便，操作容易。

干燥花在制作加工过程中一部分保持了原有的色彩，另有些种类通过漂白和染色等技术手段改变了色彩，制作出许多自然界没有的色彩，如金色、银色，因此由干花创作的装饰品的色彩更加丰富。

用干花进行装饰不需要考虑保鲜的问题，因此干花装饰的创作手段上更加灵活、方便，使用的容器更加多样。

6.3.2 干燥花的种类

(1) 原色干花

花材经干燥处理后仍能保持原来的色彩，如苏铁、构骨、霞草、补血草、千日红、麦秆菊、鸡冠花、松果等。

(2) 漂白干花

对干燥后易出现褪色或出现污点的花材，可通过脱色后漂白的方法，使花材干燥后变得洁白纯净，并保持原有的形状、姿态，如狗尾草、芝草、麦类、竹枝，丝石竹等。

(3) 染色干花

对一些质地柔软、干燥过程中易变色的花材可作染色处理，干燥后变成色彩稳定的、漂亮的颜色。可用手工染色的干花花材有玫瑰、香石竹、菊花、银柳、八仙花等。

(4) 涂色干花

经过干燥处理过的干花，为增加其美感或作特殊用途时，在其表面喷洒所需色彩，使色料粘在表面。如在松果及铁树叶、构骨等表面喷洒金粉和铝银粉，使制品放出金光、银光，提高了装饰效果。

(5) 压花

将薄软的植物材料经保色、压制、定形、干燥处理而制成的干花制品为压花。常可用作制造压花的材料有三色堇、水仙花、报春花、飞燕草等。

6.3.3 干燥花的制作过程

6.3.3.1 花材的采集

花材采集应选择晴天早晨露水干后，不要在阴湿天采集。选择花材时尽量选花瓣、枝叶含量水少、纤维素多、花型小、健康无病虫的。在整理花材时应将过多的枝叶去除。

6.3.3.2 花材的干燥

(1) 自然干燥法

自然干燥法是最原始、最简易的干燥方法,即选择易干燥的花材,利用自然的空气流通,除去植物体中所含水分。可将花材悬挂、平放、竖立或放置于广口容器中,使其自然干燥。

(2) 干燥剂埋没干燥法

对自然干燥较难或易变形的花材可用干燥剂埋没法。常用的干燥剂为硅胶。选择与花材大小长度相符的容器注入少量硅胶,放入植物材料。然后将硅胶慢慢注入直到将花材全部埋入,盖上瓶盖,直到花材干燥为止。干燥后,倒出硅胶,去除花材表面的干燥剂,将不同种类的花材分别放在干燥洁净的环境里,套袋防止灰尘。

(3) 加温干燥法

将花材放入烘箱。烘干时温度由低到高,以避免植物材料变形。

(4) 压花干燥法

选择花形小而简单干净的花,如三色堇、水仙花等,平铺在吸水纸上,花材之间有相互间隔;然后在铺好的花材上放一层吸水纸,再放花材,依次摆好后,将装满花材的吸水纸的上顶与下底用木板夹紧,放在干燥通风的环境中使其自然干燥。一周左右花材干燥后可取出使用。

6.3.3.3 花材的漂白

不少花材自然干燥后缺乏纯净感,为提高其观赏应用价值,需对其进行人工处理。常用的漂白剂有漂白粉、漂白精、次氯酸钠,也可用固体硫磺点燃发出的气体熏蒸的办法。用液体漂白处理后需用吸水纸吸去花材表面残液,用清水冲净,晾干。

6.3.3.4 染色与涂色

(1) 染色

花卉种类繁多,色彩极为丰富,但对于某一季节或某种花材而言,色彩往往不能尽如人意,可以通过染色而使花卉色彩更丰富。染色时先将颜料配成水溶液,染色液的浓度需根据染的颜色深浅而定。花枝浸入染色液的深度以基部浸入10cm为宜,过深会造成枝叶着色过深,影响效果。可以染色的花材很多,如香石竹、马蹄莲、月季、银柳、水仙、单瓣小菊等浅颜色的花。

(2) 涂色

深色所用涂料一般以粉状或浓度较浓的油状色料较多。色料本身黏合力较差,涂色前一般需加入适当的黏合剂,如清漆等。一些水溶性的颜料,需加胶性黏合剂,才能有效固色并保持持久不掉色。适宜制作涂色干花材料的常为结构厚实、挺拔、含水量低的植物器官,如松果、莲蓬、植物的枝杆等。

6.4 露地花卉与水生花卉的布置和应用

园林设计中常应用各种色彩丰富的花卉,按不同的用途、场所将其布置成花坛、花镜、花丛、花台等形式,用蔓性花卉制作棚架、篱垣等,使鲜花、绿树布满人们生活的各个空间。大面积的草坪将城市裸露的地面披上绿装,起到美化环境和保护生态的巨大作用。

6.4.1 花坛

6.4.1.1 概念

花坛是指按照设计意图在一定形体范围内栽植观赏植物,以表现花卉群体美的设施。

6.4.1.2 特点

(1) 传统花坛的特点

传统花坛在几何种植床上栽植时令花卉,规则布置,表现平面图案美及华丽色彩。

(2) 现代花坛的特点

现代花坛的规模、形式在传统花坛基础上拓展更多、更大,图案由静态构图发展到连续动态构图,空间由室外到室内,由平面到立体。

6.4.1.3 花坛类型

(1) 根据表现主题内容分类

① 花丛式花坛(盛花花坛)。花丛式花坛表现观花的草本植物花朵盛开时花卉群体的色彩美和不同花色品种组合的图案美及花坛优美的外貌。花丛式花坛按长宽比不同又可分为:

(a) 花丛花坛。常做主景花坛,长、宽为1∶1～3∶1,由多种花卉组成。

(b) 带状花丛花坛(花带)。宽大于1m,长、宽为(3～4)∶1以上,常作配景。如道路两侧、墙基、岸边等,或作为连续景观中的独立体(如连续花坛中的一个)。花坛外形以规则的长方型或流线型为主。所用花卉材料可一种或几种。

(c) 花缘。狭长型花坛,宽小于1m,长是宽的4倍以上,做配景。所用花卉品种单一,一般不做图案栽培。

② 模纹式花坛。模纹式花坛主要表现由观叶或花叶兼美的植物所组成的整体精致复杂的图案纹样或空间造型,表面平整,植物的个体和群体美都处于次要地位。模纹式花坛因内部栽植花材和景观不同分三种:

(a) 毛毡花坛。栽植低矮植物并修剪成平面如地毯状,由复杂花色、美丽的图案组成。植物枝叶细密耐剪,花期一致且长。

(b) 浮雕花坛。通过修剪使植物有不同的高低,形成表面凹凸分明的浮雕效果。

(c) 彩结花坛。主要用高矮一致的多年生花卉(紫罗兰、熏衣草等)模仿绸带编成的彩结式样。图案的线条由花卉植物组成,可用草坪或彩色砂石打底。

③ 标题式花坛。图案表现明确的主题思想,如文字花坛、象征性图案花坛。

④ 装饰物花坛。有实用目的的花坛(多模纹),常设计在斜坡上便于欣赏。如时钟花坛,以花草作成时钟的形状,并结合机械装置,可以有精确的时间指示功能。

⑤ 立体造型花坛。以具有细密枝、叶、花且耐修剪的花草,如五色苋、四季海棠等栽于花盆中,装于立体骨架上,形成立体花坛,如制作成花篮、建筑物等。

⑥ 混合花坛。由不同类型花坛,如花丛与模纹花坛或平面与立体花坛组合成,或花坛与雕塑、喷泉水景的结合形成的综合花坛。

(2) 以布局方式分类

① 独立花坛。独立花坛指单个独立存在的花坛,常为构图中心,成为主景花坛,常设在广场中心、公园入口、道路交叉点等。独立花坛的形式以对称多见。

② 花坛群。多个花坛组成不可分割的一个整体,外型规则对称又整齐,中央可以是独立

花坛、雕塑、喷泉、水池等。花坛间铺装道路或草坪,用于大广场。

③ 连续花坛群。多个独立花坛或带状花坛成直线或排,组成有节奏规律的不可分割的整体构图,设于路中央或草地上,有起点、高潮、结束,中心或高潮可用雕塑、喷泉、水池设在单个花坛中间以强调主题。

6.4.1.4 花坛对植物材料的要求

(1) 花丛花坛的主体植物材料

花丛花坛的主体植物材料要求株型紧密、整齐,开花茂盛、鲜艳,花期长,开花一致。如矮牵牛、孔雀草、百日草,多年生的牡丹、月季、石竹等。

(2) 模纹花坛、立体花坛的主体植物材料

模纹花坛、立体花坛的主体植物材料要求生长慢、低矮(<10cm)、密、细,耐修剪的草花,如五色苋、四季海棠、雏菊、孔雀草、小百日草等。

(3) 花坛中心植物材料

花坛中心植物材料要求植株圆润、丰满、花叶美丽、姿态整齐,有一定高度及大小。

(4) 适宜做花坛边缘的植物材料

适宜做花坛边缘的植物材料要求枝叶低矮、紧密,叶花皆美,微垂,如半支莲、三色堇、香雪球、银叶菊。

6.4.2 花境

花境是模拟自然界中林地边缘多种野生花卉交错生长状态,运用艺术手法设计出的带状自然式花卉应用形式。花卉的布置是沿着一定的轴线方向将各种花卉进行混植。花丛内的花卉有主次之分,同时要考虑不同季节以及同一季节花卉花期的变化。花境的边缘轮廓可以是直线或曲线向前延伸。

花境所用花材以多年生宿根花卉为主,根据所用植物的不同可分为灌木花镜、宿根花卉花镜、球根花卉花镜、专类花镜(一类或一种植物组成的)和混合花镜(灌木和耐寒的多年生花卉组成)。花镜构成的基本单位是花丛,体现不同花卉的平面的斑块美和立面的高低错落的自然美。

花境的设置可以在公园、风景区、街心绿地、庭院及林阴路旁。近年大型的花卉展常以花境的形式进行花卉新品种的展示。花境的设计从形式上可分为单面观赏花境、双面观赏花境及对应式花境。单面观赏花境常以建筑物、绿篱、矮墙、树丛为背景而栽种一些低矮的植物,观赏时从视线的低处向高处过渡。双面观赏花境没有背景,一般设置在草坪中间,植物的种植是中间高两侧低。对应式花境一般在园路两旁、草坪中央或建筑物周围设置相对应的两个花境,如左右对称为一组景观。

6.4.3 花丛和花群

花丛和花群是将花卉模仿自然界野生花卉的分布形式并运用艺术手段加以整理、应用于园林当中。花丛和花群常用于宽阔草坪边缘,使林缘与草坪有机相联;也可以用在曲径拐角处及庭院中作点缀,其大小不受限制。数量少称花丛,花丛连成片称花群。花丛与花群所用花卉常见的有球根花卉、宿根花卉及一、二年生花卉。

6.4.4 花台

花台是将花卉种植于高出地面的台池中,一般装饰在建筑物门的两侧或庭院中央、窗台下

方等地方，类似花坛，但面积受台的大小限制较大，选用的花卉种类有矮花灌木、宿根花卉或垂挂类花卉。为使花台形式更具艺术趣味，也可栽植成盆景样式。

6.4.5 篱垣和棚架

一些草本或木本攀缘植物是装饰篱垣和棚架极好的材料。篱也称篱笆，是用竹、木等植物材料编成的围墙或屏障，其作用是分隔空间。垣是指矮墙，泛指墙，常用阔叶的藤本花卉作垂直绿化。棚是用竹、木、铅丝等搭成的架子。现代公园中，常用水泥制成的棚架代替，用藤本植物绿化的棚架可起到遮荫的作用。可用于篱垣、棚架装饰的攀缘植物很丰富，包括木本和草本的观叶观花蔓性植物，有叶子花、凌霄、紫藤、风船葛、铁线莲、扶芳藤、常春藤、木香、蔷薇、藤本月季、缠枝牡丹、绿萝等。

6.4.6 水生花卉的应用

水生花卉在园林布置中常植于湖水中、亭榭周围，点缀水面景观，使景色生动美观。水生花卉因种类的不同而对水深的要求相差较大，如水菖蒲、水葱、千屈菜、慈菇等，一般要栽于20～30cm的浅水区或湿地中才生长良好；水深1～2m处宜栽荷花、王莲等品种，常成片栽植。水生花卉除用于湖面布置外，常点缀于人工创造的溪涧、喷泉、跌水景点，与景色相映成辉；也用于规则式水池的布置。荷花、睡莲等种类的矮生种也常用于小型盆栽，称为碗莲。

思考题

1. 插花的概念是什么？有哪些类型？
2. 简述插花的原则。
3. 插花的常用造型种类有哪些？
4. 干花的种类有哪些？简述其制作方法。
5. 什么是花坛？常见的种类有哪些？花坛与花境有哪些区别？
6. 花坛按表现的主题不同分为哪几种？各有何特点？
7. 花镜按使用的花卉材料不同分为哪几种？

7　一、二年生花卉

7.1　概述

7.1.1　一、二年生花卉的概念与特性

一年生花卉是指在一年内完成营养生长和生殖生长并最终死亡的花卉。一年生花卉一般春季播种，夏秋开花结实，冬前死亡，具色彩艳丽、生长迅速、栽培简易以及价格便宜等特点。典型的一年生花卉有鸡冠花、百日草、半支莲、翠菊、牵牛花等。园艺栽培上常把那些虽非自然枯死，是被秋冬霜冻致死的多年生草花也作为一年生花卉，也有将播种后当年开花结实，不论其死亡与否均作为一年生花卉的，如藿香蓟、矮牵牛、金鱼草、美女樱，矢车菊、紫茉莉等。

一年生花卉依其耐寒性能分为三种类型，即耐寒、半耐寒和不耐寒种类。耐寒型苗期耐轻霜冻，不仅不受害，并在低温下还可继续生长；半耐寒型遇霜冻受害甚至死亡；不耐寒型原产热带地区，遇霜冻既死亡，生长期要求高温。一年生花卉多数喜光照充足，喜排水良好而肥沃的土壤，花期可以通过调节播种期、光照处理或加施生长调节剂进行调控。

二年生花卉生活周期跨年度，需经两个年度才能完成营养生长和生殖生长，即播种后第一年仅形成营养器官，次年开花结实而后死亡，如风铃草、毛蕊花、毛地黄、美国石竹、紫罗兰、桂竹香、绿绒蒿等。有些本为多年生花卉但也作为二年生花卉栽培，如蜀葵、三色堇、四季报春等。二年生花卉耐寒力强，有的耐0℃以下的低温，但不耐高温；苗期要求短日照，在0℃～10℃低温下通过春化阶段；成长过程则要求长日照，并随即在长日照条件下开花。

一、二年生花卉多用种子繁殖，繁殖系数大，自播种至开花所需时间短，经营周转快，但其花期短，管理费工，种子繁殖易退化。

一、二年生花卉是节日花坛、花境主要材料，其花色艳丽、株形整齐，适于成片栽植，形成色块图案，也适于盆栽和用作切花。

7.1.2　一、二年生花卉栽植管理要求

7.1.2.1　种子的采收与采购

一、二年生花卉大多用种子繁殖。种子来源有两条途径：自己采留和向专业公司购买。对于花期长、能连续开花的一、二年生花卉，采种应多次进行，如凤仙花、半支莲在果实黄熟时即可采收；三色堇当蒴果向上仰起时应采收；罂粟花、虞美人、金鱼草等在果实变黄成熟时采收。此外像一串红、银边翠、美女樱、醉蝶花、茑萝、紫茉莉、福禄考、飞燕草、柳穿鱼等需随时留意采收；翠菊、百日草等菊科头状花序花谢现黄后采收。容易天然杂交的草花，如矮牵牛、雏菊、矢车菊、飞燕草、鸡冠花、三色堇、半支莲、福禄考、百日草等不同品种的植株必须隔离种植方可留种采种。

以往因花卉种子来源比较困难，多数花卉种植者习惯自己留种，这样经过多年的栽培繁育

后，种子经反复近交，原始的优良性状发生分离或退化，严重影响子代的栽培品质，经常达不到种植者预期的目的。因此，在条件允许的情况下，应放弃自己留种的传统方式，改从专业种苗公司购买杂交一代(F_1)的花卉种子或种苗。正规的种苗公司生产的种子是经过育种专家培育的良种，具有杂交一代的遗传优势，性状表现稳定一致，并且种类繁多，可以满足不同的需要，特别适合大规模的商品化生产。

7.1.2.2 种子的干燥与贮藏

采下的种子应充分晒干，清理干净。夏季最好采用阴干的方式，切忌烈日暴晒。如三色堇种子一经日晒则丧失发芽力。留种种子应分别装入纸袋或瓶中，放入标签，记载名称、采种日期等，放置通风干燥、冷凉处贮藏。

7.1.2.3 育苗管理

一、二年生花卉一般在苗床育苗，采取撒播，播后覆土，厚度以刚覆盖住种子为度。经播种或自播于花坛、花境的种子萌发后，施稀薄水肥并及时灌水。但要控制水量，水多则根系发育不良并易引起病害。苗期避免阳光直射，应适当遮荫。为了培育壮苗，苗期还应进行多次假植或移植，以防黄化和老化。移苗最好选在阴天或傍晚进行。

7.1.2.4 修剪摘心

为使植株整齐、分枝多、开花茂盛、丛生性强、株形低矮、延迟花期等，可采用修剪摘心的方法。如万寿菊、一串红、波斯菊生长期长，为了控制高度，于生长初期摘心。需要摘心的花卉种类有五色苋、金鱼草、石竹、姜女樱、金盏菊、霞草、千日红、百日草、银边翠等。有一些顶部开花的花卉不需摘心，如凤仙花、鸡冠花、三色堇、翠菊等，为使营养供给顶花，可摘除侧芽。

7.2 主要一、二年生花卉

7.2.1 万寿菊(*Tagetes erecta*)

别名：臭芙蓉、蜂窝菊、臭菊花

科属：菊科，万寿菊属

7.2.1.1 形态特征

一年生草本，株高20～90cm，茎光滑，粗壮，有细棱，绿色或洒棕褐晕。叶对生或互生，长12～15cm，羽状全裂，裂片具齿，披针或长圆形，长1.5～5cm，顶端尖锐，边缘有腺体，叶有臭味。头状花序单生，花色有白、黄、橙红色及复色等，深浅不一。总苞钟状。舌状花有长爪，边缘稍皱曲，黄至橙色，径5～12cm。瘦果黑色，有光泽，果熟期9～10月。种子千粒重2.56～3.50g。万寿菊见图7.1。

图7.1 万寿菊

7.2.1.2 主要种类与分布

原产墨西哥及中美洲地区，各地广为栽培。万寿菊的园艺品种甚多，按花型分有蜂窝型(花序中以舌状花为主，舌状花前端宽，呈波状卷曲，花序很厚，近似球形)、散展型(舌状花平展不卷曲)和卷钩型(舌状花狭小，小花相互卷曲呈钩环状)。生产上按株型分为矮型品种、中型品种和高型品种：

(1) 矮型

紧凑系，株高22～25cm，冠幅10～12cm。花期早，重瓣，有3种颜色和复合色。太空时代系，株高30cm。花期很早，重瓣。径达8cm，有橙、黄、金黄色品种。

(2) 中型

丰盛系，株高40～45cm，花大雪瓣。印加系，株高45cm，株形紧凑。花期早，重瓣，有3种颜色和复合色，适为花坛品种。

(3) 高型

金币系，株高75～90cm。花里瓣，径7～10cm，有3种颜色和复色品种。杰出杂种，株高75～90cm，花重瓣，有橙、黄与金黄色。

同属常见栽培的还有孔雀草(*T. patula*)，茎多分枝，细长，洒紫晕。头状花序，径约2～6cm，舌状花黄或橙黄色，基部具紫斑。细叶万寿菊(*T. tenuifolia*)，叶羽裂，裂片12～13枚，线状。头状花序径约2.5～5.5cm。花黄色，有矮生变种，株高20～30cm。

7.2.1.3 生长习性

万寿菊生长势强，喜温暖和阳光充足的环境，亦稍耐早霜和半阴，较耐干旱。在多湿和高温酷暑下生长不良。对土壤要求不严，耐移栽。从播种至开花的生长期约为80～90d。花期6～10月。

7.2.1.4 繁殖

万寿菊以种子繁殖为主，也可扦插繁殖。春播，3月下旬～4月上旬在露地苗床播种。种子嫌光，播后要覆土、浇水。种子发芽适温20℃～25℃，播后3～7周出苗，发芽率约80%。苗高5cm时，进行一次移栽，再待苗长出7～8片真叶时，进行定植。为了控制植株高度，还可以在夏季播种。夏播出苗后60d可以开花。

扦插在生长期进行，容易发根，成苗快。从母株剪取5～8cm嫩枝作插穗，去掉下部叶片，插入盆土中，每盆插3株，插后浇足水，略加遮荫，2周后可生根，然后，逐渐移至有阳光处进行日常管理，约1个月后可开花。万寿菊容易异花授粉，影响品种性状的稳定。为保持品种优良性状，留种母株需隔离种植。夏季成熟的种子不饱满，且品质欠佳，一般采收立秋后成熟的种子作种。种子寿命3～4年。

7.2.1.5 栽培管理

栽培要点：

① 扦插繁殖简便易行，成苗快，能有效扩大生产量和简便控制开花期。

② 开花后的老枝叶容易枯萎，且易倒伏，可从枝干基部将残花和老枝剪去，促发新枝。

③ 栽培过程应注意防病。

万寿菊的栽培管理较简便，一般定植在露地花坛中，株距为25～35cm。盆栽定植前，施有机肥作基肥。定植后，生长迅速，对水肥要求不严，只在干旱时适当灌水，每2周浇1次稀薄液肥。进入开花期后，不再浇肥。为了促进分枝，可在生长期摘心1～2次。植株生长后期易倒伏，开花后需将残花带枝剪掉，促使花枝更新，以延长开花期。剪枝后要勤浇水并且每周施追肥1次。

7.2.1.6 用途

万寿菊适应性强，且株型紧密丰满，叶翠花艳，是应用最普遍的花卉之一，主要用于花坛、花径的布置,也是盆栽和切花的良好材料。另外,它还是一种环保花卉,能吸收氟化氢和二氧化硫等有害气体。

7.2.2　石竹(*Dianthus chinensis*)

别名:中华石竹、洛阳花

科属:石竹科,石竹属

7.2.2.1　形态特征

多年生草本花卉,常作一、二年生栽培,实生苗当年可开花。株高 15～75cm,茎直立,节部膨大,顶部有或无分枝。单叶对生,灰绿色,线状披针形,长达 8cm,基部抱茎,开花时基部叶常枯萎。花芳香,单生或数朵呈聚伞花序;花径约 3cm;有白、粉红、鲜红等色;苞片 4～6;萼筒上有条纹;花瓣 5,先端有齿裂。蒴果,种子扁,黑色。粒重为 1 000～1 200 粒/g。石竹见图 7.2。

图 7.2　石竹

7.2.2.2　主要种类与分布

原产我国及东亚地区,分布广泛。我国与日本育种家曾进行了长期的工作,培育出许多品种,有的为重瓣,有的株型矮小,有的花径达 5～10cm;花色除白、粉外,还有紫红、复色以及花色奇特的品种,分为西洋石竹和中国石竹两大类型。园艺中常见栽培的有:

(1) 三寸石竹

株高 10cm 左右,花径约 3cm。

(2) 五寸石竹

株高 20cm 左右,花径约 4cm。

(3) "杂交"石竹

由中国石竹与美国石竹杂交而成。花大似中国石竹,叶宽似美国石竹,有的适合盆栽(株高 15～20cm),有的可用于切花生产(株高 80～90cm)。

(4) 锦团石竹

别名花石竹,矮生,花大,多瓣。

(5) 美国五彩石竹

茎光滑多分枝,叶对生。线状披针形,花色丰富,有红、黄、白、粉红、紫红、橙红或有斑花,适于花坛和盆花。

7.2.2.3　生长习性

喜阳光、高燥、通风、凉爽环境;性耐寒。适于肥沃、疏松园土,更适于偏碱性土壤,忌湿涝和黏土。花期 5～9 月,果熟期 6～10 月。虽然为多年生草本植物,但植株在栽培一、二年后长势明显衰退,且开花不良,观赏价值下降。实践中,通常每年繁殖新的植株替代老株。

7.2.2.4　繁殖

种子繁殖为主,也可扦插或分株繁殖。种子繁殖采用春播与秋播均可,但以秋播为主。9 月于露地苗床播种,播后覆盖一层薄土,或不覆土而加盖稻草,浇透水并保持土壤湿润,在 20℃条件下 5～6d 后可发芽,发芽率可达 80%。入秋后,结合修剪整形,进行扦插繁殖。其作法是剪取 5cm 长的带芽新梢，直接插于由河沙与培养土等量混合的沙土中，保持土壤湿润，适度遮荫，约 2～3 周生根。

7.2.2.5　栽培管理

栽培要点：

① 秋季播种时宜早不宜迟，尽量培育大苗越冬。

② 移植到定植期间，每月应施一次稀薄液肥以壮苗，有利于翌年的生长和开花。

③ 花朵不耐雨淋，花期最好转置于避雨场所养护。叶片长期遭雨淋，容易感染炭疽病，可提前喷施杀菌剂预防。

④ 杂交石竹的自然分枝性强，勿需摘心。

出苗后，揭去覆盖的稻草，苗期生长适温为 10℃～20℃。待幼苗长出 4 片叶时，移植到光照充足处的苗床或苗箱内养护越冬，自播种至成苗约需 9～11 周。翌年 3 月可取苗定植，或者在 11 月按 15～20cm 的株距直接定植圃地或上盆越冬。培养土按园土 4 份、腐叶土 2 份、河沙 1 份的比例混合配制，掺入适量腐熟的豆饼作基肥。在越冬期间不施肥，少浇水。待到翌年气温上升后，逐渐增加浇水量，并每隔半个月追施一次液态肥，无机速效肥与有机缓效肥结合施用最理想，可促使小苗茁壮生长；并进行 2 次摘心，促其分枝。施肥后，中耕锄草 1～2 次。蕾后，停止追肥。石竹不耐高温炎热，需在 7 月开花后重剪，并转置于通风遮荫处进行越夏养护，9～10 月可以再次开花。

7.2.2.6　用途

石竹植株茂密，花色亮丽，广泛应用于花坛、花径及镶边植物，或与岩石配植，植于岩石园，也特别适合盆栽观赏。切花品种的花梗挺拔，插花持久。

7.2.3　三色堇（*Viola tricolor* var. *hortensis*）

图 7.3　三色堇

别名：蝴蝶花、鬼脸花、猫儿脸

科属：堇菜科，堇菜属

7.2.3.1　形态特征

多年生草本，高寒地区作一年生栽培，在一般地区作二年生栽培。株高 15～30cm。茎多分枝、光滑，稍匍匐状生长。叶互生，基生叶近心脏形，茎生叶较狭长，边缘浅波状，托叶大，宿存，基部呈羽状深裂。花单生于叶腋。花瓣 5 片，两侧对称。花色极具变化，有白、黄，紫、红及复色等，且每朵花均有 3 种以上颜色，故名三色堇。近代培育的还有白、乳白、黄、橙黄、粉紫、紫、褐红、栗等混色及单色。花期 4～6 月。蒴果，椭圆形，3 瓣裂。种子千粒重 1.40g。三色堇见图 7.3。

7.2.3.2　主要种类与分布

原产欧洲中北部，世界各地广为栽培。经过改良育种和人工选择，三色堇的园艺品种群十分丰富。按花径大小分，有巨花三色堇（花径 8～10cm）、大花三色堇（花径 5～7cm）和中花三色堇（花径 2～3cm）。同属园艺栽培的其他种还有角堇（*V. odorata*）和香堇（*V. cornuta*）。

目前商品栽培的品种主要为 F_1 品种，如王冠，花径达 10cm，有明显的 4 种颜色；水晶碗，纯色,花期早,多花,有 8 种颜色;抒情诗,花中大,彩瓣上有斑点,适盆栽;春时,色域广,花径 6～8cm,有 14 种颜色。

7.2.3.3 生长习性

喜阳光充足的凉爽湿润环境,稍耐半阴,较耐寒。忌土壤贫瘠,喜富含腐殖质疏松中性肥沃土壤。忌炎热干燥和积水。从种子萌发至开花的生长期为 100～120d,果熟期 5～8 月。果实开裂弹出种子能自播,种子寿命较短(1～2 年),不宜久藏。

7.2.3.4 繁殖

以播种繁殖为主,少有扦插或分株繁殖。在适宜条件下一年四季均可进行播种。种子嫌光,播种后需覆土,覆土深度以不见种子为宜。种子发芽适温为 19℃,约 10d 萌发,发芽率为 70%左右。一般行秋播,虽能在露地越冬,但抗寒力较弱,播种期太早或太迟都不利。于生长期进行扦插或分株行。

7.2.3.5 栽培管理

栽培要点:

① 露地播种要适时,过早或过迟都不利于小苗越冬。

② 喜肥沃土壤,生长期要多施追肥。

③ 不甚耐干旱,春季气温回升后要注意通风降温,保持土壤湿润。

④ 自留种子,以首批成熟者为佳。并及时采收,否则种子容易散失。

幼苗出现第 2 片真叶时带土进行第一次移植,4～5 片真叶时,寒冷地区取苗假植于阳畦越冬,南方地区可直接定植越冬。越冬小苗于翌年 2 月下旬进行分苗定植。花坛地栽株距为 15～20cm,上盆定植每盆栽小苗 1～3 株。三色堇喜肥,定植前需施足腐熟的有机肥作基肥。生长期保持中等肥水,每隔半个月追施 1 次液态速效肥,直至开花时停止。植株不甚耐旱,要保持土壤湿润。但在冬季要减少浇水,以增加抗寒能力。

三色堇由于品种成熟期不一,当果实由下垂自上翘起、外皮发白时即可采收。品种间易杂交,留种植株应按品种隔离,以防退化。

7.2.3.6 用途

三色堇的植株低矮紧密,开花早,花色、花姿极富变化,十分引人注目,是早春花坛的重要草本花卉之一,宜植花坛、花境、窗台花池、岩石园、野趣园、自然景观区树下,或作地被、盆栽,以及用作切花。

7.2.4 金盏菊 (*Calendula officinalis*)

别名:金盏花、常春花、长生菊

科属:菊科,金盏菊属

7.2.4.1 形态特征

多年生草本,常作一、二年生栽培。株高 30～60cm,全株具毛,多分枝。叶互生,长圆至长卵形,全缘或有不明显锯齿,基部稍抱茎。头状花序单生,径 4～5 cm,大花至 10cm,舌状花黄至深橙红色,总苞 1～2 轮,花期 12～翌年 3 月。果熟期 5～7 月,瘦果,弯曲,种子千粒重 9.35g。金盏菊见图 7.4。

图 7.4 金盏菊

7.2.4.2 主要种类与分布

原产地中海地区和中欧、加那利群岛至伊朗一带，世界各地广为栽培。栽培品种有乳白、浅黄、橙及橘红等色；花型也有各种变化，除有单瓣、重瓣外，还有高性和矮性的区别。

7.2.4.3 生长习性

性较耐寒，喜阳光，生长快，适应性强健，忌炎热。对土壤及环境要求不严，排水良好的一般土壤都可生长。疏松肥沃和日照充足之地，生长显著良好，栽培容易。可自播繁殖。生长期干旱花期延迟。为长日照植物。

7.2.4.4 繁殖

播种繁殖。种子发芽力常温下可保持3～4年。种子需覆盖，发芽不需光照。

7.2.4.5 栽培管理

栽培要点：

① 金盏菊应栽培在阳光充足、通风良好的干潮环境，忌湿热。

② 土壤中可掺入少量石灰。

③ 施肥时要控制氮肥用量，以防茎叶徒长，影响开花。

华北地区常采用二年生栽培。秋播于9月上中旬进行，7～10d出苗，于10月下旬假植于冷床内北侧越冬。金盏菊枝叶肥大，生长快，早春应及时分栽。冷床越冬者，3月下旬即有一部分开花，至4月末定植露地后，5月中下旬花最盛。春季2～3月也可播种，初夏时开花，但不如秋播生长、开花好。在炎夏之际开花很少，植株枯黄零乱。秋季9～10月，花又盛开。秋播，盆栽培养，霜降时移入低温温室，保持8℃～10℃，冬季开花；或10～11月播于冷床或温床，同样可供早春促成栽培。切花栽培时，应将主枝摘心，使侧枝开花，这样花梗较长。生长期每周施稀薄肥一次，当花现色时停止施肥。金盏菊多为自花授粉。如肥少，栽培不良时，很易退化，花小而多单瓣，良种繁育时应特别注意。

7.2.4.6 用途

金盏菊最初欧洲作为药用或食品染色剂栽培。自16世纪园艺家育出美丽的重瓣品种后，金盏菊的观赏价值逐渐胜过其药用价值，而成为重要的草花之一。金盏菊春季开花较早，花坛栽植，应随时剪除残花，则开花不绝。近年国内也已进行温室促成栽培，供应切花或盆花，

7.2.5 鸡冠花(*Celosia cristata*)

别名：鸡冠

科属：苋科，青葙属

7.2.5.1 形态特征

一年生草本，茎高20～150cm，通常有分枝或茎枝愈合为一。叶互生全缘或有缺刻，长卵形或卵状披针形，有绿、黄绿、红绿及红等色。花序肉质顶生，扁平呈宽扇状或扁球形、肾形等，小花细小，不显著，整个花序有深红、鲜红、橙黄或红黄相间等色。小花两性，花序上部退化呈丝状，中下部呈干膜质状。花被5，雄蕊5，基部联合。花期夏至秋。每小花结黑色发亮种子多数，千粒重约1.0g。鸡冠花见图7.5。

图7.5 鸡冠花

7.2.5.2　主要种类与分布

原产非洲、美洲热带和印度，世界各地广为栽培。通过杂交培育了许多品种。常见栽培的有：

(1) 矮鸡冠(*Celosia cristata*'Nana')

植株矮小，高仅15～30cm。

(2) 凤尾鸡冠(璎珞鸡冠)(*Celosia Cristata*'Pyramidalis')

金字塔形圆锥花序，花色丰富鲜艳，叶小分枝多。

(3) 圆锥鸡冠(凤尾球)(*Cristata*'Plumosa')

花序呈卵圆形，或呈羽绒状，具分枝，不开展，为中高性品种。

7.2.5.3　生长习性

鸡冠花性喜高温干燥、阳光充足，不耐寒、忌霜冻。短日下能诱导开花。宜土层深厚、肥沃、湿润，土壤呈弱酸性，pH值5.0～6.0。忌积水，较耐旱。温室栽培时日温21℃～24℃，夜温15℃～18℃。从播种至开花的生长期约为90～100d，花期6～10月。种子陆续成熟，采种期8～10月。种子可自播，生活力保持4～5年。

7.2.5.4　繁殖

鸡冠花以种子进行繁殖。由于种子萌发要求的最低温度在20℃以上，因此3月在温床播种，4～5月份可在露地苗床播种。高性品种的生长期长，宜于温床播种，如太晚播种，不仅花期短，也影响正常结实。种子发芽厌光，播种后需覆土。由于种子细小，覆土宜薄不宜厚，以不见种子为度，温度保持20℃条件，8～10d出苗，发芽率约70%。出苗后，注意苗床通风，防止干燥。幼苗期要求白天温度在21℃左右，夜间不得低于17℃。

7.2.5.5　栽培管理

栽培要点：

① 种子发芽时夜间最低气温须保持在15℃～20℃。

② 移植时应带土团，忌伤根过多。

③ 适当的高温干燥环境，对其生长发育十分有利。

鸡冠花属直根系，不宜多次移植，待幼苗长出2～3片真叶时，移植一次，或直接定植。生长期间，要适当浇水，但不宜过湿，忌受涝。要求肥力适中，如果肥力太强，会促使腋芽萌发，侧枝旺长，影响主枝发育而对开花不利。花期要求通风良好、气温凉爽并稍遮荫，可延长花期。植株高大，肉质花序硕大者应设支柱以防倒伏。切花栽培定植株行距为20cm × 50cm，花坛定植株距30～40cm。

鸡冠花为异花授粉植物，容易发生自然杂交。为保持优良性状稳定遗传，留种母株应选择单一品种集中栽植，与其他品种植株应有150m左右的间距，以防止不同品种之间自然杂交。为避免昆虫传粉，在开花前可用纱罩套袋罩住留种母株的花序。采种时，剪取花头，晒干脱粒。一般选花序中、下部的种子留种。

7.2.5.6　用途

鸡冠花的花色艳丽，花期经久不凋，是重要的花坛花卉，大量用作花坛、花境布置观赏。其中高型鸡冠花及凤尾鸡冠可供切花之用，尤其是制作干花的理想材料。茎、叶、花和种子均可入药，有止血、止泻、调经养血的功效。阴干的花可做食品染料。

7.2.6 瓜叶菊(*Senecio cruentus*)

图 7.6 瓜叶菊

别名：千日莲、富贵菊

科属：菊科，瓜叶菊属

7.2.6.1 形态特征

多年生草本，常作为一、二年生温室草本花卉栽培。茎直立，草质，被绵毛。叶片宽大，呈心脏形，叶缘波状，叶背面有绒毛，形似黄瓜叶，故名瓜叶菊。头状花序，簇生呈伞房状，团聚于叶丛之上。花序中央为筒状花，四周舌状花。花色绚丽多彩，有粉红、绚红、鲜红、蓝紫、白色及镶边、套色花等。通常花期 1～4 月，种子纺锤形，具白色冠毛，千粒重约 0.19g。瓜叶菊见图 7.6。

7.2.6.2 主要种类与分布

由原产加那利群岛的野生种和马德拉群岛以及地中海产的几个种杂交而成的多祖先的"人工种"，因此与野生种极不相同。目前各地广为温室栽培。依据植株的高矮分，有矮型瓜叶菊(株高 23～30cm)、中型瓜叶菊(株高 30～38cm)和高型瓜叶菊(株高 38～60cm)；按花序大小分，有大轮花瓜叶菊(花径6～8cm)、中轮花瓜叶菊(花径约 2cm)。目前，我国普遍栽植的是中轮花、矮型瓜叶菊。

7.2.6.3 生长习性

喜温暖湿润气候，不耐寒冷、酷暑与干燥。适温为 12℃～18℃，一般要求夜温不低于 5℃，日温不超过 20℃。在肥沃、疏松及排水良好的土壤条件下生长良好，忌积水湿涝。生长期要求光线充足，日照长短与花芽分化无关，但花芽形成后长日照可促使提早开花。增加人工光照能防止茎的伸长。花期 12 月～翌年 4 月。种子 5 月下旬成熟。

7.2.6.4 繁殖

瓜叶菊的繁殖以播种为主，也可扦插。

(1) 播种繁殖

播种至开花约 5～8 个月。为获得不同花期的植株，2～10 月可分批播种。长江流域 8 月间播种，元旦至春节期间开花。以播种盆为例，播种时将种子和细沙拌种后再撒播，细土覆盖以不见种子为度。播后，用木板轻轻压实，然后浸盆浇水，用玻璃或透明塑料薄膜覆盖。将播种盆放置在通风良好的荫棚下，棚顶盖塑料薄膜以遮挡雨水。在 22℃～25℃条件下，约 1 周可出苗。出苗后，揭去覆盖物，垫高苗盆，加强通风，用多菌灵粉剂与河沙掺匀撒于盆土表面，防止猝倒病发生。

(2) 扦插繁殖

用于不结实的重瓣花品种。3～4 月间花后采用茎基发生的腋芽或茎枝作插穗，插于粗砂中，约经 20～30d 生根。

7.2.6.5 栽培管理

瓜叶菊的栽培要点：

① 瓜叶菊的播种宜用盆播，覆土不能深。用浸盆法进行浇灌，播种盆和播种用土要严格消毒。育苗期要遮荫，并加强通风，忌雨淋。

② 栽培过程中须必移苗栽植3次以上。

③ 生长期内控制温度和蹲苗是防止植株徒长和提高着花率的关键。

幼苗2～3片真叶时进行第一次移植，植于浅盆中。移苗1周定根后，追施2000倍稀释的尿素水溶液1～2次，促进新根生长。待生出5～6片真叶后时移入口径为7cm的小盆，10月中旬以后移入口径为18～20cm的盆中定植。按30cm以上的株间距摆置花盆，并逐渐增加光照。定植盆土以腐叶土、园土、豆饼粉、骨粉按60：30：6：4的比例配制。瓜叶菊趋光性强，每周要转盆1次，以防止植株偏长、徒长。瓜叶菊喜肥，除在培养土中添加10%的有机质基肥外，天气转凉后，开始施液肥，每隔10天追1次，直至开花前。当叶片长到3～4层时，每周用0.1%～0.2%的磷酸二氢钾溶液喷施叶面，进行根外追肥，以促进花芽分化，提高开花品质。移入温室后，要求充足阳光，并控制温度和浇水量。生长期的最适温度为16℃～21℃，现蕾后控制在7℃～13℃比较适宜。适当"蹲苗"。当叶片出现临时凋萎时再浇水，这样能有效控制植株高度和提高着花率。

开花过程中，选植株健壮、花色艳丽、叶柄粗短、叶色浓绿的植株作为留种母株，置于通风良好、日光充足处，摘除部分过密花枝，有利于种子成熟或进行人工授粉。当子房膨大、花瓣萎缩、花心呈白绒球状时即可采种。

7.2.6.6　用途

瓜叶菊是冬春时节最具代表性的花卉，以其花繁色艳、花期持久等优良性状，成为元旦、春节期间深受人们喜爱的时令花卉，有着广阔的商品生产前景。常用作盆花布置厅堂会场等。温暖地区也可布置花坛、花境。

7.2.7　一串红(*Salvia splendens*)

别名：墙下红、草象牙红、爆竹红、西洋红

科属：唇形科，鼠尾草属

7.2.7.1　形态特征

多年生亚灌木，常作一年生栽培。茎直立，高25～80cm，光滑有四棱。叶对生，卵形至心脏形，柄长6～12cm，顶端尖，边缘具牙齿状齿。顶生总状花序，长5～8cm；有花2～6朵轮生；苞片红色，早落；萼钟状，2唇，宿存，鲜红色；花冠唇形有长筒伸出萼外，长达5cm，下唇较短；花期7～10月，温室栽培可提早到4～5月开花。花冠色彩艳丽，有鲜红白、粉、紫等色。种子生于粤筒基部，成熟种子浅褐色千粒重3.73g。根系发达，植株性状与根系呈正相关。一串红见图7.7。

图7.7　一串红

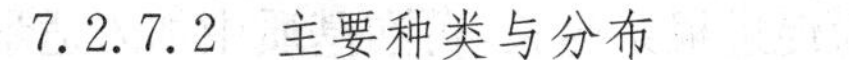

7.2.7.2　主要种类与分布

原产南美巴西，现各地广为栽培。依植株高矮分为三类：

(1) 矮型

高25～30cm。如火球，花鲜红色，花期早；罗德士，花火红色，播种后7周开花；卡宾枪手系列，花橙红色、火红色、蓝紫色、白色。

(2) 中型

高35～40cm。如红柱，花火红色，花序形态优美，叶色浓绿；红庞贝，花红色。

（3）高型

高 65～75cm。如妙火，花鲜红色，整齐，生长均衡；高光辉，花红色，花期晚。

7.2.7.3 生长习性

性喜温暖，不耐严寒，忌霜害，最适生长温度为 20℃～25℃；14℃以下叶黄至脱落；30℃以上则花、叶变小，根系生长受抑制；温室栽培一般保持在 20℃左右。喜阳光充足，也能耐阴，喜疏松肥沃土壤，幼苗需水较多，忌干旱，怕涝，过涝时叶片易脱落，忌重茬。空气湿度以 60%～70%为宜，生长期间以较干燥环境为宜。前期对盐分敏感，后期耐盐力较强。短日照植物，在长日照下有利于营养生长，短日照下有利于生殖生长。花期 7～10 月。果熟期 10 月底，坚果成熟后易脱落。

7.2.7.4 繁殖

（1）播种繁殖

播种时间因品种、栽培环境、出圃时间而定，一般国庆用花在 5～6 月播种，早花种可延迟至 7 月上旬播种；“五一”节用花，于 12～翌年 1 月在温室里育苗，晚霜后移置室外栽培。种子表层有一粘胶层，吸水即膨胀，发芽阶段需保持黏胶物的湿润，不可回干，随着时间的推移，黏胶物的含量会逐渐减少。黏胶物的残留时间过长会抑制种子发芽。种子喜光，需浅覆盖或不覆盖。播后 7～10d 发芽。

（2）扦插繁殖

一般扦插在春夏季进行；15℃以上的温床上，任何时期都可扦插。插条 10～15d 生根，25～30d 分栽。扦插苗开花较实生苗早，植株高度也易控制。晚扦插者植株矮小，生长势虽弱，但对花期影响不大，开花仍繁茂。

7.2.7.5 栽培管理

一串红的管理要点：

① 施肥和浇水次数不能过于频繁，以免植株“贪青”，延迟开花。

② 幼苗对高盐敏感，若水碱度过大会导致芽尖溢缩、枯萎，严重者全株死亡。

③ 栽培过程中，要摘心 2～3 次，促发分枝，调节株形、花期。

④ 夏季养护要适当遮荫，忌施追肥。

种子发芽后子叶较小，让子叶充分长大后再移植。一般在真叶 1 对、根系 3～5 条时可进行移栽（即假植）。1～2 片真叶时可开始追施硝态氮肥和钾肥。苗期易出现缺铁现象。缺铁时叶片变黄；若叶面出现褐黄，则是氮肥过多。移植缓苗后根据植株长势可施一次尿素水提苗。留 2～3 对真叶摘心，以控制植株生长，促发侧枝，增加花数，并达到矮化的目的。必要时可进行第二次摘心。摘心后要进行喷药，可喷多菌灵、百菌清等杀菌剂以防病害。切忌摘心后施肥，以免靠近摘心部位的叶片叶缘变质或黄化。

苗床育苗在 3～4 对真叶时可直接上盆。上盆时为促进根系生长，可在基质中加入适量的过磷酸钙。定植缓苗后可施尿素或复合肥提苗，浓度在 1 000 倍左右（以氮的含量计算）。水分管理是以间干间湿为宜。真叶 5～6 枚（主茎与侧枝节数的连贯数）时进行花芽分化。如在“五一”节开花的种类需在此期遮光，以促进花芽分化；也可在此期喷施磷酸二氢钾以促进花芽分化，并且可通过控水、控肥的方式促使营养生长转向生殖生长。定植后至少再经 1 次摘心，以促使植株矮壮，增加花枝。花后距地面 10～20cm 处剪除花枝，加强水肥管理还可再度开花。

7.2.7.6　用途

园林中广为种植，常用于布置花坛、花境，或作边缘种植以及用作切花和盆栽。

7.2.8　彩叶草(*Coleus blumei*)

别名：洋紫苏、锦紫苏、五色草

科属：唇形科，锦紫苏属

7.2.8.1　形态特征

多年生宿根草本，多作一、二年生栽培。株高 20～60cm。茎四棱，叶对生，卵圆形，叶缘缺刻变化多样。叶片颜色变异丰富，有黄、绿、红、紫等色，以及多色镶嵌成美丽图案的复色。露地栽培的观叶期为 6～10 月。总状花序，顶生。花小而不显著，淡蓝白色。坚果小而平滑。每克种子约3 500粒。彩叶草见图 7.8。

图 7.8　彩叶草

7.2.8.2　主要种类与分布

原产于亚洲、澳洲、南太平洋之热带或亚热带地区，现各地广为栽培。依据叶型变化，可分为四个园艺品种类型：

(1) 大叶品种

植株高大，分枝少，具大型卵圆形叶，叶面凹凸不平。

(2) 小叶品种

叶小型，长椭圆形，先端尖，叶面平滑，叶色多彩缤纷而极富变化。

(3) 皱叶品种

叶缘裂而具波状皱纹。

(4) 低矮性品种

植株矮小，基部多分枝，株型紧密，叶狭长，适合作吊盆种植，

7.2.8.3　生长习性

彩叶草喜阳光充足和温暖的生长环境，不耐寒，最适宜生长的温度为 20℃～25℃，当室温低于 15℃就会生长不良，若低于 5℃会因冷害死亡。叶片大而薄，不耐干旱，土壤干燥会导致叶面色泽暗淡。在腐殖质含量丰富、排水良好的沙质壤土中生长最为适宜。

7.2.8.4　繁殖

彩叶草以种子繁殖为主，亦可扦插繁殖。

(1) 播种繁殖

露地播种一般在 5 月进行，温室播种则一年四季均可。种子发芽的适温为 20℃～25℃。由于种子细小，播种时需将种子与细沙混合撒播。种子萌发喜光，播后不覆土，浸盆法浇水，约 7～10d 即可出芽。当苗长到 6～8cm 高时，用小盆分栽。

(2) 扦插繁殖

扦插繁殖一年四季均可进行，在 7～8 月结合修剪进行扦插比较合适。扦插的方法简易，剪取 10cm 左右具 2～3 个节的枝梢插于河沙中，入沙部分必须有节，以便从节部生根。扦插后遮荫保湿，约 14d 即可生根并恢复生长。

7.2.8.5 栽培管理

彩叶草的栽培要点：

① 栽培土壤要求通透性良好，忌积涝，否则容易引起根系腐烂而倒苗。

② 在生长期要保证充足的日照以使叶片亮丽，但夏季的强烈日光直射又会使色素受到破坏，使叶片的色彩不鲜明，故需适当给予遮荫。

③ 宜勤浇水，尤其夏季，勿使栽培土壤干燥，以保持叶色鲜艳。

彩叶草的栽培用土以壤土3份、腐叶土1份及河沙1份的比例混合，并掺和有机肥料作底肥。定植后，在其生长过程中，要勤施水肥，每隔1周追施1次稀薄的液肥(如腐熟的豆饼或人粪尿)，以促枝叶生长繁茂。每天需浇水以保持土壤湿度，并经常给叶面喷水以冲洗灰尘，使叶面保持绚丽美观。在幼苗期间应多次摘心整形，使植株形成丰满的丛生姿态。开花之后，进行1次修剪，留各分枝茎部2～3节，促使植株抽生新的枝梢。夏季需适当遮荫养护。

7.2.8.6 用途

彩叶草因其叶色极具变化且绚丽多彩，加之易于繁殖、生长迅速，是一种优良的观叶植物，被广泛应用于花坛布置、盆栽及制作切花的配叶材料。

7.2.9 百日草(*Zinnia elegans*)

别名：百日菊、步步高、状元红、火球花

科属：菊科，百日草属

图7.9 百日草

7.2.9.1 形态特征

百日草为一年生草本花卉。株型因品种不同而差异明显，一般高50～90cm，矮型的只有20～30cm。茎直立而粗壮，全株被绒毛。叶对生，长卵形至椭圆形，基部稍抱茎，叶脉明显，无叶柄，全缘。头状花序，单生枝端，花朵直径5～15 cm，总苞钟状，色片卵形、先端钝圆，花梗长。花色有白、黄，红、紫色及复色等。花型有单瓣与重瓣之分。花期6～10月。瘦果，扁平，果熟期8～10月。1g种子约有130粒。百日草见图7.9。

7.2.9.2 主要种类与分布

原产墨西哥，现各地广为栽培。经过园艺家多年的杂交选育，百日草的花色和花形有了很大变化，形成了一系列新品种。按花型分主要有大花重瓣型，花径达12cm以上；纽扣型，花径仅2～3cm，花瓣极重瓣，呈圆球形；鸵羽型，花瓣带状而扭旋；大丽花型，花瓣先端卷曲；斑纹型，花具不规则的复色条纹或斑点。目前栽培品种依株高分为：

(1) 高性品种

株高60～90cm。花朵较大，花径约10～15cm，多作花坛应用。

(2) 中高性品种

株高30～60cm，花径约7～10cm，适合作切花种植。

(3) 矮性品种

株高30cm以下，花径约5～8cm，主要用作盆花栽培。

7.2.9.3 生长习性

百日草生长势强，喜阳光充足，较能耐半阴，怕水湿。生长不择土壤，但在土层深厚、排水良好的沃土中生长最佳。生长适温为20℃～27℃，不耐酷暑，当气温高于35℃时，长势明显减弱，且开花稀少，花朵也较小。从播种至开花的生长期约为80～90d。

7.2.9.4 繁殖

以种子繁殖为主，也能扦插繁殖。春播一般在4月中下旬进行，发芽适温为15℃～20℃。过早露地播种，气温低于10℃，幼苗将发育不良，会直接影响到以后的长势。提早育苗，可于2～3月在温室内播种。种子具嫌光性，播后覆土、浇水、保湿，约1周后发芽出苗。发芽率一般在60%左右。生长季节结合摘心、修剪可行扦插繁殖。选择健壮枝条，剪取10～15cm长的一段嫩枝作插穗，去掉下部叶片，留下上部的2枚叶片，插入细河沙中，经常喷水，适当遮荫，约2周后即可生根。

7.2.9.5 栽培管理

百日草的栽培要点：

① 百日草的种子具嫌光性，播种后覆土要严密，以提高发芽率。

② 栽培过程中要摘心数次，促发分枝，以求枝茂花繁。

③ 花后及时剪去残花，不仅可诱发侧枝，而且可延长花期。

④ 雨季前成熟的第一批种子品质较好，应及时采收留种。

当幼苗长出1片真叶后，分苗移栽一次，以促进根系发育。当苗长高至6～8cm时，可移苗定植。百日草根系中侧根较少，移栽后恢复的速度较慢，需小苗定植。因为大苗移栽，茎枝下部的叶片会出现枯萎，从而影响株型的观赏效果。定植前，在栽培土中施草木灰和过磷酸钙作基肥。定植成活后，在养苗期施肥不必太勤，一般每月施一次液肥。接近开花期可多施追肥，每隔5～7天施液肥1次，直至花盛开。当苗高达10cm左右时，留2对叶片，摘心，促其萌发侧枝。当侧枝长到2～3对叶片时，留2对叶片进行第二次摘心。这样，能使株型庞大、开花繁多。百日草为枝顶开花，花残败后，只要及时剪去残花，在切口的叶腋处诱生新枝梢，不久后便能再度开花。修剪后要勤浇水，追肥2～3次，花期可延长到霜降。

百日草为异花授粉，后代的变异较大，容易造成优良品种退化。生产上常利用F_1代品种。若自己留种，母株应隔离养护，避免品种间杂交。留种母株最好提前在温室内播种育苗，以便在雨季到来之前能够采收到第一批种子。当花序周围的小花已经干枯、中央小花已经褪色时，表明种子已经成熟，这时可将整个花序剪下，风干后脱粒，去除杂质后于干燥凉爽处保存。

7.2.9.6 用途

百日草的花期持久，开花繁盛，最宜用作花坛、花径的装饰。又因其花梗长，花型整齐，也不失为良好的切花用材。它的矮性品种还是重要的盆栽草本花卉。对氟化氢抗性强，适合工矿区栽培。

7.2.10 矮牵牛(*petunia hybrida*)

别名：碧冬茄、撞羽牵牛、灵芝牡丹

科属：茄科，碧冬茄属

7.2.10.1 形态特征

为一年生或多年生半蔓性草本花卉。株高20～60cm，全株密被粗质黏毛。茎稍直立或倾卧。叶片卵形、先端略尖、全缘，叶柄短。植株上部的叶对生，下部的叶互生。花单生叶腋或枝端。花冠漏斗形，花径5～10cm。花瓣变化较多，有重瓣、半重瓣与单瓣，边缘有折皱、锯齿或

图 7.10 矮牵牛

呈波状浅裂。花色有白、紫、蓝、红、粉红色及彩斑等。自然花期 5～10 月，如果冬季在温室栽培，则四季有花。种子极细小，1g 约有9 000粒。矮牵牛见图 7.10。

7.2.10.2 主要种类与分布

原产南美洲，目前世界各地广为栽培。常见栽培品种有以下几类：

(1) 大花品种

花径在 10cm 以上，花瓣边缘波痕明显，有的呈卷曲状，如草果花、蓝霜。

(2) 多花品种

株高 30～40cm，单瓣多花，适合花坛栽培，如夏季之光。

(3) 重瓣品种

雄蕊瓣化，雌蕊畸形，花型有大有小，如樱桃面。

(4) 矮性品种

株高仅 20cm，花小单瓣，如超粉。

7.2.10.3 生长习性

矮牵牛喜温暖及向阳，耐干旱，不耐寒，畏霜冻，怕积水，忌雨涝。适宜疏松、肥沃、排水良好的微酸性砂壤土。最适生长昼温为 25℃～28℃，最适夜温为 15℃～17℃，越冬温度最好不低于 10℃。从播种至开花的生长期，不同品种有所不同，一般单瓣品种 80～120d，重瓣品种 110～150d。气温较高的干热夏季开花繁茂。花期不耐雨淋，小花种耐性较好，雨后直立能力强。花瓣对农药、化肥极为敏感，药液不宜喷洒到花瓣上。

7.2.10.4 繁殖方法

矮牵牛以播种繁殖为主，亦可扦插育苗。矮牵牛种子极细小，最好采取盆播，以 4～5 月播种为好，条件适宜可周年播种。播种前，先进行基质消毒，以免幼苗受立枯病危害。播种后，不需覆盖，用浸盆法浇水，保持盆土湿润，避免阳光直射。在 20℃～25℃条件下，10～12d 后发芽，发芽率一般为 60%。为使开花期提前，或避免雨水冲淋，可在温室或室内临近窗口处播种育苗。出苗后，要移至通风处，及时疏苗，并逐渐增加日照，促使幼苗生长茁壮。矮牵牛重瓣花品种和大花品种的结实率很低，一般采用扦插方法繁殖。扦插一年四季均可进行，但以春季梅雨结束前及秋季 9 月扦插时生根快、成活率高。扦插时，剪取 6～8cm 长的健壮嫩枝作插穗，摘掉下部叶片和花蕾，仅留顶叶 2 对，在基部临近节间处平剪后，插于河沙、蛭石或珍珠岩中，浇足水，置于不受风吹的半阴处，在 20℃～25℃条件下，约经 2 周可生根，生根率为 50%～60%。也可用水插育苗，简便易行，生根率可达 80%～90%。

7.2.10.5 栽培管理

矮牵牛的栽培要点：

① 种子极细小，宜盆播育苗。

② 小苗需带土坨移栽，否则生根差，移栽后恢复生长缓慢，甚至枯萎。

③ 在光照充足的高温条件下，植株开花最为繁茂；遇阴凉气候条件，则叶茂花少。如在高温多湿时期，植株容易感染病虫害。

④ 施肥量要适中，若肥力过剩，会导致枝叶徒长而减少开花数量。

⑤ 开花一到两个月应修剪过度生长的枝条。

幼苗发芽后生长纤弱，需经过一段时间的生长，一般在 2 枚真叶左右时移植较好。移植基质要求疏松通气、肥沃。移植时注意维持原深度或略深为宜，不可过深过浅。移植后浇透水，置于阴凉处缓苗 3～5d，待有新根发出后见光，进行正常管理。幼苗期耐高温能力差，夏季育苗需注意降温通风。施肥宜重视早期营养，促发营养枝，培育壮苗。可用复合肥交替施用，每周 1～2 次。矮牵牛幼苗追肥一般从第三对真叶开始伸展时进行。在真叶 7～8 枚时进行发芽分化，12～16 枚真叶时就可开花，且有边开花边生长的习性。可适度蹲苗，待有花芽出现后再上盆。由于其伤根后恢复较慢，一般宜采用穴盆育苗，这样可保持根系，缩短缓苗时间。播种必须经过 1 次移植才能上盆或定植于露地。

上盆后的管理与苗期相似，但上盆时的苗不可过于老化，有花苞出现时即可移植。上盆后即补磷、钾肥，以促进开花整齐良好。开花期需及时补充水分，特别是夏季切不可缺水。注意浇水不可浇到花上，以免引起花谢萎烂。矮牵牛生长到后期茎伸长较明显，且茎叶易老化，需不断更新，可利用其潜伏芽萌发的特性促使再度开花。一般可通过整枝修剪控制植株形态，使其多开花。修剪下来枝条可用于扦插繁殖。整枝修剪可接合喷药施肥进行。花瓣对农药、化肥敏感，花期少喷药或喷成雾状，一扫即过，不可在花瓣上形成珠滴，以免花瓣上出现斑点。注意拉开株距，以免荫庇造成通风不良、滋生病虫害或造成徒长等。

7.2.10.6　用途

矮牵牛株形矮小，花酷似牵牛花，且品种繁多、花色鲜艳、花期长、开花繁茂，是布置花坛极好的材料，也可用作窗台垂直装饰和地被种植，还特别适宜盆栽与吊钵观赏。种子可以入药，有杀虫泻气之功效。

7.3　常见一、二年生花卉

7.3.1　金鱼草(*Antirrhinum majus*)

别名：龙头花、龙花、洋彩雀

科属：玄参科，金鱼草属

原产地中海地区，世界各地广为栽培。多年生草本作一、二年生栽培。株高 15～120cm。叶对生，上部螺旋状互生，短圆状披针形，长达 8cm，光滑。总状花序顶生，长 10～40cm，具短梗，长 4cm，花基部膨大呈袋状，唇瓣 2，上唇 2 浅裂，下唇平展至浅裂。花色有深红、玫红、粉、橙、淡紫、白等。蒴果，卵形，含多数细小种子，千粒重 0.16g。金鱼草见图 7.11。

图 7.11　金鱼草

金鱼草栽培种大多为二倍体，部分四倍体，切花用多用 F_1 代种。金鱼草依株型分有：

(1) 高性品种

株高 90～120cm。主要有两个品系：蝴蝶系，花为正常整齐型，似吊钟柳，花色多，高约 90cm；火箭系，至少有 10 个以上不同花型，适高温下生长，株高 90～120cm，为优良切花。

(2) 中性品种

株高 45～60cm。花色丰富，有的适于花坛种植，有的为优良切花。

(3) 矮性品种

株高 15～28cm。花色丰富，有的为重瓣花，有的为非正常整齐型，适植花坛、花境边缘种植或盆栽。

(4) 半匍匐性品种

花型秀丽，花色丰富，适盆栽陈列或作地被种植。

金鱼草性喜充足阳光、凉爽气候，为典型长日照植物，但有些品种不受日照长短的影响。较耐寒，可在 0℃～12℃气温下生长。花色鲜艳丰富，由花葶基部向上逐渐开放，花期长。喜排水良好、富含腐殖质、肥沃稍黏重土壤，也可在稍遮荫的环境下开花。在中性或稍碱性土壤中生长尤佳。从播种至开花的时间为 90～100d。

金鱼草以播种繁殖为主，也可扦插繁殖。种子可春播，也可秋播，以秋播为主。秋播于 8 月下旬～9 月中旬进行，将种子播于露地苗床。种子好光，不覆土，盖草后浇水，15℃～20℃，8d 左右发芽，发芽率 60%左右。春播 2～3 月进行。促成栽培，可在夏季播种。在播种苗用量不足的情况下，或保留重瓣不结实品种时，可扦插繁殖。于 6 月或 9 月剪取长 5～10cm 的一段嫩枝或由根茎部萌发的芽条，扦插于沙床中，然后遮荫，浇水，待生根之后移栽。

幼苗长出 6～8 叶时分苗定植。高型品种作花坛栽植时，株距为 25～30cm；作切花栽植时，株距为 40～45cm。中型品种定植时的株距为 25～30cm，矮型品种的为 15～18cm。盆栽时，每盆栽苗 1～3 株。除定植前施用基肥外，生长期间每隔半个月遍施一次液态肥。如果加施 3～4 次 0.5%的硫酸亚铁水溶液，会取得叶翠花艳的良好效果。盆栽的矮型品种或作花坛栽培的高、中型品种，当植株长到 4～5 节时要摘心，可促使植株矮化和多生分枝、增多花穗。作切花栽培时要及时抹去侧芽，以保证花枝健壮挺拔，有适宜的枝长。

金鱼草适群植于花坛、花境，与百日草、矮牵牛、万寿菊、一串蓝等配置效果尤佳。高性品种可用作背景种植，矮性品种宜植岩石园或窗台花池，或边缘种植。

7.3.2 半支莲(*Portulaca grandiflora*)

别名：太阳花、火花马齿苋、松叶牡丹

科属：马齿览科，马齿苋属

原产南美洲巴西、阿根廷、乌拉圭等地，现各地广为栽培。半支莲为一年生草本花卉。株高 10～20cm，茎叶肉质，匍匐。叶互生或散生，肉质圆筒状，先端尖。植株上部叶片较密，花单生，或数朵生于枝端，单瓣或重瓣。花色有白、红、黄、橙、粉、紫红等深浅不同的单色，或具有条纹斑点的复色。花期 6～10 月。果实为蒴果，成熟时呈棱状，盖裂。种子极小，1g 约有 9800 粒。半支莲见图 7.12。

图 7.12 半支莲

半支莲性喜阳光、高温和干燥，对土壤的适应性极强，耐瘠薄。花午间开放，早、晚闭合。在透气性良好的沙质壤土中生长最佳。在充足的阳光下，花朵盛开，且色泽更艳丽；在阴天光弱时，花朵不能充分开放或不开放。从播种至开花90～100d。

半支莲既可以种子繁殖，又可扦插繁殖。种子发芽要求温度20℃以上，因此露地栽培多用春播。播种床宜采用沙质壤土，不施底肥。播种时，将土壤压实整平，浇透水，用细沙拌匀种子后撒播。种子发芽需光，播后不需覆土，也不需浇水，只需加盖塑料薄膜即可。若地温稳定在25℃上，7～10d即可发芽。出苗后逐渐撒薄土2～3次，使幼苗生根稳定，以免发生倒伏。当幼苗长出4～5片叶时，需要移苗定植，定植株距为10～15cm。定植后2～3个月开花。扦插繁殖在生长期进行。6～8月间剪取带顶芽的嫩茎作插穗，扦插在湿润的沙质壤土中，注意遮雨排涝，使成活率较高，开花迅速。

半支莲长势强健，适应性强，栽培管理十分简便。水肥要求不严，浇水宜少不宜多，以保持土壤稍微干燥最好。开花前，需追施2～3次有机肥，促其多分枝、多开花，在显蕾后就勿需再施肥。对光照要求严格，栽培场地必须阳光充足，否则花开不好。花坛栽培时应注意间苗及中耕除草。半支莲为异花授粉植物，为确保种子的性状纯度，应将留种母株集中单一培育，品种间保持10～15m的有效间距。果实的成熟期不一致，并且在成熟后发生盖裂，以致种子极易散失。因此，在蒴果变黄、饱满后要及时采收。

半支莲的株型低矮，花繁色艳，可作地被花坛布置，亦可盆栽观赏或点缀假山。

7.3.3　紫茉莉(*Mirabilis jalapa*)

别名：午时花、胭脂花、洗澡花

科属：紫茉莉科，紫茉莉属

原产美洲热带地区。多年生具块根的草本植物，作一年生栽培。株高40～100cm。茎直立，多分枝，节部膨大。单叶，对生卵形。花数朵簇生于枝顶叶腋。花冠漏斗状，边缘呈5浅裂。花色有紫红、粉、白、黄及复色等。花期6～9月。瘦果，球形。种子黑色，内含大量白粉状胚乳，1g约有15粒。

图7.13　紫茉莉

紫茉莉的生长适应性强，喜阳光充足的温暖环境，不耐寒，在肥沃、深厚的土壤中生长最佳，午后4时至傍晚开花，有清香味。从播种至开花需90～110d。播种繁殖。由于是直根系，不耐移栽，宜直播。4～5月间，将种子点播于露地，每穴放种子1～2粒，覆土要略厚，约1周后萌芽。待幼苗长至2～3片叶时，按株距40cm间苗，或取幼苗上盆定植。紫茉莉能自播繁殖。

紫茉莉的栽培管理比较粗放。栽植前施足基肥，在生长期可以不施追肥或少施追肥，尤其不要施用氮肥，以避免造成茎叶徒长而影响开花。夏季高温期间，要注意灌溉抗旱。紫茉莉具宿根性，经霜冻后地上部死亡，地下茎越冬，翌年开春又能萌芽生长。盆栽的植株需要摘心，促使株型矮化。种子的成熟期不一致，而且在成熟后容易脱落，需分批采收。

紫茉莉生长强健，花期持久，在炎热少花的夏季，它也能花开繁盛，是夏季庭园和花坛种植的良好材料。

7.3.4　虞美人(*Papaver rhoea*)

别名：丽春花、小种罂粟花

图 7.14 虞美人

科属：罂粟科，罂粟属

原产于欧亚大陆温带地区。虞美人为一、二年生草本花卉。株高 30～60cm，全株被绒毛，有乳汁。叶互生，长椭圆形，不整齐羽裂，全缘。花单生，有长梗，含苞时下坠，花瓣 4 片，薄而具光泽。花色有纯白、紫红、红、玫瑰红等色。花期 4～6 月。朔果，平截顶状球形。种子极细小，1g 约有 4 000 粒。观赏栽培的品种有高山虞美人（*P. alpinum*），原产欧洲，花色有白色、黄色等；冰岛虞美人（*P. nudicaule*），原产冰岛及北极地区，花色有深黄色、橙红色等；大花虞美人（*P. orientale*），原产地中海沿岸地区，花色鲜红，花瓣基部具紫黑色斑。虞美人见图 7.14。

虞美人喜阳光充足，耐寒，耐肥，但不耐酷热。由于为直根系植物，要求栽植土壤深厚。对土质要求不严，在肥沃的沙质壤土中生长良好。

虞美人根系深长、侧根少，不耐移栽，宜采用直播方式育苗，或用营养钵育苗。直播育苗在 9 月中下旬或 10 月中旬进行。播种前，将花坛或播种用地深耕整平，施足底肥，然后浇水，保持土壤半湿状态时播种。由于种子极细小，为了撒播均匀，常与细沙混匀后再撒播。播后不覆土，保持土壤湿润，在 20℃的温度条件下，1 周发芽，发芽率 60%左右。

出苗后间苗 1～2 次，保持 20cm 的株距，并加强中耕除草。大雨之后要及时排涝。在营养钵育的小苗要及时移栽。移栽时，要尽量少伤根系，否则在定植后生长缓慢，且叶色变黄、不容易开花。生长期间需追施 2～3 次速效磷钾肥，以促进开花和延长花期。每朵花只开 2～3d 即谢，除留种外，应及时摘掉残花，避免结实消耗营养，这样可保障植株陆续开花。开花期间，若遇连绵阴雨，容易感染灰霉病，必须及时喷杀菌剂进行防治，并清除病株，加强排涝和通风管理。

虞美人花姿轻盈，花色艳丽，是春季花坛、花径成片布置的极美草本花卉。用作插瓶切花时，宜在花蕾含苞待放时剪取花枝，并插入温水中处理，以避免茎内乳汁流出过多，而影响插后开花，并且保证开花能维持较长时间。

7.3.5 千日红（*Gompherna globosa*）

别名：千年红、火球花、杨梅花

科属：苋科，千日红属

原产于中国、印度、南美洲的热带地区，现各地园林广为栽培。一年生草本花卉，高 30～60cm，茎直立，呈不明显的四棱形，基部膨大，有分枝。茎、叶表面均被粗毛。叶对生，具短柄，长椭圆形或卵形，先端尖，基部渐狭，全缘。头状花序，圆球状，着生于枝端。主要观赏其膜质苞片，颜色有深红、紫红（千日红）、淡红（千日粉）、白色（千日白）等。花期 7～10 月。果实球形，种子细小，1g 约 400 粒。千日红见图 7.15。

图 7.15 千日红

千日红的适应性强，喜温暖和阳光充足的环境，适宜栽培于湿润而又排水良好的疏松肥沃土壤中。从播种到开花的生长期为80～100d。千日红以播种繁殖为主，亦可扦插繁殖。宜春播，3月上旬播种于温床，或4～5月播于露地苗床。由于其种子外密被柔毛，对水分的吸收慢且不均衡，造成种子发芽不整齐，因此在播种前应进行催芽处理。具体做法是：将种子与湿润河沙混合揉搓，然后用温水(20℃)浸种24h，滤去水分，撒播于苗床，不覆土，室温保持在20℃～25℃，约2周后出苗。扦插繁殖在6～7月间进行。剪取6～8cm的健壮枝条作插穗，插于插床，保持湿润，约1周生根。

幼苗长至4～6片真叶，高约10cm时，带宿土上盆或定植花坛，每盆栽1～3株小苗。定植花坛的株距为15～20cm。幼苗期需摘心1～2次，促发分枝。6月以前，小苗生长缓慢，宜少浇水，少施肥。7月之后，植株生长旺盛，要及时灌水及中耕，以保持土壤湿润。雨季要注意排涝，积水会引起叶片瘦黄枯萎。开花盛期要追施磷钾液肥1～2次，以提高结实率。为延长花期，要及时剪除残花，追施肥料，可开花不断至霜降。

千日红的适应性强，栽培管理粗放，花期长久，是夏秋花坛、花境的良好材料。其膜质苞片色泽亮丽，风干后不易褪色，是制作切花和干花的优质花材。

7.3.6　美女樱(*Verbena hybrida*)

别名：美人樱、草五色梅、铺地锦

科属：马鞭草科，马鞭草属

原产中、南美洲。多年生草本，常作一、二年生栽培。植株高20～35cm。茎横展，侧向生长。叶对生，有叶柄，叶片长圆形或狭卵形，叶缘有不整齐的短锯齿。全株被有灰白色绒毛。穗状花序，花小而密，先端微裂，花冠漏斗状，花色有蓝、紫、黄、粉红、红、白色等。花期5～10月，果熟期9～10月。1g种子约有350粒。美女樱见图7.16。

图7.16　美女樱

美女樱喜温暖湿润环境，较耐寒而不耐干旱，对土壤要求不严，以疏松、肥沃、排水良好的中性及微碱性沙质壤土最为理想。从播种出苗至开花的生长期为80～100d。

美女樱以种子繁殖为主，亦可扦插繁殖。用种子繁殖既可在4月下旬春播，也可以在9月中旬秋播。由于种子发芽较慢且不整齐，为提高发芽率，播种前需浸种6～8h。播种后盖土，浇水保持土壤湿润，20℃～25℃条件下，2周后可出苗。秋播的幼苗在冷床或低温温室越冬，只要夜温不低于5℃、昼温在10℃～15℃时都可以安全过冬，翌年晚霜后进行露地定植。扦插繁殖一般在5～6月间，选取稍硬化的新枝条，插沙床或露地插床中，扦插后喷透水，遮荫，约10天可以生根。

美女樱的抗逆性较强，管理粗放。幼苗2～3片真叶时，移栽一次。4～6片真叶时，分苗定植。定植成活半个月后，每隔10天追施一次低浓度液态肥，直至开花之前。夏季需勤浇水，注意抗旱。在幼苗长至6～8cm高时，摘心，以促进分枝，使株型丰满，增加花枝。开花期间，陆续剪去残花，能延长花期。种子的成熟期较晚，要抢在霜降前分批采收。

美女樱开花繁多，花期长久，是布置夏季花坛重要的草本花卉。同时，以其株形低矮、抗逆性强的特点，成为城市绿地优选的地被花卉。其矮性品种盆栽或吊盆种植，观赏效果也十分好。

7.3.7 凤仙花(*Impatiens balsamina*)

别名：指甲花、小桃红、金凤花

科属：凤仙花科，凤仙花属

图 7.17 凤仙花

原产中国南部、印度、马来西亚，现各地广为栽培。一年生草本花卉，株高 30～80cm，茎光滑、肥厚而多汁，茎节膨大。叶互生，披针形，具深锯齿，叶柄有腺体。花两性，左右对称，腋生或由数朵花集成总状花序。花色有红、粉红、紫、白等色。花有单瓣、重瓣及着生于枝梢、腋下之分。花期 6～9 月。蒴果，纺锤形，具绒毛，成熟时易爆裂而弹出种子。种子圆球形，1g 约含种子 15 粒。凤仙花见图 7.7。

凤仙花生长快而强健，喜温暖及充足的阳光，耐炎热，忌霜冻，对土壤适应性强，喜肥沃而排水良好的沙质土壤，也能耐瘠薄。

凤仙花以播种方式繁殖，是典型的春播花卉，3 月下旬～5 月上旬均可播种，可直接播种于露地苗床，亦可直播于花坛。从播种至开花，一般需要 3 个月时间。因此，如需在国庆前后开花，必须在 7 月播种。凤仙花的种子较大，在 20℃～25℃条件下容易发芽，发芽率为 70%，播种后 1 周出苗。幼苗生长迅速，要及时间苗，每穴保留 1 株健苗。由于直播苗的长势比移植苗强健，因此宜尽量直接点播定植，或在营养钵中育苗，再带土坨移植。为保证种子质量，留种母株必须春播。

凤仙花的生长需要充足阳光，宜选择向阳开敞的地方种植。当苗高 8cm 左右时，可以定植盆栽，或按株距 30cm 定植于花坛栽培。培养土可用腐殖土、园土、河沙及厩肥按3∶2∶1∶1 的比例混合配制。由于凤仙花的须根系发达，且生长旺盛期正值炎夏，水分蒸腾量大，易干旱，应特别注意浇水抗旱，否则植株会枯萎、落叶落花。

夏季浇水应在清晨或傍晚进行，尽量避免中午高温时浇水。开花之前，要适度追肥，每隔 10 天追施一次稀薄豆饼水。开花期间，应控制施肥，尤其忌施氮肥，以免茎叶生长过于茂盛而影响开花。凤仙花对空气中的二氧化硫污染十分敏感，只要吸收极少量，就会表现出严重的受害症状，因此栽培过程中要注意避免二氧化硫的污染。

凤仙花的生长适应性强，花期长久，从 6 月可一直开花到深秋，常用作花坛布置，也可盆栽观赏。

7.3.8 大花牵牛(*Pharbitis nil*)

别名：裂叶牵牛、喇叭花

科属：旋花科，牵牛属

原产亚洲热带及亚热带，各地广为栽培。大花牵牛为一年生缠绕性藤本。全株具粗毛。叶互生，阔卵状心形，常呈 3 裂，中央裂片特大，两侧裂片有时有浅裂，常具白绿色条斑，长10～15cm。花腋生，呈漏斗状喇叭形，萼片狭长。花冠直径达 15cm，檐部常呈皱褶扇贝状，有不同颜色斑驳、镶嵌，或边缘有不同颜色。单或重瓣。花色有白、粉、玫红、紫、蓝、复色等。种子黑色，扁三角形，千粒重 43.48g。裂片大。同属中常见栽培的还有牵牛花(*P. hederacea*)，叶 3

裂，长6cm左右，花冠长6cm，径5cm左右，花色先蓝紫后变紫红；圆叶牵牛（*P. Purpurea*），叶广卵形，顶端尖，长60cm左右，花冠长5cm，径5cm左右，玫红色。大花牵牛见图7.18。

图7.18 大花牵牛

大花牵牛生性健壮，喜温暖湿润气候和阳光，稍耐半阴及干旱瘠薄土壤。花朵一般清晨开放。种子寿命达4～5年，有自播繁衍能力。短日照植物。花期夏秋。播种繁殖。种皮坚硬，播种前种子应预行刻伤或温水浸种24h。在22℃～30℃下约经7d发芽。栽培管理比较简单，当5～6片真叶时摘心促其分枝。适时设立支架。生长期保持足够的水肥供给，至花前1周停止施肥。盆栽时仅留3壮芽，其余尽除。种子成熟期不一，注意随时采收。

牵牛花常用作垂直绿化材料，用以攀缘棚架，覆盖墙垣、篱笆，或用作地被，还可盆栽。

7.3.9 翠菊（*Callistephus chinensis*）

别名：江西腊、蓝菊、五月菊、六月菊

科属：菊科，翠菊属

图7.19 翠菊

原产于我国，现世界各地均有栽培。一、二年生草本植物，高25～90cm，茎直立，多分枝。叶卵形至椭圆形，互生，具较粗锯齿。头状花序单生于茎顶，直径3～5cm。舌状花多轮，有白、粉，红、紫、蓝等不同花色。筒状花仅集中在花心部分。花色和茎的颜色相关，紫色茎的植株花色深，绿色茎的花色浅。花期7～10月。瘦果呈楔形，9～10月成熟，千粒重1.74g，种子寿命2年。翠菊见图7.19。

翠菊经园艺学家反复杂交和选育，花型和花色变化多端，栽培变种和品种极多。

(1) 按花型分类

翠菊按花型分类有：

① 单瓣型。舌状花仅1轮，筒状花发育正常，花梗较长。又可分为平瓣单瓣、管瓣单瓣和羽状单瓣。主要用于切花。

② 芍药型。舌状花多轮，半重瓣状态，筒状花外露。

③ 菊花型。舌状花多轮，近似完全重瓣，花盘中心的筒状花似露非露，外面的舌状花向花心部位蜷抱。

④ 放射型。花冠扁平，舌状花较少，中间的筒状花较长并呈放射状。

⑤ 托桂型。舌状花1至数轮，筒状花呈长筒状并向外伸展，状似托桂。

⑥ 鸵羽型。舌状花狭长似带状，中间扭曲，先端反卷，中央的筒状花似露非露。

(2) 按照株高分类

翠菊按株高分有：

① 矮型种。株高30cm以下，生长势弱，花朵繁多，叶片窄小。开花早，花期集中，抗病力弱。花型多为芍药型、菊花型、单瓣型。

② 中型种。株高 30～50cm，生长势中等，花型和花色丰富多变。

③ 高型种。株高 50～90cm，长势强健，生长期长，开花晚，多作二年生栽培。

翠菊的根系浅，对土壤无特殊要求，在排水良好的沙壤土中生长健壮。高型种的适应性强，随处均可栽植；矮型和中型种的适应性较差，要求精细的栽培条件。耐热力较差，天气炎热开花稀少并且结实不良。

播种繁殖，出苗容易。花坛栽植需事先育苗。因种类和观花期不同，每年可分 3 期播种。夏季播种的可供国庆观花使用，也可供采种用。春播可在谷雨以后，播于露地苗床，9 月上旬开花；秋播 9 月下旬播入冷床、冷室越冬，翌年 5～6 月开花。

幼苗出齐后分 2 次间苗，苗高 10cm 时移栽 1 次，可在露地苗床或冷床内移栽，也可直接上盆，均需带土团移栽。注意中耕除草，最好追施液肥 1～2 次，以磷钾肥料为主。浇水不要太多，以防徒长。定植时的株行距因株型而异，高型种为 30～45cm，中型种为 20～35cm，矮型种为 15～25cm。留种植株株行距应大些，作切花栽培株行距中等，花坛种植时株行距应小些。忌连作，也不宜在种过其他菊科植物的田间，否则容易死亡。翠菊以自花授粉为主，但也有异花授粉的可能，因此在留种地上各品种之间应隔开 15m 的距离。瘦果成熟后极易脱落，需及时采收。

翠菊可用来布置花坛、花带或花境，也可用矮型种进行盆栽来摆设盆花群，或作切花栽培。

7.3.10 雏菊(*Bellis perennis*)

图 7.20 雏菊

别名：延命菊、春菊、满天星

科属：菊科，雏菊属

原产西欧、地中海沿岸、北非和西亚。最初欧洲人认为是草坪杂草，后来英国及北欧作草坪缀花观赏。现各地广为栽培。多年生宿根草本，常作二年生栽培。株高约 7～15cm。叶基部簇生，匙形或倒卵形，边缘具皱齿。头状花序，单生，高出叶面，径 3.5～8.0cm，舌状花多数，线形，白或淡红色，筒状花黄色。还有单性小花全为筒状花的品种。瘦果，扁平，千粒重 0.17g，园艺品种一般花大，重瓣或半重瓣。花色有纯白、鲜红、深红、洒金、紫等。雏菊见图 7.20。

雏菊性喜冷凉，较耐寒，忌酷热。当地表温度不低于 3℃，可露地越冬。要求富含有机质肥沃、湿润、排水良好的砂质土壤。花期 3～5 月。花后种子陆续成熟，以 5 月采种为宜。种子发芽力可保持 3 年。

播种繁殖为主。一般秋播，种子发芽适温为 20℃～25℃，喜光，播后 5～7d 出苗。由于实生苗易生变异，一些品种也可于花后分株。在夏凉冬暖地区，调节播种期，可周年开花。当 2～3片真叶时进行一次移植，4～5 片时定植。每隔 15d 施追肥一次。冬季注意防寒和土壤过湿。冷床育苗春季注意通风炼苗。

雏菊适于栽植于花坛、花境边缘，或在岩石园内与球根花卉混栽。在环境条件适宜情况下也可植于草坪边缘，还可盆栽。

附表　其他一、二年生花卉简介

中文名	学名	科名	花期	花色	繁殖方法	特性与应用
黄葵	*Abelmoschus moschatus*	锦葵科	夏、秋	黄	播种、扦插	不耐寒；背景、篱边、野趣园、花坛、花境
杂种金铃花	*Abutilon hylbridum*	锦葵科	春、夏	白、黄、粉、红	播种、分株	不耐寒；花坛、盆栽
夏侧金盏花	*Adonis aestivalis*	毛茛科	夏	血红	播种、扦插	不耐寒；花坛、地被、窗台花池、花境、盆栽、吊篮、切花
大花藿香蓟	*Ageratum houstonianum*	菊科	夏、秋	蓝、粉、白	播种、扦插	不耐寒；花坛、地被、花境、盆栽
五苋	*Alternanthera bettzickiana*	苋科	夏、秋	观叶，绿至红	扦插、分株	喜高温；花坛、地被、盆栽
尾穗苋	*Amaranthus caudatus*	苋科	秋	红	播种	不耐寒；插花、干花、花境
雁来红	*Amaranthus tricolor*	苋科	秋	叶暗红，黄橙相间	播种	喜高温，不耐寒；花坛、盆栽、切花、干花
银苞菊	*Ammobium alatum*	菊科	夏	白	播种	喜凉爽；丛植、干花、切花
大花蓟罂粟	*Argemone grandiflora*	罂粟科	夏	白	播种	不耐寒，忌酷暑；花坛、花境
五色菊	*Brachycome iberidiforia*	菊科	春夏	蓝、粉、白	播种	喜温暖；花坛边缘、盆花、切花
羽衣甘蓝	*Brassica oleracea* var. *acephala* *f. triclor*	十字花科	冬	叶有黄、白、粉、紫红	播种	喜凉爽，较耐寒；花坛、花境、盆栽
蒲包花	*Calceolaria herbeohybrida*	玄参科	春	白、黄、粉、紫红	播种、扦插	喜凉爽；盆栽
风铃草	*Campanula medium*	桔梗科	春夏	白、粉、蓝、堇	播种、分株	较耐寒；花坛、花境、盆栽、切花、边缘野趣、岩石园
长春花	*Catharanthus roseus*	夹竹桃科	春至秋	玫红、白	播种、扦插	喜温暖；花坛、盆栽
矢车菊	*Centaurea cyanus*	菊科	春、夏	白、粉、红、紫、蓝	播种	较耐寒；花坛、花境、盆栽、切花

（续表）

中文名	学 名	科 名	花期	花 色	繁殖方法	特性与应用
醉蝶花	*Cleome spinosa*	白花菜科	夏、秋	白变红紫	播种	喜温暖；花坛、丛植、盆植、切花
飞燕草	*Consolida ajacis*	毛茛科	春夏	白、红、蓝紫	播种	喜冷凉；花坛、花境、切花
蛇目菊	*Coreopsis tinctoria*	菊科	春夏	黄、红褐双色	播种	较耐寒；花境、丛植
白花曼陀罗	*Datura metel*	茄科	夏、秋	白	播种	不耐寒；丛植
翠雀	*Delphinium grandiflorum*	毛茛科	春、夏	蓝、紫与白	播种、分株	耐寒；花坛、花境、岩石园
毛地黄	*Digitalis purpurea*	玄参科	春夏	紫红、白、黄、粉	播种、分株	耐寒；花境、林缘、花坛
异果菊	*Dimophotheca sinuata*	菊科	春夏	橙黄、乳白	播种	不耐寒，忌炎热；花坛、花境、岩石园
一点缨	*Emilia sagittata*	菊科	夏秋	橙红、朱红	播种	不耐寒；花坛、花境、地被、切花
花菱草	*Eschscholtzia californica*	罂粟科	春夏	黄、橙、红、粉、玫红、白	播种	较耐寒，忌高温；花坛、花境、野趣园、盆栽
银边翠	*Euphorbia marginata*	大戟科	夏秋	观叶	播种	不耐寒；花境、岩石园
天人菊	*Gaillardia aristata*	菊科	夏	黄	播种	耐寒；花坛、花境、切花
别春花	*Godetia amoena*	柳叶菜科	春、夏	紫红、淡紫	播种	忌炎热；花坛、花境、盆栽
麦秆菊	*Helichrysum bracteatum*	菊科	春夏	白、黄、红、紫、橙	播种	喜温暖；切花、干花
矮生向日葵	*Helianthus nums* cv. *Nanus Flore-pleno*	菊科	夏秋	金黄	播种	喜温暖；花境盆栽、切花

（续表）

中文名	学名	科名	花期	花色	繁殖方法	特性与应用
香水草	*Heliotropium aboresens*	紫草科	夏、秋	蓝紫、白	播种、扦插	喜温暖；盆栽
大花旋复花	*Inula britannica*	菊科	夏秋	柠檬黄	播种、分株	喜温暖；丛植、墙边
地肤	*Kochia scoparia*	藜科	秋	秋叶紫红	播种	喜温暖；花境、盆栽、边缘种植
柳穿鱼	*Linaria maroccana*	玄参科	春夏	青紫、白、玫、红、粉	播种	较耐寒；花坛、花境、盆栽、切花
大花亚麻	*Linum grandiflorum*	亚麻科	春夏	玫红	播种	较耐寒；花坛、花境、盆栽、切花
密花羽扇豆	*Lupinus ddensiflorus*	豆科	夏	白、黄、紫、玫红	播种	喜凉爽；花境、丛植
欧洲剪秋罗	*Lychnis coelirosa*	石竹科	夏、秋	白、玫粉	播种	喜凉爽，忌酷暑；花坛、花境、岩石园
锦葵	*Malva sylvestris*	锦葵科	春夏	紫红	播种	耐寒；花境、背景
紫罗兰	*Matthiola incana*	十字花科	春	白、淡黄、淡红、紫红	播种	耐寒；花坛、花境、盆花、切花
含羞草	*Mimosa pudica*	豆科	夏、秋	粉红	播种	喜高温；盆栽、地被
勿忘草	*Myosotis sylvatica*	紫草科	春、夏	白、蓝、粉	播种	半耐寒；花境、岩石园、野趣园
烟草花	*Nicotiana arata*	茄科	夏秋	白、红、紫黄、乳黄	播种	喜温暖；花境、花丛、盆栽、切花
香月见草	*Oenothera odorata*	柳叶菜科	夏秋	黄变红	播种	稍耐寒；花坛
钓钟柳	*Penstemon hartwagii*	玄参科	春、夏、秋	红、粉、淡紫、白	播种	不耐寒，忌炎热；花境、盆栽
福禄考	*Phlox drummondii*	花葱科	春至秋	蓝、紫、红、白	播种、扦插	半耐寒；花坛、花境、岩石园

（续表）

中文名	学 名	科 名	花期	花 色	繁殖方法	特性与应用
波斯菊	*Cosmos bipinnatus*	菊科	秋	白、粉红、红	播种	喜阳光、温暖；花境、路边、切花
黑心菊	*Rudbeckia hybrida*	菊科	春夏	金黄	播种、分株	耐寒；丛植、切花
茑萝	*Quamoclit pennata*	旋花科	夏秋	红、粉红、白	播种	喜阳光、温暖；篱垣、花墙
高雪轮	*Silene armeria*	石竹科	夏	粉、白、雪青	播种	喜温暖；花坛、花境、岩石园
旱金莲	*Tropaeolum majus*	旱金莲科	春夏	紫红、橘红、黄	播种	喜温暖；盆栽

思考题

1. 简述一、二年生花卉的概念及特点。
2. 主要一、二年花卉的生态习性及栽培管理要点是什么？
3. 常见一、二年花卉的生态习性及栽培管理要点是什么？
4. 一年生花卉与二年生花卉有何区别？

8 宿根花卉

8.1 宿根花卉的概念与特点

8.1.1 宿根花卉的概念

宿根花卉是指个体寿命超过两年，根系形态正常，未经变态，以地下部分度过不良季节的多年生草本花卉，即夏、冬季来临时，停止生长或地上部分的茎叶枯萎，地下部分在土壤中宿存，当年秋季或翌年春季再萌芽生长。如菊花、芍药、蜀葵等。

宿根花卉依耐寒力及休眠习性不同，可分为两类：

(1) 耐寒性宿根花卉

原产于温带和寒带，耐寒性强，可以露地越冬，故又称露地宿根花卉。如菊花、芍药、鸢尾、萱草、玉簪等。

(2) 常绿性宿根花卉

原产于温带的温暖地区，大多是常绿的，耐寒力弱，冬季必须在温室内养护越冬，故又称温室宿根花卉，如君子兰、非洲菊、鹤望兰、吊兰等。

8.1.2 宿根花卉的特点

宿根花卉种类繁多、花色艳丽、适应性较强，具有抗寒、抗旱、耐瘠薄的能力，既喜阳又耐(半)阴，一般管理粗放，一次栽植，多年观赏，为园林中的重要种类。

8.1.2.1 宿根花卉的繁殖方法

宿根花卉多数可用播种繁殖，如蜀葵、早小菊、非洲菊等，但应用最普遍的是分株繁殖，即利用萌蘖、匍匐茎、走茎、根茎、吸芽等分株。分株繁殖一般在花后进行，即春季开花的种类宜在秋季或初冬进行分株，夏秋季开花的种类则多在早春萌芽前分株，尤其是对芍药，俗话有“三春(春季)分芍药，到老不开花”。有些种类还可用扦插或嫁接的方法繁殖。扦插法有茎插和根插法，如芍药、宿根福禄考、剪夏萝具有粗壮的根系，可进行根插法繁殖；菊花、香石竹、随意草等可利用茎段扦插繁殖；菊花可用黄蒿或青蒿作砧木，培育大立菊、塔菊等。

8.1.2.2 宿根花卉的栽培管理措施

(1) 光照

宿根花卉种类繁多，类型丰富，对光照强度的要求因种而异。有些属地被植物又是耐阴的花卉；有些光周期现象明显，其开花与光照时间长短有关；有些在春夏升温时生长，在感光阶段要求长日照，如福禄考属、耧斗菜属；夏秋开花的种类，在感光阶段要求短日照，如秋菊等，可通过遮光或补光有效调控生长与开花。

(2) 温度

大多数宿根花卉耐寒性强，半耐寒种类的应用越来越多。温度在宿根花卉生长与花期控制方面起着十分重要的作用。另外,防寒越冬需受到重视。宿根花卉并非全在严冬受害,在早春反复结冻和解冻中也极易受害,所以要在结冻后采用各种覆盖保护,一些抗寒较弱的种类可用塑料薄膜搭棚保护越冬。宿根花卉中的春花类,在夏季抗热性一般较差,常因不适应夏季炎热而提前休眠甚至枯死,所以在夏季要注意遮荫、防雨、排水。

(3) 土壤

要求土层深厚肥沃的砂质壤土,在每年秋冬翻耕时可以施入大量有机肥。有些种类根系肉质粗壮,盆栽时应采用草炭或腐叶土加腐熟马粪和适量珍珠岩的混合基质。

(4) 水分

浇水要适量,不要积水,有些种类以叶面喷淋为好。

(5) 整理

一些常绿或半常绿的种类开花后需剪除残花、枯叶。

(6) 更新复壮

宿根花卉生长期旺盛的周期长短因种而异。当出现生长过密、茎变纤细、中心植株变小、开花减少或不开花时,说明生长势减弱。这时,应采取更新复壮措施:

① 植株更新。将过密、老的植株挖出后,分成小丛,进行分植。

② 土壤更新。施入适量的基肥,或更换土壤。盆栽时,2～3 年需换盆 1 次。

8.1.2.3 宿根花卉的优点

(1) 较强的生命力

宿根花卉具有较强的生命力,一般可以耐寒、耐旱、耐阴、耐盐碱。如露地宿根花卉根系发达,耐旱力强、病虫害少、生长迅速、群体功能强、环境效益大。

(2) 具有药用或食用价值

宿根花卉中有许多品种具有药用或食用价值,如菊花、芍药、玉簪、鸢尾、萱草、麦冬、桔梗、金莲花等。

(3) 一次种植可多年观赏

宿根花卉具有种类多、适应性广、生活力强、繁殖容易、栽培管理简便等优点,符合城市绿化、园林布置、庭院点缀的需要,是栽培应用较多的一类花卉。同时在花卉商品生产中占有非常重要的地位,许多宿根花卉是世界著名的切花,如切花菊、香石竹、非洲菊、鹤望兰、花烛等。

8.2 主要宿根花卉

8.2.1 菊花(*Dendranthema morifolium*)

别名:鞠花、节花、秋英、金蕊、黄花

科属:菊科,菊属

8.2.1.1 形态特征

菊花为多年生宿根草本花卉,见图 8.1。茎高 0.4～2.0m,直立或开展,粗壮而多分枝。幼茎色嫩绿或带褐色,被灰色绒毛,成株略木质化,呈灰褐色。叶为完全叶,单叶互生,叶柄长 1～2 cm,柄下两侧有托叶或退化,叶卵形至长圆形,长 3.5～15cm,边缘有缺刻及锯齿。叶的形态因品种而异,可分整齐叶、长圆叶、圆叶、蓬形叶、反转叶、深裂叶、柄附叶和锯齿叶等 8 类,

(见图 8.2)。菊花为头状花序单生或数个聚生枝顶。花朵直径约 2～30cm,花序上着生两种形式的花:一为筒状花,俗称“花心”,花冠连成筒状,为两性花,可结实,多为黄绿色;另一为舌状花,生于花序边缘,俗称“花瓣”,雌雄器官退化,多为不孕性,其形大色艳。果实为瘦果,黄褐色,呈短棒状。种子细小,长 1～3mm。果实翌年 1～2 月成熟,千粒重约 1g。

图 8.1 菊花

8.2.1.2 主要种类与分布

原产中国。现世界各地广为栽培(中国菊花为一高度杂交种)。菊花品种繁多,菊属 30 余种中,原产我国的有 17 种;世界上的品种已逾万种,我国也有7 000个品种以上。菊花按园艺分类有以下几种:

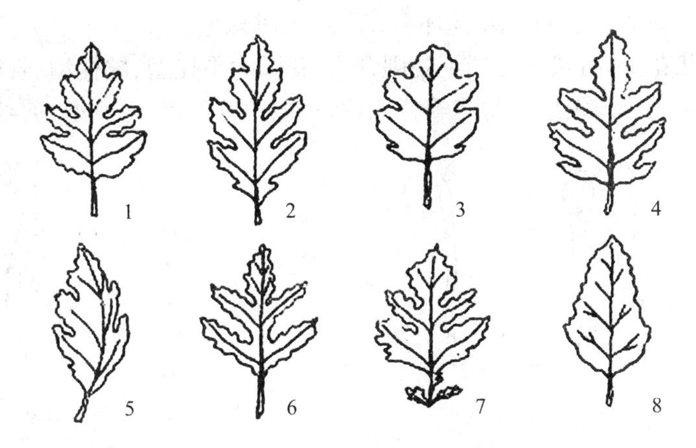

图 8.2 菊花叶片类型

1. 整齐叶 2. 长圆叶 3. 圆叶 4. 蓬形叶 5. 反转叶 6. 深裂叶 7. 柄附叶 8. 锯齿叶

(1) 依菊花花径大小分类

① 特大菊。花序径在 20cm 以上。

② 大菊。花序径在 10～20cm。

③ 中菊。花序径在 6～10cm。

④ 小菊。花序径在 6cm 以下。

(2) 依栽培或应用方式不同分类

① 独本菊。又称标本菊,即一株一花的菊花。

② 立菊。又称盆菊,一株数花。

③ 大立菊。一株有花数百朵乃至数千朵以上。

④ 悬崖菊。小菊整枝成悬崖状。

⑤ 嫁接菊。可用黄蒿或青蒿作砧木,一株上嫁接多种花色及花型的菊花。

⑥ 案头菊。株高 20cm 左右,花朵硕大,陈列在几案上欣赏。

⑦ 菊艺盆景。由菊花制作的盆景,或用菊石相配成的盆景。

⑧ 切花菊。将鲜花从菊株上带茎叶剪切下来供插花或制作花束、花篮、花圈等。

(3) 依菊花的自然花期分类

① 春菊:花期 4 月下旬～5 月下旬。

② 夏菊:花期5月下旬～9月。

③ 秋菊:花期10月中旬～11月下旬。

④ 寒菊:又称冬菊。花期12月上旬～翌年1月。

(4) 以瓣形、花型分类

1982年全国园艺学会在上海召开全国菊花品种分类学术讨论会,以瓣形、花型为分类依据,将秋菊中的大菊分为5个瓣类、30个花型和13个亚型。5个瓣形见图8.3,分别为:

① 平瓣类。舌状花平展、基部成管短于全长1/3,花型为宽带型、荷花型、芍药型、平盘型、翻卷型、叠球型。

② 匙瓣类。舌状花管部为瓣长的1/2～2/3,花型为匙荷型、雀舌型、蜂窝型、莲座型、卷散型、匙球型。

③ 管瓣类。舌状花管状,先端如开放,短于瓣长的1/3,花型为单管型、翎管型、管盘型、松针型、疏管型、管球型、丝发型、飞舞型、钩环型、璎珞型、贯珠型。

④ 桂瓣类。舌状花少,筒状花先端不规则开裂,花型为平桂型、匙桂型、管桂型、全桂型。

⑤ 畸瓣类。管瓣先端开裂成爪状或瓣背毛刺,花型为龙爪型、毛刺型、剪绒型。

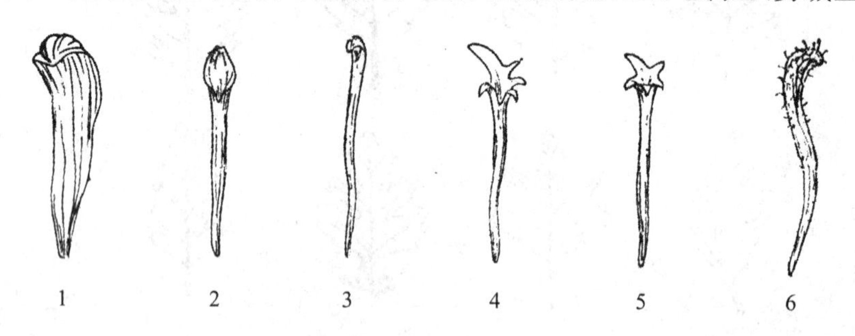

图8.3 菊花瓣形

1. 平瓣 2. 匙瓣 3. 管瓣 4. 龙爪瓣 5. 桂瓣 6. 毛刺瓣

8.2.1.3 生长习性

菊花的适应性很强,喜凉,较耐寒,生长适温18℃～21℃,最高32℃,最低10℃,地下部分耐低温极限一般为-10℃。花期最低夜温17℃,开花期(中、后)可降至15℃～13℃。喜充足阳光,但也稍耐阴。较耐旱,最忌积涝。喜地势高燥、土层深厚、富含腐殖质、疏松肥沃而排水良好的砂壤土。在微酸性到中性的土中均能生长,而以pH值6.2～6.7较好。忌连作。秋菊为短日照植物。

8.2.1.4 繁殖

菊花常用营养繁殖和播种繁殖。种子在10℃以上缓慢发芽,适温25℃。2～4月间稀播,在正常情况下当年可开花。一般用于培育新品种。营养繁殖包括扦插、分株、嫁接、压条及组织培养等,通常以扦插繁殖为主。

(1) 扦插育苗

基质选用保水强、通气性良好的材料,如砻糠灰、珍珠岩、蛭石、河沙,插后20～30d生根,然后进行定植。插前也可用奈乙酸等生长激素处理插条。扦插的方法有:

① 芽插。在秋冬切取植株外部脚芽扦插。选距植株较远、芽头丰满的芽,剥去下部叶片,按株距3～4cm、行距4～5cm,插于温室或大棚内的花盆或插床粗砂中,保持7℃～8℃室温,春暖后栽于室外。

② 嫩枝插。此法应用最广。多于 4～5 月扦插。截取嫩枝 8～10cm 作为插穗，插后善加管理。在 18℃～21℃的温度下，多数品种 3 周左右生根，约 4 周即可移苗上盆。露地插床，基质可用园土加 1/3 的砻糠灰。在高床上搭芦帘棚遮荫。

③ 叶芽插。从枝条上剪取 1 片带腋芽的叶片扦插。此法仅用于繁殖珍稀品种。

(2) 分株

一般在清明前后，把植株掘出，依根的自然形态带根分开，另植盆中。

(3) 嫁接

为使菊花生长强健，用以做成"十样锦"或大立菊，可用黄蒿或青蒿作砧木进行嫁接。秋末采蒿种，冬季在温室播种，或 3 月间在温床育苗，4 月下旬苗高 3～4cm 时移于盆中或田间，5～6 月在晴天进行劈接。

(4) 压条

仅在繁殖芽变部分时才用此法。

(5) 组织培养

近年也有用组织培养技术繁殖菊花。此法有用材料少、成苗量大、脱毒、去病及能保持品种优良特性等优点。

8.2.1.5 栽培管理

(1) 切花菊的栽培管理

切花菊是世界切花市场上最大宗的和最畅销的种类，居于世界"四大切花"之冠，约占总量的 30%。鲜切花生产，必须做到周年均衡上市。供作切花的品种应具有花型比较整齐、规则、圆满，颜色比较明亮、鲜艳，花茎比较挺直、吸水性好，开花耐久的优点。

① 常规栽培。常规栽培的有夏菊、秋菊、寒菊、多头菊等。

(a) 夏菊。12 月～翌年 1 月扦插，6 月产花。对日长不十分敏感(日中性)，对温度敏感(15 ℃以上)，但较短的日照有利于花芽形成，长日照有利于花芽发育和促进开花。种植密度根据品种和开花期而定。如果早产花则不进行摘心，可密植，株行距 10cm 左右。切花采收后残株可平茬，给予良好的水肥条件使继续开一茬花(亦称"四季菊"或"135 菊")。

(b) 秋菊。4～5 月扦插，扦插后 25d 左右定植，9～11 月产花。短日照(花芽分化临界长为 13～15h)，早花秋菊花芽分化的日照时数比晚花品种长，但日照天数要多。栽植株行距 20cm×15cm。小苗定植后浇一次透水，以后隔 3～4d 浇一次，并适当蹲苗。积水易烂根。定植缓苗后，留 2～4 片叶摘心，以备日后培养成 2～4 枝切花。当分枝上抽生侧枝时，要随时摘除。现蕾后，独头型品种应将主蕾以下的所有侧蕾剥除，去侧蕾要早，晚则伤口大，且主蕾花颈易伸长，切花的商品价值变低。多头型品种去除下部侧枝和中央冠芽。为防止倒伏，可在植株长至 30cm 时，架设 1～2 层尼龙网。生长期追施氮肥。进入花芽分化和孕蕾阶段，增施磷、钾复合肥，减少氮的用量，同时对钙、镁的用量也有要求。缺钙时叶片出现黑褐色小斑点；缺镁时叶片和花序变小，造成切花品质严重下降，可施用大量的堆肥。北方及时设置防寒棚。可以进行遮光促成栽培或补光抑制栽培。

(c) 寒菊。6～7 月扦插，8 月定植，12 月产花。绝对短日照(花芽分化临界日长为 11h)。高温条件，花芽分化和发育受抑制，最适宜温度为夜间 10℃～15℃，白天 20℃。结合电照栽培，可通过调节温度来影响上市时间。在北方不能露地栽培，年平均气温在 15 ℃以上的华南等地区可采用露地及不加温大棚栽培。

② 花颈长短的调节。除多头小菊外，可喷施 B_9（以花蕾直径 2～3mm 时喷洒，B_9 配成 1 000～1 500倍液喷施)，缩短花颈，提高切花质量，延长瓶插寿命。

③ 人工催延花期。可用人工加光或遮光、调节气温及湿度、加强通风，使秋菊提前或延迟开花，使切花生产全年分批均衡上市。

(a) 补光。中、晚花秋菊品种，常以 8 月 20 日作为补光开始，至需开花前 50～60d 结束。采用 100W/10m^2 白炽灯，光照强度 50lx，23：00 至次日凌晨 1：00～2：00 结束，高度在植株生长点的上方 70～80cm 以上。采用荧光灯照明，在较短时间内就有效。

(b) 遮光。长日季节栽培秋菊品种，可采用聚丙烯遮阳网(遮光 80%)替代聚乙烯黑色塑料薄膜(湿度大、温度高)。植株长到 50cm(预定供花前 50～60d)开始，最好遮光到花瓣伸长时。遮光时间设在傍晚或早晨(17：00～7：00，17：00～21：00)，白天见光时间保持在 9～11h。

(c) 温度。无论加光或遮光，温度低于 12 ℃或高于 28 ℃，花芽都不会分化。

④ 切花菊应及时采收。标准型菊花花开 6～7 成时采收；多头型菊花当主枝上的花盛开，侧枝上有 3 朵花透色时采收。一般剪取高度距床面 10cm 左右，花枝长度在 60cm 以上。剪切长度需整齐一致，以便分级和包装。

⑤ 适宜鲜切花的品种多为中菊及少数大菊，近年引进的品种如丽金菊(朱砂红)、贵妃红、粉红、泥金黄、六月黄、六月白、罗兰、烟菊、桑雅紫、红安妮、白蜘蛛、巴美拉泥金、马加利玫瑰等在港澳市场较为流行。

(2) 盆栽菊的栽培管理

盆菊是我国最普遍的栽培形式。一般 5 月扦插，6 月上盆，8 月上旬定头，9 月加强肥水催长，10～11 月开花。由于各地条件与技术不同，盆菊的栽培方法也不同，主要有以下几种：

① 立菊。又称盆菊，一株数花。栽培原则是冬存、春种、夏定、秋养。选择好品种，要求花朵硕大、生长强健、自然矮化、商品性能好。

(a) 及时繁殖。4～6 月扦插，半月生根。

(b) 适时上盆。上盆后放阴凉处，4～5d 后移至阳光充足处。夏季气温高、雨水多，应适当遮荫和挡雨。

(c) 管理、定头。上盆半月后加强肥水管理，用尿素、喷施宝 15d 施 1 次。摘心 2～3 次，8 月定头，其余抹除。

(d) 合理化控。2%B_9 喷洒或涂抹花颈部，重施肥。

(e) 抹侧蕾、防病虫。及时反复抹除侧蕾。

(f) 设立支柱。在植株背面设立支柱，随植株生长逐次裱扎，直至花蕾充实支柱，将多余部分剪掉。

(g) 整理出售。

② 悬崖菊。是小菊的一种整枝形式。11～12 月扦插，4 月上盆定植。花盆置于台子上，用细竹搭架，上高下低、上宽下窄，以便诱引。将菊株绑缚架上，使植株沿竹片生长，与地面呈 45°。每长 7～13cm 绑缚一次，使主干保持在竹架上。侧枝分布均匀，除主枝和基部最长的两根一级侧枝不摘心外，其他侧枝留 2～3 片摘心，反复进行。茎基部萌出的脚芽，第一次摘心时留出高 20cm。也多次摘心，立秋前进行最后一次摘心。现蕾后修剪整形，使株形整齐。悬崖菊一般株长约 1.5m，置于石旁水畔及假山上，枝垂花繁，颇具画意。

③ 大立菊。选生长强健、分枝性强、节间长、根系发达、枝条软硬适度、花大色艳并易于造型的中花品种，精心培育1～2年，每株可开数十至数千朵花，适于展览会及厅堂等用。可用扦插法栽培。特大立菊则常用蒿苗嫁接，并用长日照处理，培养2年始成。9月挖5～10cm长的健壮脚芽插于浅盆中，2～3周生根后移于直径12cm的盆中，室内越冬。次年1月移入大盆。当苗生7～9片叶时，留6～7片叶摘心。上部只留3～4个侧枝，摘除下部的侧枝。以后侧枝留4～5片叶反复摘心，春暖后定植。以后约每20天摘心1次，8月上旬停止。植株中间插1根细竹，固定主干，四周再插4～5根竹竿，引绑侧枝。9月上旬移入大盆。立秋后加强水肥管理，经常除芽、剥蕾。当花蕾直径达1～1.5mm时，用竹片制成平顶形或半球形的竹圈套在菊株上，并与各分枝连接绑牢，然后用细铅丝把花蕾均匀地系于竹圈上，继续养护，以备花期展览布置之用。这样培养的大立菊，一株可开花数百朵，特大立菊甚至可开花2 000～3 000朵。

④ 塔菊（"十样锦"）。夏秋挖取青蒿或黄蒿砧木，温室内栽培。将各种不同花型、花色的菊花接在一株2～3m高的黄花蒿上，砧木主枝不截项，让其生长，在侧枝上分层嫁接（大约在6～7月），呈塔形。各色花朵同时开花，五彩缤纷，非常壮观。培养塔菊，在选用接穗品种时，要注意花型、花色、花朵大小的协调和花期的相近，使全株表现和谐统一的美。栽培方法可参照大立菊。

⑤ 盆景菊。选用适当的小菊品种，于10月下旬～11月初，从母株上取壮芽扦插育苗。成活后于1月上盆，3月换盆，至5月进行第二次换盆。换盆时选留根系发达的健壮植株，每株选留4～6条较粗大的侧生根，再把侧根固定到预备好的山石或枯树桩上，进行修剪，然后用铜丝绑扎。到夏季菊苗已长出5～7个芽时，按需要位置留3个芽，稍长后摘心，并不断摘去侧芽。当枝条长至20cm时，依木桩或山石整形，这时已完成盆景的雏形。至9月初进行最后摘心。10月下旬现蕾后在盆内铺上青苔，去掉铜丝，形成树桩盆景形态。菊花盆景有古木参天、悬崖临水等造型，如管理得法，可存活应用4～8年。

8.2.1.6　应用

菊花是我国十大名花之一，也是世界四大鲜切花，还可食用和药用，具有很强的抗SO_2、H_2O_2、HCI等有毒气体能力。

8.2.2　香石竹（*Dianthus caryophyllus*）

别名：康乃馨、麝香石竹、康纳馨

科属：石竹科，石竹属

8.2.2.1　形态特征

为多年生草本。株高30～90cm，茎簇生、光滑，全身披白粉，节部膨大。对生叶，线状披针形，全缘，基部抱茎，灰绿色，有较明显的叶脉3～5条。花为单生或数朵聚生于枝顶，花色有白、粉、红、紫、黄及杂色，具香气，苞片2～3层，紧贴萼筒；萼筒端部5裂，裂片广卵形；花瓣多数，倒广卵形，具爪；花期5～7月；温室栽培可四季有花。蒴果，种子黑色。香石竹见图8.4。

图8.4　香石竹

8.2.2.2　主要种类与分布

原产于南欧、地中海北岸、法国至希腊一带。现在香石竹广泛栽植于中纬度平原和低纬度高海拔地区。

(1) 依据栽培方式分类

香石竹依据栽培方式可分为：

① 露地栽培类。露地栽培类有一季开花类(如花坛香石竹)和四季开花类(如巨花型香石竹)。

② 温室栽培类。温室栽培类有四季开花型香石竹、玛尔美逊香石竹、小花型香石竹。用作切花栽培的多为四季开花型香石竹，花大、芳香、花色丰富，可连续开花数年。

(2) 依据花色分类

香石竹依据花色可分为：

① 黄色系。黄色系主要品种有：Candy、Magic、Pallas、Ballet、Eilat。

② 红色系。红色系主要品种有：Ariane、Castellaro、Desio、Grigi、Darling、Rony、Elsy。

③ 白色系。白色系主要品种有：Delphi、White Candy、Annelies、Bagatel、Bianca。

④ 粉红色。粉红色主要品种有：Mabel、Manon、Miledy、Zagor、Carmit、Galinda、Karina、Medea。

8.2.2.3 生长习性

香石竹性喜通风良好、干燥和阳光充足的环境。喜肥，要求排水良好、腐殖质丰富、保肥性强、呈微酸性反应的稍黏质土壤。不可栽于低洼地，忌连作。喜凉爽，不耐寒，忌炎热，最适温度为白天16℃～22℃，夜间10℃～15℃。

8.2.2.4 繁殖

可用播种、扦插、组培繁殖。花坛香石竹繁殖以秋播为主，播后10d左右发芽出苗。幼苗需经移植，约经2～3个月可以成苗；少量可用扦插繁殖。切花香石竹以扦插繁殖为主；为了获得无病毒苗，也常用组培法。

(1) 扦插

扦插在春、秋进行，生产中多在1～3月，尤其在1月下旬～2月上旬扦插效果好、成活率高、生长健壮。插穗以植株中部生长健壮的侧枝为好(即第3～4个侧枝)，在顶蕾直径达1cm时采穗。采取时要用掰芽法，即用左手握主枝节部，右手握侧枝中下部向侧方掰下，使侧枝基部带有节痕，这样更易成活。采后应立即扦插，或在插前用水将插穗淋湿一下。扦插基质可用等体积的珍珠岩与砻糠灰充分混合。扦插深度为1.0cm，间距1.5～2cm，插后立即喷水，覆盖遮荫，室温保持10℃～13℃，约20d便可生根。通常母株每半个月可采插穗一次。要严格挑选无病害的植株作母株。若有可能，设立母本栽培室，采用绝对无病害的插穗。扦插介质多用1/2泥炭加拌1/2珍珠岩或砻糠灰。

(2) 组培

香石竹是较早组培成功的花卉之一，现已大量应用于生产。外植体为0.2～0.5mm的茎尖。

8.2.2.5 栽培管理

香石竹的栽培主要是切花的栽培生产。

(1) 品种的选择

选用优质高产的良种是前提。生产上必须按照目标花期、颜色等要求，选用适当的品种。如要求元旦、春节鲜花大量上市，而定植茬口定在5～6月，则应选用生长快、生育期短、抗病性强、耐寒、冬季产量高的冬型品种。要求产花高峰在夏秋季节的可于2、3月前定植，选用耐高温、分枝性好、裂苞少、茎干粗壮挺直的夏型品种。

(2) 定植及养护管理

① 定植。香石竹栽培床一般宽 1.0m，走道 60cm，定植密度通常 35～45 株/m^2，年产量 200 支/m^2。定植深度 3～5cm，以香石竹幼苗能直立即可，深植易发生茎腐病。

② 拉网。苗高 15cm 时，需张第一层网，网距床面 20cm。随着植株的生长，网要适当提高，第 2 层网距第 1 层网 20cm，第三层网距第二层网 20cm。

③ 摘心。定植后 4～6 周，侧枝长至 5cm，即可摘心。越近下部，侧枝生长活力越高，通常从基部以上第 6 节摘去茎尖。有三种基本摘心方法，不同的摘心方法可影响产量及采收时间。

(a) 单摘心。摘去顶芽，使下部 4～5 对侧芽几乎同时伸长，同时开花。此摘心方法可在较短时间内同时收获大量切花。

(b) 半单摘心。摘去顶芽，侧枝伸长后，从所有侧枝中选半数较长者再摘心。这种摘心方法可降低第一茬花产量，使各茬花产量较均匀，延长采花时间。

(c) 双摘心。摘除顶芽，侧枝伸长后再摘除所有侧枝的顶芽。此法使第一茬花产量大而集中，但第二茬花生长势减弱，使开花时间延长。此法主要是为了推迟采花期。

④ 除芽及摘蕾。除产花侧枝外，其余侧枝应及早摘除。茎顶端花蕾留下位置适中且发育良好的一个，其余全部摘除。疏蕾操作应及时并反复进行。预防裂萼，裂萼常发生在花质量很好的情况下，由于较凉的环境和充足的日照形成过多的花瓣，且花瓣生长迅速，超过了花萼，致使裂萼发生。因此在花芽发育期间，防止环境温度低于 10℃，昼夜温差亦不能超过 10℃；在采收前的几天内，温度不可高于 28℃。施肥时氮肥不宜过多。也可采用人工绑束花萼的方法来防止裂萼。

⑤ 水分管理。栽后立即浇水，滴灌最好，以后在行间少量浇水即可。幼苗期要适度控水蹲苗，使其形成健全的根系。以后的浇水要使基质干湿交替。

⑥ 营养供应。香石竹需要营养量较多，养分需求顺序依次为钾、氮、钙、磷、镁、硼。如土壤中基肥充足，幼苗期可基本不追肥。旺盛生长期，每隔 7～14d 追一次无机液肥。

⑦ 光照控制。香石竹为需光量最高者，最低光强为 21500lx，最高光强为 40000lx，因此，夏季遮荫不能过度；冬季如果温度适宜，要补充光照，以装有反光镜的高压钠灯为佳，在植株长到 5～6 对叶片时进行。

⑧ 温度管理。香石竹的最适生长温度为 18℃～22℃，但实际栽培时要随着室外的温度变化略有调整。香石竹的生长适温见表 8.1。

表 8.1 香石竹的生长适温

季节 温度	春	夏	秋	冬
白天/℃	19	22～25	19	16
夜间/℃	13	10～16	13	10～11

(3) 切花的采收与保鲜

大花型香石竹在花瓣尚未打开时采收；多头小花型在有 3 朵小花开放时采收，若要留茬，要在茎基部之上2～3节处下剪。若需要较长时间运输或储藏，可在花蕾显色尚未开放时采收，采收后用保鲜液预处理，出售前再行催花。香石竹分级一般以枝长为准，通常要求在50cm以上，20支一束，吸足水分，1℃～4℃保鲜。保鲜剂配方为：蔗糖30～50g/L+8-HGS200mg/L+硝酸银50mg/L+赤霉素GA75mg/L。

(4) 切花定植模式

① 4～5月定植。进行2次摘心，则第一批花集中在10～11月上市，延续到元旦，至翌年4～5月又有一次产花高峰。

② 6月上旬定植。主要满足春节供花，种植后经过2次摘心，加强温度管理，元旦期间可有大量鲜花上市，第二批在5月的母亲节前后上市。

③ 10～11月定植。以采穗为主，切花生产为辅。定植株行距20cm×20cm，定植后20d可在第3或第4节处进行第一次摘心，摘心后各节侧芽萌发生长后留作采穗。采穗期可延伸到翌年5月。6～7月对母株进行两种处理：一种是6月份停止摘心并将母株分枝数控制在5～6枝，将多余的分枝清除后加网、绑扎，则8～9月为盛花期；另一种是7月20日前后停止摘心，11月中旬～12月间为盛花期。

(5) 开花期的测算和控制

① 4～6月份停止摘心，80～95d后为盛花期。

② 7月中旬停止摘心，约120d形成盛花期。

③ 8月中旬停止摘心，约在180d后为盛花期。

花期按摘心的日期来推算，还要参考温度、光照的变化，另外偏施氮肥则花期推迟，分枝数偏高也推迟开花。

8.2.2.6 应用

香石竹是世界著名的四大切花之一，可制作花篮、花束等，或用作插花的材料。矮生品种，也常用于花坛或花境。“康乃馨”是母亲之花，代表慈祥、温馨、真挚、不求代价的母爱。

8.2.3 芍药(*Paeonia lactiflora* (*P. albiflora*))

别名：草芍药、将离、余容、犁食、没骨花

科属：芍药科，芍药属

8.2.3.1 形态特征

图8.5 芍药

为多年生宿根草本。根肉质粗壮，茎丛生，株高60～150cm。下部为二回三出复叶，上部小叶多3深裂，顶端小叶不分裂，裂片狭卵形或披针形。花1～3朵生于枝顶，有长花梗及叶状苞，苞片三出；单瓣或重瓣，萼片5，宿存，花色有白、粉、红、紫、深紫、雪青、黄等色。离生心皮数个，花期4～5月。蓇葖果，种子多数，果熟期7～8月。芍药见图8.5。

8.2.3.2 主要种类与分布

芍药原产中国。朝鲜、日本、蒙古及西伯利亚地区也有。芍药属约33种，常见的有草芍药、多花芍药、白花芍药、川芍药、美丽芍药等。芍药栽培品种多、花色丰富、花型多变，园艺上依花色、花期、花型及瓣形等分类，与牡丹大同小异。

(1) 花期早晚分类

芍药根据花期早晚可分为:早花类,花期5月10～18日,如粉绒莲、墨紫楼等;中花类,花期5月18～25日,如赵园粉、莲台等;晚花类,花期5月25～30日,如冰青、黄金轮等。

(2) 按花型及瓣形分类

芍药根据花型和花瓣形可分为:

① 单瓣类。花瓣约1～3轮(5～15枚),雌、雄蕊正常,接近野生种,有单瓣型。

② 千层类。花瓣多轮,内外瓣差异较小,有荷花型、菊花型、蔷薇型。

③ 楼子类。有显著的外瓣,通常1～3轮。雄蕊均有部分瓣化,或渐变成完全花瓣;雌蕊正常或部分瓣化,花型逐渐高起。有金蕊型、托桂型、金环型、皇冠型、绣球型。

④ 台阁类。全花可区分为上方、下方两花,在两花之间可见到明显着色的雌蕊瓣化瓣或退化雌蕊,有时也出现完全雄蕊或退化雌蕊。有千层台阁型和楼子台阁型。

8.2.3.3 生长习性

芍药喜阳光充足,稍耐庇荫,性极耐寒,北方均可露地越冬。夏季喜冷凉气候。要求土层深厚,肥沃,排水良好的砂壤土。忌盐碱,不耐涝,但过于干燥也会生长不良,春秋宜保持土壤湿润。

8.2.3.4 繁殖

芍药以分株为主,还可根插、扦插、播种繁殖。分株必须在秋季进行,春季不宜分株。分株时要小心掘起肉质根,抖落附土,阴干1～2d后再沿根系的缝隙切离,每丛留3～5芽。播种法仅用于培育新品种、药用栽培和繁殖砧木。种子成熟后应立即播种,播种越迟发芽率越低。种子也可短期内沙藏以保持湿润。

8.2.3.5 栽培管理

栽培芍药宜选择地势较高、排水良好场所。定植在秋季(9～10月初)进行,株行距根据株丛大小确定,一般50～100cm,穴深40cm,直径30cm,分株苗栽植深度以根颈新芽埋入为宜。每穴施有机肥2～3kg,与土壤混匀,栽后浇透水。

生长期需要追肥。肥料不足常会使花蕾凋萎。应根据芍药不同的生长阶段施肥。绿叶全面展开时,花蕾发育旺盛,需肥量大,以速效性氮肥和磷肥为主。花谢之后,花后孕芽,消耗养料很多,是整个生育期中需肥最迫切的时期,这时如果肥料跟不上,会影响新芽饱满和翌年生长发育,常追施粪肥、酱渣、饼肥等。休眠期,需要在霜降后结合封土施1次冬肥,常施用腐熟的厩肥和堆肥。应注意氮、磷、钾三要素的配合,特别要注意施用含有丰富磷质的有机肥料。芍药性喜适度湿润的土壤,不耐涝,干旱时注意浇水,多雨时要及时排水,保持干湿相宜。

作切花栽培的芍药,为使顶蕾花大色艳,应在花蕾显色后除去侧蕾,使养分集中于顶蕾。花谢后及时剪除残花。霜降后,地上部分枯萎,应剪去枝秆,扫除枯叶,集中烧毁。

8.2.3.6 应用

芍药品种众多,花大色艳,芳香四溢,是我国传统名花之一。在中国古典园林中,与山石相配,相得益彰。在林缘、草地边缘作自然式丛植或群植,或配置专类花坛、花境,也常作切花的材料和盆栽观赏。芍药根经加工后即为“白芍”,为药材之成品。

8.2.4 鸢尾(*Iris tectorum*)

别名:扁竹花、蓝蝴蝶、铁扁担

科属：鸢尾科，鸢尾属

8.2.4.1 形态特征

图 8.6 鸢尾

多年生草本。根状茎短粗而多节，分枝丛生，株高 30～60cm。叶基生，剑形，嵌叠着生。花茎自叶丛中抽出，花单生，蝎尾状聚伞花序或呈圆锥状聚伞花序；花从 2 个苞片组成的佛焰苞内抽出；花被 6 片，基部呈管状或爪状；外轮 3 片，大而外弯或下垂，称垂瓣；内轮片较小，多直立或呈拱形，称旗瓣；花柱分枝 3，扁平，花瓣状，外展覆盖雄蕊。蒴果，长圆形，具 3～6 角棱，有多数种子。鸢尾见图 8.6。

8.2.4.2 主要种类与分布

原产我国中部山区，在园林中栽培甚广。白花变种（var. *alba*），花被为白色。同属植物约有 200 种，我国原产约 45 种。常见栽培的有宿根鸢尾类、水生鸢尾类、球根鸢尾类三类，后两类详见水生花卉与球根花卉。

宿根鸢尾类的植株具发达的根状茎，生长强健。休眠期根状茎不必挖出。耐干旱，不耐水湿。常见的主要品种有：

(1) 马蔺（*I. ensata*）

植株高 40cm 左右。叶丛直立，叶狭条形，细长，形似石菖蒲。花常单生，略小，蓝紫色。花期 5 月。

(2) 德国鸢尾（*I. germanica*）

株高 70～90cm，根茎粗壮，叶剑形，稍革质，绿色略带白粉。花葶长 60～95cm，具 2～3 分枝，共有花 3～8 朵，花径可达 10～17cm，有香气；垂瓣倒卵形，中肋处有黄白色须毛及斑纹；旗瓣较垂瓣色浅，拱形直立。花期 5～6 月，花型及色系均较丰富。著名园艺品种有“舞会”，为杏黄色大花品种；“粉宝石”，花橙色，须毛为橙色；“圣铃”，花杏黄色，具橙色须毛的美丽大花波状瓣，适于花坛用品种。

(3) 蝴蝶花（*I. japonica*）

根茎较细，入土较浅，叶丛斜展，叶剑形，较软而短。花茎多分枝，花朵小；花浅蓝近白色，花径 5cm，花期 4～5 月。

8.2.4.3 生长习性

宿根鸢尾的大多数栽培品种能耐阴，但光照有利开花。耐寒性强，冬季不必防寒。露地栽培，地上茎、叶冬季不完全枯黄。土壤要求排水良好、碱性或微酸性。耐干旱，忌水湿。栽植宜浅。

8.2.4.4 繁殖

通常分株法繁殖或播种繁殖。分株在秋季、早春或花后进行，每隔 2～4 年进行一次。分割根茎时，应使每块具 2～3 个芽为好，伤口处沾草木灰或硫磺粉防腐后栽植。播种繁殖，种子采收后必须立即播种，不宜贮藏，播后 2～3 年开花。播种多用于繁育新品种。

8.2.4.5 栽培管理

种植于富含腐殖质的黏质壤土，在酸性土壤中生长不良。栽培前应充分施以腐熟堆肥，并施油粕、骨粉、草木灰等为基肥。栽培距离依种类而异，强健种 30～50cm。生长期追施化肥及有机液肥，可使株强叶茂。

8.2.4.6　应用

鸢尾种类多，花朵大而艳丽，叶丛美观，可以广泛地应用于园林绿地、花境及地被。国外常设置鸢尾专类园，依地形变化可将不同株高、花色、花期的鸢尾进行布置。某些品种类是切花的良好材料。

8.2.5　四季秋海棠(*Begonia semperflrens*)

别名：玻璃翠、玻璃海棠、洋海棠

科属：秋海棠科，秋海棠属

8.2.5.1　形态特征

多年生草本。茎直立，光滑肉质；单叶互生，卵形至广卵形，边缘具小锯齿及毛，有光泽，有的全株绿色或略带红晕，有的为暗红色；腋生聚伞花序，花单性，雌雄同株，雄花较雌花大，花色有红色、白色、粉色、黄色及复色。四季开花。蒴果，种子极细小，褐色。四季秋海棠见图8.7。

图8.7　四季秋海棠

8.2.5.2　主要种类与分布

原产于热带、亚热带地区。目前栽培较多的是四季秋海棠利用F_1代种子播种繁殖的品种，适用于花坛、盆栽。如鸡尾酒F_1系列、员老F_1系列、舞会F_1系列、天使F_1系列、派司系列等。

秋海棠属种类丰富，约有400余种，根据耐热程度可将秋海棠分为高温型、中温型和耐寒型；根据地下部分的形态大致可分为球根类、根茎类、须根类。

(1) 须根类

地上茎明显，直立，地下根系正常。生长较高大而且分枝较多。开花主要在夏、秋季或四季开花。通常有竹节秋海棠、绒叶秋海棠、银星秋海棠和四季秋海棠。

(2) 根茎类

根状茎匍匐地面，节密多肉。叶基生，花茎自根茎叶腋中抽出，叶柄粗壮。6～10月为生长期，要求高温多湿。花后休眠。该类以观叶为主，常见有蟆叶秋海棠，叶银灰色，其他还有各种红色、黄色、近暗绿色的品种；彩纹秋海棠，叶面上有褐色斑纹等；莲叶秋海棠，叶片近圆形，似莲叶；枫叶秋海棠，叶片圆形，5～9深裂，裂片先端狭尖。

(3) 球根类

地下部分具有块茎或球茎，夏秋花谢后地上部分枯萎，球根进入休眠。

8.2.5.3　生长习性

四季秋海棠喜温暖、潮湿、半阴，夏季要凉爽，忌高温，不耐寒。要求疏松、排水良好、富有腐殖质而湿润的土壤。秋海棠对光照反应敏感，强光下叶片易灼伤。夏季需遮荫，防雨淋。生长适温18℃～21℃，有些常作一年生栽培。

8.2.5.4　繁殖

四季秋海棠可用播种、茎插法繁殖。扦插四季都可进行，春季扦插生根快、成活率高。截取插穗7～10cm，阴干1～2h，留取半片叶子，插入沙土中，保持湿润，在20℃以下，20～30d可生根。播种法四季皆可进行，在温室中播种，因种子细小，可拌入细沙，撒匀，微覆土并覆膜，控制温度 21℃～25℃，需见光，1～2 周发芽。

8.2.5.5 栽培管理

四季秋海棠的栽培以温室盆栽为主，定植后 90～120d 开花。4～5 片真叶时移苗定植。定植容器通常选用直径 15cm 的花盆。栽培基质宜选用富含腐殖质的沙质壤土。生长期应多次摘心，并加入适量腐叶或过磷酸钙、骨粉等作为基肥。注意水肥管理，每隔半月应追施一次稀薄肥水。浇水要充足，保持盆土湿润，冬天应减少浇水量，还应避免叶面积水、沾肥。温度控制在 20℃范围内，冬季不低于 12℃。须根类在苗期进行摘心，花后进行修剪。通过修剪可控制植株的花期。夏季处于半休眠状态，宜摆放于通风良好遮荫处，此时停止施肥，忌雨淋。四季秋海棠养植 1～2 年后，即显衰老，可从基部重剪，促发新芽，经摘心处理，可恢复原有茂盛姿态。

8.2.5.6 应用

四季秋海棠四季有花，叶大色艳，观赏价值很高，既可观花，又可观叶，可作室内盆栽观赏，在南方也适用于布置花坛或制作立体花坛。

8.2.6 大花君子兰(*Clivia miniata*)

别名：剑叶石蒜、君子兰

科属：石蒜科，君子兰属

8.2.6.1 形态特征

图 8.8 君子兰

多年生常绿宿根花卉，肉质根系粗大，叶宽大，叶基部合抱形成假鳞茎状。叶二列状迭生，宽带形，革质，全缘，叶表面深绿色而有光泽。花葶自叶腋抽出，直立扁平；伞形花序顶生，下承托数枚覆瓦状苞片；每花序着花 7～36 朵，花被片 6，2 轮，基部合生成短筒。花漏斗状，红黄色至大红色。浆果，球形，成熟时紫红色。君子兰见图 8.8。

8.2.6.2 主要种类与分布

大花君子兰原产南非的纳塔尔，垂笑君子兰原产南非好望角。君子兰于 19 世纪 20 年代传至欧洲，并由欧洲经日本传入我国。同属有 3 种，我国引入栽培常见有 2 种。

大花君子兰的主要园艺变种有：黄色君子兰(var. *aurea*)，花黄色，基部色略深；斑叶君子兰(var. *stricta*)，叶有斑。

同属相近种有：垂笑君子兰(*C. nobilis*)，叶片较大、稍窄，叶缘有坚硬小齿，花葶高 30～45cm，着花 40～60 朵，花被片也较窄，花呈狭漏斗状，开放时下垂，花期夏季。

中国君子兰园艺品种先后出现五大系列，即长春兰、鞍山兰、横兰、雀兰和缟兰。

(1) 长春兰

脉纹清晰，凸显隆起，青筋黄地，蜡膜光亮；花大艳丽；株形较大或适中。品种有大胜利、青岛大叶、黄技师、和尚、染厂、圆头、短叶、花脸等。

(2) 鞍山兰

株形适中，叶片的长宽比为 2∶1～2.5∶1，圆头、厚、硬，座形正；花序直立，花色艳丽，成株期短，种植后 2～2.5 年开花。

(3) 横兰

叶片宽而短，如同一面叶片横着生长，故名。叶片长12cm左右，宽11～12cm，厚2.5～3.0mm，叶片的长宽比为1∶1～1.5∶1，叶的顶端圆或凹，微有勺形翘起；鞘宽，假鳞茎短；脉纹隆起、细小、整齐，脉络长方形，叶尖部脉呈网状芝麻纹形，油亮，叶色浅绿或深绿；花色艳丽。

(4) 雀兰

叶顶有一急尖，似麻雀的喙，叶片长15～18cm、宽8～12cm、厚3～4mm，叶片的长宽比为1∶1；株形小，叶层紧凑；脉纹突显，纹理整齐，叶色深绿；花瓣金黄色，花序不易抽出。

(5) 缟兰

叶片具有数条黄、白条纹或黄白、绿条纹，有的一半纯绿、一半纯白或黄色条纹。叶片长25～35cm、宽6～8cm，叶片的长宽比为4∶1。脉纹不明显，稳定性不强，喜弱光，生长慢，株形、座形不够整齐。

君子兰评选的十项标准为：叶片短(30～40cm)、宽(8cm以上)、亮(有光泽)、立(直伸)、厚(2mm以上)、色浅，脉纹明显；花葶粗壮；花大，花被片艳丽。

8.2.6.3 生长习性

君子兰性喜温暖湿润，不耐寒，生长适温15℃～25℃，10℃以下生长迟缓，5℃以下则处于相对休眠状态，0℃以下会受冻害；30℃以上叶片徒长、花葶过长，影响观赏效果。生长期间应保持环境湿润，空气相对湿度70%～80%，土壤含水量20%～40%适宜，忌积水，尤其冬季室温低时积水易烂根。生长过程中不宜强光直射，宜半阴的环境，特别是夏天，应置荫棚下栽培。要求疏松肥沃、排水良好、富含腐殖质的沙质壤土。大花君子兰每年可开花1～2次，植株寿命20～25年。

8.2.6.4 繁殖

大花君子兰常用播种、分株、组培法繁殖。

(1) 播种法

当果实变红时将整个花序剪下，悬挂于通风透光处，熟后将种子剥出。在播种前可对种子进行浸种处理。将种子放入40℃左右的温水中浸泡24～36h，浸种后在20℃～25℃的条件下，15～20d胚根可伸出。播种基质以杂木锯末为佳，发酵腐熟后即可使用；或用一份河沙加一份炉渣混合。当长出第一片真叶时，可进行第一次移植，栽于13cm宽的盆中，每盆3株。培养土以腐叶土加入20%的河沙与适量的基肥。

(2) 分株法

以3～4月分株为宜。把君子兰根颈周围长出的15cm以上的苗，从母体上切离下来，单独成株。切口用木炭粉涂抹，待伤口干燥后上盆栽植。经2～3年即可开花。

(3) 组培法

组培法常用于新品种的繁殖。

8.2.6.5 栽培管理

君子兰生长1～2年后需要换盆1次，换盆一般在3～4月或8月进行。换盆时对君子兰的根系应适当晾晒。用土为腐叶土、壤土、河沙、饼肥按5∶2∶2∶1的比例混合而成。为防止病虫害，培养土配好后应进行消毒。

君子兰喜土壤湿润，一般土壤含水量在25%～80%，空气相对湿度为75%～85%为宜。浇水原则是“见干见湿，不干不浇，浇则必透”。在生长旺季和开花的季节，需水量较大；夏季气温较高,应注意喷水,保持一定的空气湿度。根据君子兰的发育阶段和肥料性质进行合理施肥,做到“薄肥勤施”。盆栽君子兰的基肥可用腐熟的豆饼、麻渣和动物蹄角,每年可施两次,分别在3月和8月进行。生长期每半月追施液肥1次。盛夏时炎热多雨,施肥容易引起根部腐烂,故停止施用。冬季温度低,光照弱,土壤水肥不足时,易产生“夹箭”现象。“夹箭”是指花茎发育过短,花朵不能伸出叶片之外就开放的现象。提高温度、增加光照和水肥可以防止夹箭。在开花前应追施磷肥,可使花繁色艳。在生长季节还可根外追肥,如使用浓度为0.1%~0.5%的磷酸二氢钾或尿素喷施叶面。摆放君子兰时,可使叶片的展开扇面与光源平行或垂直,并定期调换方向(180°),这样可形成“正看如开扇,侧视一条线”的景象。

8.2.6.6 应用

大花君子兰常年翠绿,花、叶、果兼美,观赏期长,耐阴性强,适合室内盆栽,可周年布置观赏,是装饰厅、堂、馆所较为理想的花卉。

8.2.7 非洲菊(*Gerbera jamesonii*)

图8.9 非洲菊

别名:扶郎花、大丁草

科属:菊科,大丁草属

8.2.7.1 形态特征

多年生常绿草本,全株具细毛,株高30~60cm。成年植株的叶片呈长倒卵形,羽状裂,叶背具白绒毛。叶基生,笔直向上或斜生,其形状随植株的不断生长而变化头状花序,花梗长,高出叶丛,中空、近基部略显木质化,色绿或淡褐。苞片数层,外层为舌状花,形状较大,雄蕊退化,着生在花序边缘,形成重瓣或单瓣花;中间为管状花,形状较小,位于外面几轮的管状花,雌雄蕊发育完全,而中心的管状花只具雄蕊,雌蕊退化。花型富有变化;花色有红、粉、淡黄、橘黄或复色等。非洲菊能周年开花,以每年的5~6月和10~11为盛花期。非洲菊见图8.9。

8.2.7.2 主要种类与分布

非洲菊原产南非,现世界各国广泛栽培和育种,新品种不断涌现,有单瓣和重瓣品种;有露地和温室栽培周年开花的切花用品种,也有适于花坛栽植的品种,还有适于盆栽的矮生品种等。我国目前生产中常用的非洲菊品种有:

(1) 雨燕系列

株高为15~20cm,花径8~10cm,可种植在10~12cm盆中。花色丰富,有红/橙混合、黄/淡橙混合、红色黑眼、黄色黑眼等品种,都为杂交F_1代。

(2) 玛雅系列

抗病能力强,能连续开花,耐热性强,适合种植于10~12cm盆中。有红/橙混合、玫红/粉红混合、橙红/粉红混合等品种,多为杂交F_1代。

(3) 久系列

花期长,属大花型,花径10~15cm,花梗长45~60cm,适合大型盆栽,切花或花坛用花。

(4) 柏斯柯

鲜红的半重瓣花,花径可达14cm,花梗长35~40cm,叶宽大,淡绿色。年产量高,适合切花栽培。

(5) 泰拉维沙

花色深红，单瓣，花径 8～10cm，花梗长 40～50cm，叶片较窄，分枝性好，抗逆性强，产量高，适合切花栽培。

8.2.7.3 生长习性

非洲菊喜温暖、阳光充足和空气流通的环境。生长适温 20℃～25℃，冬季适温 12℃～15℃，低于 10℃时则停止生长，属半耐寒性花卉，可忍受短期的 0℃低温。在华南地区可作露地宿根花卉栽培；华东及华北地区需覆盖越冬或在温室进行切花促成栽培。喜肥沃、疏松、排水良好、富含腐殖质的沙质壤土，忌黏重土壤，在中性和微酸性土壤中也能生长，但在碱性土中，叶片易产生缺素症状。非洲菊的花期调控非常容易，只要保持室温 12℃以上，植株就可不进入休眠，继续生长和开花。

8.2.7.4 繁殖

(1) 种子繁殖

非洲菊种子颗粒较大，每克约 300 粒。由于 F_1 一代种子价格较为昂贵，故一般用育苗盘播种，并采用轻质的播种基质，pH 值 5.5～6.5。播种后需覆土，并保持土壤湿润。基质温度维持 20℃，7～10d 可以出苗。出苗后约 4～6 周可以移植。

(2) 无性繁殖

由于非洲菊为异花传粉植物，自交不孕，其种子后代必然会发生变异。变异类型普遍表现为花梗变细、变软，花形变小，切花价值大大降低，因此非洲菊通常采用分株繁殖，但每年每株仅可分出 5～6 个新株。

(3) 分株繁殖

一般在 4～5 月进行。将老株掘起切，每个新株应带 4～5 片叶，另行栽植。栽时不可过深，以根颈部略露出土为宜。

(4) 扦插繁殖

将健壮的植株挖起，截取根部粗大部分，去除叶片，切去生长点，保留根颈部，并将其种植在种植箱内。保持温度 22℃～24℃，空气湿度 70%～80%。以后根颈部会陆续长出腋芽和不定芽形成插穗。一个母株可反复采取插穗 3～4 次，一共可采插穗 10～20 个。插穗扦插后 3～4周便可长根。扦插的时间最好在 3～4 月，这样产生的新株当年就可开花。

(5) 组织培养

切花生产常用组织培养法培养脱毒苗，以花托作外植体较好，可以提高切花的产量和品质。

8.2.7.5 栽培管理

(1) 盆花栽培管理

当非洲菊苗生长拥挤时，可以从育苗盘内移植。第一次移植可以按 400 株/m^2 的密度进行。再经过 4～5 周生长至少有 5 张叶片时可上盆。盆栽非洲菊可采用 13～15cm 直径的盆。要求盆土质轻，排水良好，一般比例为 3 份泥炭、2 份粗粒珍珠岩、2 份腐叶土，适当添加园土拌匀，pH 值 5.5。基肥可用含 N、P、K(15∶8∶25)的复合肥。

上盆后白天温度可保持 18℃，夜温 15℃。一般气温低于 10℃生长明显减弱；高于 24℃株型变差，且会延迟开花。非洲菊为阳性花卉，但夏季不宜强光直射，光照过弱会导致花径细长，品质下降。

非洲菊要求土壤排水良好，忌积水，尤其在夏季高温多雨季节。浇水宜在上午进行，不要让植株在充分湿润状态过夜。空气湿度过大，易产生病虫害。非洲菊较喜肥，尤其需要钾肥和增施微量元素铁。氮肥过多会减少和延迟开花。

(2) 切花栽培管理

切花生产的土壤以疏松透气、富含腐殖质的砂性壤土为宜，pH 值 5.8～8.0。种植前进行土壤消毒，一般应作成高畦(宽 30cm、高 20cm)。定植株行距 30×30cm，或交叉种植。不宜栽培过深，应使根颈部露于表土之上。定植多在 4～5 月，定植后 2～3 个月能开花，10 月初进入第一个盛花期。定植后浇透水，保持温度和湿度，25℃以上要通风降温。成活后可施稀肥 1 次，促其生根。一般 7～10d 长出一枚新叶。根据气候条件加强管理，如夏季高温或冬季低温，适当控制浇水及氮肥，增施磷钾肥，并及时剥除老叶，注意病虫防治。非洲菊对锰有特殊要求。夏季用遮阳网遮阳，冬季需有加温设备，冬季温度保持 12℃～15℃，夏季不超过 30℃，可周年开花。非洲菊进入生长旺盛期，叶片一年生可达 30～40 枚；二、三年生可达 50～60 枚，应及时打去老叶。一年生非洲菊一个月产花 5～6 朵，需绿叶 15～20 枚；二、三年生的单株月产花 7～8朵，需绿叶 20～25 枚。花朵的数量应适当控制，及时摘蕾，留优去劣，以保证切花质量和均衡上市。

(3) 切花采收

当花梗挺直、舌状花瓣刚展开时可以采收。出口商品要求花茎 30cm 以上。常采用特制硬聚丙烯罩包裹头状花序，长途运输采用 70cm×40cm×30cm 的长方形包装盒包装，每箱装两张纸板共 100 支，花头朝上，茎朝下。平时插在清水或瓶插液中保鲜出售。

8.2.7.6 应用

非洲菊风韵秀美，花色艳丽，周年开花，为世界重要的切花；也宜盆栽观赏；在华南地区，可作宿根花卉应用，庭院丛植、布置花境、装饰草坪边缘等均有极好的效果。

8.2.8 锥花丝石竹(*Gypsophila paniculata*)

别名：满天星、宿根霞草、重瓣丝石竹

科属：石竹科，丝石竹属

图 8.10 锥花丝石竹

8.2.8.1 形态特征

多年生草本，高 90cm，肉质宿根，主根长，侧、须根少。全株无毛，稍被白粉，多分枝，向四面开展。叶对生，披针形至线状披针形。多数小花组成疏散的圆锥花序；花白色，萼短钟形，长 2mm，5 裂，花瓣 5；也有重瓣品种。蒴果，球形，四裂。花期 6～8 月。锥花丝石竹见图 8.10。

8.2.8.2 主要种类与分布

原产地中海沿岸及亚洲北部，现普遍种植，主要切花品种有：

(1) 仙女(Bristol Fairy)

在切花生产中应用最多，约占 80%。小花型，花白色，适应性很强，能耐夏季高温和冬季低温，栽培较易，也容易进行周年生产。

(2) 完美(Perfecta)

花大,节间短,茎粗壮挺拔。高温期容易产生莲座状丛生;低温时开花停止。栽培难度大,价格昂贵。

(3) 钻石(Flamingo)

是从仙女中选育出来的大花品种,节间短,低温时开花推迟。周年生产比较困难。

(4) 火烈鸟(Hamingo)

花淡粉红色,花小、茎细长,春季开花。

(5) 红海洋(Red Sea)

花深桃红色,花大,茎硬。在高寒地带春季栽植,秋季出售,花色十分鲜艳,不易褪色。在暖地,从秋到春都能开花,是最近新选育出的品种。

同属的还有匍匐丝石竹(*G. repens*),多年生草本,高 15cm,茎匍匐性或横卧,先端直立,不具白粉,适合于岩石园中栽培;霞草(*G. oldhamiana*),多年生草本,高 60～100cm,全株无毛,粉绿色,根粗壮,茎多数,上部分枝,聚伞花序顶生、稍扩展,花粉红色或白色,5 瓣,原产中国。

8.2.8.3 生长习性

丝石竹要求阳光充足的环境,耐寒性强,但不适夏季炎热,喜凉爽的环境。生长最适温度为 15℃～25℃,但在高温或秋凉、短日照、缺水条件下莲座状丛生。生长发育需长日照,每天需要 14h 以上的光照。喜含石灰质、稍微干燥的土壤,pH 值 7～7.9 最佳。

8.2.8.4 繁殖

单瓣锥花丝石竹可用播种繁殖;重瓣品种不能结籽,扦插繁殖为主要繁殖方式。用茎尖组织培养获得的无毒苗作为丝石竹的母株。当母株上的侧枝长到 6～7 节时,切取 4～5 节长8～10cm 的枝条做插穗。插穗要随采随用。去掉下部 2 节上的叶子,用生根剂(30～50mg/L 的 IBA)处理基部 24h,可提高成活率。扦插基质为蛭石、珍珠岩或泥炭加珍珠岩等,温度保持 18℃～28℃,湿度 90%,约 20d 生根。单瓣锥花丝石竹常于 9 月播种,10d 左右发芽,冬季需防霜冻覆盖,早春定植,初夏开花。

8.2.8.5 栽培管理

锥花丝石竹喜干燥、肥沃、疏松、排水良好的石灰质壤土。定植前应将基质消毒,用碳酸钙调节 pH 值,做高畦(宽 80cm 或 40cm、高 20cm、步道 40cm)。丝石竹的定植一般比较稀,株行距 40～50cm。定植深度宜浅,为 3～5cm。定植后可适当喷水以后要保持足够的水分,1 个月左右,苗长至 7～8 对叶片时进行摘心。若使其早开花,则只进行一次摘心。若要增加每株枝数,则在第一次摘心侧枝伸长后,对较长者再摘心,以每株摘心后留 4～5 个侧枝为宜。摘心后还应随时整枝,去除弱枝及弱芽。

当株高 30cm 时,搭第一层网,网高距地面 40～45cm。营养生长阶段的温度宜保持在 15℃～25℃,低于 10℃或高于 30℃,均易引起丝石竹产生莲座化。花芽分化阶段夜温不宜高于 22℃,否则易导致花畸形。

丝石竹为长日照植物,秋冬季节应予以人工补光(每 $13m^2$ 加 100W 白炽灯 1 支,悬挂在植株顶端 60～80cm 高处,光强不少于1 000lx),夏季栽培应遮光 30%左右。浇水最好以滴灌方式,水分可直接被根部吸收,不致因积水而引起根腐病。施肥应以有机基肥为主,在定植前施入基肥占全量的 2/3。定植 30d 后,可以施追肥。前期以施豆饼水、尿素为主,中、后期以磷、钾肥为主,做到薄肥勤施。开花前半个月停止施肥。

锥花丝石竹花枝要在10%～45%的花盛开时采收，一般要求每枝花有3个分叉，高度在45cm以上。由于花朵细小，通常以重量(330g)为一扎，按一定重量包扎装箱上市。采收后一般用保鲜液处理，并以棉团蘸保鲜液包在花茎基部。

8.2.8.6 应用

锥花丝石竹因其花小繁茂，观之如霞，在插花、花篮、花束中普遍应用，是最为重要的配花材料，有插花“伴娘”之称。据美国公认的花语是：用红玫瑰配衬满天星表示“情有独钟”；用康乃馨配衬满天星表示“慈爱与温馨”；用剑兰配衬满天星表示“祝你宏图大展”；用勿忘我配衬满天星表示“友谊永存”。也可布置花坛及岩石园。

8.2.9 天竺葵(*Pelargonium hortorum*)

别名：洋绣球、入腊红、石腊红、臭叶海棠

科属：牻牛儿苗科，天竺葵属

图8.11 大花天竺葵

8.2.9.1 形态特征

多年生常绿草本或亚灌木，株高50～70cm。茎基木质化，被腺毛，有特殊气味。小枝粗壮，多汁。单叶互生，柄长，圆形至肾形，边缘具锯齿，叶面略有暗褐红色环纹。伞形花序顶生，有花10～30余朵，花梗较长，花萼5，绿色，花瓣5或更多。花有红、粉红、白、橙红及双色种。花期10月至翌年6月。

8.2.9.2 主要种类与分布

原产南非，世界各地均有栽培。

天竺葵(*P. hortorum*)有单瓣和重瓣品种；还有彩叶变种(var. *marginatum*)，叶面具黄、紫、白色的斑纹。同属的还有：

(1) 大花天竺葵(*P. domesticum*)

叶上无蹄纹，花大，径可达5cm，花的上2瓣较宽，各有1块深色的块斑，见图8.11。

(2) 马蹄纹天竺葵(*P. zonale*)

叶倒卵形或卵状盾形，通常叶面有浓褐色马蹄状斑纹，缘具钝锯齿。花瓣同色，上2瓣极短。

(3) 盾叶天竺葵(*P. peltatum*)

茎半蔓性，多分枝，匍匐或下垂，叶盾形，有5浅裂，稍有光泽。上2瓣有暗色斑点和条纹，下3瓣较小，花有白、粉、紫和桃红等色。

(4) 香叶天竺葵(*P. graveolens*)

叶掌状，5～7深裂，裂片再羽状浅裂，有气味。花桃红或淡红色，有紫色条纹，上2瓣较大。

(5) 麝香天竺葵(*P. odorratissimum*)

伞形花序，含芳香油。

8.2.9.3 生长习性

天竺葵喜凉爽，怕高温，不耐寒，生长适温10℃～25℃，炎夏高温气候下进入半休眠状态，应置半阴下。在春、秋、冬生长季节要求阳光充足，冬季白天15℃、夜间不低于5℃，可开花不绝。不耐水湿，而稍耐干燥，宜排水良好的肥沃土壤。

8.2.9.4 繁殖

以扦插为主，也可采用播种法。扦插时期以春秋为宜。天竺葵茎嫩多汁，可在切取插穗后切口干燥一天，再进行扦插。1～2周内生根。定植后很快就能开花。

为培育新品种，常用播种繁殖，春秋两季均可播种。发芽适温20℃～25℃。种子不大，覆土不宜深，适宜于轻松沙质培养土。播后两周发芽。秋季播种，翌年夏季即可开花。

8.2.9.5 栽培管理

天竺葵是重要的盆栽花卉，盆栽用土以排水良好、腐殖质丰富的壤土为宜，可用等量的腐叶土和园土，再加适量的沙。以饼肥、过磷酸钙等作基肥，生长期间追有机液肥，避免叶面喷水和空气过湿。露地栽培怕积水，为促进多开花应保持土壤适当干燥，并给予充足光照和适宜温度，及时摘心，促使产生侧枝。花谢后立即剪去花枝以免消耗养分。为使植株低矮、圆整，提前开花，可采用矮壮素、B_9等处理。一般在播种后40d施用，常用浓度为1.5g/L，1～2周后再进行第二次喷洒。每次喷至叶面湿润，能取得很好效果。老株盛花后，于6～7月，将地上部全部剪去，仅留基部10cm。此时应将天竺葵移至室外半阴处，控制浇水，防雨淋，让其自然休眠。盛夏高温时应严格控制浇水。

8.2.9.6 应用

天竺葵花色丰富，花期又长，是重要的室内盆栽花卉，还可布置花坛、花境，是“五一”节花坛常用花卉；还是切花的好材料。对氯有抗性。

8.2.10 鹤望兰(*Strelitzia reginae*)

别名：极乐鸟花、天堂鸟

科属：旅人蕉科，鹤望兰属

8.2.10.1 形态特征

多年生常绿宿根草本，高达1～2m，根粗壮。肉质茎不明显。叶二列基生，革质，长椭圆形或长椭圆状卵形，长约40cm、宽15cm。叶柄长，有沟。花梗自叶丛中央抽出或生于叶腋，略高出叶面，总苞舟形，绿色，边缘晕红，着花6～8朵，顺次开放。外花被片3，橙黄色；内花被片3，舌状，天蓝色。花形奇特，色彩夺目，宛如仙鹤翘首远望。蒴果，种子长圆形，具红色条裂的假种皮。鹤望兰见图8.12。

图8.12 鹤望兰

8.2.10.2 主要种类与分布

鹤望兰原产南非，是典型的鸟媒植物，同属观赏栽培种还有：白冠鹤望兰(*S. alba*)，花白色；大鹤望兰(*S. angusta*)，茎高达10m，春季开花，总苞深紫色，萼片花瓣均白色；尼古拉鹤望兰(*S. nicolaii*)，茎高约5m，萼片白色，花瓣蓝色，5月开花；小叶鹤望兰(*S. parvifolia*)，棒状叶，花大，深橙红色和紫色。

8.2.10.3 生长习性

鹤望兰在原产地靠蜂鸟传粉。喜温暖湿润的气候，不耐寒，要求空气湿度高。夏季怕阳光暴晒，冬季则需阳光充足。生长适温3～10月为18℃～24℃，10月至翌年3月为13℃～18℃，冬季不可低于5℃。土壤要求疏松、肥沃。

8.2.10.4 繁殖

可用播种和分株繁殖，以种子繁殖为主。种子成熟后要及时采收，及时播种。发芽适温为25℃～30℃，播后15～20d发芽，发芽率较低。需培育5年具有9～10枚叶片时开花，花期进行人工辅助授粉，才能结实。分株繁殖通常在4～5月结合分盆进行。选择茂盛株丛，从根茎的空隙处下刀分割，伤口敷上木炭粉或草木灰，以防伤口腐烂。置阴处稍晾1～2h后栽植。

8.2.10.5 栽培管理

鹤望兰常在中温温室盆栽或作切花地栽。3～11月都可进行定植。栽培用土要疏松、肥沃；盆栽用土可用肥沃壤土2份、泥炭1份及少量河沙配制而成。加入适量的腐熟有机肥或油渣做基肥。栽植不宜过深，以免影响新芽萌发。夏季生长期和秋、冬开花期需要充足水分。开花后可适当减少浇水量。生长期每半月施1次腐熟饼肥，当形成花茎至盛花期，施用2～3次过磷酸钙。保持适当温度是提高鹤望兰产花率的关键。在花芽分化到开花的4个月里，温度应控制在20℃～27℃之间，秋、春二季是开花高峰，一般每天光照时间不得少于12h。夏季应适当遮阳，冬季则需要阳光充足。适当补光可周年开花。盆栽成形的植株每两年换盆1次，随植株增大换栽大盆。盆栽花谢后，不需结种，应立即剪除花茎，以免消耗养分。

地栽应深翻土壤，施足基肥，株行距(70～90)×(100～130)cm，定植时可在行间和株间多栽一株，待植株长大后再移开。生长期防止积涝。每年追肥3～4次，夏季高温期少施或不施。优良植株一年可产花20支以上。鹤望兰每枝总苞上着小花6～8朵，顺次开放。在基部第一朵刚开时，即可采收。采后上部用玻璃纸包好，装箱上市。

8.2.10.6 应用

鹤望兰花形奇特，花形似极乐鸟或仙鹤翘首遥望，是自由、幸福、吉祥的象征，为世界名花，也是珍贵的盆花和切花，属于高档切花，瓶插水养可达15～20d。

8.2.11 萱草(*Hemero callis*)

别名：忘郁、忘忧草、鹿葱、黄花菜

科属：百合科，萱草属

8.2.11.1 形态特征

图8.13 萱草

多年生宿根草本，根状茎纺锤形，近肉质。叶基生，排成二列，线状披针形，长30～60cm，宽约2.5cm，中脉明显。花茎高出叶丛，顶生圆锥花序，着花6～12朵，花被片漏斗状，橘黄至橙红色，盛开时花被反卷，花早开晚闭，有香味。蒴果。花期6～8月。萱草见图8.13。

8.2.11.2 主要种类与分布

原产中国南部、欧洲南部及日本。主要变种有：重瓣变种(var. *kwanso*)、斑叶变型(*f. variegata*)，叶片具白色条纹；长筒萱草(var. *longituba*)、玫瑰红萱草(var. *rosea*)、斑花萱草(var. *maculata*)，花较大，内部有明显的红紫色条纹；千叶萱草(var. *hwanso*)，花被裂片多而大，有芳香。

萱草属约20种，除萱草还有大花萱草(*H. middendorffii*)、小黄花菜(*H. minor*)、黄花菜(*H. citrina*)等。萱草为主要观赏种。

8.2.11.3 生长习性

萱草性耐寒，适应性广，喜湿润，亦耐干旱与半阴，华东可露地越冬。对土壤要求不严，但以富含腐殖质、排水良好的沙壤土为好。

8.2.11.4 繁殖

萱草用分株、播种法繁殖。春秋季每丛带2～3芽分植，通常3～5年分株一次。多倍体萱草需人工辅助授粉可提高结实率。播种繁殖，应在采种后即播，经冬季低温于次春萌发。春播当年不萌发。播后一个月出苗，播种苗培育两年后开花。还可用组培法繁殖多倍体萱草，进一步提高繁殖系数。

8.2.11.5 栽培管理

萱草栽植株行距50cm×100cm，先施基肥，上略盖细土，再将根栽入，覆土4～5cm，压实，浇透水。生长期定期松土、除草，向株丛根部培土。4～5月下旬施1～2次追肥，追肥以磷钾肥为主。秋季花后修剪整理，3～6年结合繁殖进行分株复壮。

8.2.11.6 应用

萱草花色鲜艳、栽培简单，常用于花境、林缘、坡地群植，还可作切花瓶插，有“一日百合”之称。

8.2.12 勿忘我(*Limonium bicolor*)

别名：二色补血草、干枝梅、不凋花

科属：蓝雪科，补血草属

8.2.12.1 形态特征

半耐寒性多年生草本，高110cm，全株具细毛，基生叶匙形或倒卵状匙形，基部下延成窄叶柄，疏生腺体。花序轴多数，叉状分枝，不育枝多，花多数组成穗状花序位于上部枝顶端，再形成疏散宽大的聚伞形圆锥状，苞片紫红色，花萼漏斗状，萼筒倒圆锥状，白色或稍带黄、粉色，花冠黄色，5裂，花色蓝紫、橙、黄、白。蒴果，种子细小。花期5～10月。(图8.14)

图8.14 勿忘我

8.2.12.2 主要种类与分布

原产地中海，我国有引种栽培。主要栽培种有初升月(淡黄色花)、海蓝(蓝色)、口红(复色)、水珠(淡粉色)、雪峰(白色)、珍珠蓝(淡紫色)等。本属常见观赏种类有：黄花补血草(*L. aureum*)，花萼金黄色，漏斗状，长5～7cm，花冠橘黄色，分布于我国华北、西北及东北；中华补血草(*L. sinensis*)，花萼白色后稍带黄色，花冠黄色，苞片紫褐色，无或有极少不育枝，产于我国东北至华南。

8.2.12.3 产地习性

勿忘我喜阳光充足，忌高温多湿，耐干旱瘠薄。夏天要求凉爽而通风。喜排水良好的沙壤土。

8.2.12.4 繁殖

勿忘我用播种或组培繁殖。种子细小，发芽力强。播种前，需低温处理种子，通过春化阶段，打破休眠期才能开花，即干藏(置5℃下4周)后春播。带花萼的种子，应事先吸足水分，播后10d可出苗，当年可开花。

8.2.12.5 栽培管理

勿忘我是喜光植物，选日照好的地方栽植，见干见湿，以保持微湿偏干为宜，切忌水涝。以磷矿粉作基肥，苗期追施0.1%的尿素液体肥，花蕾期喷0.1%的磷酸二氢钾2～3次，忌多肥。气温12℃～20℃为宜，过冬最低也要5℃以上。拉网是保持花枝定位不倒伏的有效方法。株高15cm时拉第一层网，随生长增高，距地45cm设第二层网。从定植到商品切花采收，大约需要4个月，连续种植2～3年后可更新换代。当花蕾显色时采收，按市场要求分级归类，每10支一束捆绑，待批发出售。

8.2.12.6 应用

勿忘我花繁色艳，长期不凋落，被誉为永不凋谢的“干枝梅”，切花、干花、花坛、盆栽等均可供观赏。

附表　其他宿根花卉简介

中文名	学 名	科 属	花 期	繁殖方法	特性与应用
非洲紫罗兰	*Saiutpaulia ionantha*	苦苣苔科 非洲堇属	夏、秋季	播种、分株、扦插	不耐寒、喜温暖；作盆栽花卉
剪秋罗	*Lychnis senno*	石竹科 剪秋罗属	夏秋	播种、分株	耐寒性强、喜阳光、耐旱；花境、草地边缘、道路两侧
玻璃翠	*Lmpatiens holstii*	凤仙花科 凤仙花属	四季开花	播种、扦插	温暖、不耐寒；温室盆花栽培
蜀 葵	*Althaea rosea*	锦葵科 蜀葵属	春夏	播种、分株、扦插	喜光、不耐阴； 丛植于水边、路旁
金鸡菊	*Coreopsis grandiflora*	菊科 金鸡菊属	夏秋	分株、播种、	耐寒性强、喜阳光、温暖、耐旱；花境、草地边缘，道路两侧
中国石竹	*Dianthus chinensis*	石竹科 石竹属	春夏	扦插、播种	耐寒性强、喜阳光、耐旱；花境、草地边缘，道路两侧
黑心菊	*Rudbeckia hybrida*	菊科 金光菊属	夏秋	播种	耐寒性强、喜温暖；花境、草地边缘，道路两侧、切花
荷兰菊	*Aster novi-belgii*	菊科 紫菀属	夏季	分株、扦插、播种	喜阳光、耐热、耐寒；花境、花台、草地边缘
宿根福禄考	*Phlox paniculata*	花荵科 福禄考属	夏秋	分株、播种、扦插	喜光、耐寒、耐热；花境、盆栽、岩石园、切花
桔 梗	*Platycodon grandiflorum*	桔梗科 桔梗属	夏秋	播种、分株	喜光、稍耐阴、喜凉爽、耐寒；岩石园、花境、地被
随意草	*Physostegia virginiana*	唇形科 假龙头花属	夏秋	分株、播种	耐寒、喜阳光；花境、花坛、草坪边缘、切花

（续表）

中文名	学 名	科 属	花 期	繁殖方法	特性与应用
玉 簪	*Hosta plantaginea*	百合科 玉簪属	夏季	分株、播种	喜阴、喜温暖、稍耐寒；林下、岩石园、盆栽、切花
荷包牡丹	*Dicentra spectabilis*	紫堇科 荷包牡丹属	春季	分株、播种	喜半阴、凉爽、耐寒；花坛、花径、岩石园及盆栽
虎耳草	*Saxifraga stolonifera*	虎耳草科 虎耳草属	春季	分株、播种	喜温暖、半阴、稍耐寒；水池边、假山石隙间、盆栽
吉祥草	*Reineckea carnea*	百合科 吉祥草属	秋季	分株、播种	喜温暖、半阴、较耐寒；植于水边、林下、盆栽
钓钟柳	*Penstemon campanulatus*	玄参科 钓钟柳属	夏秋	分株、播种、扦插	喜光、喜温暖湿润、耐寒性差花坛、花境、盆栽
蓍 草	*Achillea sibirica*	菊科 蓍草属	夏季	分株、播种	喜光、耐寒、耐半阴；花坛、花境、切花
紫 菀	*Aster tataricus*	菊科 紫菀属	夏秋	分株、播种、扦插	喜光、耐寒；花坛、花境、盆栽、切花
东方罂粟	*Papaver orientale*	罂粟科 罂粟属	夏季	分株、播种	喜光、较耐寒；花坛、花境、盆栽
松果菊	*Echinacea purpurea*	菊科 松果菊属	夏季	播种、分株	喜光、耐寒；花坛、花境、切花
大花飞燕草	*Delphinium grandiflorun*	毛茛科 翠雀属	春夏	播种、分株、扦插	喜光、耐半阴、耐寒；花坛、花境、切花
乌 头	*Acomitum chinensis*	毛茛科 乌头属	夏季	播种、分株	耐半阴、耐寒；花境、林下、切花
沙 参	*Adenotphora tetraphylla*	桔梗科 沙参属	夏季	播种、分株	耐旱、耐寒、喜半阴；花坛、花境、林缘
银莲花	*Anemone cathayensis*	毛茛科 银莲花属	春夏	播种、分株	耐寒、喜半阴；林下
落新妇	*Astilbe chinensis*	虎耳草科 落新妇属	夏季	播种	喜光、耐半阴、耐寒；花境、切花
丛生风铃草	*Campanula carpatica*	桔梗科 风铃草属	夏秋	播种	喜光、耐寒、喜凉爽；花境
大花矢车菊	*Cemtaurea marocephala*	菊科 矢车菊属	夏季	播种、分株	喜光、耐寒；花境、切花

（续表）

中文名	学 名	科 属	花 期	繁殖方法	特性与应用
泽 兰	*Eupatorium japonicum*	菊科 泽兰属	秋季	播种、分株、扦插	耐寒、喜凉爽；花境
草芙蓉	*Hibiscus palustris*	锦葵科 木槿属	夏秋	播种	喜光、半耐寒；花境、花坛、丛植
蓝亚麻	*Linum perenne*	亚麻科 亚麻属	夏季	播种、分株	喜光、耐寒；花坛、花境、丛植
金光菊	*Rudbeckia laciniata*	菊科 金光菊属	夏季	播种、分株	喜光、耐寒；花境、切花
天人菊	*Gaillardia pulchella*	菊科 天人菊属	夏季	播种、扦插	喜光、耐寒；花坛、花境、丛植
景 天	*Sedum aizoon*	景天科 景天属	夏秋	播种、分株、扦插	喜光、耐寒；花坛、花境、屋顶绿化
火炬花	*Kniphofia uvaria*	百合科 火焰花属	夏秋	播种、分株	喜光、耐寒；花坛、花境

思考题

1. 什么是宿根花卉？简述宿根花卉的主要繁殖方法及栽培管理要点。
2. 试述菊花的分类方法，分别叙述切花菊、盆栽菊的栽培要点。对秋菊应如何进行促成和抑制栽培？
3. 对香石竹采取不同的摘心方法对采花时间有什么影响？
4. 试述切花非洲菊的栽培管理要点。
5. 芍药的繁殖方法有哪些？芍药对环境有什么要求？
6. 叙述天竺葵的形态特征及重要观赏品种。
7. 哪些宿根花卉适宜作耐阴地被植物？
8. 哪些宿根花卉适合作为切花的材料？
9. 君子兰为什么会产生“夹箭”现象？应如何加以防止？
10. 如何使鹤望兰一年四季开花不断？

9 球根花卉

9.1 概述

球根花卉多为名花异卉，这类花卉植物的根或地下茎肥大，贮存着大量养分，以供植株周期性休眠、苏醒、生长与发育；其地上部分开出灿烂的花朵，散发着馥郁的香味，并有着挺拔秀丽的茎干或美丽的叶子可供观赏的，通常统称为球根花卉。按球根花卉地下肥大部分的形态，分为鳞茎、球茎、块茎、根茎、块根等几类。

（1）鳞茎

鳞茎是地下茎的变态，底部有一个短而扁平的圆盘状茎盘，茎盘的上面有多层肥厚的鳞片层层抱合，一般呈球状或高球状；茎盘的底部生出许多须根。鳞茎的鳞片间生腋芽，腋芽发育成小鳞茎。鳞茎又分有皮鳞茎和无皮鳞茎两大类。有皮鳞茎是由较薄的鳞片呈层状抱合，鳞片不易分离；最外一层鳞片较厚呈膜质，棕褐色或黑褐色，将整个鳞茎严密包被，如水仙、郁金香、朱顶红等。无皮鳞茎是由肥厚鳞片呈叶状层层嵌合，鳞片可以分离，整个鳞片茎的外面无皮膜包被，如百合。

（2）球茎

地下茎呈球状或扁球状，外被数层棕红色或褐色皮膜，内部为实心较坚硬，球的底部有明显的节形成环状痕迹，并着生侧芽，自侧芽之基部繁殖新球茎，如唐菖蒲、香雪兰等。

（3）块茎

地下茎呈扁球状或不规则形，表面无环状痕迹，根系由底部发生，顶端通常有几个发芽点（芽眼），发芽点抽生茎、叶及花枝。块茎增生子球的能力甚弱。如球根秋海棠、彩叶芋、马蹄莲、仙客来及大岩桐等。

（4）根茎

地下茎肥大呈根状，上有许多分枝，蜿蜒匍匐在土壤里，称为根茎。根茎上具明显的节，节上抽生侧芽，根茎顶端侧芽密集，侧芽萌发成新植株，如美人蕉、荷花、鸢尾等。

（5）块根

块根是根的变态，呈膨大块状，内贮大量养分，仅顶端根颈处有发芽能力，如大丽花、花毛茛等。

（6）假鳞茎

假鳞茎又称拟球茎，形状与球茎相似。多种兰科花卉具有假鳞茎。假鳞茎生于土壤内或部分露出土壤外，膨大多节，节间密集，每一节着生一片叶子，形态因种类而不同，有圆形、桃形、扁球形、卵圆形。如石仙桃的假鳞茎呈桃形，春兰假鳞茎密集成丛。兰科花会一般无地上茎或甚短，多由假鳞茎贮存水分及养料供抽生叶和花。

（7）肉质根

有些花卉的根长而肥大，呈圆柱形或纺锤形，贮存大量营养物质，其功用与球根类相似，在管理方法与栽培管理方面与球根类相同，如君子兰、鹤望兰、牡丹及芍药等。

9.2 主要球根花卉

球根花卉从生物学特性上分两大类：春植球根、秋植秋根。其用途既有园林绿地用花，如郁金香、球根鸢尾，又有盆栽商品用花如水仙、百合类，同时更多的是切花类，如郁金香、唐菖蒲、百合等等。

9.2.1 百合属(*Liliuml*)

科属：百合科

9.2.1.1 形态特征

百合为多年生草本，在我国已有千年以上的栽培历史，常用以代表文雅和纯洁。在欧洲，纯白色的百合花象征纯贞少女。近年来，我国婚礼上用百合花十分流行，取“百年好合”之意。百合地下具鳞茎，阔卵状球形或扁球形；地上茎直立，不分枝或少数上部有分枝，高50～150cm。叶多互生或轮生；线形或披针形；具平行叶脉。有些种类的叶腋处易着生球芽。花单生，簇生或成总状花序；花大形，漏斗状或喇叭状或杯状等，下垂，平伸或向上着生，花具梗和小苞片；花被片6，形相似，平伸或反卷，基部具蜜腺；花白、粉、淡绿、橙、橘红、洋红及紫色，或有赤褐色斑点；常具芳香。蒴果3室；种子扁平。百合自然花期为春夏季。绝大多数百合的花都十分美丽，很多百合花还散发出幽雅的香气，如我国的毛百合、玫红百合等。华东地区露地栽培的百合，于4月上旬萌发新芽，花期6～8月、9～10月中旬，果实成熟，此时可采种。

百合类的地下部分具两种根系，即生于鳞茎盘下的为“基根”(或称下根)，具吸收养分、稳定地上部的作用，其寿命长两至数年；生于土壤内的地上茎节处之根为“茎根”(或称上根)，亦起吸收养分的作用，主要供给新鳞茎的吸收，其寿命1年。

9.2.1.2 主要种类及分布

百合属约100种，主要原产北半球的温带和寒带，热带极少分布。我国有20种，云南为分布中心。日本有20种，北美17种，欧洲8种，余者分布其他各地。百合类的原种杂种及园艺品种很多，现代栽培的商品品种是由多个种反复杂交育成。园艺上通常将百合根据花型分为四个群，即喇叭型群、漏斗型群、杯型群和钟型群。

(1) 喇叭形百合群

花喇叭或杯状，水平或下垂开放；花被裂片外反部不到全长的1/3；雄蕊整齐一致。主要有麝香百合及其变种、台湾百合、王百合、日本百合等。

① 麝香百合(*L. longiflorum*)

别名铁炮百合、龙牙百合。鳞茎球形或扁球形，黄白色，鳞茎抱合紧密。地上茎高45～100cm，绿色，平滑而无斑点。叶多数，散生，狭披针形。花单生或2～3朵生于短花梗上，平伸或稍下垂，蜡白色，筒长10～15cm，上部扩张呈喇叭状，径10～12cm，具浓香；花期5～6月。原产我国台湾及日本南部诸岛。本种因自花结实容易，所以变种、品种很多，并有许多种间杂种及多倍体品种。世界主要切花之一，也是促成栽培的主要种类。

② 王百合(*L. regale*)

别名王香百合、峨眉百合。鳞茎卵形至椭圆形，紫红色，径5～12cm。地上茎高1.0～

1.8m,绿色带紫斑点。叶密生,细软而下长,披针形,浓绿色。花2～9朵,通常4～5朵,横生,喇叭状,直径12～13cm,长12～15cm,白色,内侧基部黄色,外具粉紫色晕,芳香;花期6～7月。原产我国四川、云南等省。性较耐寒,喜阳光处生长,在我国华北地区可以露地过冬。

③ 百合(*L. brownii* var. *colchestevi*)

别名布朗百合、野百合、淡紫百合、香港百合、紫背百合。鳞茎扁平状球形,径6～9cm,黄白色有紫晕。地上茎直立,高0.6～1.2m,略带紫色。叶披针形至椭圆状披针形,花1～4朵,平伸,乳白色,背面肋带褐色纵条纹,径约14cm。花药褐红色,花柱极长,极芳香,花期8～10月。原产我国南部沿海各省以及西南诸省,河南、河北、陕西亦有分布。本种多野生山坡林缘草地上,鳞茎可食用。

④ 台湾百合(*L. formosanum*)

鳞茎近球形,径3～4cm,黄色。地上茎高30～180cm,带紫褐色。叶散生,线状披针形。花1至多朵,平伸,狭漏斗形,径12～13cm;花白色,外晕淡红褐色;花期一般7月下旬。原产我国台湾,为重要的栽培种。种子发芽率高达95%以上。

(2) 漏斗形百合群

花杯状,水平开放;盛开时花被片先端1/2以下展开外反,雄蕊分散,有天香百合及其交种等。

天香百合(*L. auratum*)

别名山百合。本种鳞茎扁球形,径6～7cm,黄绿色,阳光照射下变桃红色。鳞片端有桃红色细点。地上茎高1～1.8m,直立或斜生,淡绿色或带紫色斑点。叶互生,狭披针形至长卵形。总状花序,着花4～5朵或可达20余朵,平展或向下,花大形,径23～30cm,长15cm,白色,具红褐色大斑点;花被中央具辐射状黄色纵条纹;具浓香。花期夏秋。原产日本,我国中部亦有分布。本种花大芳香,宜作切花;鳞茎供食用。

(3) 杯状形百合群

花杯状或星状,花向上开放,端部弯曲而不反卷;雄蕊分散。有兴安百合、透百合及其杂交种和品种、毛百合、山丹等等。

① 兴安百合(*L. dauricum*)

别名毛百合。本种鳞茎较小,径约3cm,白色,鳞片狭而有节,地上茎高60～80cm,绿色稍带褐点,上部有白毛。叶轮生,披针形。花单生或2～6朵顶生,直立向上呈杯状,径7～12cm,花期5～6月。原产我国大兴安岭一带和河北、朝鲜、日本、蒙古、俄罗斯亦有分布。其性强健,耐寒;鳞茎可食。

② 山丹(*L. concolor*)

别名渥丹。鳞茎卵圆形,径2～2.5cm,鳞片较少,白色。地上茎高30～60cm,有绵毛。叶狭披针形。花1至数朵顶生,向上开放呈星形,不反卷,红色,无斑点;花期6～7月。原产我国中部及东北部,适应性强,鳞茎可食。

③ 青岛百合(*L. tsingtauense*)

鳞茎近球形,白色或略呈黄色。地上茎高50～80cm。叶轮生,椭圆状披针形,花单生或数朵呈总状花序,花被片开展而不反卷呈星状,橙红色,具淡紫色斑点;花期5月中旬～6月中旬。原产我国山东省,朝鲜亦有分布。本种除观赏外,鳞茎亦可食用。

(4) 钟形百合群

花向下开放，着生于侧枝先端，花被反卷部占全长2/3以上，雄蕊分散。有鹿子百合卷丹、竹叶百合等。

① 鹿子百合(*L. speciosum*)

别名药百合。本种鳞茎较高而大，径8cm，高7～10cm，鳞片较长，紫色或褐色。地上茎高60～150cm，直立或斜生。叶阔披针形至长卵形。花4～10朵，或多至呈穗状，着花可达40～50朵，垂或斜上开放；花白色，带粉红晕，基部有紫红色突起斑点，具香气；花期7～8月。还有粉红至浅红和浓红的品种，及具白边和大花的品种、变种。原产日本、朝鲜。

图9.1 卷丹

② 卷丹(*L. lancifolium*)

鳞茎圆形至扁圆形，径5～8cm，白至黄白色。地上茎高50～150cm，紫褐色，被蛛网状白色绒毛。叶狭披针形，腋有黑色珠芽。总状花序，花梗粗壮，花朵下垂，径约12cm；花被片披针形，开后反卷，叶球状，橘红色，内面散生紫黑色斑点；花药深红色；花期7～8月。原产我国及日本、朝鲜。性耐寒，耐强烈日照。可栽于微碱性土壤。为主要食用种。卷丹见图9.1。

③ 川百合(*L. davidii*)

别名大卫百合。鳞茎扁卵形，较小，径约4cm；白色。地上茎高30～180cm，带紫褐色粗毛。叶多而密集；线形。着花2～20朵，下垂，砖红色至橘红色，带黑点；花被片反卷；花期7～8月。原产我国西南及西北部，性强健，耐寒。除观赏外，鳞茎可食，亦常作育种材料。

9.2.1.3 生长习性

绝大多数百合喜阳光充足的环境，但不喜高温，适宜于凉爽而湿润的气候。炎热和遮荫会使百合长势减弱，开花受到影响。百合生长的最适温度为15℃～25℃。30℃以上的温度会严重影响百合的生长发育；低于10℃的气温下，百合生长近于停滞。百合属于长日植物，光照时间过短，会阻碍开花。百合对土壤肥力的要求不高，但必须疏松多孔、透气透水，一般以砂壤土为佳，忌黏土。大多数百合喜微酸性土壤，pH值6.5左右，少数百合种可在弱碱性土壤中生长。百合一般不耐盐，忌连作。

王百合、川百合适应性较强，种性强健，亦能略耐碱土和石灰质土。卷丹和湖北百合比较喜温暖干燥气候，较耐阳光照射，要求高燥肥沃的沙质壤土。麝香百合适应性较差，不耐碱性土，对酸性土要求较严格；其种性亦不如前者，易罹病害和退化。

百合类为秋植球根，花期一般5月下旬～9、10月，属球根花卉中开花最迟的一类。易开花的种类有王百合、湖北百合、川百合和卷丹等；麝香百合对湿度较敏感，自然花期为6～7月，常进行促成栽培，令其冬春开花。百合类开花后，地上部分逐渐枯萎并进入休眠，休眠期一般较短但亦因种而异。解除球根休眠需经一定低温，通常2℃～10℃即可。花芽分化多在球根萌芽后并生长一定大小时进行，具体时间也因种而异，百合类多为自花结实植物，但因长期营养繁殖结果，有些种类自花不孕，一般野生种类易自花授粉并结实良好。种子生活力2年。其鳞片寿命3年。鳞茎中央的芽伸出地面形成直立的地上茎后，又在其旁发生1至数个新芽，自每芽周围向外渐次形成鳞片，并逐渐扩大增厚，几年后便分生为新的小鳞茎，进行更新演替。与此同时，地上茎节处叶腋中也可形成珠芽。

9.2.1.4 繁殖

百合类的繁殖方法较多，有分小鳞茎、分珠芽、扦插鳞片、叶插、播种以及组织培养等，以分球法最为常用，扦插鳞片亦较普遍应用，组织培养可以繁殖脱毒苗，分株芽和播种仅用于少数种类或培育新品种。

(1) 分小鳞茎

母球(即老鳞茎)在生长过程中，于茎轴旁不断形成新的小球(新鳞茎)，并逐渐扩大与母球自然分裂。将这些小球与母球分离，另行栽植。每个母球经一年栽培后，可分生1～3个或数个小球，因种和品种而异。百合地上茎的基部及埋于土中的茎节处均可产生小鳞茎，同样可把它们分离，作为繁殖材料另行栽植。为使百合多产生小鳞茎，常进行人工促成，即适当深栽鳞茎或在开花前后切除花蕾，均有助于小鳞茎的发生。也可在植株开花后，将地上茎切成小段，平埋在湿沙中，露出叶面，经一个月左右在叶腋处能长出子球。

(2) 分珠芽

适用叶腋能自生珠芽的种类，如卷丹、沙紫百合等。可在花后珠芽尚未脱落前采集并随即播入疏松的苗床内或贮藏沙中，待春季播种。管理细致周到时，2～3年可开花，比播种繁殖快。

(3) 鳞片扦插

选取成熟健壮的大鳞茎，阴干数日后，将肥大健壮的鳞片剥下，斜插于粗沙或蛭石中，注意使鳞片内侧面朝上，顶端微露土面即可。入冬移入温室，保持室温15℃～20℃，月余在鳞片伤口处便产生子球并生根，经3年培养便可长成种球。一般一个母球可剥取20～30片鳞片，可育成50～60个子球。

(4) 叶片扦插

麝香百合等可用开花植株的茎生叶扦插于基质中，保持湿润和21℃，每日光照16～17h，经3～4周产生愈伤组织和小鳞茎，一个半月后长出新根。

(5) 播种

因种子不易贮藏(干燥低温下可贮藏3年)，故只在培育新品种时或结实多又易发芽类如台湾百合及其杂交种才用此法。一般种子成熟采后即播，20～30d便可发芽。

(6) 组织培养

百合组织培养比较容易成活。可用于组织培养的外植体有鳞片、叶片、珠芽、花器官、幼嫩茎段、根段等。比较适合于生产中使用的是鳞片和叶。

9.2.1.5 栽培管理

露地栽培百合最好深翻后施入大量腐熟堆肥、腐叶土、粗沙等以利土壤疏松和通气。用于切花栽培的百合，大致可分为3类，即亚洲百合杂种、东方百合杂种及麝香百合杂种，其中亚洲杂种和东方杂种的品种较多，麝香百合杂种品种较少。近年又培育出麝香百合与东方百合的杂交品种以及其他远缘杂交种。

亚洲百合杂种的生长周期(指从定植到采收的周数)为9～12周，其中12～16周的品种居多。适合于四季栽培的品种约30～40个，如：Adelina鲜黄、Eita橘红、Her Grace黄、Jmsi深橘、Maremma明黄等。大多数亚洲杂种均可用于冬春季生产。东方杂种百合的生长周期多为12～20周，其中大多数品种为14～18周。有20多个品种，适合于四季栽培，如hmnda白、Ankra乳白、Apropas浅粉红、Merostar深粉红、Wisdom白/黄等。麝香百合杂种的生长周期集中在14～18周。目前推出的品种多为白色，有少数品种适合于四季栽培，如Snow Queen、White Satin等。

要成功地生产切花百合，一定要根据温室的条件以及市场需求等因素，认真挑选品种。比如，亚洲百合杂种花色丰富，大多数品种的生长周期比其他种群短，同时由于花苞常向上，因而市场非常看好。但亚洲杂种对弱光敏感性极强，如果没有补光系统，在某些地区冬季生产切花很困难。麝香百合和东方百合杂种对缺光的敏感性不很强。然而东方杂种需要的温度尤其是夜温，比亚洲杂种要高。百合栽植宜深，深度约为鳞茎的3倍，一般18～25cm。栽好后，覆盖保湿，降低地表温度。

生长季节不需特殊管理，可在春季萌芽后及旺盛生长而天气干旱时，灌溉数次。百合所需氮、磷、钾比例为5∶10∶5，生长期追施2～3次稀薄液肥；花期增施1～2次磷、钾肥。平时只宜除草，不适中耕，以免损伤“茎根”。高大植株，需用支柱缚扎，以防止倾倒。采收后即分栽，若不能及时栽植，应用微潮的沙予以假植，并置阴凉处。

促成栽培可于9～10月选肥大健肥壮的鳞茎种植于温室地畦或盆中，尽量保持低温，11～12月室温为10℃。新芽出土后需有充足阳光，温度升至16℃～18℃，约经12周开花；如鳞茎冷藏贮存，周年分批栽种，可不断供应鲜花。

百合切花应在2～3个花蕾透色以后再采收。不可过早或过迟，采收应在上午10点钟以前进行。剪下的百合花枝最好插入放有杀菌剂的预冷清水中（水温2℃～5℃最好）。30min以内及时离开温室。在百合花枝包装成束以前，剥去下部10cm茎秆上的叶子以及黄叶。

9.2.1.6 应用

百合花期长，花大姿丽，有色有香，为重要的球根花卉，最宜大片纯植或丛植疏林下、草坪边、亭台畔以及建筑基础栽植，亦可作花坛、花境及岩园材料或盆栽观赏。多数种类更宜作切花，如东方百合、亚洲百合、王百合、麝香百合为名贵切花。百合类中鳞茎多可食用，以卷丹、川百合、山丹、百合、毛百合及沙紫百合等品质最好。

9.2.2 唐菖蒲(*Gladiolus hybridus*)

别名：菖兰、剑兰、扁竹莲、十样锦

科属：鸢尾科，唐菖蒲属

9.2.2.1 形态特征

唐菖蒲为多年生草本，地下部分具球茎，扁球形，外被膜质鳞片；株高60～150cm，茎粗壮而直立，无分枝或稀有分枝；叶剑形，抱茎互生；聚伞花序顶生，着花12～24朵，通常排成二列，侧向一边，少数为四面着花；每朵花生于草质佛焰苞内，无梗；花大形，左右对称；花冠筒漏斗状，色彩丰富，有白、黄、粉、红、紫、蓝深浅不一的单色或复色，或具斑点、条纹或呈波状、褶皱状；蒴果；种子扁平，有翼；花期夏秋。唐菖蒲见图9.2。

图9.2 唐菖蒲

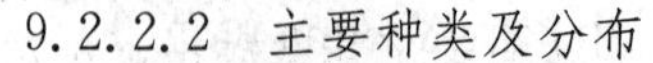

9.2.2.2 主要种类及分布

唐菖蒲属约有250种，其中10%的种类原产于地中海沿岸和西亚地区，90%的种类原产于南非和非洲热带，尤以南非好望角最多，为世界上唐菖蒲野生种的分布中心。世界各国每年都要推出一些新品种。

自20世纪80年代以来，我国育成的品种已不下百个。全球范围内，以荷兰育成的新品种最多。据不完全统计，当前全世界唐菖蒲栽培品种近万个，大致以如下方法进行分类：

(1) 依生态习性分类

① 春花种类。本类植株较矮小，球茎亦小。茎叶纤细，花轮小形，因而又称矮生型或婴型。耐寒性较强，在温暖地区可秋天种植，冬季不落叶过冬，次春开花，但花色缺乏变化。本类多数由原产地中海及西亚地区的野生杂种杂交选育而成。

② 夏花种类。本类春天种植，夏天开花。一般植株高大，花多数大而美丽。花色、花型、花径大小以及花期早晚均富变化。多数由原产南非的野生原种杂交后选育而来。本类拥有大量品种，目前世界各国广泛栽培的优秀杂种和品种均属此类。

(2) 依花型分类

① 大花型。花大形，多而紧密；花期晚；球根增殖慢。

② 小蝶型。花较小，多富皱褶变化并多具彩斑，花姿清丽。

③ 报春花型。花朵开放时，形似报春。一般花少而稀疏。与大花种类杂交之改良品种，花期早，花形大，色彩亦丰富；球茎生长较快。

④ 鸢尾型。花序较短，着花少，但较紧密，向上方开展，花被裂片大小、形状相似，呈辐射对称状。子球增殖力强。

本型依花被裂片的形状分，尚有平瓣、皱瓣型和波瓣型。

(3) 依生长期分类

① 早花类。生长50～70d，有6～7片叶时即可开花。

② 中花类。生长70～90d后即可开花。

③ 晚花类。生长期较长，90～120d后、有8～9片叶时，方能开花。

以上三类生长期，在华北地区为5～9月；华中、华东地区为4～10月。

(4) 依花色分类

唐菖蒲品种的花色十分丰富又极富变化，一般根据花的基本色分为12个色系，即白绿、黄、橙、橙红、红、粉红、玫红、浅紫、蓝、紫色及烟色系。此外还有复色系。

9.2.2.3 生长习性

唐菖蒲喜气候温暖，并具有一定耐寒性。不耐高温，尤忌闷热，以冬季温暖、夏季凉爽的气候最为适宜。生长临界低温为3℃，球茎在4℃～5℃时即可萌动生长；生育适温，白天为20℃～25℃，夜间为10℃～15℃。一年中能有4～5个月生长期的地区都能种植。因此，在高温地区以及温带北部均有唐菖蒲的生育适地。我国大部分地区均能种植，但因冬季多数地区严寒而不能露地越冬，所以一般作春植球根栽培，夏季开花，冬季休眠。休眠期长短因品种而异，多为30～90d。

唐菖蒲性喜深厚肥沃而排水良好的疏松砂质壤土，不宜在黏重土壤和低洼积水处种植，在黏重土壤中栽种时，应先加入土壤改良剂，及沙子、稻草、稻壳、花生皮、泥炭等。土壤pH值6～7为佳，唐菖蒲极不耐盐。要求阳光充足，长日照有利于花芽分化，分化后短日照能提早开花。

唐菖蒲球茎的寿命为一年，每年进行一次更新演替，即母球在当年抽叶开花过程中，便在茎的基部膨大形成新球，继而下部的原母球也随之逐渐干缩死亡，与此同时在新球底部也常生出收缩根，并在其端部膨大形成子球。一株唐菖蒲一般每年能形成2～4个新球和数十个子球。

我国东北、西北地区，由于夏季气候凉爽，唐昌蒲生长开花良好，尤对小球的生育更为有利。而江南盛夏炎热的地区，如上海、南京等地，露地栽培常生长不良，开花率低，花朵小质量较差。

9.2.2.4 繁殖

唐菖蒲以分球繁殖为主，亦可进行切球、播种和组织培养等方法繁殖。

(1) 分球

当秋季有1/3叶片发黄时，挖起球茎，将母球上自然分生的新球和子球取下来，按大小分级另行种植。通常新球于第二年就可开花；子球大者，培养一年亦可开花，子球小者，需培养两年方可开花。

(2) 切球

当种球数量少时，为加速繁殖，可以进行切球法繁殖，即将能开花的成年种球纵切成2～3块，每块必须带有1个以上的芽和部分茎盘，否则不能抽芽和生根。切口部分应用草木灰涂抹，以防腐烂，待切口干燥后可做开花球种植。

(3) 播种

播种法多用于新品种选育和老品种复壮。一般在夏秋种子成熟采收后，立即进行盆播，发芽率较高。冬季将播种苗转入温室培养(或秋季直接在温室播种)，第二年春天分栽于露地，加强管理，夏季就可有部分植株开花。如果采种后于第二年春季播种，则开花较当年秋播者推迟一年。

(4) 组织培养

目前国内外不少地方都使用组培养方法进行唐菖蒲的脱毒、复壮繁殖，用以培养优质种球。一般用植株的幼嫩部分作外植体进行组培繁育。

(5) 种球的生产与管理

唐富蒲的开花球茎种植一季后，每个球茎可生出几十个至上百个小子球，约黄豆粒大小或稍大些。这些小子球即用来培养成开花种球。一般小子球需经2年栽培后，方能成为开花球。第一年首先将小子球养成直径1.5～2.5cm的子球。第二年即可达到开花球的大小(3.0～5.0cm)。

所有的小子球在挖出后，去掉泥土，并用杀菌剂浸泡30min，以防真菌侵蚀。药剂处理最迟在子球挖出3d内进行。处理后将子球置于通风处令其干燥。最后将风干的子球贮藏于冷凉的室内。

在子球栽种之前，首先应精心筛选一遍，挑去感病子球。然后将所有子球浸泡于温水中，水温53℃～55℃。水中加入100g/ml苯菌灵，另加入180g克菌丹或180g福美双。将用尼龙网袋装好的小球茎浸泡30min。在处理之前，子球需在24℃～32℃下贮存8周，并于处理前两天用32℃温水浸泡以软化外部硬皮，同时将浮于水面上的劣质小球剔除。热水浸泡之后，将尼龙网袋投入自来水中冲洗约10min，然后将子球从网袋中取出，平铺于灭过菌的方盘中晾干，再放入2℃～4℃下贮藏直至定植。

小子球种植应采用垄栽。一般垄宽10～13cm，垄间相隔约60cm。小球栽植密度为每垄130个左右，播种深度5cm。定植前应精心翻耕土地，施足底肥。一般每亩施3 000～3 500kg有机肥。定植后应喷灌一次透水，以利出苗整齐。有部分小子球可能在第一年生长后即抽出花茎，此时应及时切除花茎，以便使养分集中供应子球。

9.2.2.5 栽培管理

在唐菖蒲栽种前，在土壤中要施入足够的基肥，并加入适量的骨粉和草木灰。

在我国华北地区可自4月中旬～7月末每隔10d栽种一次母球，于7～10月接连不断开花。华东地区可自3月下旬～8月初分批分期栽种，于6月中旬～11月上旬接连开花。但当地6月多不进行栽种，以免开花时正逢盛夏酷暑，造成开花不良、着花质量低。延缓种植的球茎，应当贮藏于低温(2℃～4℃)干燥条件下，以免种球发芽或变质。

通常用高畦栽或垄栽栽种。高畦栽培时床宽90～100cm，通道40～50 cm，株行距15cm×15cm，覆土5～10 cm，每公顷栽18万～30万球。垄栽时通常按双行式平载，行内株距10～12cm，每垄两行，垄距60～80 cm，培土时将垄间土铲起覆于垄上，使原来垄间变为沟。栽植深度5～10 cm，深栽有利于花茎发育，不易倒伏。新球小、子球少时，浅栽有利于新球生长，但不抗旱，易倒伏，可采用多次培土法，防倒伏。

栽植前种球要进行消霉处理，亦可用硫酸铜、硼酸、高锰酸钾等化学药剂及生长素(a-萘乙酸、赤霉素、2,4-D)等溶液浸泡，能促进萌芽和生长，并增加抗性，提早花期。田间管理应注意中耕除草。唐菖蒲喜肥，应于2～3叶期及孕穗期各追肥一次，以利花芽分化。风大地区需拉网防倒伏，株高10cm时拉网，以后随植株高增高逐步上升至50cm高度。

切花栽培时，应选花瓣充分着色、含苞待放的花序或花序最下部1～2朵花初开时，于傍晚或清晨切下，立即竖直放入盛有清水及杀菌剂的塑料桶内，切花后的植株至少应保留2～3枚叶片，以供新球和子球继续生长。切下花茎长度通常在70～100cm，小花蕾在10朵以上，进行分级包装或冷藏，温度保持在2℃～5℃。运输过程中注意竖直放置，以防花茎弯曲。

为使周年供应切花，可利用温室、温床及冷床等行进栽培。关键是冷藏种球，使之保持休眠状态，待需要种植时取出栽种。

9.2.2.6 应用

唐菖蒲为世界著名四大切花之一，其品种繁多，花色丰富，花期长，为世界各国广泛应用。除作切花外，还适于盆栽、布置花坛等。唐菖蒲对氟化氢等有毒气体敏感，可作为大气污染的指示植物。

9.2.3 水仙属(*Narcissus*)

科属：石蒜科

9.2.3.1 形态特征

水仙为多年生草本，地下部分具肥大鳞茎，其形状、大小因种而异，但大多数为卵圆形或球形，具长颈，外被褐黄色或棕褐色皮膜；叶基生，带状、线形或近圆柱状，多数排成互生二列状，绿色或灰绿色；花单生或多朵呈伞形花序着生于花葶端部，下具一膜质总苞；花葶直立，圆筒状或扁圆筒状，中空，高20～80cm；花多为黄色、白色或晕红色，侧向或下垂，部分种类的花具浓香；花被片6，基部联合成不同深浅的筒状，花被中央有杯状或喇叭状的副冠，其形状、长短、大小以及色泽均因种而异，植物学上和栽培上常作为水仙属分类的依据；花两性，雄蕊6个，子房下位。

9.2.3.2 主要种类与分布

全属约30种，主要原产北非、中欧及地中海沿岸，其中“法国水仙”分布最广，自地中海沿岸一直延伸至亚洲，到达中国及日本、朝鲜。有许多变种和亚种。其中“中国水仙”为重要的变种之一，主要集中于中国东南沿海一带。据研究，初步证实中国水仙并非原产中国，而是归化于中国的逸生植物，大约于唐初由地中海传入中国，至今浙江舟山群岛、温州诸岛以及福建的沿海地区仍有成片的逸生种。

中国关于水仙(即中国水仙)的最早记载始于宋代，已有1 200多年的历史。

目前国内外广泛栽培和应用的有下述各原种和变种：

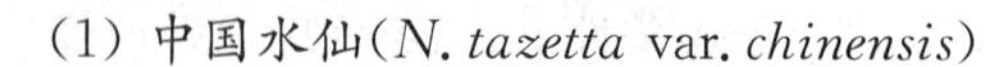

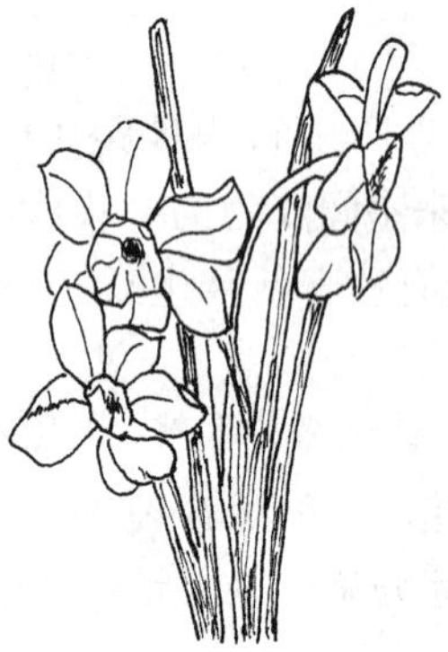

(1) 中国水仙(*N. tazetta* var. *chinensis*)

别名水仙花、凌波仙子、天葱、雅蒜。中国水仙为多花水仙(*N. tazett*)主要变种之一。鳞茎肥大，卵状至广卵状球形，外被褐色皮膜。叶狭长带状，长 30～80cm、宽 1.5～4cm、端钝圆，边全缘。花葶于叶丛中抽出，稍高于叶，中空，筒状或扁筒状。一般每球抽花葶 1～2支，若肥水充足，生长健壮的大球可出 3～8 支或更多；每葶着花 3～11 朵，通常 4～6 朵，呈伞房花序；花白色，芳香；花冠高脚碟状，花期 1～2 月。中国水仙为 3 倍体，不能结实。中国水仙见图 9.3。

图 9.3 中国水仙

中国水仙现有两个品种：

① 金盏银台。花被纯百色，平展开放。副花冠金黄色，浅杯状，花期 2～3 月，福建漳州和上海崇明大量栽培。

② 玉玲珑。花变态，重瓣，花瓣褶皱，无杯状副花冠，产地同上。

(2) 喇叭水仙(*N. pseudo-narcissus*)

别名洋水仙、漏斗水仙。本种鳞茎球形，径 2.4～4cm。叶扁平线形，长 20～30cm，宽 1.4～1.6cm，灰绿色而光滑，端圆钝。花单生，大形，径约 5cm；黄或淡黄色，稍具香气；副冠与花被片等长或稍长；钟形至喇叭形，边缘具不规则齿牙和皱折；径约 3cm；花期 3～4 月。喇叭水仙见图 9.4。

图 9.4 喇叭水仙

本种有许多变种和园艺品种，常见的有：

① 浅黄喇叭水仙(var. *johnstonii*)。花被浅黄色。

② 二色喇叭水仙(var. *bicoior*)。花被片纯白色，副冠鲜黄色。

③ 大花喇叭水仙(var. *major*)。花朵特别大。

④ 小花喇叭水仙(var. *minimus*)。植株较小，副冠较短。

⑤ 重瓣喇叭水仙(var. *plenus*)。花的副冠及雌雄蕊全部瓣化，花大，径约 7cm。

(3) 明星水仙(*N. incomparabilis*)

别名橙黄水仙，为喇叭水仙与红口水仙的杂种。鳞茎卵圆形，径 2.5～4cm。叶扁平状线形，长 30～40cm，宽 1cm；粉绿色，被白粉。花葶有棱，花单生，平伸或稍下垂；径 5～5.5cm；花被裂片狭卵形，端尖；副冠倒圆锥形，边缘皱折，为花被片长之半，与花被片同色或异色，黄或白色；花期 4 月。主要变种为：

① 黄冠明星水仙(var. *curantius*)。副冠端部橙黄色，基部浅黄色。

② 白冠明星水仙(var. *Albus*)。副冠为白色。分布在法国至希腊。

(4) 丁香水仙(*N. jonquilla*)

别名长寿花、黄水仙、灯心草水仙。鳞茎较小，外被黑褐色皮膜；叶 2～4 枚；长柱状，有明显深沟；浓绿色。花 2～6 朵聚生，侧向开放，具浓香；花高脚碟状，径约 2.5cm；花被片浓黄色，副冠杯状，与花被同长同色或稍深呈橙黄色，具浓香，花期 4 个月。分布在西班牙东部、丹麦、阿尔及利亚等地。丁香水仙见图 9.5。

图 9.5 丁香水仙

图 9.6 红口水仙

(5) 红口水仙(*N. poeticus*)

别名红水仙、红口、丁香水仙。鳞茎较细，卵圆形，径外均可 2.5～4cm。叶 4 枚线形，长 30cm 左右，宽 0.8～1.0cm。花单生，苞片干膜质，长于小花梗；花被纯白色，副冠浅杯状，黄色或白色，边缘波皱带红色；三雄蕊外伸。本种变种较多，原产法国及希腊地区，我国有栽培，花期 4～5 月。红口水仙见图 9.6。

9.2.3.3 生长习性

水仙属植物性喜温暖湿润的气候，阳光充足的地方尤宜生长，适宜冬无严寒、夏无酷暑、春秋多雨的地方。但多数种类也甚耐寒，在我国华北地区不需保护即可露地越冬，如栽植于背风向阳处，生长开花更好。喜水，耐大肥，除重黏土及沙砾地外均可生长，但以土层深厚肥沃湿润而排水良好的黏质壤土最好，土壤 pH 值以中性和微酸性为宜。

水仙类为秋植球根，一般初秋开始萌动生长，秋冬在温暖地区，萌动后根、叶仍可继续生长；而较寒冷地区仅地下根系生长，地上部分不出土，翌年早春迅速生长并抽葶开花。花期早晚因种而异，多数种类于 3～4 月开花；中国水仙花较期早，于 1～2 月开放，6 月中下旬地上部分的茎叶逐渐枯黄，地下鳞茎开始休眠。花芽分化通常在休眠期进行，具体时间因种而异，如喇叭水仙分化最早，一般 5 月中下旬开始分化，当地上部叶子枯萎时，副冠已经开始分化，花芽的分化期大约 2 个半月，最适温度为 20℃或稍低些，而花芽于翌春伸长生长前需经过 9℃的低温。中国水仙的花芽分化较晚。

9.2.3.4 繁殖

水仙通常用分球繁殖。大球两侧常常长出一些小鳞茎，因此可将母球上自然分生的小鳞茎(俗称脚芽)掰下来作为种球，另行栽植培养，经三年可培养成开花大球。

也可用侧芽繁殖。侧芽是包在鳞茎球内部的芽，只在球根阉割时，才随挖碎的鳞片一起脱离母体，拣出白芽，秋季播在苗床上，翌年产生新球，经继续培养 3～4 年可开花。

培育新品种，常用播种法。种子成熟后于秋季播种，翌春出苗，待夏季叶片枯黄时挖出小球，秋季再栽植，加强肥水管理，4～5 年可形成开花的大球。

此外，为了获得无病毒苗，可以采用组织培养法进行脱毒培养，外植体可用花茎、幼叶、根盘等。

9.2.3.5 栽培管理

大面积栽培生产切花水仙类，通常有两种方法：

(1) 露地一般栽培法

选择温暖湿润、土层深厚肥沃、保水性和排水性良好的沙质土壤，并有适当遮荫，于9月下旬栽种。栽前施入充足的基肥，生长期间追施1～2次液肥，不需其他特殊管理。夏季叶片枯黄时将球根挖出，置于阴凉通风的地方贮藏。栽培场地可以采取垄沟流水或者喷水降温最好。在种植前7～10d耕耘整地，栽培床的宽度为100cm，床间距为50cm，栽培床高15～25cm。栽培床的高度要根据栽培场地的条件而定。排水良好的场地，床高15cm；地下水位高的地方，床高25cm左右。花芽已经分化的鳞茎可以在7月下旬定植栽培。由于此时正处于高温季节，确保凉爽的栽培环境是关键。初期的温度对于水仙的生育和开花影响最大，所以要选择夏季冷凉地区进行栽培。一般白天气温在25℃～30℃、夜间温度在20℃～25℃就能够进行正常生产。定植后为了防止土壤升温，可以采用稻草等进行地面覆盖，也可以采取遮阳、灌溉冷水或喷水等方法降低地温，但要防止积水，以免造成根系腐烂。进行遮阳处理时，用遮光60%的遮阳网固定在地面上1.5m的高处遮阳。8月下旬开始发芽时，通过开闭遮阳网控制日照强度。9月以后只有在强光照射的情况下才遮盖，其余时间打开遮阳网以防止日照不足造成植株徒长。

基肥一般施用磷和钾各约7.5g/m^2，原则上不使用氮肥。但是，在开花前期，根据叶色的深浅需要适当喷施一些速效性氮肥。

花芽分化以后于7月下旬定植，定植时鳞茎的间隔为10cm×(6～7)cm，每床定植8～10行。播种时将鳞茎按一下加以固定，覆土2～3cm，鳞茎的定植深度要高于垄沟的排水面。

定植的鳞茎一般在8月中旬以后发芽，要将覆盖的稻草等及时除去，否则容易造成叶芽弯曲。或者将稻草放在幼苗周围的土壤上，不但可以降低地温，还可以防止地表干燥。8月下旬以后逐渐减少浇水量，9月上旬结束浇水，并要注意排水，以保持栽培床干燥。9月中旬以后除去遮阳网，防止茎叶软化。我国崇明的中国水仙以及喇叭水仙、红口水仙、橙黄水仙均用此法栽培。

(2) 露地灌水法

在高畦四周挖成灌溉沟，沟内经常保持一定深度的水，使水仙在整个生长发育时期都能得到充足的土壤水分和空气湿度。此法是我国漳州特有的生产球根的栽培方法。

5月底水仙开始进入休眠时将球挖出，切除叶片和球底须根，并在鳞茎盘处裹上护根泥，保护脚芽不脱落，然后把护根泥在阳光下晒干，便可运回贮存于阴凉通风处，保持26℃以上。我国漳州出售水仙鳞茎时传统以竹篓盛放，按每篓盛放球数作为等级标准。漳州水仙分级标准见表9.1。

表9.1 漳州水仙分级标准

项目 \ 等级及名称	一级	二级	三级	四级	五级
	20桩	30桩	40桩	50桩	60桩
每篓盛放球数	20	30	40	50	60
主鳞茎直径/cm	13	11	9	7	5
主鳞茎周径/cm	>36	>31	>26	>21	>15
每球平均花径数	>6	>4	>3	>2	不少于1枝
多花枝水仙花径数	7～8	5～6	3～4		

(3) 促成栽培

水仙类常进行促成栽培，使在元旦或春节观花。我国多用漳州水仙和崇明水仙，将鳞茎竖排温室内的植台或地面，上覆松土，略过球顶，保持覆土湿润。先在10℃以下的温度待根系充分生长，升温至10℃～15℃。抽叶显蕾后，将植株小心拔出，洗去根系污泥即可供水养观赏。水仙鳞茎也可直接水养或经雕刻造型后水养，可在水仙盆内竖放鳞茎，盆中放满水，并经常更换；或用卵石固定鳞茎。经一般水养开花观赏后，鳞茎内养分已耗尽，再无培养价值。

近年来国外进行促成栽培，使水仙花于圣诞节开放。方法是稍提前挖起鳞茎，放35℃下贮藏5d，再经17℃贮藏至花芽分化完全，然后放9℃低温下贮藏6～8周，于10月上旬栽于低温温室，室温夜间15℃左右、白天21℃，大约2个月后即可开花。

(4) 多花水仙鳞茎球的前处理

多花水仙鳞茎球的培养一般在10月～次年2月，在丘陵地带用露地栽培收获的鳞茎比较适合做鳞茎种球。栽培所使用的鳞茎一般在5月中下旬收获。要求鳞茎重35g左右，最好选择没有分球的卵圆形鳞茎。如果鳞茎有分球，要选择更大的鳞茎。进行充分干燥，然后在6月上中旬放在31℃高温下处理3周，接着利用熏烟或乙烯处理3d，然后放在通风凉爽的室内，促进花芽分化。在进行高温处理过程中，如果鳞茎没有充分干燥，高温处理和熏烟处理的效果会不佳。在处理过程中，要通过排风扇进行强制换气，或者利用除湿机除湿。高温处理结束后，将处理室密闭，点燃稻壳产生烟雾，每日2～4h，连续处理3d。然后放掉烟雾，通风降温，在25℃左右室温下贮藏1个月左右，待花芽分化以后，在15～20℃凉爽温度下正常栽培，可以获得花枝和小花更多的优质切花。

9.2.3.6　应用

水仙类花形奇特，花色淡雅，芳香，为人们所喜爱，既适宜室内案头、窗台点缀，又宜园林中布置花坛、花境；也宜疏林下、草坪上成丛成片种植。此类花卉一经种植，可多年开花，不必每年挖栽。水仙类花朵水养持久，为良好的切花材料。

9.2.4　郁金香(*Tulipa gesneriana*)

别名：洋荷花

科属：百合科，百合属

9.2.4.1　形态特征

郁金香为多年生草本，全属约150种。鳞茎偏圆锥形，径2～3cm，外被淡黄至棕褐色皮膜，内有肉质鳞片2～5片。茎叶光滑，被白粉。叶3～5枚，带状披针形至卵状披针形，全缘并呈波状，常有毛，其中2～3枚宽广而基生；花单生于茎顶，大形，直立，杯状，洋红色、鲜黄至紫红色，基部常具墨紫斑；花被片6枚，离生，倒卵状长圆形，花期3～5月，白天开放，夜间及阴雨天闭合；蒴果，室背开裂，种子扁平。郁金香见图9.7。

图9.7　郁金香

9.2.4.2　主要种类与分布

原产地中海沿岸及中亚细亚，我国新疆地区有分布。现在世界各国都有栽培，荷兰是世界上最大的郁金香花及种球出口国。我国近十几年郁金香切花的生产和种球繁殖也逐渐增多，陕西、甘肃及四川等省都有繁殖基地，各大城市每年都有栽培应用。郁金香栽培历史悠久，由于现代栽培的郁金香品种都是人类经过长期不断的杂交育种而得到的，因此杂合性极高，品种多达一万余个，花型有碗形、球形、卵形、百合花形和垂瓣形等，花色有白、粉、红、紫、褐、黄、橙等，深浅不一，单色或复色。花被片也有多变，全缘或带缺刻或有锯齿、皱边等。荷兰皇家球根生产协会根据花期、花型、花色等性状将郁金香分为4大类15类型：

(1) 早花品种

自然花期在4月中旬到下旬。一般为单瓣或重瓣。植株矮小，大多数品种适合于花坛或盆栽，很少用于切花生产。

① 单瓣品种。花期4月上中旬，花瓣先端尖锐，展开度较大，花小成杯状，植株低矮，高10～20cm，适合于盆栽及花坛。

② 重瓣品种。花期4月上中旬至下旬，花重瓣，形似芍药花；植株矮小，高15 cm左右。

(2) 中花品种

自然花期在4月下旬。植株中到大型，花色丰富，包括许多优良园艺品种，适合于切花生产。

① 特瑞安福品系。本系于1923年培育出，由早花系与达尔文系杂交而成。花期4月下旬，花单瓣，色彩丰富，很多品种的花瓣边缘有镶边。植株强健，高20～35cm，适合于切花生产，用作促成栽培品种很多。

② 达尔文品系。为"二战"后培育的新品系，在荷兰育成，由达尔文系(母本)与福氏郁金香(父本)杂交而成。后代具母本植株高大坚挺的特性，又具父本的早花和花色艳丽的特性。花形为圆筒型，雄蕊较大，花梗强健，花色橙红色或深黄色或有红斑的大型花，鲜艳醒目。4月中旬到下旬开放，适于花坛及促成栽培用。

(3) 晚花品种

自然开花期在4月下旬～5月上旬，花色和花型丰富，分为七个类型。植株高大健壮，适合切花生产。

① 单瓣型。自然花期4月中旬～5月上旬，植株高大，株型协调，适合切花生产。球根肥大充实。

② 百合型。花型酷似百合花，花瓣先端尖而向外侧反卷。植株稍细，有亭亭玉立之态，花容玉色楚楚动人。花期略早，适合促成栽培。

③ 线缘型。花瓣的边缘呈锯齿状突起，花型独特可爱，新品种较多。

④ 绿色品系。也被称为绿色郁金香，花被的某个部位含有绿色斑纹，或花瓣的中央部位呈绿色。花期在5月上旬，有很多新品种。

⑤ 莱思布蓝德品系。该品系的一个主要特征是白色或黄色的花瓣上镶嵌有红色、紫色、褐色的斑纹，看上去好像被病毒感染一般，品种数很少。

⑥ 鹦鹉型。是单瓣品种的突然变异株，花瓣的边缘深刻，或花瓣扭曲，酷似鹦鹉的头部而得名。

⑦ 重瓣型。几乎都由单瓣品种变异而来。牡丹花型，重瓣，花朵较大，花色丰富，植株高大，茎叶坚挺，球根肥大充实，繁殖力很强，适用于切花、花坛和花盆栽培。

(4) 原种

是由野生种和近原种的品种群整理而来，其基因组合是纯合的，可以用种子繁殖而保存其遗传性。自然花期在4月上旬至中旬。大多数种类植株矮小,适合作花坛和盆栽材料。

① 考弗玛尼阿娜种群(*TuLipa haufmanianana*)。原种生长于天山山脉。自然花期在4月上旬,是郁金香中开花最早的种类,花茎长12cm左右,花色多为黄色,花瓣的外侧衬有红色,花朵较大,花茎为10cm左右,很多品种的花瓣边缘嵌有轮纹。以其为亲本育成的品种约有60种,多为早熟性,植株矮小,适合于早春花坛和盆栽。

② 弗斯特利阿娜种群(*TuLipa fosterianna*)。原种生长于帕米尔高原。自然花期在4月上旬至中旬。花朵较大,植株从大到小各种各样;花色为朱红色,花被底部具有黄色边缘的黑色花托,花朵艳丽可爱。

③ 格莱吉种群(*TuLipa gvieii*)。原种生长于加勒比海、阿拉尔海周边及天山山脉。自然花期在4月中旬,花朵较大,花瓣的边缘多轮纹,花色丰富,花被朱红色或红黄双色等多种多样。植株比较矮小,高20cm左右,叶缘呈波纹状,叶片表面具有紫色斑点,球根肥大充实,适合于花坛和花盆栽培。由该种培育的园艺品种约有200种以上。

④ 其他野生种群。主要原生长在帕米尔高原、天山山脉、伊朗、欧洲或两非等地。自然花期有早有晚,植株高度也是从矮到高各不相同,类型丰富,是主要的遗传资源育种材料。

9.2.4.3 生长习性

由于原产地严酷自然条件的长期锤炼,郁金香形成了耐寒不耐热的特性。一般可耐-30℃的低温;而在炎热季节,就会转入休眠。平时喜温润、冷凉气候和背风向阳的环境。郁金香喜阳光明媚,但开花对光周期没有要求,属中日性植物。生根需5℃以上,适应性较广。

郁金香为秋植球根,即秋末开始萌发,早春开花,初夏开始进入休眠。种植后根系首先伸长,生长适温5℃~20℃,最佳适温15℃~18℃。随着春季温度逐渐生高,茎开始生长并逐步加快,至开花期茎叶停止生长。鳞茎寿命1年,母球在当年开花并形成1~3个新球及4~6子球,此后便干枯消失。入夏种球休眠并进行花芽分化,分化适温17℃~23℃,子球达到开花需一年。

花朵是在日照较强的白天开放,晚间闭合。阴天花朵也会闭合。郁金香对土壤酸碱度的适应范围较广,pH值6.0~7.8均可正常生长。但在中性或微碱性土壤中生长较好。

在华东地区露地栽培时,郁金香大约于3月下旬现蕾,4月上旬~中旬开花,4月下旬结实,5月中旬开始进入休眠状态。

9.2.4.4 繁殖

郁金香种球通常可通过子鳞茎栽培和组织培养两条途径来繁殖,子鳞茎栽培是种球繁殖的最主要手段。

郁金香对土壤肥力要求不很高,但应土质疏松且排水良好,同时有较好的保水性,一般以砂壤土较为理想。春季持续的时间应尽量长,夏季温度偏低,这样才有利于作物增加积累,降低消耗,种球才能健壮肥大。

在小子球栽种以前,应在土壤中施入足够的有机肥料。可施入10kg/m^2腐熟的牲畜粪,同时加入相当于有机肥重量4%的硫酸铵+骨粉(各14g)。土壤应深翻40cm以上。下种前几天,在整好的土地上浇透水。下种之后,要马上灌水,这样才能诱导鳞茎向深处扎根,有利于来年更好地生长发育。

栽植当年新球,适宜的时间为9~10月,暖地可延至10月末~11月初栽完。过早常因入冬前抽叶而易受冻害,过迟常因秋冬根系生长不充分而降低抗寒力。若大量繁殖或育种时可用播种法。种子无休眠特性，需经7℃～9℃低温，播后30～40天萌动，发芽率85%。一般露地秋播，越冬后种子萌发出土，至6月地下部分已形成小鳞茎。待其休眠后挖出贮藏，到秋季再种植，一般需经过2～5年才能开花。

9.2.4.5 栽培管理

(1) 露地栽培

① 栽培地点选择。宜选疏松肥沃、富含有机质、排水良好的中性或微碱性砂质壤土。若为生产种球宜选通风向阳、空气湿润、气温上升、春季少风、夏季少雨、凉爽地区，有利于根系生长以及延长春季初夏的生长期。若为庭园栽培，为延长观赏期，可选半阴场所，最好栽在既能接受早晨的东南方向阳光，又能避免下午西晒的位置。郁金香忌连作。

② 定植。华东地区适宜的种植时间为9月中旬～10月。为保证种植后根系有足够的生长时间，通常在霜前要有2～3周温度保持在5℃～10℃。生产场圃每畦种4～6行，行距约15cm，株距8～15cm，因鳞茎大小及土质而异。覆土厚度为球高的2倍，不可过深或过浅。

③ 田间管理。定植前深耕，施腐熟有机肥，并加入骨粉。追肥分4次于秋季根系生长期、萌芽显蕾期、开花后施用。郁金香需氮较多，可于春季施用。磷、钾肥可于秋季及花后施入。镁对增产有明显作用，于谢花后用硫酸镁喷施或在种植前浸球。硼不足时根系生长弱，花茎短、花色淡，施硼可明显提高鳞茎产量。

保持土壤一定湿度，定植初期是叶片与花茎迅速生长期以及子鳞茎生长期，均需充分灌水。

以生产种球为目的时，应在花蕾显色期、能辨认品种是否有混杂时，剪除花蕾，保留花茎，可以增加植株同化面积。在花坛、花境等园林观赏栽培时，可待花瓣凋萎时，保留花茎，剪除残花，防止因结实消耗营养。

④ 球根收获与贮藏。当地上茎叶枯萎达1/3时，应及时起球。收获后将老残母球、枯枝、残根清除。晾干种球并进行消毒处理，减少储藏期间病虫害发生。

郁金香开花商品种球按周径分级，一级径大于12cm，二级11～12cm，三级10～11cm。应按母球及子球大小进行分级存放。

贮藏场所及容器必须通风良好，保持70%相对湿度，防止乙烯积累。

(2) 促成栽培

采用人工设施等条件将郁金香花期提前到12～翌年4月开花称促成栽培。

① 品种与种球选择。促成栽培一般选早花品种或中花品种。盆花要求株高25～35cm，花大；切花要求株高35cm以上，花大，茎秆粗壮；一般矮型品种不作促成栽培。促成栽培宜选用健壮、周径12cm以上种球。

② 球根处理。鳞茎挖出后，挑选优质鳞茎风干，先放在20℃～25℃条件下30～35d，促使形成花芽，再放在17℃～18℃条件下15～20d。取出鳞茎，种植在7℃～9℃土壤或容器中，促使其生根发育。也有采用高温处理法，将挖出来的鳞茎先放在34℃高温条件下处理一周，使其迅速转入花芽分化期，然后将鳞茎放于室温条件下储藏。如需种植，应将温度降至9℃～12℃，促使其迅速进入生长阶段。也可用400mg/L赤霉素滴于叶筒中，促使提前开花。

促成栽培夜温保持10℃～18℃，日温不超过25℃，延长光照可增加花茎长度。促成栽培从种植到开花一般需45～60d，品种不同，所需时间有差异。

（3）抑制栽培

使郁金香于6～11月开花，或是将花期延至“五一”以后开花的为抑制栽培。鳞茎在完成花芽分化后，可一直储存在9℃条件下到需要栽培为止。也有在种植前30d将储存温度降至5℃处理后，再行种植，能促使其迅速生根。或在球根完成花芽分化后，在13℃～15℃条件下生根，再贮藏在−2℃低温中，需要开花前移至15℃，使其生长开花。

郁金香切花的采收应在花苞透色但尚未展开之前。在欧美国家，郁金香切花的采收常常是连同鳞茎一起拔出，然后再切割、分级，这样可以得到更长的花茎。如果需要延长贮存时间，也可先不切割，连同鳞茎一起贮藏，这对于延长切花的寿命非常有利。

切花割下以后，立即捆扎成束并放入5℃冷水中，至少30～60min。在运出之前的冷藏期间，环境相对湿度应在90%或以上，温度保持5℃。

9.2.4.6　应用

郁金香是主要的春季球根花卉，其花朵美丽高雅，花形奇特，最宜作切花，或布置花境、花坛，然而花期较短。郁金香切花的瓶插寿命一般为5～7d。也可种植于草坪上、落叶树阴下；中矮品种可盆栽观赏。

9.2.5　大丽花（*Dahlia pinnata*）

别名：大理花、天竺牡丹、地瓜花

科属：菊科，大丽花属

9.2.5.1　形态特征

大丽花为多年生草本，地下块根纺锤状，形似地瓜，株高依品种而异，40～150cm。茎中空，直立或横卧；叶对生，1～2回羽状分裂，裂片卵形或椭圆形，边缘具粗钝锯齿；总柄微带翅状。头状花序具总长梗，顶生，花大，外周为舌状花，一般中性或雌性；中央为筒状花，两性；总苞两轮，内轮薄膜质，鳞片状；外轮小，多呈叶状；总花托扁平状，具颖苞；花期夏季至秋季。瘦果，黑色，压扁状的长椭圆形；冠毛缺。大丽花见图9.8。

图9.8　大丽花

9.2.5.2　主要种类及分布

同属原种约有30种左右，均原产墨西哥及危地马拉高原地带。目前，用于花卉园艺进行栽培的种是种间杂交种。由墨西哥原产的*D. pinmt*和*D. coccima*杂交而获得，然后又混入*D. juared*、*D. merekii*等原种的血缘，是一个遗传特性非常复杂的种间杂交种。在此基础上已经发展到2万～3万个品种，形成了庞大的品种群。

世界各地均有栽培，我国园林中也很常见。近年，我国东北和华北地区对于大丽花的品种进行了大量改良，培育出很多新品种。目前，大丽花已经作为花坛和盆栽不可缺少的重要花卉之一。

（1）参与杂交的主要原种

① 大丽花（*D. ainnata*）。现代园艺品种中单瓣型、小球型、圆球型、装饰型等品种的原种，也是不整齐装饰型、半仙人掌型、牡丹型等品种的亲本之一。花径7～8cm，花单瓣或重瓣，常有变化。单瓣型舌状花一轮，多分枝；重瓣花内卷成管状，雌蕊不完全；花多红色，也有紫、白

等色。

② 红大丽花(*D. coccinea*)。株高1～1.2m，形态与前种近似，但植株较小。舌状花一轮8枚，平展，花径7～11cm，花单瓣，花瓣深红色、橙黄及黄色；管状花两性，可育；舌状花不育。是单瓣型的原种。

③ 卷瓣大丽花(*D. juarezii*)。为仙人掌型的原种，也是不整齐装饰型和牡丹型的亲本之一，部分整齐装饰品种中亦有本种血统。花红色，有光泽；半重瓣或重瓣；舌状花边缘向外反卷，花瓣细长，花梗软弱，花头易下垂；为天然杂种四倍体。

④ 麦氏大丽花(*D. glabrata*)。又名矮大丽。为单瓣仙人掌型的原种。株高60～90cm，径2.5～5cm；舌状花堇色。株丛低矮，叶形优美，花梗细长多分枝，宜作花坛及切花用。

(2) 品种分类

国内目前尚无统一的分类标准。多数国家和地区大多以植株高度、花径大小以及花色、花型为主要依据进行分类，又以花型分类者居多。国内主要分类方法简介如下：

① 依花型分类。

(a) 单瓣型。舌状花1～2轮，花瓣稍重合，花朵较小，结实性强。花坛用品种以及播种繁殖植株多属此型。

(b) 领饰型。外瓣舌状花1轮，平展；环绕筒状花外还有一轮深裂成稍细而短、形似衣领的舌状花，故称领饰型；其色彩与外轮花瓣不同。

(c) 托挂型。外瓣舌状花1～3轮；筒状花发达突起呈管状。

(d) 牡丹型。舌状花3～4轮，平滑扩展，相互重叠，排列稍不整齐；露心。

(e) 球型。舌状花多轮，大小近似，重叠整齐排列呈球形；多为中小型花。

(f) 小球型。花部结构与球型相似，花径不超过6cm，舌状花均向内抱呈蜂窝状，花色较单纯，花梗坚硬，宜作切花。

(g) 装饰型。舌状花多轮，重叠排列呈重瓣花，不露花心；舌状花为平瓣，排列整齐者称“规整装饰型”；若舌状花稍卷曲，排列不甚整齐者称“不规整装饰型”。

(h) 仙人掌型。舌状花长而宽，边缘卷呈筒状，有时扭曲，多为大花品种。依舌状花形状又分以下三型：

- 直瓣仙人掌。舌状花狭长，多纵卷呈筒状，向四周直伸。
- 曲瓣仙人掌型。舌状花较长，边缘向外对折，纵卷而扭曲，不露花心。
- 裂瓣仙人掌型。舌状花狭长，纵卷呈筒状，瓣端分裂呈2～3深浅不同的裂片。

② 依植株高矮分类。

(a) 高型。植株粗壮，高约2m，分枝较少，花型多为装饰及睡莲型，如“桃花牡丹”。

(b) 中型。株高1.0～1.5m，花型及品种最多。

(c) 矮型。株高0.6～0.9m，菊型及半重瓣品种较多，花较少。

(d) 极矮型。株高仅20～40cm，单瓣型较多，花色丰富。常用播种繁殖。

③ 依花色分类。根据花色分，大丽花有白、粉、黄、橙、红、紫堇、堇、紫以及复色等。

9.2.5.3 生长习性

大丽花原产于墨西哥海拔1 500m的热带高原，喜阳光充足、通风良好的干燥凉爽环境，既不耐寒，又畏酷暑，每年需有一段低温时期进行休眠。土壤以富含腐殖质和排水良好的砂质壤土为宜。大丽花为春植球根和短日照植物。短日照时进行花芽分化并开花；长日照条件下促进分枝，增加开花数量，但延迟花的形成。冬季休眠。

大丽花的块根由茎基部原基发生的不定根肥大而成，肥大部分无芽，不会抽生不定芽，仅在根颈部分发生新芽，生长发育成新的个体。种子繁殖时一般舌状花呈中性或雌性，常不结实；筒状花两性，易结实，为雄蕊先熟花。

9.2.5.4 繁殖

一般有分根法和扦插法，也可进行嫁接和播种繁殖。

(1) 分根繁殖

春季发芽前，将贮藏的块根进行分割，每一块根的根颈上需带1～2个芽，用草木灰涂抹切口处，另行栽植。无根颈或根颈上无发芽点的块根均不出芽。分根繁殖简便易行，成活率高，植株健壮，但繁殖系数低。

(2) 扦插繁殖

以早春扦插最好。2～3月，将块根丛在温室内用湿沙催芽，等新芽长至6～7cm、基部一对叶片展开时，剥取扦插。亦可留新芽基部一对叶以上处切取，随以后生长留下的一对叶腋内的腋芽伸长至6～7cm时，又可切取扦插，这样可以继续扦插到5月。扦插用土以砂质壤土加少量腐叶土或泥炭土为宜，保持室温15℃～22℃、夜间15℃～18℃，约20d生根。只要温度、湿度适宜，一年四季均可扦插。

(3) 播种繁殖

培育新品种以及矮生系统的花坛品种，一般用播种繁殖。大丽花夏季结实不良，种子多采自秋凉，成熟度较好。为培养新品种，应进行人工杂交授粉，并套袋。在霜前采收种子，剪取大丽花头状花序，置于向阳通风处，吊挂起来催熟。种子晾干后贮藏，并于翌春播种，一般7～10d发芽，当年秋天即可开花。

此外，为了获得无病苗，可以采用生长点培养法进行脱毒培养。

9.2.5.5 栽培管理

通常有露地栽培和盆栽两种方式。

(1) 露地栽培

宜选通风向阳和高燥地。大丽花不耐水湿，宜选土层深厚、排水良好砂壤土作成高畦栽培。大丽花对于霜害的抵抗能力很弱，而且茎叶柔软，要选择风力小、可以避开强风袭击的栽培场所，或者采取防风措施；大丽花适宜的土壤pH值为6.5～7.0。

华南地区2～3月种植；华东地区4月中旬，种植深度以使根颈的芽眼低于土面6～10cm为度。随新芽的生长而逐渐覆土至地平。栽时即可埋设支柱，避免以后插入误伤块根。株距依品种而定，高大品种约120～150cm，中高品种60～100cm，矮小品种40～60cm。

生长期间应及时做好整枝修剪及摘蕾等工作。整枝有两种方式：一是不摘心单干培养法，即培育独本大丽花，保留主枝的顶芽和顶芽之下二个侧芽，其余侧芽应及时摘去，促使养分向花蕾转移，以利花朵硕大。此法适用于特大和大花品种。另一种方式是摘心多枝培养法，即培育多本大丽花。当主枝长15～20cm时，保留2～3节进行摘心，促使侧枝生长开花。全株保留侧枝数，视品种和要求而定，一般大花品种留4～6枝，中、小花品种留8～10枝。每个侧枝保留1朵花。若花期设定在9～10月，则在7月下旬或8月上旬进行摘心，晚花品种要适当提前。开花后各枝保留基部1～2节剪除残花，使叶腋处发生的侧枝再继续生长开花。该法适用于中、小花品种及茎粗而中空、不易发生侧枝的品种。

大丽花各枝的顶蕾之下常同时生出两个侧蕾，为防止意外损伤，可在侧蕾长至黄豆粒大小时，挑选其中一个饱满的，余者剥去，再等花蕾发育较大时(约 1cm)，从主侧蕾中选择一个健壮的花蕾，即定蕾，留作开放花朵。

大丽花喜肥，露地栽培在施足基肥的基础上，生长期间每 7～10d 追肥一次。夏季气候炎热，超过 30℃时不宜施肥。立秋后气温下降，生育旺盛，可每周增施肥料 1～2 次，至盛花期。肥料以氮、磷、钾有机肥为主。

切花栽培时，应选分枝多、主干细而挺直、花朵持久的中小花品种。整枝时可留较多分枝。主干或主侧枝顶端的花朵，往往花梗粗短，不适合切花观赏，应及时除去顶蕾，使侧蕾或小侧枝的顶蕾开花而用作切花。其他无用的侧蕾也要及时剥除。

(2) 盆栽

宜选用低矮中小花品种扦插苗为好。中高型品种需控制高度，以花型整齐者为宜。

扦插苗生根后即可上盆。定植盆通常用 20～25cm 大盆。定植时用土不必过肥，以后可分三次往盆中加土，并逐渐增加施肥量，并配以追施液肥。

盆栽大丽花的整形修剪分为独本和多本两种方式，具体方法与露地栽培基本相同。盆栽大丽花的浇水应严加节制，以防徒长和烂根，掌握不干不浇、间干间湿的原则。尤其夏季高温多湿的地区，注意通风防雨、垫盆排水以防盆孔堵塞，盆内积水会导致植株死亡。长江流域夏季炎热，植株常休眠，应将盆移至阴凉处方可安全过夏。

大丽花秋后经几次轻霜，地上部分完全凋萎而停止生长时，应将块根挖起，使其外表充分干燥，再用干沙埋存于木箱或瓦盆内，放置 5℃～7℃、湿度 50%的环境条件下储藏。盆栽者剪除地上茎叶后，可将原盆放置贮藏。

9.2.5.6 应用

大丽花为国内外常见花卉之一，花色艳丽，品种极其丰富，应用范围较广，宜布置花坛、花境及庭前丛栽；矮生品种最宜盆栽观赏。高型品种宜作切花，也可作为制作花篮、花圈和花束的理想材料。

9.2.6 仙客来(*Cyclamen persicum*)

别名：兔子花、萝卜海棠、一品冠

科属：仙客来属，报春花科

9.2.6.1 形态特征

仙客来为多年生草本花卉，块茎扁圆形，肉质，外被木栓质；顶部抽生叶片，叶丛生，心脏状卵形，边缘具大小不等的圆齿牙，表面深绿色具白色斑纹；叶柄肉质，褐红色；叶背暗红色；花大型，单生而下垂，花梗长 15～25cm，肉质，自叶腋处抽出；萼片 5 裂，花瓣 5 枚，基部联合成短筒，开花时花瓣向上反卷而扭曲，花色有白、粉、绯红、玫红、大红等，基部常有深红色斑；有些品种有香气；花期冬春；受精后花梗下弯，蒴果，球形，种子褐色。仙客来见图 9.9。

图 9.9 仙客来

9.2.6.2 主要种类及分布

原产南欧及地中海一带，为世界名花，各地都有栽培。现代栽培的仙客来主要是从野生原始种的变异选择而来。主要变种有大花仙客来(var. *gigantenm*),花大,白、红或紫色;暗红仙客来(var. *splendens*),花大,暗红色;皱瓣仙客来(var *rococo*),花瓣边缘有皱折。

仙客来品种按花朵大小分为大、中、小型,按花瓣形状分为单瓣、波瓣、皱瓣、鸡冠瓣;按花瓣数分为单瓣、重瓣;按色彩分为纯色和复色;还有二倍体、四倍体和杂种 F_1 代。

园艺品种依花型分为:

(1) 大花型

是园艺品种的代表性花型。花大,花瓣平伸,全缘,开花时花瓣反卷。有单瓣、复瓣、重瓣、银叶、镶边和芳香等品种。叶缘锯齿较浅或不显著。

(2) 平瓣型

花瓣平展,边缘具细缺刻和波皱,比大花型花瓣为窄。花蕾尖形,叶缘锯齿显著。

(3) 洛可可型

花瓣边缘波皱有细缺刻。不像大花型那样反卷开花,而呈下垂半开状态。花瓣宽,顶部扇形。香味浓。花蕾顶部圆形,叶缘锯齿显著。也将平瓣型和洛可可型合称缘饰型。

(4) 皱边型

是平瓣型和洛可可型的改良花型。花大,花瓣边有细缺刻和波皱,开花时花瓣反卷。

(5) 重瓣型

瓣数 10 枚以上,不反卷,瓣稍短,雄蕊常退化。

(6) 微型

小型多花,常带香味,花型花色多种,较耐寒。

同属栽培观赏的种还有:

(7) 小花仙客来(*C. coum*)

早春 2～3 月开花,矮性,花小,有红、白、粉等色;花瓣基部有深红色斑点。原产希腊、叙利亚里海沿岸。

(8) 欧洲仙客来(*C. europaeum*)

一般 9～10 月开花,叶与花芽同时发生,花鲜红色。原产中欧及南欧。

(9) 非洲仙客来(*C. africanum*)

原产非洲。花白色、粉红色或红色,花与叶都比地中海仙客来粗壮。块茎表而各部位均能生长须根。叶绿色具暗色斑纹,心脏形或常春藤形,花与叶同时萌发。不耐严寒,花期早,8～9 月开花。

(10) 地中海仙客来(*C. hederifoLiun*)

春天开花,花叶甚小,叶与花芽同时发生。花桃红色,有白色变种。微香。耐寒性强。原产法国、意大利和北非。

9.2.6.3 生长习性

仙客来生长的适宜温度白天为 20℃左右,夜间需保持 10℃,夜温过高不利于开花。幼苗期温度稍低一些,叶片长到 10 枚左右时调为 18℃;进入成苗达叶片 30 枚时,温度可提高到 20℃～22℃。从花梗伸长到开花保持在 16℃～17℃较好。气温达到 30℃植株进入休眠。气温超过 35℃,植株易受害而腐烂、死亡。生长期相对湿度以 75%左右为宜。盆土要保持适度湿润,不可过分干燥。叶片要特别注意保持洁净,以利光合作用的进行。仙客来要求疏松、肥沃、排水良好而富含腐殖质的沙质壤土,土壤呈微酸性(pH 值 6)。夏季要适当遮荫,冬季需要有良好的光照。

仙客来属于中性日照植物，影响花芽分化的主要环境因子是温度。常自花授粉，有昆虫传粉，也可自然异花授粉。仙客来的园艺品种多为同质四倍体，常年自花授粉，出现生命力降低、品种退化现象。花后3～4个月果实成熟。在干燥凉爽的条件下贮藏种子，发芽力可保持3年。仙客来对二氧化硫抗性较强。

9.2.6.4 繁殖

仙客来块茎不能自然分生子球，一般采用播种繁殖，播种时期以9～10月为佳。播后13～15个月开花，一般发芽率为85%～95%，但发芽迟缓出苗不齐。为提早出芽，促使发芽整齐，播前可进行浸种催芽。播种用土以壤土、腐叶土及河沙等量混合；播后30～40d发芽，发芽后及时放在向阳通风的地方。

仙客来结实不良的优良品种可用分割块茎法繁殖。8～9月下旬块茎即将萌动时，将块茎自顶部纵切分成几块，每块应带有健壮的芽。切口涂以草木灰，稍微晾干后，即可分植于花盆内，精心管理，使之成为新植株。

另一种方法是在终花后1～2个月将球茎上部1/3切去。在横切面上再切成$1cm^2$的小块，将小块置于温度20℃、相对温度60%的环境中，经过100d左右，即在断面上的维管束及切面周缘形成不定芽，长成新的植株，这种方法可以提高繁殖率。如果不具备恒温条件，也可将切块植株原盆不动，置于30℃高温环境下进行10～12d的热化处理，待伤口形成皱皮，再将盆移至20℃环境下，促使形成不定芽。此时应加强肥水管理，待再生植株基本形成后，将植株从盆中取出进行分离、移栽，11～12月可以开花。

无性繁殖方法由于繁殖率不高，繁殖所需时间较长，同时伤口易感染而糜烂，生产上不常用。大量的还是用种子繁殖，也可用组织培养法繁殖脱毒苗，但仅限于培养母本，尚未进入商品化生产。

9.2.6.5 栽培管理

播种苗长出1片真叶时，进行第1次分苗，以株距3.5cm移入浅盆或栽培槽中。栽植时应使小球顶部与土面相平。栽后浸透水，并防止强光直射。当幼苗恢复生长时，逐渐给予光照，加强通风，勿使盆土干燥，保持15℃～18℃。适当追施氮肥，施肥后向叶片喷洒清水，以保持叶片清洁。二枚叶片后小苗生长加快，到3～5片叶时，进行第二次移栽或换盆，增加基肥。3～4月后气温逐渐升高，植株生长渐旺，应加强肥、水管理。保持盆土湿润并加强通风。遮去中午强烈日光，尽量保持较低的温度。防止淋雨及盆土过湿，造成球根腐烂。一般置于塑料大棚或加有防雨设备的荫棚中栽培。8～9月定植于20cm盆中，使球根露出土面1/2～1/3。同时增施基肥，多追施磷、钾肥，以促进花蕾发生。11月花蕾出现后，停止追肥，给予充足光照，12月～次年1月能够开花。秋冬季需保持充足光照，及时剪除已老化变色的花朵，以免增加植株的营养消耗。

仙客来虽为多年生球根花卉，但在园艺生产上常做一、二年生栽培。1～2年生球根生长旺盛，花繁叶茂生命力强。3年生以上球根，虽然开花增多，但是花朵小，生活力逐渐衰退，越夏困难，块茎容易腐烂或休眠后发芽不良，甚至全不发芽，故多弃之不再栽培。

若保留老块茎作下年栽培，应在花后植株休眠、叶片枯死时，将老株块茎从盆中取出，剪去枯叶，栽于沙盘中或留原盆置于遮荫避雨、通风处，并保持土壤(沙)微湿。8月下旬～9月上旬将休眠的块茎重新栽植盆内，换掉部分盆土，添加少量骨粉。栽植时块茎应露出土面1/2～

1/3。初上盆要控制浇水,保持盆土湿润即可。此时水分过多,块茎容易腐烂。待新叶抽出后可逐渐增加浇水量,并开始追施稀薄液肥,每周追肥1次,逐渐增加浓度。在10月到开花前,应加强通风,充分光照;在花梗抽出后追肥,使其正常开花。

9.2.6.6 应用

仙客来株形美观,花形别致,色泽艳丽,是冬春季节优美的名贵盆花。仙客来花期长达半年,开花期又逢元旦、春节等传统节日,生产价值很高。常用于室内布置,摆放花架、案头;点缀会议室和餐厅均宜。用为切花,插瓶持久。也可将全株挖起作室内水养欣赏。

9.2.7 马蹄莲(*Zantedeschia aethiopica*)

别名:慈姑花、水芋、观音莲

科属:天南星科,马蹄莲属

9.2.7.1 形态特征

马蹄莲为多年生草本花卉;块茎褐色,肥厚肉质,在块茎节上,向上长茎叶,向下生根;叶基生;叶柄长50~65cm,下部有鞘;叶片箭形或戟形,先端锐尖,具平行脉,叶面鲜绿,有光泽,全缘;花梗大体与叶等长,花梗顶端着生一肉穗花序;外围白色的佛焰苞,呈短漏斗状,喉部开张,先端长尖,反卷;肉穗花序黄色,短于佛焰苞,圆柱形;雄花着生在花序上部,雌花着生在下部,雄花具离生雄蕊2~3枚,雌花上有数枚退化雄蕊;花有香气;浆果;子房1~3室,每室含种子4粒。马蹄莲见图9.10。

图9.10 马蹄莲

9.2.7.2 主要种类及分布

原产埃及及非洲南部,我国各地有栽培。马蹄莲(*Z. aethiopica*)株高可达70~100cm,佛焰苞大,白色,肉穗花序鲜黄色,长约10cm,花期3~5月,较耐寒,栽培普遍。

常见栽培的园艺品种有:

(1) 白梗马蹄莲

块茎较小,生长势稍弱。叶柄基部白绿色,佛焰苞阔而圆,色洁白,宽而平展,基部无皱褶,花期早,花数多,1~2cm直径的小块茎就能开花。

(2) 青梗马蹄莲

块茎粗大,黄白色,植株强健,叶柄基部青绿色,佛焰苞的长大于宽,基部有明显的皱褶,先端反卷,开花迟,块茎直径5~6cm以上才能开花。

(3) 红梗马蹄莲

植株较为健壮,叶柄基部带有紫红晕。佛焰苞较上种为大,长宽相近,外观呈圆形,色洁白,基部稍有皱褶。花期中等。

主要园艺变型有小马蹄莲(var. *minor*),比原种低矮,多花性,四季开花,耐寒性较强,在温暖地区,冬天可在户外生长开花。

同属常见园艺栽培种有:

(4) 黄花马蹄莲(*Z. eLLiottiana*)

株高与相似或稍矮,叶柄长约60cm,粗壮而光滑,叶广卵状心脏形,端尖,鲜绿色,具有少量白色半透明的斑点。佛焰苞大型,长约18cm,深黄色,基部没有斑纹,外侧常带黄绿色。花期7～8月,生育期要求温度较高,冬季休眠。原产南非。本种有许多园艺杂种。

(5) 红花马蹄莲(*Z. rehmannii*)

株高20～40 cm,矮生种,叶长披针形,基部下延,长20～30cm,宽约3cm。叶上有白色或半透明的斑纹。苞长约12cm,喇叭状,端尖,淡红色、红色或紫红色。喜较为干燥的土壤,但生长期要充分灌水。花期5～6月。原产南非纳塔尔。

(6) 银星马蹄莲(*Z. llbo-macu*)

叶片大,具白色斑块;叶柄短无毛,佛焰苞白色或淡黄色,基部具紫红色斑。花期7～8月,冬季休眠。原产南非。

(7) 项带黄马蹄莲(*Z. tropicaLLis*)

又名黑心马蹄莲、斑叶金海棠。花深黄色,喉部有黑色斑点,花色变化丰富,淡黄色、杏黄色和粉色。叶箭形,有白色斑点。

9.2.7.3 生长习性

原产非洲南部的河流旁或沼泽地中。性喜温暖,湿润,不耐寒,不耐干旱,夏季高温干旱促使休眠,能耐4℃～5℃低温。生长适温13℃～20℃。冬季需充足的日照,光线不足着花少,稍耐阴。喜疏松肥沃、腐殖丰富的砂质壤土。花期较长,12月～翌年6月,以2～4月为盛花期。其休眠期随地区不同而异。在我国长江流域及北方均作盆栽,冬季移入温室栽培,冬春开花。

9.2.7.4 繁殖

(1) 分球繁殖

切花生产中多用分球繁殖。春秋两季将母株自土中挖出,摘取块茎四周带芽的根茎,另行栽植,培养1年,即可开花。

(2) 小球培养

培养小球最适宜的土壤为腐殖质土和泥炭(或珍珠岩)等量混合。小球栽种深度2～2.5cm,株行距10cm×20cm。出芽前保持土壤潮湿,出芽后及生长旺盛期7～10d施追肥1次,浓度为0.2%的完全肥料。生长期若有花茎出现,应及早拔除,以保证养分集中供给球茎。

(3) 播种繁殖

种子成熟后采收,清除果肉杂质后即行播种。发芽温度18℃～24℃,3～4周出土。栽培管理得当,第二年可长成开花球。

9.2.7.5 栽培管理

马蹄莲一年中春秋两季均可种植,春植秋花,秋植春花,多数8～9月在温室中盆栽或地栽作切花。作切花栽培的马蹄莲根茎应栽植于疏松肥沃的黏质壤土中。栽植前要施足基肥。每一百平方米施用腐熟厩肥300kg、过磷酸钙10kg、饼粕或骨粉30kg,翻入土中混匀,做成宽1.2m的种植畦。株行距50cm×70cm,每畦栽种2行。每穴内放置具有3～4芽的根茎,覆土深度约5cm。不可栽植过密。盆栽宜选用较深的筒子盆,盆径25cm,盆土用肥沃略带黏质土壤。盆底垫碎瓦片等排水物,然后填入培养土。选较大的块茎3～4个均匀立于盆中,覆土3～4cm,压实浇透水,置于阴凉通风处,种后20d可出苗。马蹄莲亦可作水生栽培,故有水芋之称。地栽要保持栽培环境的潮湿,四周地面要经常洒水,以提高空气湿度,但要防止肥水灌入叶丛中,造成腐烂。进入休眠期,要减少浇水。花期4～5d施肥1次,休眠期停止施肥。秋冬春3季需要较充足的阳光。夏季阳光过于强烈,要适当遮荫。

四季如春的温度可使马蹄莲周年开花。温度维持 15℃～25℃最好，高于 25℃或低于 5℃都会造成植株休眠。0℃时，根茎就会受冻死亡。生长期若叶片过于繁茂、拥挤应及时疏叶。以保持株间通风良好，促进花茎不断抽生。当佛焰苞先端下倾，色泽由绿转白时，将花茎自基部拔出，然后立即插入保鲜液中或以水养，贮藏在 4℃条件下，可保鲜 7d。华东地区花期 11 月～翌年 5 月。开花期间适当控制水分。马蹄莲每片腋中抽出一枝花。切花采收后老叶变黄要及时剪除，以利通风受光和增加切花产量。盆栽花谢后要及时拔除残花和老叶。5～6 月以后温度升高，植株开始枯黄，进入半休眠或休眠。剪去残叶，取出球根，剥下子球晾干，分级储藏于阴凉通风室内，秋季再行栽植。

9.2.7.6 应用

马蹄莲叶片翠绿，形状奇特；花朵苞片洁白硕大，是国内外重要的切花花卉。常用于插花，制作花圈、花篮、花束等。也常作盆栽供室内陈设。

9.2.8 小苍兰(*Freesia hybrida*)

图 9.11 小苍兰

别名：香雪兰、小昌兰

科属：鸢尾科，小苍兰属

9.2.8.1 形态特征

小苍兰球茎长卵形或圆锥形，外被纤维质皮膜棕褐色。叶二列状互生，狭剑形或线状披针形，全缘。花茎细长，顶生穗状花序，下具膜质苞片；花偏生一侧，疏散直立，狭漏斗形；白色、鲜黄色以及桃红色等；具芳香；柱头 3 短分枝，各枝又 2 深裂。花期春季。小苍兰见图 9.11。

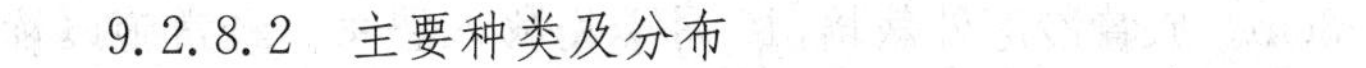

9.2.8.2 主要种类及分布

小苍兰在国际花卉市场上为后起之秀。它花期早，春节即可上市。在 20 世纪 30 年代我国即已引种栽培，1979 年以后，京、津、沪、杭等城市先后自荷兰引入 20 余个品种。目前，上海已成为我国小苍兰的主要栽培地区。

原产非洲南部及好望角一带，世界各地广为栽培，同属 2 种均产南非。目前栽培的大花品种多为产于非洲南部的红花小苍兰的园艺变种和产自好望角的小苍兰经人工杂交改进而来，以荷兰为主产国，同属约 20 种。除近代栽培的杂种大花种外，主要有以下两种：

(1) 小苍兰(*Freesia refracta*)

球茎小，约 1 cm，基生叶约 6 枚，长约 20cm。花茎通常单一，高 30～45cm，花穗呈直角横折；花漏斗状，偏生一侧，直立着生；黄绿色乃至鲜黄色；具浓香；花期较早。

主要变种有：

① 白花小苍兰(var. *alba*)。叶片与苞片均较宽；花大，纯白色，花被裂片近等大，花筒渐狭，内部黄色。

② 鹅黄小苍兰(var. *Leichlinii*)。叶阔披针形，4～5 枚，长约 15cm，宽 1.5cm，基部成白色膜质的叶鞘。花宽短呈钟状；有铃兰般的香气；花大，鲜黄色，花被片边缘及喉部带橙红色，一穗有花 3～7 朵。

(2) 红花小苍兰(*F. armstrongiis*)

又名红花香雪兰、长梗香雪兰。叶长 40～60cm，花茎强壮多分枝，株高达 50cm；花筒部白色，喉部橘红色，花被片的边缘粉紫色；花期较迟。本种与小苍兰杂交育出许多园艺变种，花型有单瓣、重瓣，花径大小各异。

小苍兰园艺品种非常丰富；花色多样，有白、粉、桃红、橙红、淡紫、大红、紫红、蓝紫、鲜黄等色；花期有早晚。

9.2.8.3 生长习性

小苍兰为秋植球银花卉，冬春开花，夏季休眠。短日照可促进花芽分化，并增加花朵数、花径长度和侧穗数量。长日照促进花序发育，并促进开花。在种子萌动初期给予低温处理就有春化效果，促进开花结实。12℃～15℃温度下能促进球茎生根和发芽。生长到 4 叶期开始花芽分化，5～6 叶期新球膨大。老球茎栽植后基部抽生细根，称为下根。新球茎生出后，其基部抽生的肉质肥大的牵引根称为上根。在新球茎充实期，牵引根收缩。在栽培中上下根皆充分发育，植株才能生长旺盛，开花良好。8～10 叶期开始抽穗，并迅速发育开花。花后新球径、子球与种子相继成熟，叶片枯死，球茎进入夏季休眠期。

小苍兰喜凉爽湿润环境，要求阳光充足，耐寒性较差，生长适温 15℃～20℃，冬季以 14℃～16℃为宜；在我国长江流域及北方都不能露地越冬，因此，大部分地区均在温室中栽培。小苍兰喜肥，要求疏松肥沃、湿润而排水良好的砂质壤土；对二氧化硫抗性较弱。

9.2.8.4 繁殖

常用播种和分球繁殖，而以分球繁殖为主。植株进入休眠后，挖出球茎，此时去年秋天栽植的老球茎已枯死，上面产生 1～3 个新球茎，每个新球茎下又有几个小球茎，分别剥下后，分级贮藏于凉爽通风处，待 8～9 月时再行栽植。大球当年可开花，但易产生退化。小的新球茎则需培养 1 年后才能形成开花球。小球（也称子球）通常经 1～2 年栽培后可开花。栽培时宜深些，覆土 2.5cm 左右；开始栽植时只覆土 1cm，待真叶 3～4 枚时再添至 2.5cm 左右。小球可种植于浅盆中或植槽，株行距 2～3cm。放置冷凉处栽培，10 月下旬移入温室。经常施以稀薄液肥，保持土壤湿润，加强室内通风，于翌年 2 月便可开花。花期长达一个月以上。因为花茎细弱，植株易倒伏，当花茎伸出后，应及时用细竹签设立支柱。

播种繁殖在 5～6 月种子采收后进行。播种宜用排水良好的疏松砂质土壤。长江流域可直播于露地向阳、排水良好的冷床内。冬季采取防寒措施，生长期适当遮荫，保持湿润，加强肥水管理，翌年 6 月形成 5～6 片叶时，即进入休眠，形成重 3～5g 的球茎。种子最宜的发芽温度为 15℃～18℃，时间约为 21d。小苍兰杂交育种或品种复壮常用播种繁殖，通常经 2～3 年培育可开花。

9.2.8.5 栽培管理

小苍兰种球生产需在冬季温暖地区进行。我国昆明地区生产小苍兰球茎，一般 10～11 月在露地定植小球，翌年 6 月采掘，经大约 7 个月的生长即形成开花的球茎，应避免连作。小苍兰球茎贮存在 28℃～31℃条件下，经两个半月到三个月，就能保证栽培后迅速出芽。小苍兰花原基在球茎萌发后才开始分化，花原基分化最适宜的温度是 12℃～15℃。从花原基分化到花序发育完成需两个月左右时间。栽植深度因气候、土壤及球茎的大小而异。轻质土壤栽植较深，夏季栽植较深，可减少球茎受高温的影响。操作时茎尖端与土面相平为准。栽植后的土表覆盖薄薄一层泥炭或松针、稻草，以保持土壤湿润，防止表土板结及杂草滋生。栽植后至出土前要供给充足的水分。开花以后，只在株行间补给水分，以后土表应尽量保持干燥。

小苍兰的盆花生产，适当晚栽以使株形丰满、低矮。但栽植过晚开花率则显著降低，一般不迟于 11 月下旬～12 月上旬。定植后尽量给予充足的光照，3～4 月开花。

常用改变栽植期、调节温度和日照长度等措施来控制花期。

① 元旦开花。在 7～8 月将球茎放在 15℃～17℃下处理 1 周即可打破休眠。也可用高温或烟熏处理打破休眠。栽植后保持温度 15℃左右，精心管理，元旦时可以开花。

② 春节开花。选生长健壮植株，于春节前 1 个月移入 18℃～20℃的温室中催花即可。

促成栽培在 8 月下旬～9 月上旬。球茎间填以湿水藓或湿锯末，放入冷库中低温处理，温度 8℃～10℃，处理 30～40d。然后定植，株行距 5cm×10cm。早花促成栽培覆土稍浅，控制在 3～7cm，以利于新球增大。种后予以遮荫，待芽变绿后逐渐给予光照，10 月下旬气温降至 15℃以下时移入温室。11 月下旬加温，12 月上中旬就能够开花。切花采收以花序中第一朵花着色或开放为标准。

9.2.8.6 应用

小苍兰花色浓艳、花期较长，是优美的盆花和著名的切花。为点缀厅堂、案头之佳品，也宜做花圈和花篮。在温暖地区，用作花坛和花径边缘或作自然式的片植均宜。花芳香，可提取香精油。

9.2.9 球根海棠(*Begonia tuerhybrida*)

别名：球根秋海棠

科属：秋海棠科，秋海棠属

9.2.9.1 形态特征

球根海棠为多年生花卉；地下部具块茎，呈不规则的扁球形；株高 30～200cm；茎直立或铺散，有分枝，肉质，有毛；叶互生，多偏心脏状卵形，头锐尖，缘具齿牙和缘毛；总花梗腋生，花单性同株，雄花大而美丽，径 5cm 以上，雌花小型，5 瓣，雄花具单瓣、半重瓣和重瓣；花色有白、淡红、红、紫红、橙、黄及复色等。花期夏秋。球根海棠见图 9.12。

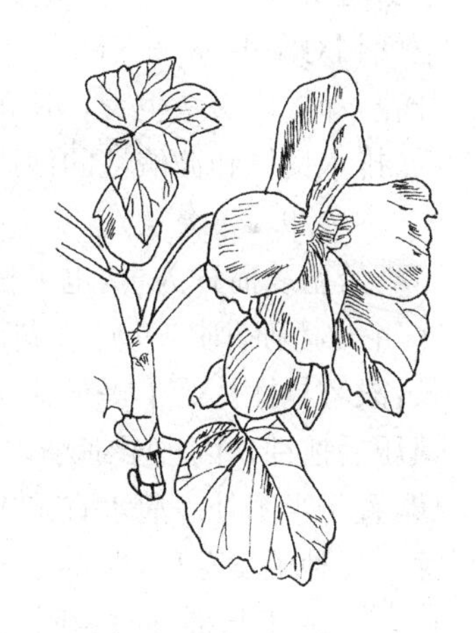

图 9.12 球根海棠

9.2.9.2 主要种类及分布

本种为种间杂交种，是以原产安第斯山区的多种具球根秋海棠属植物，经 100 多年杂交育种而成。

园艺上可以分为 3 大品种 9 类型。

(1) 大花类

花径达 10～20cm，有重瓣品种，茎粗，直立，分枝少，最不耐高温，腋生花梗顶端着生 1 朵雄花，大而鲜美，一侧或两侧着生雌花，是球根秋海棠最主要的品种类型，有多种花型。

① 山茶型。为大花重瓣品种。花瓣圆，像山茶的花型。

② 蔷薇型。也为重瓣大花品种，有各种花色，花型似月季。

③ 皱边山茶型。是美国育出不久的花型。大花重瓣，花瓣边缘波状，形似香石竹；有的花瓣很大，缘呈 2～3 次波皱，花色尚不够丰富。

④ 镶边型。主要是蔷薇型，花瓣边缘有深色镶边者是最优美的花型。但镶边和重瓣性尚未固定下来。

⑤ 其他。还有波瓣型,花单瓣,缘波状;水仙花型、半开蔷薇型,花半开等。

(2) 多花类

茎直立或悬垂,细而多分枝;叶小,腋生花梗着花多,是漂亮的盆花和花坛材料。我国尚未见应用。

① 多花型。杂交种,常营养繁殖,花瓣数不太多,性强健,花小,直径 2~4cm。

② 大花多花型。多花型与大花类品种杂交而育成。花稍大,直径 5~7cm,可用于光线稍强的花坛。

(3)垂枝类

枝条细长下垂,有的可达 1m 多长;花梗也下垂,宜吊盆观赏。我国尚未见栽培。

① 小花垂枝型。茎下垂,分枝性强,老块茎可抽出 10 多个枝条。叶最小。花多细瓣,多花性,耐热性较强;易于营养繁殖。是玻利维亚秋海棠和大花类品种间杂交选育而成。

② 中花垂枝型。是小花垂技型和大花类品种杂交而产生的中花垂枝型。多花性,花瓣宽,发枝力强。

同属块茎类秋海棠还有玻利维亚秋海棠(*B. boliviensis*),块茎扁平形,茎分枝下垂,绿褐色,叶长,卵状披针形;花橙红色,花期夏秋;原产玻利维亚,是垂枝类品种的主要亲本。

9.2.9.3 生长习性

喜温暖湿润的半阴环境。不耐高温,一般不能超过 25℃,若超过 32℃,茎叶枯黄脱落,甚至引起块茎腐烂。生长适温 16℃~21℃。冬天温度不可过低,需保持 10℃左右。生长期要求空气相对湿度 70%~80%。春暖时块茎萌发生长,夏秋开花,冬季休眠。短日照条件下抑制开花,却促进块茎生长。长日照条件能促进开花。种子发芽寿命约 2 年。栽植土壤以疏松、肥沃、排水良好和微酸性的沙质壤土为宜。

9.2.9.4 繁殖

繁殖以播种为主,也可扦插和分割块茎。播种常于 1~2 月,在温室中进行,7、8 月开花;若 3~4 月播种,则 8、9 月开花。再晚播当年虽然可以开花,但是块茎形成不良,影响次年的生长,故宜早播。为了提早花期可行秋播,温室内保持温度 7℃以上,冬季可不休眠。盆土适度镇压后播种。因种子细小,为使播种均匀,可掺些细沙。播后一般不覆土。播种完毕盖以玻璃,置于半阴处。灌水宜采用盆浸法,必须保持土壤湿润,温度 18℃~21℃,于 10~15d 后发芽。当种子发芽后,即将玻璃移去,并逐渐照射阳光。第 1 片真叶出现时进行分苗,株距为 1.5cm,用土与播种时相同,温度维持在 18℃~19℃。移植后最初数日,宜盖玻璃并置阴处。缓苗后,揭去玻璃进行正常管理。幼苗长大到相互接触时进行第二次移植,距离为 2cm。盆土中施入完全腐熟的有机基肥,此后温度宜稍降低,夜间保持 10℃~13℃,空气与土壤应适度湿润。5~6 月,定植于直径 14~16cm 盆中或作露地栽培,也施入少量有机基肥。

扦插仅用于保留优良品种或不易采收到种子的重瓣品种。春季球根栽植后,选留其中 1 个壮芽,其他新芽均可采穗扦插。扦插整个夏季都可进行,而 6 月之前为宜。插穗长 7~10cm,扦插于河沙床或水藓中,温度维持 23℃,相对湿度 80%,15~20d 可生根。3~4 月在块茎即将萌芽前进行分割,将块茎顶部切割成数块,每块带 1 个芽眼,切口用草木灰涂抹,待切口稍干燥后,即可上盆。栽植不宜过深,以块茎半露出土面为宜,过深易腐烂。每盆栽一个分割过的块茎。因分割块茎形成的植株,株形不好,块茎也不整,而且切口容易腐烂,所以很少应用。

9.2.9.5 栽培管理

球根海棠属浅根性花卉,盆栽土壤要排水良好,有利于根系发育;地栽土壤要地势高燥,排水良好的砂壤土,土壤过黏、低洼积水对生长不利。萌芽期应少浇水,保持盆土干燥;叶面不需洒水,秋季叶面留有水滴时,易使叶片腐败。生长期每周浇水 3～4 次,并经常往地面喷水,增加空气湿度。开花期间应保持充足的水分供应,但不可过量;浇水过多或大雨冲淋易落花,并常引起块茎腐烂。花谢后逐渐减少浇水。

基肥常用充分腐熟的厩肥、骨粉、豆饼等有机肥。追肥常用液肥。追肥时不可浇于叶片上,否则极易腐烂。当花蕾出现以后至开花前,每周追施 2 次液肥。追肥宜淡不宜浓,花前增施磷钾肥。

入夏后用苇帘或遮阳网遮去中午前后直射强光(多花类除外),若光线太强会使植株矮化,叶片增厚而卷缩、花被灼伤;但过度遮荫则植株徒长、开花减少。注意控制温度,一般不超过 25℃。夏季炎热,日夜均应注意通风,否则导致落花,花朵也小。6～7 月即可开花。第一批花后应控制浇水,保持半干,剪去残花不使结实。植株经短暂休眠后,可再度发出新枝,这时剪去老茎,留下 2～3 个壮枝,追施液肥,促其第二次开花。花谢后,果实逐渐成熟,应及时采收,放置阴处晾干,供秋播或来年春播用。球根秋海棠可以天然授粉,但有时结实不良,最好于花期进行人工辅助受粉。

11 月上旬,果熟后,茎叶逐步变黄时即逐渐停止浇水。当茎叶完全枯黄后,即进入休眠期,可自基部剪去枯枝黄叶,将球根取出埋入干沙或干土中,室温保持 10℃左右;留置原盆中储藏也可。

9.2.9.6 应用

球根秋海棠姿态优美,花色艳丽或花繁而叶茂,是世界著名的夏秋盆栽花卉。用以装饰会议室、餐桌、案头皆宜。其垂枝类品种,花梗下垂,花朵密若繁星,最宜室内吊盆观赏。其多花类品种,性强健,适宜盆栽和布置花坛。

9.2.10 美人蕉属(*Canna*)

科属:美人蕉科

9.2.10.1 形态特征

美人蕉为多年生草本;根茎肉质,地上茎直立且不分枝,叶宽大,互生,叶柄鞘状,花枝聚伞花序呈总状或穗状,总苞宽大呈叶状,花两性不整齐;萼片 3 枚,呈苞状;花瓣 3 枚呈萼片状;雄蕊 5,均瓣化,为色彩丰富的花瓣;其中一枚雄蕊瓣化常向下反卷,称唇瓣,另一枚狭长并在一侧残留一室花药,雌蕊亦瓣化,形似扁棒状,柱头生其外缘,蒴果,球形,种子较大,黑褐色,种皮坚硬;花期长,自初夏至秋末陆续开放。美人蕉见图 9.13。

图 9.13 美人蕉

9.2.10.2 主要种类及分布

原产美洲热带、亚洲热带和非洲,已知有 51 种。目前园艺上栽培的绝大多数为杂交种及混杂体,主要分为两大系统。

法国美人蕉系统:植株矮生,高 60～150cm;花大,花瓣直立而不反曲;易结实。

意大利美人蕉系统:植株较高大,为 1.5～2m。花比前者大,花瓣向后反曲;不结实。

目前常见栽培的有以下几种：

(1) 美人蕉(*Canna indica*)

别名小花美人蕉、小芭蕉，为现代美人蕉的原种之一。株高1～1.3m。茎叶绿而光滑。叶长椭圆形，长10～30cm，宽5～15cm。花序总状，着花稀疏。小花常2朵簇生；形小，瓣化瓣狭细而直立，鲜红色；唇瓣橙黄色，上有红色斑点。原产于美洲热带。

(2) 黄花美人蕉(*Canna flaccida*)

别名柔瓣美人蕉。株高1.2～1.5m，根茎极长大，茎绿色；叶长圆状披针形，长25～60cm，宽10～20cm；花序单生而疏松，着花少，苞片极小；花大而柔软，向下反曲，下部呈筒状，淡黄色，唇瓣圆形。原产美国佛罗里达州至南卡罗来纳州。

(3) 粉美人蕉(*Canna glauca*)

别名白粉美人蕉。株高1.5～2m，根茎长而有匍枝，茎叶绿色，具白粉。叶长椭圆披针形，两端均狭尖，边缘白而透明，花序单生或分叉。着花少，花较小，黄色；瓣化瓣狭长，唇瓣端部凹入；有具红色或带斑点品种。原产于南美洲、西印度。

(4) 鸢尾花美人蕉(*Canna iriidiflora*)

株高2～4m。叶广椭圆形，表面散生软毛。花序总状稍垂，长约12m，淡红色；瓣化瓣倒卵形；唇瓣狭长，端部深凹。原产秘鲁。

(5) 紫叶美人蕉(*Canna warscewiczii*)

别名红叶美人蕉，株高1～1.2m；茎叶均紫褐色并具白粉；总苞褐色，花萼及花瓣均紫红色；瓣化瓣深紫红色，唇瓣鲜红色。原产于哥斯达黎加、巴西。

(6) 意大利美人蕉(*Canna orchioides*)

别名兰花美人蕉、翻瓣美人蕉。本种由鸢尾花美人蕉及黄花美人蕉等种及园艺品种经改良而来。株高约1m，叶绿色或青铜色，花序单生，直立；花为最大者，直径达15cm，鲜黄至深红色，有斑点或条纹，基部筒状；花瓣于开花次日反卷；瓣化瓣5枚，宽阔柔软；唇瓣基部呈漏斗状；花期8～10月。本种缺少纯白及粉红色花朵。

(7) 大花美人蕉(*Canna generalis*)

别名昙华。本种为法国美人蕉系统的总称，主要由原种美人蕉杂交改良而来的系统，目前也有矮生型品种。株高约1.5m；一般茎、叶均被白粉，叶大，阔椭圆形；长约40cm，宽约20cm，花序总状，有长梗；花大，径10cm，深红、橙红、黄、乳白等色；基部不呈筒状；花萼、花瓣亦被白粉；瓣化瓣5枚，圆形，直立而不反卷。花期8～10月。喜阳光充足。

9.2.10.3　生长习性

美人蕉类植物性喜温暖炎热气候，适应性强，几乎不择土壤，在肥沃而富含腐殖质土壤中生长健壮。可耐水涝。生长适温25℃～30℃；具一定耐寒力，在原产地无休眠性，周年生长开花。在长江以南、华东地区根茎能露地越冬。为闭花受精植物。本属中多数二倍体品种易结实，有些结实少或不良，三倍体品种均不结实。

9.2.10.4　繁殖

通常分株繁殖。在栽培前将根茎切开，每丛保留2～3芽就可栽植(切口处最好涂以草木灰或石灰)。为培育新品种可用播种繁殖。种皮坚硬，播种前应将种皮刻伤或开水浸泡(亦可温水浸泡2d)。发芽温度25℃以上，2～3周即可发芽，定植后当年便能开花。生育迟者需2年才能开花。发芽力可保持2年。

9.2.10.5　栽培管理

一般春季3～4月栽植，暖地宜早，寒地宜晚。穴栽，穴间距40～50cm，穴内施足基肥，覆土约10cm。生长期间还应多追施液肥，保持土壤湿润。花后应及时剪去残花枝。寒冷地区在秋季经1～2次霜后，待茎叶大部分枯黄时可将根茎挖出，适当干燥后贮藏于沙中或堆放室内，保持5℃～7℃即可安全越冬。温暖地冬季不必采收，但经2～3年后必须挖出重新栽植。

欲使美人蕉"五一"节开花，可在1月催芽。即将贮藏的根茎平放温室地床上，用掺有等量的肥土堆盖起来，维持日温30℃、夜温15℃条件，经10余天出芽后定植盆内。保持盆土湿润，酌量追肥。4月上旬开始出花蕾，中旬以后逐渐开窗通风，"五一"节上花坛时部分植株可以开花。

9.2.10.6　应用

美人蕉茎叶茂盛，花大色艳，花期长，开花时正值炎热少花季节，宜大片自然栽植，或作花坛或中心花境背景栽植。低矮品种可盆栽观赏，或丛植于草坪及向阳坡地。美人蕉类还是净化空气的良好材料，对有害气体的抗性较强。

9.3　常见球根花卉

9.3.1　朱顶红(*Hippeastrum tutilum*)

别名：百枝莲、孤挺花

科属：石蒜科

球根花卉，鳞茎卵状球形。叶4～8枚，二列状着生，扁平带形或条形，略肉质，与花同时或花后抽出；花葶自叶丛外侧抽生，粗壮而中空，扁圆柱形，伞形花序；花大型，漏斗状，平展或下倾，红色、白色或带有白色条纹；花冠筒短喉部常有小鳞片；柱头3裂或头状。蒴果，近球形。种子扁平，黑色。同属植物约75种，原产热带和亚热带美洲。本属有观赏价值的有以下几种：

(1) 朱顶红(*H. vittatum*)

别名百枝莲，原产秘鲁，鳞茎大球形，径达5～8cm；叶6～8枚，与花同时抽出或花后抽出，带状，长约50cm；花3～6朵，平伸和稍下垂；花被片红色，中心及边缘有白色条纹，或白色有红色紫色条纹。花期5～6月。朱顶红见图9.14。

图9.14　朱顶红

(2) 王百枝莲(*H. regina*)

别名短筒孤挺花，原产墨西哥、西印度群岛至南美。株高30～50cm。大型鳞茎球状，径5～8cm。叶于花后充分生长，花葶上着花2～4朵，鲜红色，无条纹；喉部有白色星状条纹的副冠；花被片倒卵形，有重瓣品种。开花冬春。

(3) 网纹孤挺花(*H. reticulatum*)

原产巴西南部。鳞茎中大，颈部短，叶4～6枚，与花葶同时抽出，倒披针形，长约30cm，宽5cm，基部狭，花葶圆筒形，有花3～6朵；花被片倒卵形，花鲜红紫色，有暗红色条纹。花期9～12月。

(4) 杂种朱顶红(*H. hybridum*)

本种为园艺杂交种,是现代广泛栽培的园艺改良种的总称。参与杂交的亲本有:朱顶红(*H. viittatun*)、红百枝莲(*H. puniceum*)、王百枝莲(*H. reginae*)、网纹百枝莲(*H. reticulatum*)、美丽孤挺花(*H. aulicum*)等。

朱顶红园艺品种很多,可分两大类:一为大花圆瓣类,花大型,花瓣先瑞圆钝,有许多色彩鲜明的品种,多用于盆栽观赏;另一是尖瓣类,花瓣先端尖,性强健,适于促成栽培,多用于切花生产。朱顶红有早花品种和晚花品种;花色有白、粉、红、暗朱红、深红、白花红边、红花喉部白色和白花有朱红条纹等。

本属植物主要原产美洲热带和亚热带,为常绿或半常绿性球根花卉。生长期间要求温暖湿润,需给予充分的水肥;夏宜凉爽,温度 18℃～22℃;冬季休眠期要求冷凉、干燥,气温 10℃～13℃,不可低于 5℃;稍耐寒,华东地区稍加覆盖便可越冬。

繁殖常用分球法和播种法。朱顶红类容易结实,花期可用人工授粉。约 2 个月后种子成熟,随采随播。温度在 18℃～20℃,容易发芽。待生出 2 片真叶时进行分苗,第 2 年春天便可上盆,第 3 年或第 4 年即可开花。

于 3～4 月将母球周围的小鳞茎取下繁殖。注意勿伤小鳞茎的根,可盆栽也可地栽。栽时需将小鳞茎的顶部露出地面。近年来常采用人工分割鳞茎的鳞片扦插法大量繁殖子球。保持适度湿润,温度 27℃～30℃,经 6 周后,鳞片间便可发生 1～2 个小子球,并在下部生根。这样 1 个球可繁殖近百个子球。待真叶 2～3 枚时定植于肥沃土壤中,若生长良好,两三年便可成为开花的鳞茎。

朱顶红属花卉在华东地区可以露地栽培,常于 3～4 月栽植,大球栽植距离 20～35cm。栽时以鳞茎顶部稍露出土面为宜,不宜深栽;深栽则颈部细长,生长较差。浅处地温高,肉质根发育良好,根群生长旺盛,5～6 月便可开花。花后由于梅雨季来临,往往不能结实。冬季休眠地上部分枯死,剪除枯叶后,覆土即能越冬。通常隔 2～3 年挖球重栽一次。朱顶红通常也盆栽,5 月换盆同时进行分球繁殖,依鳞茎大小确定用盆大小。盆土不宜过于轻松,否则将延迟开花或减少花数。鳞茎栽植露出土面 1/3。初栽时不灌水,待花葶从鳞茎颈部伸出 2～5cm 时,或不开花鳞茎叶片抽出 10cm 左右时开始灌水,初期灌水量较少,至开花前逐渐增加灌水量,到开花期应充分灌水。花后经常追肥,盛夏置半阴处;8 月以后生长逐渐停止,灌水量也随之次第减少直至停止。入冬后保持干燥,温度 10℃～13℃,促其充分休眠。

朱顶红鳞茎中在 11 月已完成花芽分化,故可于 12 月开始促成栽培。其方法是将温室贮藏的休眠鳞茎,选直径 7cm 左右的健康鳞茎,在 12 月上盆,室温逐渐提高到 20℃～25℃,保持高温多湿的环境,以利根、叶及花芽活动,尤其头一年发育的根存在时更可促进生长。2 月下旬～3 月下旬即可开花。另外,盆栽的鳞茎入温室后,减少浇水,保持干燥 1 个月左右,使之休眠、脱叶。12 月时浇水,进行正常管理,在低温温室栽培 5 个月就可以开花。作切花的,要使花葶长,先在黑暗中使花葶长至 20～30cm,然后上盆。花蕾切下后。最少要在冷水中放置数小时,再包装运出销售。

9.3.2 花毛茛(*Ranunculus asiaticus*)

别名:芹菜花、波斯毛茛、陆莲花

科属:毛茛科,毛茛属

多年生草本。块根纺锤形，长 1.5～2.5cm，粗不及 1cm，常数个聚生根茎部，类似大丽花的块根而形小；地上部分高 20～40cm；茎单生或稀分枝，具毛；基生叶阔卵形或三出状，缘有齿，具长柄；茎生叶羽状细裂，无柄；花单生枝顶或数朵生于长梗上；萼片绿色，较花瓣短且早落；花瓣 5 至数十枚，原种花色鲜黄，并具光泽；花期 4～5 月。花毛茛见图 9.15。

图 9.15 花毛茛

该种原产于欧洲东南部及亚洲西南部。园艺品种较多，花常高度瓣化为重瓣型，色彩极丰富，有黄、白、橙、水红、大红、紫以及栗色等。园艺种与品种分为四个品系：

(1) 土耳其花毛茛

栽培最长的品系之一。大部分品种为重瓣，叶宽大，边缘缺刻浅；花瓣呈波状，向内侧弯曲。

(2) 法国花毛茛

18 世纪后叶法国改良的品系。植株高大、半重瓣部分为双瓣，花朵中心部有黑色色斑，开花期较迟。

(3) 波斯花毛茛

花毛茛原种。花单瓣或重瓣，色彩丰富，但花期较晚。

(4) 牡丹花毛茛

为杂交种。植株高大，重瓣、半重瓣，花型特大，开花时间长，栽培较为普遍。

日本栽培的花毛茛品种不同于以上系统，花径达 8～10cm，堪称超大花品种，并且花茎高，约 50cm。

花毛茛性喜阳光充足的环境和冷凉的气候，耐半阴，忌炎热，较耐寒，在华东地区可以露地越冬。要求富含腐殖质、疏松肥沃而排水良好的沙质土壤，喜湿润，怕积水，怕干旱。以栽块根为主，采用块根栽培的花毛茛切花的产量较高。即使进行盆栽，每盆也可以抽出更多的花茎。花毛茛的块根在栽培时要进行吸水处理。如果让块根快速吸水，大部分块根将腐烂，因此必须在 5℃以下的低温下缓慢地吸水。在没有冷库的情况下，可以将块根倒置在珍珠岩或粗沙内，块根的大部分露在空气中，只将萌芽的部位埋在基质内，放在阴凉的地方，不时喷水，以保证基质不干燥。块根吸足水肥大以后，放在 8℃条件下催根或及时定植。也可采用分株或播种繁殖，通常秋季 9～10 月，将球根带根颈，顺自然生长状态，用手掰开，以 3～4 根为一株栽植。种子于 8～9 月秋播，保持 10℃左右，10～20d 出苗，10～11 月移苗定植，翌年春季开花。

花毛茛无论地栽或盆栽，在秋季块根栽植前应进行消毒。地栽定植距离约 10cm 左右，覆土约 3cm。初期不宜浇水过多，以免腐烂。从 11 月开始，每 10 天施一次淡肥，保持土壤湿润，开花期宜稍干。花后再追施 1～2 次液肥。花后天气逐渐炎热，地上部分也逐渐枯黄而进入休眠，可将块根掘起消毒晾干，放置于通风干燥处储藏。

促成栽培时将越夏的块根经 2℃～8℃低温处理 3～5 周，种植于温室，保持夜温 7℃～8℃、日温 15℃～20℃，可于 11～12 月开花。

9.3.3 晚香玉(*Polianthes tuberosa*)

别名：夜来香、月下香、玉簪花

图 9.16 晚香玉

科属：石蒜科，晚香玉属

多年生草本。地下茎下部为鳞块茎，上部为鳞片状，叶基生；带状披针形，茎生叶较短，基部拖茎，上部渐小呈苞片状，穗状花序顶生；小花成对着生，花白色；漏斗形；有浓香，至夜晚香气更浓，故名夜来香。花期 7 月上旬～11 月上旬，盛花期 8～9 月间；蒴果，球形；种子黑色，扁锥形。晚香玉见图 9.16。

原产墨西哥，现在世界各地广为栽培。园艺栽培主要的品种和变种有重瓣型变种，香味较淡，花多，花被片上有淡紫色晕；也有大花重瓣种，纯白色；以及适于作切花的高型种。晚香玉在原产地为常绿性草本，气温适宜则终年生长，周年开花，而以夏季最盛。在暖温带夏季开花，秋季经霜后叶片枯黄休眠。晚香玉喜阳光充足及温暖湿润环境，生长适温 25℃～30℃，不耐寒，稍耐半阴。块根 1.5～2cm，开花较好。要求黏性土壤，忌湿涝，耐盐碱。

主要以分球繁殖。通常一母球能分生 10～25 个子球。大子球当年栽培当年即能开花，小子球需培养 2～3 年方能开花。播种繁殖常用于培养新品种。晚香玉通常 4～5 月种植，种球事先在 25℃～30℃下经过 10～15d 湿处理后再栽植，可提前 7 天萌芽。应将大小球及去年开过花的老球分开栽植。大球株行距 20cm×25(或 30)cm；中小球 10cm×15cm 或更密。栽植深度，一般栽大球以芽顶稍露出土面为宜；小球和“老残”时芽顶应低于或与土面齐平为宜。晚香玉出苗需 1 个多月，小苗期需水量不大，开花前应充分灌水并经常保持土壤湿润。晚香玉喜肥，一般生长期追肥 2～3 次，雨季注意排水和防止花茎倒伏。切花采收可于花序茎部一对花开放时剪切。早霜前将球根挖出，稍稍晾干，除去泥土及残根枯叶，用刀薄薄切去一层茎盘，继续晾晒干燥，后将残留叶丛编成辫子吊挂在温暖干燥处贮藏越冬，或储藏于 10℃左右室内。

晚香玉促成栽培比较容易，11 月将球根栽于温室内，保持 20℃以上，阳光充足，空气流通。栽前经湿热处理，在 25℃～30℃下经 10～15d 可起催芽作用。栽后注意养护管理，2 个多月便可开花。2 月种植，5～6 月即可开花。过迟栽培于 6～8 月种植于大棚中，可延迟到 10～11 月开花。

9.3.4 风信子(*Hyacinthus orentalis*)

别名：洋水仙、五色水仙

科属：百合科，风信子属

多年生草本，鳞茎球形，外皮呈紫蓝色或谈绿色；叶基生，4～6 枚，带状披针形，质厚；花葶高 15～45cm，中空，总状花序，着花 6～12 朵或 10～20 朵；小花钟状，斜伸或下垂，基部膨大，开花时裂片端部向外反卷；花色原为蓝紫色，现有白、粉、红、蓝、堇色等，深浅不一，单瓣或重瓣，花期 4～5 月，蒴果，球形。风信子见图 9.17。

图 9.17 风信子

原产东欧、南非及小亚细亚一带，现世界各国多有栽培，以荷兰栽培最多。现代园艺栽培种是野生种的变种。重要变种有 3 个：

(1) 罗马风信子(var. *albulusr*)

早生性，植株细弱，叶直立有纵沟。每株抽生数支花葶，花小，白色或淡青色，宜作促成栽培。原产法国南部。

（2）大筒浅白风信子（var. *praecox*）

鳞茎外皮堇色。外观与前变种很相似，唯花冠膨大且生长健壮。原产意大利。

（3）普罗文斯风信子（var. *provincialis*）

全株细弱，叶浓绿色有深纵沟；花少而小且疏生，花筒基部膨大，裂片舌状。原产法国南部、意大利及瑞士。栽培品种有白、黄、粉、红、蓝、紫等各类及大花品种、小花品种、早花和晚花品种等，有各种花色。

同属常见栽培的野生种有西班牙风信子、罗马风信子、天蓝风信子，都是耐寒种。

风信子喜凉爽的气候和空气湿润的环境，要求阳光充足及排水良好的砂质壤土，耐寒性强，耐半阴。

繁殖以分球为主。秋季栽植前将母球周围自然分生的子球分离，另行栽植，培育3～4年开花。风信子不易发生子球，采用人工刻伤法促进子球形成。于8月晴天时将鳞茎基部切割成放射形或十字形切口，深约1cm，切口处可敷硫磺粉以防腐烂，将鳞茎倒置太阳下吹晒1～2小时，然后平摊室内吹干，以后在鳞茎切伤部分可发生许多子球，秋季便可分栽。为培育新品种亦可播种繁殖，需5～7年方能长成开花鳞茎。

风信子栽培管理方法基本上同郁金香。为保证安全越夏和贮藏，应注意栽培后期应节制肥水，避免鳞茎"裂底"而腐烂；及时采收鳞茎，过早采收，生长不充实，过迟常遇雨季，土壤太湿，鳞茎不能充分阴干而不耐贮藏；贮藏环境必须保持干燥凉爽，将鳞茎分层摊放以利通风；鳞茎不宜留土中越夏每年必须挖起贮藏。促成栽培应选择宜于促成的品种，选大而充实的鳞茎。

风信子还可进行水养，用玻璃瓶或浅盘装水，用卵石固定鳞茎，然后放置黑暗处令其发根，一个月后发出许多白根并开始抽花葶，此时把瓶移向有光照处，在室温下约2～3月开花。水养期间，每3～4d换一次水。

9.3.5 大岩桐（*Sinningia speciosa*）

别名：落雪泥

科属：苦苣苔科

图9.18 大岩桐

是室内球根花卉。地下块茎扁球。株高12～25cm，茎极短，全株密布绒毛。叶对生；肥厚而大长椭圆形；叶背稍带红色。花梗比叶长，顶生和腋生，每梗1花；花冠阔钟形，花径6～7cm；花色有白、粉、红、紫堇、青等，常见镶白边的品种。花期夏季。大岩桐见图9.18。

大岩桐原产巴西。见于栽培的主要杂种大岩桐有：厚叶型，花冠5裂，早花，花大型，质厚，花具6～8枚裂片，多花，叶稍小，叶数多，叶脉粗。重瓣型，花大型，多层的波状花瓣重叠开放，十分壮丽豪华。多花型，花较多、直立性，花筒稍短，具8枚裂片；花梗也十分短，宜小型盆栽。

同属植物中常见栽培的还有：

（1）喉毛大岩桐（*S. barbata*）

亚灌木，茎直立，有分枝，红褐色；株高约30cm，叶长披针形，背多毛茸，花白色，花冠里面有红色斑点，喉部有密毛，冬季不休眠，几乎全年开花。

(2) 王大岩桐(*S. regina*)

为杂种大岩桐(*L. hybryda.*)的亲本之一。有块茎，株高约25cm；叶长椭圆形，褐绿色；背面红色，有天鹅绒状毛茸；叶脉乳白色，非常醒目而漂亮，花淡紫色。

大岩桐生长期要高温、潮湿及半阴环境，生长期温度保持8℃～23℃。休眠期保持干燥，温度10℃～12℃。栽植用土以疏松、肥沃富含腐殖质而排水良好的土壤为宜。

播种也是最常用的繁殖方法。春秋两季均可，而以10～12月播种最佳。如栽培得当，翌年6月即可开花。一般种子发芽力可保持1年。从播种到开花约需6个月时间。播种覆土宜极薄或播后轻轻镇压不覆土。室温保持18℃～22℃，10d后出苗。当长出2枚真叶时应及早分苗。待幼苗5～6片真叶时，移于7cm盆中，每盆1株。经换入10cm盆中，最后定植于14～16cm盆中。定植时，施予充足基肥，每次移植后1周开始追施稀薄液肥，每周1～2次。

也常用扦插繁殖。块茎上常萌发数枚嫩枝，当嫩枝长4cm左右时，选留1～2个生长开花，其余的剪取扦插。保持室温18℃～20℃，并维持较高的空气湿度和半阴的条件，半月后生根。叶插选生长充实又不老化的叶片，带叶柄切下，1/3插入洗净的河沙中，保持高温高湿并适当遮荫，10d后开始生根。5～6月扦插，第二年6～7月即可开花。

球茎分割繁殖，多在老块茎休眠后、新芽生出时进行。依新芽数目，用刀将块茎分切为数块，切口涂以草木灰干燥后栽植，以防块茎腐烂。

两年生块茎冬季休眠，3月上旬开始萌动，发出嫩芽，需及时换盆，增添疏松肥沃培养土。栽植的块茎需露出土面。保持18℃～23℃室温，并适当遮荫。每个块茎只需留一个大而健壮的嫩苗，加强肥水管理，每10d施稀释饼肥水一次，当花芽形成时增施一次骨粉或过磷酸钙，施肥时不要玷污有毛的叶面，以免引起腐烂。开花期温度不宜过高，可延长花期。花谢后如不留种，剪去残花，以利继续开花和块茎生长。叶片枯萎进入休眠期，块茎应放置冷凉(温度不低于8℃)、干燥处越冬。块茎可连续栽培7～8年，栽培得当，每年开花两次。老块茎需淘汰更新。冬季贮藏温度8℃～10℃，夏季则放于干燥通风的阴处。严防潮湿引起块茎腐烂，宜每月检查1次。

9.3.6 文殊兰属(*Crinum*)

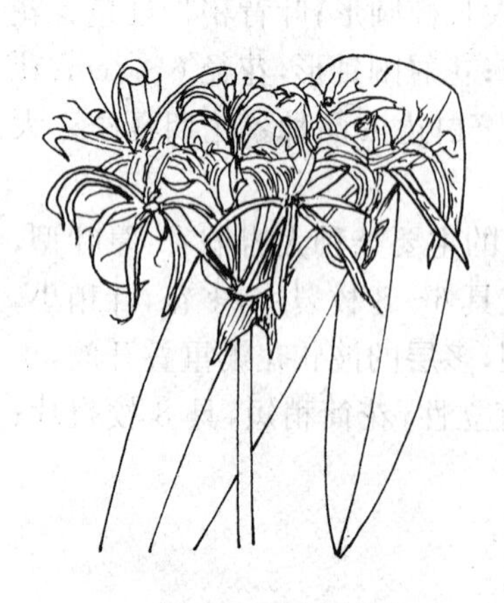

图9.19 文殊兰

别名：白花石蒜

科属：石蒜科

球根花卉。具鳞茎，叶多常绿，阔带形或剑形，无柄；花葶直立，实心，高于叶丛；伞形花序顶生，外具两枚大形苞片，着花20余朵；花白色，或有红纹，或带红色，漏斗形或高盆状，无副冠；种子大，绿色；花期多在夏季。同属植物约有100种以上，分布两半球热带及亚热带地区，常见栽培的品种有：

(1) 文殊兰(*C. asiaticum*)

别名十八学士、白花石蒜，蒴果，球形。原产我国广东，福建和台湾；常生于海滨地区或河旁沙地。文殊兰见图9.19。

(2) 西南文殊兰(*C. latifolium*)

别名印度文殊兰。株高30～60cm;鳞茎球形,颈部短。伞形花序着花10～20朵;花高脚碟状,白色有红晕;花被片外侧中央淡红色;小花梗极短;花期夏季。原产我国云南、广西、贵州,以及越南至印度和马来西亚。生于河床沙地上。

(3) 南非文殊兰(*C. longifolium*)

别名好望角文殊兰。株高40～60cm;鳞茎为长颈瓶状;花葶长约40cm,着花3～12朵;花大而芳香;白色,外侧带红晕;花期很长,夏季开花。原产南非。较耐寒。

(4) 莫尔氏文殊兰(*C. moorei*)

别名粉花文殊兰。株高60～150cm;大型鳞茎卵形,子球多数,高约45cm,叶12～15枚,带状,革质,鲜绿色。伞形花序着花6～10朵。花白色带粉色,有芳香,花期夏季。原产南非的纳塔尔和卡布拉利亚。有白色和叶上有黄色条纹的斑叶变种。

(5) 红花文殊兰(*C. amabile*)

别名苏门答腊文殊兰。株高60～100cm;鳞茎小,叶20～30枚;带状,全缘,鲜绿色;花大紫红色,反曲,有强烈香气;其外侧紫红色;花期夏季,不能结实,子球繁殖。原产苏门答腊。

(6) 北美文殊兰(*C. americanum*)

鳞茎生匍匐枝,鳞茎卵形,颈部短;花葶高50～70cm,着花3～6朵,一般为4朵花,乳黄色,有香气;花期春至夏。原产北美乔治亚州和佛罗里达州的河湖地带。

文殊兰原产亚洲热带。性喜温暖湿润,耐盐碱土壤,夏季怕烈日暴晒,一般生长适温13℃～19℃,冬季休眠温度约7℃～10℃为宜。其中耐寒的种如南非文殊兰、莫尔氏文殊兰等在华南地区可露地越冬。一般文殊兰类花卉在华东地区常作温室盆栽。性喜肥,宜腐殖质丰富的土壤。

繁殖常用播种和分株。播种通常采种后即播。种子粒大,常用浅盆点播,覆土深2cm,温度保持18℃～24℃。播后盆土不宜太湿。约2周发芽。待幼苗长出2～3片真叶时移入小盆,再逐渐增加浇水量。播后3～4年开花。文殊兰花卉主要采用分株繁殖。于早春或晚秋结合换盆进行。栽时不宜太浅,以不见鳞茎为准。栽后充分灌水,放半阴处。其根肉质而发达,植株生长迅速,生长期应经常保持盆土湿润。每半月追施液肥一次。花前追施磷肥,使开花美而大。入秋后减少浇水,花后及时剪除花葶,以免影响鳞茎发育。夏季移至荫棚下,冬季在冷室越冬。休眠期停止施肥,控制浇水。

9.3.7 石蒜属(Lycoris)

科属:石蒜科

多年生草本。地下部分具鳞茎,球形,颈部短,外被紫皮膜;叶基生,带状或线形,端部圆钝;待夏秋季叶丛枯凋时,花葶抽出并迅速生长而开花。花葶实心,端部生伞形花序,着花少数或多数,侧向开放;花冠漏斗状或上部开张反卷,雌雄蕊而伸出花冠外,花色有白、粉、黄、橙等色。

同属有10余种,主要产于我国和日本。我国为本属植物的分布中心。现在华东、华南及西南地区多有野生。庭园中常见栽培的有下列几种:

(1) 红花石蒜(*L. radiata*)

别名龙爪花、蟑螂花、老邪蒜;鳞茎广椭圆形,径2～4cm,皮膜褐色。叶线形,花后抽生。

图 9.20　红花石蒜

花葶直立，30～60cm，着花 4～12 朵；鲜红色；花被片上部开展并向后反卷，雌雄蕊很长，伸出花冠外并与花冠同色；花期 9～10 月。本种原产我国，分布很广，长江流域及西南各省均有野生。红花石蒜见图 9.20。

(2) 忽地笑(*L. aurea*)

别名黄石石蒜、铁色箭、大一枝箭；鳞茎较大，径 6cm 近球形；皮膜黑褐色。叶阔线形；花后开始抽生；花葶高 30～50cm，着花 5～10 朵；花大，黄色，花期 7～8 月。原产我国，华南地区有野生；日本亦有分布。

(3) 中国石蒜(*L. ahinensis*)

本种与忽地笑很相似，花亦呈黄色或橘黄色，但花冠筒比忽地笑长，约 1.7～2.5cm；抽叶开花均较早。原产我国南京、宜兴等地。

(4) 鹿葱(*L. squamigera*)

别名夏水仙。鳞茎阔卵形，较大，径达 8cm 左右；叶阔线形，花葶高 60～70cm，着花 4～8 朵；粉红色，芳香；花期 8 月。耐寒性强；春天萌芽抽叶，夏天叶枯开花。原产我国及日本。

(5) 换锦花(*L. sprengeri*)

本种形似鹿葱，唯其鳞茎较小，直径 2～3cm；叶亦较窄，花冠筒较短，花淡紫红色。耐寒性强，生长强健。原产我国云南及长江流域。

(6) 长筒石蒜(*L. longiruba*)

本种鳞茎卵状球形，径约 4cm；花葶最高，达 60～80cm，花冠筒亦最长，着花 5～17 朵；花大形，白色，略带淡红色条纹；花期 7～8 月。原产我国江苏、浙江一带。

石蒜有夏季休眠习性，8 月前抽生花茎，9 月开花，国庆节前凋萎，冬季叶丛青翠，生机勃勃，次年 4 月下旬叶先端开始枯黄，5 月全部枯萎进入越夏休眠期。

繁殖以自然分球繁殖为主。春季叶刚枯萎时或秋季花茎刚枯萎时将鳞茎挖起掰开分栽。挖起时要防止损伤须根，否则影响当年开花。栽植深度 8～10cm。石蒜有伸缩根，能自动调节鳞茎的深度。育种常采用种子繁殖。秋季种子成熟即播入苗床，翌春幼根萌发并形成小球，秋季幼叶萌发出土。实生苗培植 5～6 年开花。石蒜适应性强，管理粗放，一般土壤栽前不需施基肥。如土质较差，于栽前施有机肥一次。生长期保持土壤湿润，不能积水。休眠期停止浇水，以免鳞茎腐烂。花后及时剪去残花。

9.3.8　葱兰属 (*Zephyranthes*)

科属：石蒜科

多年生常绿草本。植株低矮，高 15～25cm；地下部分具小鳞茎。叶基生，线形。花葶中空，稍高于叶；花单生，漏斗状，下部具佛焰苞状的苞片；花白色、黄色、粉红色及红色等；夏秋开花。本属约有 50 种，产于美洲的温带及热带地区。常见栽培和应用的仅数种，多数原种未开发利用。

主要种类有：

图 9.21　葱莲

(1) 葱莲(*Z. candida*)

别名玉帘、白花菖蒲莲。鳞茎圆锥形,具细长颈部,叶肉质,基生,细长,苞片膜质,褐红色。花白色,无筒部;花径 3～4cm;花期 7 月下旬～11 月初。分布于温带地区,我国华中、华南、西南等也有分布。葱莲见图 9.21。

(2) 韭莲(*Z. grandiflora*)

别名红玉帘、菖蒲莲、风雨花。本种与前者主要区别点是其鳞茎卵圆形,颈部较短,鳞茎稍大。叶扁平线形,基部有紫红晕。花茎从叶丛中抽出,顶生 1 花,花有明显筒部;粉红色或玫瑰红色,花径 5～7cm,苞片红色;花期 6 月中～9 月底。主要分布于墨西哥、古巴等地。此外,还有黄、粉两色花的品种,还有杂种葱莲。

本类球根花卉在原产地为常绿性,而在我国大部分地区,因冬季严寒,只能作春植球根栽培及在温室内盆栽。自花授粉,结实率较高。喜阳光充足,要求排水良好、肥沃而略带黏质土壤;耐半阴及低湿环境,喜温暖,有一定耐寒性。在我国华东地区可以露地越冬,华北及东北地区,冬季需将鳞茎挖出,贮藏越冬。鳞茎分生能力强,一个成年鳞茎可从基盘上分生 10 多个小鳞茎。

葱莲常用分球繁殖,也可用种子繁殖。春季新叶萌发前掘起老株,将小鳞茎连同须根分开栽种,每穴 2～3 株,间距 15cm,深度以鳞茎顶稍露地面或与之齐平即可。保持土壤湿润,适当追肥。葱兰类生长强健,栽培管理粗放。一经栽植,可连年开花繁茂。一般 2～3 年分球重栽一次。种子成熟后即可播种,发芽适温 15℃～20℃,播后 2～3 周发芽,实生苗需 4～5 年开花。盆栽地栽均可,土壤要求微酸性腐叶土。栽植鳞茎周径在 10 cm 左右才能开花。早春叶片出土后施肥 1～2 次,花后不留种,并及时将残花剪去。花谢后停止浇水,约 50～60d 再浇水,即可又开花。如此干、湿相间,一年可多次开花。

附表　其他球根花卉简介

中文名	学 名	科 名	属 名	花 色	繁殖方法	特性与应用
春星花	*Ipheion uniflorum*	石蒜科(百合科)	春星花属	白,蓝	鳞茎,旁蘖	不耐寒;分植,花坛
鸟乳花	*Orithogalum* spp.	百合科	鸟乳花属	黄,白,橙,红	鳞茎,种子	耐寒,耐半阴,耐旱;花被、花坛
裂缘莲	*sparaxis* spp.	鸢尾科	裂缘莲(魔杖花属)	白,黄,紫,红	鳞茎	产南非,春夏开花;花坛、盆栽、切花
火燕兰	*Sprekelia formosissima*	石蒜科	龙头花属	红	鳞茎,种子	产墨西哥,春夏开花,喜温暖;盆栽
延龄草	*Trillium tschonoskii*	延龄草科(百合科)	延龄草属	黄,白,粉,紫	分株,种子	喜温暖湿润;林下花坛,北方盆栽

（续表）

中文名	学 名	科 名	属 名	花 色	繁殖方法	特性与应用
姜花	*Hedychium coronarium*	姜科	姜花属	白（芳香）	春分根	夏秋开花；作池畔、庭院或林下
花贝母	*Fritillaria fritillaria*	百合科	贝母属	土橙红色、有黑色网纹	秋分球，秋播种	春季开花；作切花或庭院栽培
花叶麦冬	*Liriope Platyphylla* cv.	百合科	麦冬属	蓝紫色	春分株，秋播种	夏季开花；作庭院地被植物，或作花坛、草地镶边材料
雪片莲	*Leuxojum vernum*	石蒜科	雪片莲属	白色	秋季播种	春夏开花；植林下、花境
六出花	*Alstromeria* spp.	石蒜科	六出花属	黄，白，红，粉红	秋季定植	春夏开花；作切花或庭院栽培
秋水仙	*Colchicum* spp.	百合科	秋水仙属	蓝，黄，白	鳞茎，种子	耐寒露地栽培；宜岩石园、地被
火星花	*Crocosmia crocosmiflora*	鸢尾科	小番红花属	红	球茎	夏季开花，喜温暖；花坛、镶边、花境
嘉兰	*Gloriosa* spp.	百合科	嘉兰属	紫，红黄	块茎分割，种子	暖地地栽，蔓性；切花
美花莲	*Habranthus brachyandrus*	石蒜科	美花莲属	红，紫	鳞茎旁蘖	暖地栽培；盆栽
网球花	*Haemanthus coccineus*	石蒜科	网球花属	红，白	鳞茎旁蘖，种子	喜温暖湿润；北方盆栽
全能花	*Pancratium* spp.	石蒜科	全能花属	白	鳞茎旁蘖	夏秋直到冬季开花；盆花、切花
观音兰	*Tritonia crocata*	鸢尾科	观音兰属	粉，红	球茎	夏季开花，喜温暖；切花
秋牡丹	*Alpinia officinalis*	毛茛科	银莲花属	淡红白	秋季播种	春季开花；盆栽，作切花或草坪镶边

（续表）

中文名	学 名	科 名	属 名	花 色	繁殖方法	特性与应用
射干	*Belamcanda chiensis*	鸢尾科	射干属	橙，有暗红斑点	春、秋分根秋播种	产花期夏季；作林缘、草地、向阳坡种植
番红花	*Crocus salivus*	鸢尾科	番红花属	淡紫	早秋分球秋播	花期秋季或春季；作花境、道路边
浙贝母	*Fritillaria thunbergii*	百合科	贝母属	浅黄绿色，网纹	秋分球秋播种	春季开花；作切花或庭院栽培
雪钟花	*Galanthus nivalis*	石蒜科	雪滴花属	白色	秋分球秋播种	春季开花；花坛、花境或盆栽
蜘蛛兰	*Hymenucallis americana*	石蒜科	鬼蕉属	花白色（芳香）	春季播种	夏秋开花；盆栽或作切花
仆若缇	*Brodiaea* spp.	石蒜科（百合科）	仆若缇属	淡、紫、粉	种子，球茎	早夏开花；宜花境、林缘栽培
锦枣儿	*Scilla sinensis*	百合科	海葱属	粉红、紫红	种子，球茎	盆栽；花坛、草坪镶边
银莲花	*Anemone* spp.	毛茛科	银莲花属	白、红、蓝	春播种秋分球	切花；草坪镶边
铃兰	*Convallaria majalis*	百合科	铃兰属	白	球根分割	耐寒，夏秋开花；地被，喜半阴地栽，盆栽

思考题

1. 球根花卉分为哪几类？
2. 百合有哪些种类？
3. 唐菖蒲通常怎样繁殖？
4. 美人蕉如何栽培管理？
5. 水仙怎样繁殖栽培？水养应注意什么？
6. 郁金香生长习性怎样？如何繁殖？
7. 大丽花依花型分类有哪几类？
8. 仙客来如何栽培管理？
9. 马蹄莲如何繁殖与栽培？
10. 小苍兰如何进行花期控制？

11. 球根海棠如何繁殖?
12. 朱顶红如何进行花期控制?
13. 花毛茛如何进行繁殖栽培?
14. 晚香玉如何进行繁殖栽培?
15. 风信子如何进行繁殖栽培?
16. 大岩桐如何繁殖?

10　多浆植物与仙人掌科

10.1　概述

10.1.1　多浆植物与仙人掌科的概念

多浆植物亦称多肉多浆植物、肉质植物、多肉植物，词义来源于拉丁词“succus”，即多浆、汁液之义，是指植物营养器官的某一部分，如茎或叶或根(少数种类兼有两部分)具发达的贮水组织，呈现肥厚而多汁的变态状植物。多浆植物多数原产于热带、亚热带干旱地区(沙漠及海岸)或森林中，每年有很长的时间根部吸收不到水分，仅靠体内贮藏的水分维持生命。多浆植物有广义和狭义之分，广义的多浆植物涵盖仙人掌科和其他的多肉植物；而狭义的多浆植物则是指除了仙人掌科以外的多肉性植物，它们的共同特征，那就是可以在水分不足的环境下生长。

全世界共有多浆植物10 000余种，我国引进栽培1 000余种，其中常见的也有几百种，它们以多变而奇特的形态、娇艳美丽的花朵而深受广大花卉爱好者喜爱。多浆植物都属于高等植物(绝大多数是被子植物)，大多为多年生草本或木本，少数为一、二年生草本，是一大类重要的花卉。多浆植物在植物分类上包括仙人掌科、番杏科、大戟科、景天科、百合科、萝藦科、龙舌兰科和菊科，而凤梨科、鸭趾草科、夹竹桃科、马齿苋科、葡萄科、西番莲科、旋花科、脂麻科、防己科、木棉科、梧桐科也有一些种类常见栽培。近年来，富桂花科、龙树科、葫芦科、桑科、辣木科和薯蓣科的多浆植物也有引进。

仙人掌科植物不但种类多(有 140 余属2 000种以上)，而且有其他科多浆植物所没有的器官——刺座，同时仙人掌科植物形态的多样性、花的魅力都是其他科的多浆植物难以企及的。除了外形有不同外，仙人掌与多肉植物栽培方法大同小异，都可以一段茎部扦插繁殖，只有少数的品种需要以基本的播种法来繁衍后代。

10.1.2　多浆植物的利用价值

多浆植物种类繁多、趣味横生，具有很高的利用价值。它们具有以下几个方面特点：

10.1.2.1　可供观赏的特点

(1) 棱形各异、棱数不同

多浆植物的棱肋均突出于肉质茎的表面，有上下竖向贯通的，也有呈螺旋状排列的；棱有浅而圆的，也有深而锐的；棱缘有笔直的，也有呈波状弯曲的；有锐形、钝形、瘤状、螺旋棱、锯齿状等十多种形状。棱的条数也不同，如昙花属、令箭荷花属只有 2 棱，金琥属有 5～20 条棱，多的有 120 棱。这些棱形除了有伸缩(吸水与失水)保护作用外，还有散热降温的作用，并且壮观可赏。

(2) 刺形多变

仙人掌科植物通常在变态茎上着生刺座(刺窝)，刺座的大小及排列方式依种类不同而有变化。刺座上除着生刺、毛外，有时也着生子球、茎节或花朵(其他多肉植物也有明显的刺，但绝没有刺座)。刺根据形状可区分为刚毛状刺、毛鬓状刺、针状刺、钩状刺、栉齿状刺、麻丝状刺、舌状刺、顶冠刺、突椎状刺等。这些刺形多变，刚直有力，也是观赏方面之一。如金琥的大针状刺7～9枚呈放射状、金黄色，使球体显得格外壮观，金碧辉煌。

(3) 花的色彩、位置及形态各异

多浆植物大多是虫媒花，因而花色丰富、艳丽，除了真正的蓝色外，其他颜色都有，以白、黄、红等色为多，而且多数花朵不仅有金属光泽，重瓣性也较强；一些种类夜间开花，花白色还有芳香。从花朵着生的位置来看，分侧生花、顶生花、沟生花等。花的形态变化也很丰富，如漏斗状、管状、钟状、高脚碟状花、菊花形、星形、梅花形、烟斗形、降落伞形花等均有，因而多浆植物现蕾时是最吸引人的。

(4) 体态奇特及斑锦变异

多数种类都具有特异的变态茎，形状有扁形、圆形、多角形等。如山影拳的茎生长发育不规则，呈熔岩堆积姿态，清奇而古雅。又如生石花的茎为球状，外形很似卵石，虽是对干季的一种"拟态"适应性，却是人们观赏的奇品。多肉植物的彩色变异植株(称为斑锦变异)的大量出现，为多肉植物的应用、观赏创造新的生机。市场上看到的"红球"和"黄球"都是嫁接在同科砧木上的嫁接株。

(5) 果实

仙人掌类的果实多为肉质浆果，果实的大小、形状，果枝的颜色，果皮上的附属物千差万别。

10.1.2.2 园林应用

多浆植物在园林中应用较为广泛。由于这类植物种类繁多、趣味性强、具有较高的观赏价值，因此一些国家常以这类植物为主体而辟专类花园，向人们普及科学知识，使人们饱尝沙漠植物景观的乐趣。另外，园林中常把一些矮小的多浆植物用于地被或花坛中，如垂盆草在江浙地区做地被植物，佛甲草多用于花坛、屋顶绿化，蝎子草作多年生肉质草本栽于小径旁。台湾一些城市将松叶牡丹栽进安全绿岛等，都使园林更加增色。

另外，多浆植物不少种类也常作篱垣应用。如霸王鞭高可达1～2m，云南省彝族人常将它栽于竹楼前做高篱。原产南非的龙舌兰，在我国广东、广西、云南等省区生长良好，多种植于临公路的田埂上，不仅有防范作用，还兼有护坡之效。此外，在广东、广西及福建一带的村舍中也常栽植仙人掌、量天尺等，作为墙垣防范之用。

10.1.2.3 其他作用

许多多浆植物都有药用及经济价值，或果实可食用，或可制成酒类饮料等。例如，仙人掌现已被搬上了餐桌，成为了人们喜爱的美食。芦荟的食用和药用价值誉满全球；火龙果色香味俱佳。

10.2 多浆植物的类型与分类

10.2.1 依形态特点分类

10.2.1.1 叶多浆植物

叶多浆植物的贮水器官主要是叶，因而叶较肥厚，表面被蜡被毛，气孔数少且凹陷，叶缘和叶尖有的具刺，叶缘、叶尖和叶基有不定芽可以繁殖后代；整个株形呈莲座状。如石莲花属、芦荟属、龙舌兰属、虎尾兰属、莲花掌属、景天属、伽蓝菜属等。

10.2.1.2 茎多浆植物

茎多浆植物的贮水器官主要是茎。茎占主体，肥厚多汁，呈柱状、球状、鞭状，绿色，能代替叶片进行光合作用；叶片退化或叶早落，如仙人掌科、大戟科和萝藦科等。茎多浆植物占多浆植物的50%以上，它们肉质化程度比大多数叶多浆植物高，表面积小，蒸腾量小，因而更为耐旱。大多数茎多浆植物比较适应我国的气候。

10.2.1.3 茎干状多浆植物

茎干状多浆植物的肉质部分主要在茎的基部，形成膨大而形状不一的肉质块状体、球状体或圆锥体；外有木质化或木栓化的树皮，无节、棱和疣状突起；有叶或叶早落，叶直接从根颈处或从逐渐变细的、几乎不肉质的细长枝上长出，有时枝也早落。以葫芦科的多浆植物最为集中，还有龙舌兰科的虎克酒瓶、西番莲科的龟甲龙和幻蝶蔓、旋花科的何氏牵牛、防已科的地不容等。

10.2.1.4 粗干状多浆植物

粗干状多浆植物的膨大的肉质茎干比较高大而更类似一般木本植物，有些种类虽然近地面处有球状或块状茎干，但其上面仍有较粗的树干（如酒瓶兰、沙漠玫瑰），有的粗大的树干上有刺，叶有各种类型，通常较小或革质；有些种类具美丽的花，如沙漠玫瑰和脂麻科的古城；有些是热带稀树草原（萨旺纳群落）的代表种，如木棉科的猴面包树、梧桐科的昆士兰瓶树、辣木科的象腿树等，树干形状奇特，非常壮观。

10.2.2 依植物学分类

10.2.2.1 仙人掌科

仙人掌科是多肉植物中最大的一个科，全科104～125属1 800种，原产南北美洲。刺座是仙人掌科所具有的独特器官。刺集中在刺座上长出。花两性，雄蕊多数，子房下位胚珠多数，种子具双子叶。仙人掌科根据外形特征分成九类，分别是麒麟木类、团扇仙人掌类、节段型仙人掌类、叶型森林型仙人掌类、叶型疣状仙人掌类、疣粒仙人掌类、球形仙人掌类、悬垂型仙人掌类及柱形仙人掌类。

10.2.2.2 番杏科

番杏科约120属1 000余种，以南非最为集中，常见栽培的有20余属，草本或亚灌木，绝大多数为小型高度肉质植物，叶互生或对生，形状各异。花两性，辐射对称，花瓣数多或缺，蒴果或核果。大多数夏季休眠，栽培困难。番杏科有肉锥花属、露子花属、帝王花属、金丝属、角驼峰花属、春桃玉属、肉黄菊属、光玉属、驼峰花属、生石花属、对叶花属、融香玉属、龙幻属。

10.2.2.3 龙舌兰科

龙舌兰科为单子叶植物。全科约20属600～700种，约10属400种是多浆植物。茎长短不一。叶聚生茎基或茎端，肥厚，通常排列成莲座状，叶缘和叶尖常具刺。花序高，浆果或蒴果。常见栽培的属有龙舌兰属、福克兰属、酒瓶兰属、虎尾兰属、虎克酒瓶属、丝兰属。

10.2.2.4 夹竹桃科

夹竹桃科为双子叶植物，全科215属，但一般认为只有3属是多浆植物，观赏性很强。单叶具平行脉；花单生或簇生，花瓣、花萼片均为5；蓇葖果。本科多浆植物大多性喜温暖，生长期要充分浇水。常见栽培的属有沙漠玫瑰属、棒棰树属、鸡蛋花属。

10.2.2.5 萝藦科

萝藦科为双子叶植物，是一个含有180属2 800多种植物的大科，藤本或灌木，有部分是多浆植物。单叶，凡是多浆植物除吊灯花属以外大多叶早落；花瓣、花萼片均为5，恶臭，有些种的花粉黏合成花粉块。蓇葖果，种子先端有毛。常见栽培的属有水牛掌属、吊灯花属、玉牛角属、丽杯角属、剑龙角属、肉珊瑚属、国章属、丽钟角属。

10.2.2.6 凤梨科

凤梨科为单子叶植物。陆生或附生。全科约50属1 500种，多浆植物仅分布在5个属中。基生叶通常排列成莲座形，叶狭长，叶缘有刺；穗状花序，苞片通常为彩色。常见栽培的属有雀舌兰属和剑山属。

10.2.2.7 大戟科

大戟科为双子叶植物，多肉植物600～700余种，国内目前共有70余种。肉质草本或灌木，有白色乳汁，叶互生或退化，有托叶，叶基有时有腺体；花无被，组成杯状聚伞花序，有1朵雌花居中，周围环以多朵仅有1枚雄蕊的雄花，总苞萼状，有些具鲜艳色彩；少数种类雌雄异株；蒴果。常见栽培的属有大戟属、翡翠塔属、麻风树属、白雀珊瑚属等。但近年来发现大戟科的许多种类含有致癌物质，是室内应用要谨慎。

10.2.2.8 景天科

景天科为双子叶植物，多肉植物约47属800余种，广布全球，是仙人掌科、番杏科以外多肉植物中最重要的科。为多年生草本，叶互生、对生或轮生，常无柄，单叶或羽状复叶；花两性，稀单性，单生或排成聚伞花序，萼与瓣同数，通常4～5；蓇葖果。常见栽培的属有景天属、奇峰锦属、石莲花属、莲花掌、伽蓝菜属、青锁龙属、天锦章属、仙女杯属等。

10.2.2.9 菊科

菊科为双子叶植物，是一个有几万种植物的大科。据新的文献记载，本科中多浆植物分布在24个属内，但常见栽培的仅为千里光属。

10.2.2.10 其他科

此外，属于多浆植物的还有葫芦科、桑科、辣木科、薯蓣科、龙树科、百合科、鸭趾草科、马齿苋科、葡萄科、西番莲科、旋花科、脂麻科、防己科、木棉科、梧桐科、富桂花科等科属植物。

10.3 多浆植物对环境条件的适应与需求

10.3.1 对环境的适应

多浆植物大部分生长在干旱或一年中有一段时间干旱的地区，为了适应其生长地的自然环境条件，形成了一系列生物学特性。

10.3.1.1 鲜明的生长期及休眠期

一类是陆生的大部分仙人掌科和龙舌兰科植物，原产于美国西南部和墨西哥北部。该地的气候有明显的雨季(5～9月)及旱季(10～4月)之分，长期生长在该地的仙人掌科植物就形成了生长期与休眠期交替的习性，在雨季中吸收大量的水分并迅速生长、开花、结果；旱季为休眠期，借助贮藏在体内的水分来维持生命。

另一类是番杏科、景天科、百合科的大多数植物，原产于非洲、南美洲的热带亚热带地区，冬季温暖湿润，夏季炎热干旱，因此它们在冬季生长，夏季休眠。我国大部分地区夏天高温闷湿，因而这几种植物在我国种植成功率不高。

10.3.1.2 具有非凡的耐旱能力

生理上称仙人掌科、景天科、番杏科、凤梨科、大戟科的某些植物为景天代谢途径植物，即CAM植物。由于这些植物长期生长在少水的环境中，而形成了与一般植物代谢途径相反的适应性。这些植物在夜间空气的相对湿度较高时，张开气孔，吸收CO_2，对CO_2进行羧化作用，将CO_2固定在苹果酸内，并贮藏在液泡中；白天气孔关闭，既可避免水分的过度蒸腾，又可利用前一个晚上所固定的CO_2进行光合作用。这种代谢途径是CAM植物对干旱环境适应的典型生理表现，最早在景天科植物中发现的，故称为景天代谢途径。

多浆植物生理上的耐旱机能，必然表现在它们体形的变化和表面结构上。仙人掌等多浆类植物多具有棱肋，雨季时可以迅速膨大，把水分贮藏在体内；干旱时，体内失水后又便于皱缩。

多浆植物中有些种类还有毛刺或白粉，可以减弱阳光的直射；表面角质化或被蜡层也可防止过度蒸腾。少数种类具有叶绿素的组织，分布在变形叶的内部而不外露，叶片顶部(生长点顶部)具有透光的“窗”(透明体)，使阳光能从“窗”射入内部，其他部位有厚厚的表皮保护，避免水分大量蒸腾。

10.3.1.3 开花与结实的方式

大体来说，仙人掌科及多浆类植物开花年代与植株年龄存在一定相关性。一般较巨大型的种类，达到开花年龄较长；矮性、小型种类达开花年龄则较短。一般种类在播种后3～4年就可开花；有的种类到开花需要20～30年或更长的时间。如原产北美的金琥，一般在播种30年后才开花；宝山仙人掌属及初姬仙人掌属等，其球径达2～2.5cm时开花。

在栽培条件下，有不少种类不易开花，这与室内阳光不充足有较大关系。仙人掌及多浆类植物在原产地是借助昆虫、蜂鸟等进行传粉而结实的，其中大部分种类都是自花授粉不结实的；在室内人工栽培，应进行辅助授粉，才易于获得种子。

10.3.2 多浆植物的原产地分布

10.3.2.1 仙人掌类植物的原产地

(1) 以亚马逊河流域为中心的附生类型的仙人掌类植物分布区

附生类型的仙人掌类主要分布在南美洲的热带地区，极少数种类分布在非洲热带地区。它们大多生长在热带雨林中其他树木的树洞中或枯死倒伏的树干上，因而常有大量的气生根。它们还表现出一定的旱生结构，茎通常肉质成较细的圆柱形、棱柱形或肥厚的扁平状，开花常在夜间。按照形态和习性不同，附生型的仙人掌类分为量天尺属、令箭荷花属、蛇鞭柱属、鼠尾掌属、蟹爪属、仙人指属、瘤果仙人鞭属、太阳柱属、假昙花属、姬孔雀属和丝苇属，分布范围不相同。

(2) 以安第斯山区中心的南美陆生类型的仙人掌植物分布区

南美洲大陆大部分地区属温暖湿润气候，热带类型的气候占大陆面积的70%，年降雨量在1000mm以上的地区占大陆面积的70%，但降雨量分配不均，以夏季为唯一雨季，又有十分多样的气候类型，为仙人掌类的变异和繁衍提供了有利条件。南美大陆不仅是附生型仙人掌类植物的主要产地，同时也是陆生型仙人掌类植物的主要原产地。南美大陆西岸地区是仙人掌的中心区，广泛分布着子孙球属、丽花球属、白檀属、锦绣玉属、老乐柱属、白仙玉属等许多属种。

(3) 以墨西哥高原为中心的北美陆生类型的仙人掌类植物分布区

仙人掌类植物是从南美进入北美的。由于北美洲西部气候干旱，有利于仙人掌类的繁衍，因此成为仙人掌类重要的分布中心。特别是墨西哥境内，仙人掌类种类最为丰富，素有“仙人掌国”之称。北美洲的仙人掌类主要分布在三个植被带：北美干旱草原带，仙人掌属中耐寒的种类为主；亚热带和热带半荒漠、荒漠区，这是北美气候最干旱、植被最稀疏的地区，分布着金琥属、棱波属、钩球属、岩牡丹属、强刺球属、星球属、乌羽玉属、乳突球属等；热带稀树草原带，大量分布着扁平茎节的仙人掌属种类和其他一些柱形以及花座球属的种类。

10.3.2.2 多浆植物的原产地

多浆植物广泛分布于除南极洲以外的各大洲，但以非洲和美洲的干旱和半干旱地区分布较多。

(1) 非洲产的多浆植物

南非是很多多浆植物的原产地，因而享有“多浆植物宝库”之誉。该地区气候特点是冷凉、夏干冬湿，称为南非地中海气候区。番杏科的大部分属种以及景天科、萝藦科、牻牛儿苗科、百合科、菊科、马齿苋科、大戟科的部分种类均原产于该地区。除南非外，非洲的干旱地区也分布着许多多浆植物，如鲨鱼掌属、天竺葵属、棒槌树属、亚龙木属、翡翠柱属、水牛掌属、芦荟属、大戟属、莲花掌属、吊灯花属中的种类。

(2) 美洲产的多浆植物

美洲的干旱地区生长着不少多浆植物，如龙舌兰属、丝兰属、酒瓶兰属、石莲花属、厚叶草属、福桂花属、仙女杯属、白雀珊瑚属、凤梨科中的种类。

(3) 其他地区产的多浆植物

非洲、美洲以外的地区，多浆植物种类不多，只有芦荟属、大戟属、景天属、石莲花属、厚瓦松属、长生草属、球兰属中的某些种类。

10.3.3 多浆植物对环境的要求

10.3.3.1 温度

多浆植物多原产于热带、亚热带地区，大多数生长最适宜温度是20℃～30℃，少数种类适温为25℃～35℃，而冷凉地带原产的种类维持在15℃～25℃最好。绝大多数陆生型的仙人掌类在生长期间保持大的昼夜温差(白天约35℃，晚上15℃～25℃)对生长是有利的。虽然多浆植物很多原产于热带、亚热带，但在实际栽培过程中，当气温达38℃时，它们大多生长迟缓或完全停止而呈休眠或半休眠状态，温度再高就会伤害植株。附生类型的仙人掌更不能忍受高温，因它们原产赤道附近，而当地最高温度并不太高，是年平均温度较高。原产南非的多浆植物，原产地最热月份的平均温度为21℃，而我国大部分地区夏天气温都很高，所以在我国大部分地区度夏很困难。

除少数茎部近似木质化的种类和一些生长在高山地带的种类外，绝大部分多浆植物都不能忍受5℃以下的低温。如果温度下降到0℃以下，会受冻死亡。

一般来讲，植物在休眠阶段抗寒性最强。大多数陆生类型的多浆植物在冬季是休眠的，因而具有较强的抗寒能力。而一些冬季不休眠的多浆植物抗寒性就比较弱，特别是一些冬季开花的种类，更不能遭受低温的袭击。所以，多浆植物栽培场所的温度夏季不应高于35℃，冬季不应低于5℃。

10.3.3.2　光照

多浆植物都喜欢充足的阳光，而原产沙漠半沙漠地区以及高海拔山区的种类对光照的要求更多，这一类植物夏天也可以接受全光不予遮荫。对于原产草原地带及其他地区栖息于杂草、灌丛中的一些小球形种类，如丽花球属、子孙球属、乳突球属等则要求夏季稍予遮荫。而对昙花属、丝苇属、蟹爪属等热带雨林所产的附生类型及百合科十二卷属种类，能忍受较弱的光照。

在栽培中，如果喜半阴的种类在夏天接受全光照，会被灼伤萎黄甚至死亡；在荫庇的条件下栽培多浆植物，则植株柔弱，刺毛稀疏，开花很少或者完全不开花。

原产高山地区（如加利福尼亚半岛）的仙人掌类植物，由于当地紫外线充足，植株的色泽及毛刺的发育好；而用玻璃温室栽培，由于玻璃使紫外线损失大，所以植株的色泽和毛刺的发育都不及原产地。所以，幼苗和夏季休眠的植株应控制光照，相反冬季休眠的植株却应多见阳光。并且所有的植株都应避免光线的剧烈变化。

10.3.3.3　水分与空气相对湿度

多浆植物大多数较耐干旱，浇水次数可以比其他花卉少。但能忍耐干旱并不等于说它们不需要浇水，一般在生长旺盛还是要注意补充水分。多浆植物大多数忌水分过多，水分过多易导致烂根而死亡。浇水原则是宁干勿湿。

大部分多浆植物浇水的基本原则是区别生长期和休眠期，生长期多浇，休眠期少浇或不浇。生长期时间一般在盆土表面发白后浇水，采用从植株根基部注入或采取洇水法来补充水分。

除土壤水分外，多浆植物对空气相对湿度也有一定的要求。对多数陆生型多浆植物，空气相对湿度保持在60%左右比较合适。原产热带雨林的附生类型种类，要求湿度更高。温度高能推迟植株表皮的老化，使其保持光亮鲜润。但空气相对湿度太高，会使芦荟等染上黑斑病等病虫害。空气相对湿度太低，易使植株老叶脱落、叶尖枯萎。

10.3.3.4　空气

多浆植物喜欢流动而清新的空气。在栽培中，常可看到一些角落处的盆栽植株，虽然光、温、土壤等方面都大致合适，植株根系也无问题，但就是生长不良，植株缺乏光泽，其原因就是通风不良。通风不良还会引起浇水后盆土不易干燥，造成烂根以及病虫害的繁衍。

10.3.3.5　土壤和肥料

多浆植物对盆土的要求是疏松透气、排水良好，有一定的腐殖质和营养，呈弱酸性。由于我国各地土壤条件差异很大，可供配制培养土的基质很多。下面是上海一带栽培多浆植物使用较多的培养土配方：

① 园土、草炭、粗砂、珍珠岩各1份，另加砻糠灰半份，适用于一般多浆植物。

② 细园土1份、粗沙2份、椰糠1份，砻糠灰少许，适用于生石花。

③ 园土、腐叶土、基肥、沙、椰糠、砻糠灰各1份，加少许腐熟骨粉，适用于陆生型仙人掌类。

④ 腐叶土、基肥、椰糠、干苔藓各1份，加少许腐熟骨粉，适用于附生型仙人掌类。

无论哪种配方，使用前最好用蒸汽消毒或在大伏天暴晒，并应经常翻盆换土。只对健壮的植株在生长较旺盛的时候进行施肥。一般在春秋季节施肥，约半个月施一次，浓度不可过高。绝大部分种类夏季高温时不要施肥，一般陆生型仙人掌和冬季休眠的多肉植物冬季也不要施肥。

施肥以腐熟有机液肥为主；化肥常用的是尿素、磷酸二氢钾、硝酸钾、硫酸铵等；进口的复合肥各种养分都较完全，有条件也可使用。

10.4 多浆植物的繁殖与栽培

10.4.1 繁殖

10.4.1.1 仙人掌与多浆植物的无性繁殖

(1) 扦插繁殖

扦插繁殖是仙人掌类最简便、应用最广的繁殖方法。此方法是利用仙人掌类营养器官具有较强的再生能力，切取茎节或茎节的一部分以及蘖生的子球，插入基质中，使之生根发芽而成为一新的植株。此法能保持品种特性，且种苗生长快，开花早，对不易开花产生种子的种类尤多采用。在多肉植物的扦插中，作为插穗的材料有叶、茎、根、不定芽等，但以叶插和茎插最为常用。

① 叶插。不同科属的多肉植物，其叶插方法是不同的。如景天科的种类将叶平放在介质上，百合科十二卷属的一些种类的叶应斜插，而虎尾兰的叶应切成8cm长的小段直插入介质中。

② 茎插。茎插是仙人掌类植物扦插繁殖最为普遍的一种方法，插穗的选择可根据不同种类而异。如容易着生子球的，可用子球进行扦插；有分枝的如令箭荷花、蟹爪兰等可切取茎节或枝条进行扦插；仙人柱可把茎切成数段，宝剑切成数块进行扦插。有些不易分蘖子球的种类，可先切去植株顶端一部分，这样就可以促使其分蘖子球，以后用子球进行扦插；白毛仙人掌等可以把茎剁成拇指大小的小块，然后撒在基质表面，这方法使繁殖数量大大提高。

③ 扦插时间。扦插时间选择在植株生长初期和中期较为合适。盛夏高温和冬季扦插生根缓慢，梅雨季节扦插插穗易腐烂。

④ 扦插生根的环境条件。

(a) 温度。气温达20℃～25℃时较易生根。原产热带地区的如花座球属等温度可更高些。

(b) 水分。水不能多，更不能排水不良。

(c) 湿度。由于插穗本身含水多，不需要很高的湿度。

(d) 光照。插后应稍遮荫，避免阳光直射，但也不能过阴。

(e) 基质。基质以透气、排水良好又能保持湿润的为好，一般多用沙子。

⑤ 注意事项。插穗切取后不要立即扦插，必须晾干后再扦插。较粗的插穗应多晾几天，以切口干缩为度。切取插穗的刀或剪应锋利且最好能消毒。插穗不宜插得过深，以基部稍入基质为适。对高大的插穗可立支柱固定。有些生根困难的种类可在切口晾干后浸入浓度为200mg/L的萘乙酸溶液4h再扦插，对促进生根有一定效果。

(2) 嫁接繁殖

嫁接主要应用在仙人掌类和大戟科、萝藦科少数种类的繁殖上。仙人掌类的嫁接繁殖有生长快、长势旺、促进开花、保存畸形变异种、可随意造形等特点，应用日趋普遍。大多数种类在 20℃～25℃时嫁接成活率最高，但在梅雨季节易感染病菌腐烂而不宜嫁接。

① 平接。平接适合在仙人掌类的柱状或球形种类上应用。在砧木的适当高度用刀水平横切，然后再把各棱的边缘作 20°～45°的切削，在接穗下部也进行水平横切，切后立即放置在砧木切面上，让两者的维管束充分对准，再用细线或塑料带纵向捆绑使接穗与砧木紧密接触，此外还可以用橡皮筋、重物等来进行绑扎或加压固定。

一些较细的柱形接穗如鼠尾掌、银纽等，嫁接时常把接穗和砧木斜切，两者切面的长度应大致相同，然后贴合捆绑。这样做是为了扩大结合面和方便捆绑，被称之为“斜接”。

② 劈接。劈接又叫楔接，常用于嫁接蟹爪兰、假昙花、仙人指等扁平茎种类和以叶仙人掌、仙人掌作为砧木的嫁接上。嫁接蟹爪兰及仙人指时，砧木以高出盆面 15～30cm 为宜。可先将砧木从需要的高度横切，然后在近维管束处劈开，再将接穗下端两面斜切削成楔形，立即插入砧木裂口，再用仙人掌的长刺或大头针插入使接穗固定，见图 10.1。劈接的原则是使接穗的伤口处接触维管束里的形成层，这样接穗和砧木的维管束才易于接触并充分愈合。

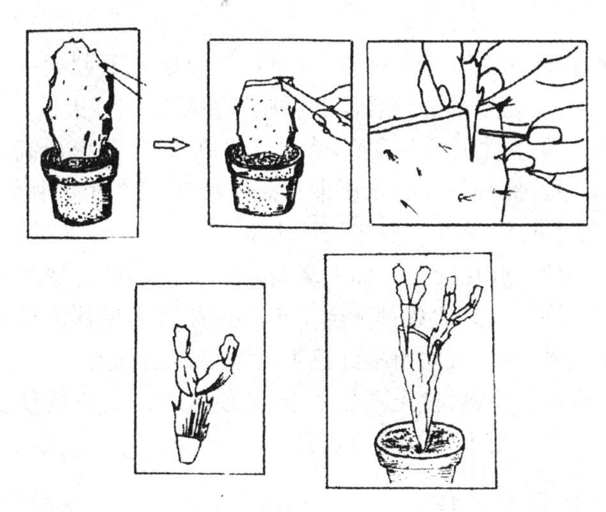

图 10.1　蟹爪兰嫁接

在温暖地区，应用最普遍的砧木基本上都是量天尺。量天尺又叫三角柱或三棱箭，管理较粗放，对很多种类的亲和力都很强。目前常采用的砧木还有仙人球、卧龙柱、龙神柱、秘鲁天轮柱、叶仙人掌等。

有经验的专家喜欢选择多云的天气进行嫁接，接后立即放在室外晾上 2h，注意避光，防止水或农药、肥液溅到切口上。一般 4～5d 即可解除绑扎物，大的接穗可再过几天松绑。松绑后的嫁接苗可逐步见光，再进行正常管理。但要注意不要将接穗碰掉。只有当接穗生长点附近出现新刺或嫁接时被压弯的刺重新直立、表皮呈现新鲜色彩时才是嫁接真正成功。这时植株才可以充分见光，并加强肥水管理，促其快速生长。

(3) 分株繁殖

很多仙人掌类易长成群生植株。如子孙球、白龙球等，重叠小球很多，但只有母球上有根，这种情况不能分株，只能取下子球扦插繁殖。又如松霞、银琥、羽衣、琴丝球等，开始也是母球上生子球，时间一长子球有了自己的根，这样可用手和刀将群生株分成几块分别栽植，栽植后过几天再浇水。一些带化种类如青海波、九重等也很容易形成群生株,可分株繁殖。

(4) 组织培养

多肉植物的组织培养在国外开展较早,1968 年 Majumdar 和 Sabharwall 首先在十二卷属植物中用花葶作外植体组培成功,以后又分别在水晶掌、乳突球、摩天柱属种类组培成功。1986 年,在第 22 届国际园艺大会上,美国学者 P. W. Clinton 等报道他们从保护珍稀濒危植物目的出发,在光山属、鹿角柱属、岩牡丹属、帝冠属、乳突球属等 13 个属的 22 个濒危种中取得组培成功。

10.4.1.2 仙人掌与多浆植物的有性繁殖

人工栽培的仙人掌类中,大部分是自花不结实的,因而要得到种子必须进行异株授粉。由于仙人掌类的花期很短,在父本、母本无法同时开花的情况下,可以把花粉装入硫酸纸袋或玻璃试管放在冰箱中保存,在 3℃～6℃下可保存数月。授粉时间通常在柱头完全分叉开张、柱头出现丝毛并分泌粘液发亮时进行。果实的成熟时间视种类不同而异。仙人掌类的果实有浆果和蒴果两种。浆果采收后,应先洗去果肉,再把种子晾干。蒴果成熟时易裂开导致种子散失,故要提前采收。

多数仙人掌类的种子寿命可保持 2 年左右,但在常温条件下贮藏一年,发芽率就大为降低。一般春天采收的种子,可随采随播;秋天收的种子,在第二年春天播。

种子一般在 21℃～27℃条件下发芽良好,多数在 24℃时发芽率最高。如果温度太低,种子发芽缓慢,而且容易腐烂。播种方法有水浸催芽播种和直接播种两种。直接播种时,一般小粒种子可以不覆土,极细小的种子可以混些细沙再播。盆播时,应通过浸盆的方法来湿润土壤,并用玻璃或薄膜覆盖保湿,放在阴处。仙人掌类种子发芽时间相差很大,快的 2～3d,一般在 7d 左右,慢的 20 多天或更长,有的数月甚至 1 年。发芽后逐步移去玻璃或薄膜,把盆放在有散射光的地方。光线过强,易造成幼苗呈红色生长停滞,甚至萎缩死亡;光线过弱,会使幼苗徒长细弱。小苗的水分管理很关键,盆土不能太干,即使是冬季也不能使盆土干透;也不能过湿,否则易感病腐烂死亡,所以盆土要保持稍湿润为宜。

10.4.2 各科多浆植物及其栽培

10.4.2.1 仙人掌科

(1) 仙人掌(*Opuntia ficus-indica*)

又名仙人扇,为仙人掌属的多浆肉质灌木至小乔木状植物。株高 5m 以上,通常为 2～3m,枝干形态如手掌,老干木质,圆柱形,表皮粗糙,褐色。茎节扁椭圆形或扁卵形,肥厚肉质,绿色,表面多斑点,刺窝处着生 1～21 条针,分枝左右层叠而生,无叶片。花冠黄色,喇叭形。果皮红色,极鲜艳。常见的栽培品种有白毛掌(*O. leucotricha*)和黄毛掌(*O. microdasys*)等。原产于美洲热带。喜干热气候,亦较耐寒冷,可经受－10℃低温。喜光,耐烈日,不耐荫庇,喜沙质土,黏土生长较差。耐干旱,亦较耐水湿。仙人掌见图 10.2。

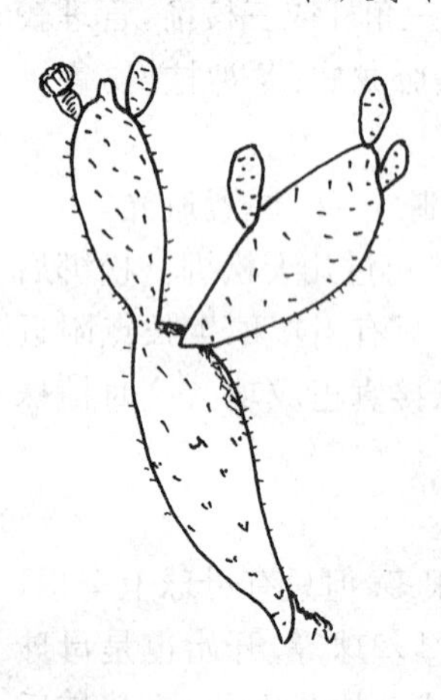

图 10.2 仙人掌

多用扦插繁殖,也可播种繁殖。扦插一年四季均可进行,播种宜随采随播。不宜长期室内栽培。

盆栽宜用砂质土或用塘泥掺细沙，施钙、镁、磷肥及干粪作基肥。种植宜稍浅，种后任其自然生长。少有病虫害，管理简单。

(2) 昙花(*Epiphyllum oxypetalum*)

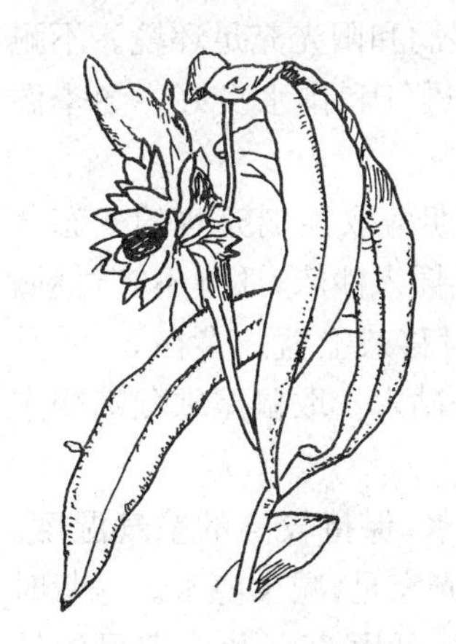

图 10.3　昙花

又名月下美人，为昙花属的肉质附生类半灌木。茎色翠绿，秃净光滑，边缘为波状圆齿，中肋隆起，状似海带，刺座生于圆齿缺刻处。花着生于叶状变态茎的边缘，花大型，花萼筒状，红色，花重瓣，白色，芳香馥郁。花期夏季夜晚，约 7h 凋谢，故有“昙花一现”之说。当花蕾长到 10cm 左右时改变光照时间，采用昼夜颠倒的办法进行处理，7～10d 后植株就能在上午开放。常见的栽培品种有大花昙花(*E. grandiflora*)和杂种昙花(*E. hybrida*)等。原产于墨西哥和中南美洲的热带森林。喜温暖湿润和半阴环境。不耐霜冻，忌强光暴晒。土壤要求含腐殖质丰富的沙壤土。冬季温度不低于 5℃。昙花见图 10.3。

多用扦插和播种繁殖。在 3～4 月选取健壮、肥厚的叶状茎，剪成 20～30cm 长，待剪口稍干燥后插入沙床，保持湿润，插后 20d 左右生根。用主茎扦插，当年可以开花；用侧茎扦插，需 3～4 年开花。一般需人工授粉才能结种。种子播后约 2～3 周发芽，实生苗需 4～5 年开花。也可用叶片为材料进行组培繁殖。

盆栽常用排水良好、肥沃的腐叶土。盆土不宜太湿。夏季保持较高的空气湿度。避开阵雨冲淋，以免浸泡烂根。生长期每半月施肥 1 次。初夏现蕾和开花期，增施磷肥 1 次。肥水施用合理，能延长花期；肥水过多、过度荫庇，易造成茎节徒长，影响开花。盆栽昙花由于叶状茎柔弱，应设立支柱。冬季应搬室内养护。

(3) 令箭荷花(*Nopalxochia ackermannii*)

又名孔雀仙人掌，为令箭荷花属的肉质附生类半灌木。多分枝，茎扁平呈令箭状，绿色。基部圆形，中脉有明显突起，边缘有粗锯齿，花着生于茎先端两侧的刺座中，花筒细长，花大型，花色有红、白、黄、粉、橙、紫红等色，白天开放，一朵花仅开 1～2 天。果实为椭圆形红色浆果。原产于墨西哥。喜温暖湿润和半阴环境。不耐寒，忌强光暴晒。土壤要求含腐殖质丰富的砂壤土。冬季温度不低于 10℃。令箭荷花见图 10.4。

图 10.4　令箭荷花

多用扦插和嫁接繁殖。在 3～4 月选取健壮、肥厚的叶状茎，剪成 10～15cm 长，待剪口稍干燥后(晾 1～2d)插入沙床，保持湿润，插后 20d 左右生根。用主茎扦插，当年可以开花。用量天尺、叶仙人掌或仙人掌作砧木，采用劈接法嫁接，成活率高，接后当年或翌年开花。

盆栽常用排水良好、肥沃的腐叶土。盆土不宜太湿，夏季保持较高的空气湿度。避开阵雨冲淋，以免浸泡烂根。生长期每半月施肥 1 次。初夏现蕾和开花期，增施磷肥 1 次。肥水施用合理，能延长花期；肥水过多、过度荫庇，易造成茎节徒长。茎窄长柔软，不易挺立，也应设立支柱，并及时抹去过多的侧芽。冬季应搬室内养护。

(4) 鼠尾掌(*Aporocactus flagelliformis*)

又名金纽，为鼠尾掌属的多年生附生类肉质草本。变态茎细长，匍匐，在原产地高达 2m，

图 10.5 鼠尾掌

具气生根。有浅棱 10～14。刺座小，辐射刺 10～20 枚，新刺红色。花期 4～5 月，花洋红色。常见的栽培品种有康氏鼠尾掌(*A. conzatii*)、鞭形鼠尾掌(*A. flagriformis*)和细蛇鼠尾掌(*A. leptophis*)等。原产墨西哥。喜温暖湿润和阳光充足环境。不耐寒，较耐阴和耐干旱。土壤要求肥沃、透气和排水良好。冬季温度不低于 10℃。鼠尾掌见图 10.5。

常用扦插和嫁接繁殖。可在生长期剪取顶端充实的变态茎作插穗，长 15～20cm，待剪口干燥后再插入沙床，插壤不宜过湿。插后约 50～60d 生根。根长 2～3cm 时移栽上盆。多在 5～6 月进行嫁接，可采用直立的柱状仙人掌作砧木。取鼠尾掌顶端变态茎 10cm 作接穗，接后 50d 愈合。

在夏季生长期，需充足浇水，多喷水，保持较高的空气湿度。每月施肥 1 次。盛夏在室外栽培，需适当遮荫；冬季搬进室内，应阳光充足，减少浇水。盆栽时需设立支架。悬挂吊盆栽培，须整形修剪。变态茎有时发生斑点病，可用 65%代森锌可湿性粉剂1 000倍液喷洒。

(5) 蟹爪兰(*Schlumbergera truncatus*)

又名蟹爪、蟹爪莲，为蟹爪属的多年生附生类肉质植物。茎节悬挂向四方扩展，叶状茎扁平，多节，鲜绿色，先端截形，两缘具尖齿，连续生长的节似蟹足状。花横生于茎节先端，花两侧对称，花色有淡紫、黄、红、纯白、粉红、橙和双色等。果实长圆形，不具棱。常见的栽培品种有剑桥、圣诞焰火、金幻、雪片、伊娃、山茶和金媚等。原产巴西。喜温暖、湿润和半阴环境。不耐寒，怕烈日暴晒。土壤要求肥沃的腐叶土和泥炭土。冬季温度不低于 10℃。蟹爪兰见图 10.6(a)。

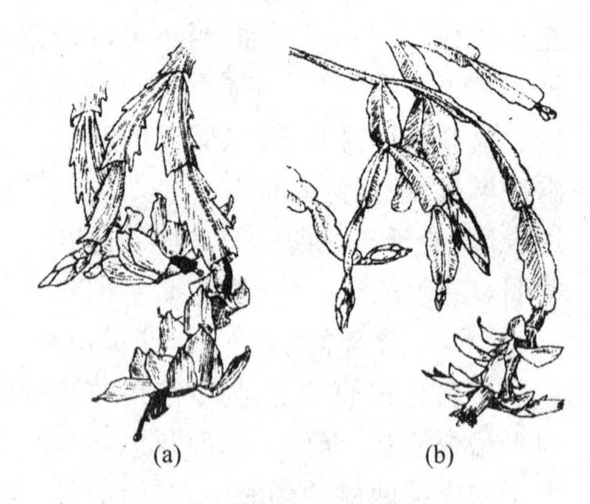

(a) 蟹爪兰　(b) 仙人指

图 10.6 仙人指和蟹爪兰

常用扦插和嫁接繁殖。全年均可进行扦插，以春、秋为宜。剪取肥厚变态茎 1～2 节，待剪口稍干燥后插于沙床，插壤湿度不能太大，温度 15℃～20℃，插后 2～3 周生根。嫁接在 5～6 月和 9～10 月进行最好。砧木用量天尺或白毛掌。接穗选取健壮肥厚的变态茎 2 节，下端削成鸭嘴状。用嵌接法，每株砧木可接 3 个接穗。嫁接后放阴凉处。若接后 10d 接穗仍保持新鲜挺拔，表明愈合成活。

繁殖后的新枝，正值夏季，应放通风凉爽处养护。如温度过高、空气干燥，茎节生长差，有时发生茎节萎缩死亡。生长期每半月施肥 1 次。秋季施 1～2 次磷、钾肥。当年嫁接新枝，能开花 20～30 朵。培养 2～3 年，1 株能开花上百朵。

(6) 仙人指(*Schlumbergera russellianus*)

为仙人指属的多年生附生类肉质植物，形态与蟹爪兰近似。仙人指的茎节边缘呈浅波状，只有刺点而锯齿不明显，花为整齐花，果实具 4 棱。其他均与蟹爪兰相同。仙人指见图 10.6(b)。

(7) 金琥(*Echinocactus grusonii*)

图 10.7　金琥

又名象牙球,为金琥属的多年生肉质植物。茎圆球形,单生或成丛。球顶密被黄色绵毛,棱约 20 条,沟宽而深。刺座很大,密生 7～9 枚硬刺,金黄色,呈放射状。花着生在顶部的绵毛丛中,钟形,黄色。花期 6～10 月。常见的栽培品种有白刺金琥(var. *albispinus*)等。原产墨西哥中部。喜温暖干燥和阳光充足环境。不耐寒,耐干旱,怕积水。土壤宜肥沃、含石灰质的砂质壤土。冬季温度不低于 8℃。金琥见图 10.7。

常用播种、嫁接及砍头繁殖。30 年生的母球才能结种,种子来源困难,但种子发芽率高,播后 20～25d 发芽。在生长期切除球体的顶部,促使产生子球,待子球长到 1cm 时,切下扦插于沙床中,或嫁接在粗壮的量天尺砧木上。当嫁接金琥长大时,可带部分砧木一起重新扦插,落地栽植。

生长迅速,每年春季需换盆,过长根系可适当剪短。盆栽土壤除腐叶土、粗砂以外,可加一些腐熟的干牛粪,效果极佳。生长过程中注意通风和光照,如光线不足,球体变长,刺色暗淡,影响观赏效果。同时喷雾增加空气湿度,对其生长有利。

(8) 量天尺(*Hylocereus undatus*)

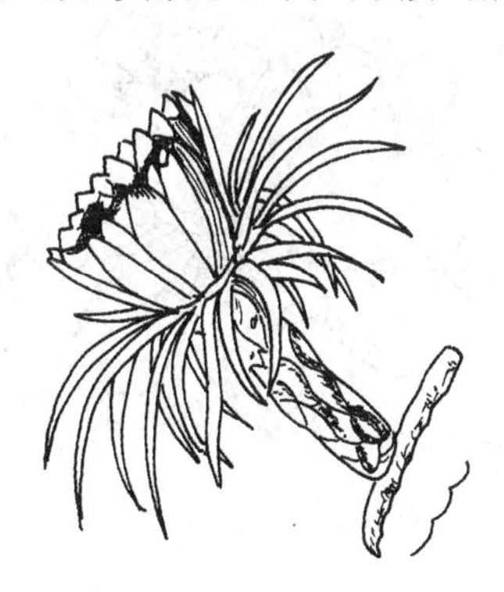

图 10.8　量天尺

又名三棱柱,为量天尺属附生半附生性攀援灌木。高 3～6m。茎三棱形。无叶,边缘具波浪形,长成后则成角形,具小凹陷,长有 1～3 枚不明显的小刺。有气生根。花大,长达 30cm,外围花瓣黄绿色、向后曲;内围花瓣白色、直立。花晚间开放,时间短,有香味。有“月下皇后”之称。原产热带美洲。喜温暖湿润和半阴环境。怕低温霜雪,忌烈日暴晒。宜选择肥沃、排水良好的酸性沙壤土。冬季温度不低于 12℃。量天尺见图 10.8。

主要用扦插繁殖。温室条件下,全年均可进行,以春夏季最适宜。插条剪取生长充实的茎节,长 15cm 左右,切后需晾干几天,待切口干燥后插入沙床,插后 30～40d 可生根。也可用茎组织为外植体进行组培繁殖。

栽培容易。春夏生长期,必须充分浇水和喷水,每半月施肥 1 次,冬季控制浇水,并停止施肥。盆栽很难开花,地栽株高 3～4m 时才能孕蕾开花。露地作攀援性围篱绿化时,需经常修剪以利茎节分布均匀,花开更盛。栽培过程中,过于荫庇,会引起叶状茎徒长,并影响开花。主要发生茎枯病和灰霉病危害,可用 50%甲基托布津可湿性粉剂1 000倍液喷洒。

10.4.2.2　景天科

(1) 燕子掌(*Crassula portulacea*)

又名厚叶景天,为青锁龙属的常绿肉质小灌木。茎上有明显的环状节,圆柱状,灰绿色,多分枝。叶对生,扁平肉质,具短柄,椭圆形,绿色。老株春季开花,花粉红色。常见的栽培品种有景天树(*C. arborescens*)、神刀(*C. falcata*)、一串连(*C. perforata*)和绿塔(*C. pyramidalis*)。原产非洲南部。喜温暖干燥和阳光充足环境。不耐寒,怕强光,稍耐阴。土壤以肥沃、排水良好的沙壤土为好,忌土壤过湿。冬季温度不低于 8℃。燕子掌见图 10.9。

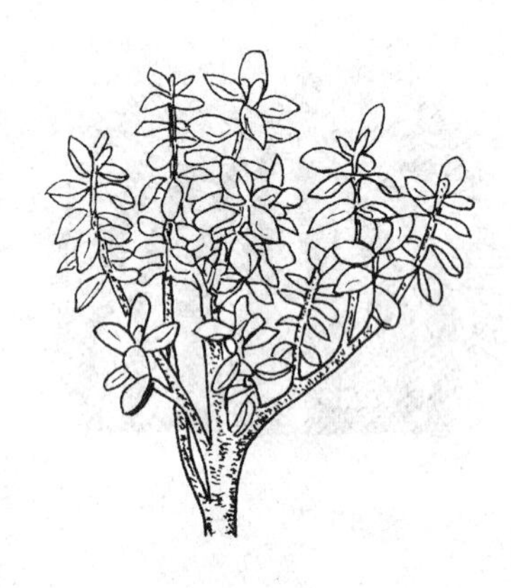
图 10.9 燕子掌

用扦插和播种繁殖。在生长季剪取茎叶肥厚的顶端枝条，长 8～10cm。稍晾干插于沙床中，插后约 3 周生根。也可取叶片，待晾干后扦插，一般插后约 4 周可生根。根长 2～3cm 时上盆。春季 3～4 月或秋季 8～9 月进行播种，播后 15～20d 发芽。还可用叶片为材料进行组培繁殖。

每年春季需换盆，加入肥土。生长较快。为保持株形丰满，肥水不宜过多。生长期每周浇水 2～3 次，7～8 月高温期间严格控制浇水。盛夏如通风不好或过分缺水，也会引起叶片变黄脱落，应放半阴处养护。入秋后浇水逐渐减少。室外栽培时，要避开暴雨冲淋，否则根部水分过多，易造成腐烂。每年换盆或秋冬入室时，应注意整形修剪。

(2) 石莲花(*Echeveria glauca*)

又名莲花掌、宝石花，为石莲花属的多年生草本。茎短，具匍匐枝。叶倒卵形，肥厚多汁，淡绿色，表面有白粉。叶呈莲座状，从叶丛中抽出花梗，总状聚伞花序，花淡红色。常见的栽培品种有绒毛掌(*E. pulvinata*)、宝石花(*E. rosea*)、毛叶莲花掌 (*E. setosa*)、大叶石莲花(*E. gibbiflora*)。)原产墨西哥。喜温暖干燥和阳光充足环境。不耐寒，耐半阴。怕积水烈日。土壤以肥沃、排水良好的砂壤土为宜。冬季温度不低于 10℃。石莲花见图 10.10。

图 10.10 石莲花

常用扦插繁殖。以春、秋为宜，生根快，成活率高。插穗可用单叶、蘖枝或顶枝，待剪口稍干燥后再插入沙床。插后一般 20d 左右生根。插壤不宜过湿，否则剪口仍易发黑腐烂。根长 2～3cm 时上盆。

管理简单，每年早春换盆，清理基部萎缩的枯叶和过多的子株。盆栽土以排水良好的泥炭土或腐叶土加粗沙。生长期以干燥环境为好，不需多浇水。盆土过湿，茎叶易徒长，观赏期缩短。冬季在低温条件下，水分过多，根部易腐烂死亡。盛夏高温时，也不宜多浇水，忌阵雨冲淋。生长期每月施肥 1 次，以保持叶片青翠碧绿。但施肥过多，会引起茎叶徒长。2～3 年生以上的石莲花，植株趋向老化，应重新扦插育苗更新。

10.4.2.3 百合科

(1) 条纹十二卷(*Haworthia fasciata*)

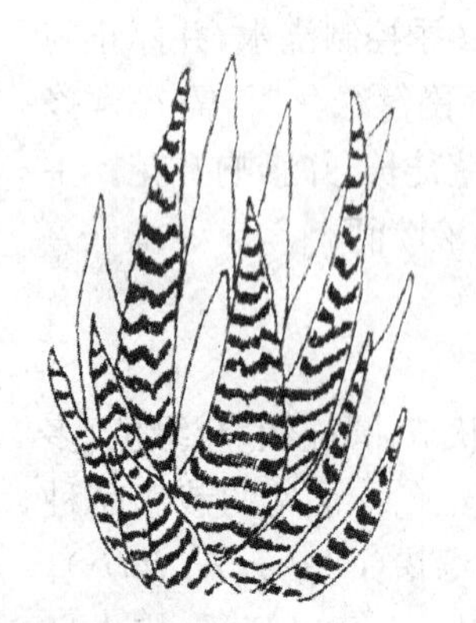
图 10.11 条纹十二卷

又名孔雀兰、十二卷，为十二卷属的多年生肉质草本。无茎，植株矮小。叶三角状披针形，先端细尖呈剑形、深绿色，背面有横条状排列的白色瘤状突起。常 30 余枚叶片莲座状着生。总状花序，小花淡棕红色，有深色条纹。蒴果。常见的栽培品种有大叶条纹十二卷(var. *major*)、凤凰(var. *houa*)等。原产南非。喜温暖、湿润的环境。耐半阴，稍耐寒。以肥沃、疏松的砂质壤土为宜。冬季温度不低于 5℃。条纹十二卷见图 10.11。

常用分株和扦插繁殖。常在 4～5 月换盆时进行分株。将母株周围的幼株剥下直接盆栽。5～6 月将肉质叶片轻轻切下，基部带上半木质化部分，插于沙床，约 20～25d 可生根。还可采用花序和花被为材料进行组培繁殖。

选用小型较浅的花盆，用略加沙的中性培养土作盆土。生长期保持盆土湿润，每月施肥 1 次。冬季低温、盛夏半休眠状态时，要严格控制浇水。不耐高温，夏季应适当遮荫。若光线过弱，叶片退化缩小。冬季入温室养护需充足阳光，如光线过强，叶片会变红。盆土过湿，易引起根部腐烂和叶片萎缩，可从盆内托出，剪除腐烂部分，晾干后重新扦插成苗。

(2) 芦荟(*Aloe vera* var. *chinensis*)

又名龙角、油葱，为芦荟属的多年生肉质草本植物。茎粗壮，叶灰绿色，肥厚多汁，有光亮，狭长披针形，螺旋状互生于茎上，边缘有刺状小齿，切断后有黏液流出。花茎挺立，顶生总状花序，花被筒状 6 裂，淡黄或橙黄色而有红斑，花期长。蒴果三角形。常见的栽培品种有大芦荟(*A. arborescens* var. *natalensis*)、花叶芦荟(*A. variegata*)等。原产非洲南部、地中海地区及印度。喜温暖，不耐寒；喜春夏湿润，秋冬干燥；喜阳光充足，不耐阴；耐盐碱。芦荟见图 10.12。

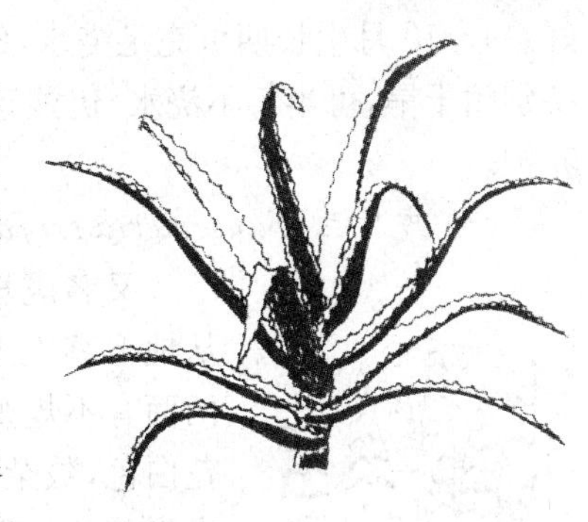

图 10.12　芦荟

多用扦插或分株繁殖。母株茎部及植株四周，常萌发有侧芽及小株。每年春末，气温稳定回升后，结合换盆，剪下侧芽和小株。小株剪下后，可直接上盆栽植。侧芽可晾 1～2d，或在切口处抹以草木灰，插入湿沙床内，20～30d 可发根。越冬温度 5℃以上。在排水好、肥沃的砂质壤土上生长良好，不需大肥水。光照过弱不易开花。生长快，需每年换盆，冬季保持盆土干燥。

10.4.2.4　龙舌兰科

(1) 龙舌兰(*Agave americana*)

图 10.13　龙舌兰

又名番麻，为龙舌兰属的多年生常绿大型植物。茎极短，叶倒披针形，灰绿色，肥厚多肉，基生呈莲座状，叶缘具疏粗齿，先端具硬刺尖。十几年生植株自叶丛中抽出大型圆锥花序顶生，花淡黄绿色，一生只开一次花，异花授粉才结实。果熟后全株枯亡。常见的栽培品种有金边龙舌兰(var. *marginata*)、金心龙舌兰(var. *mediopicta*)和银边龙舌兰(var. *marginata-alba*)。原产墨西哥。喜温暖，稍耐寒，喜光，不耐阴；喜排水好、肥沃而湿润的沙壤土，耐干旱和贫瘠土壤。龙舌兰见图 10.13。

春季分株繁殖。将根处萌生的萌蘖苗带根挖出另行栽植。5℃以上气温可露地栽培。我国华东地区多作温室盆栽，越冬温度 5℃以上。浇水不可浇在叶上，否则易生病。随新叶生长，及时去除老叶，保证通风良好。龙舌兰管理粗放。

(2) 酒瓶兰(*Nolina recurvata*)

又名象腿树，为酒瓶兰属的树状多肉植物。茎干直立，基部膨大，酷似酒瓶。叶簇生于茎干顶部，线形、粗糙、叶缘光滑，蓝绿色或灰绿色。圆锥花序，小花白色。常见的栽培品种有青岚(*N. glauca*)、墨西哥草树(*N. longifolia*)和帕里酒瓶树(*N. parryi*)。原产墨西哥干热地区。喜温暖干燥和阳光充足环境。较耐寒，耐干旱。土壤以肥沃疏松的沙质壤土为好。冬季温度不低于 5℃。

繁殖方法主要采用播种或扦插繁殖。播种于3～4月进行，播后20～25d发芽。苗高4～5cm时盆栽，幼苗生长缓慢。由于龙舌兰科植物开花很晚，采收不易，栽培者很少能用自采种子繁殖。扦插在春季进行。选取母株自然蘖生的侧枝作插穗，稍晾干1d，插于沙床中，增加空气湿度，插后15～20d可生根。扦插苗要形成酒瓶状的树干相当慢，可把茎部造型不端正的植株进行切除，埋干繁殖，使之长成新株。栽培容易，每年春季换盆。盆栽土壤要求肥沃、排水良好。4～10月生长期可充足浇水，每半月施肥1次，促使茎部膨大。夏季减少浇水，适当遮荫。特别耐干旱，可半年不浇水，仍能正常生长，主要以茎干贮水供缺水时使用。冬季需搬入室内养护。

(3) 虎尾兰(*Sansevieria trifasciata*)

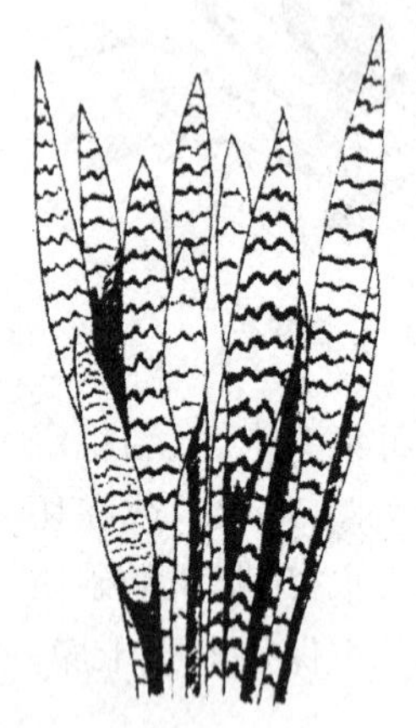

图10.14 虎尾兰

又名虎耳兰，为虎尾兰属的多年生肉质草本。具匍匐的根状茎。叶从地下茎生出，丛生，直立，线状披针形，先端渐尖，基部有槽，灰绿色，叶两面有不规则暗绿色和深绿色横带状斑纹，稍被白粉。花轴超出叶片，花白色，数朵成束。常见的栽培品种有金边虎尾兰(var. *laurentii*)，叶缘生有黄色阔斑带；短叶虎尾兰(var. *hahnii*)，叶片短而宽；棒叶虎尾兰(*S. cylindrical*)，叶呈圆筒状，每叶独立生长等。原产热带非洲。喜温暖干燥和半阴环境。不耐寒，生长适温20℃～30℃，怕强光暴晒。在排水良好、疏松肥沃的砂质壤土中生长最好。冬季不耐10℃以下低温。虎尾兰见图10.14。

常用分株与扦插繁殖。全年都可进行分株，以早春换盆时为多。将生长拥挤的植株脱盆后细心扒开根茎，每丛约3～4片叶栽植即行。盆土不宜太湿，否则根茎伤口易感染腐烂。扦插以5～6月为好。选取健壮叶片，剪成5cm一段插于沙床中，插后4周生根，成活率高。待新芽顶出沙床10cm时，即可移栽小盆。还可采用叶片为材料进行组培繁殖。移栽幼苗，不宜浇水过多，如高温多湿易引起根茎腐烂。夏季稍加遮荫，叶片鲜绿翠嫩。冬季放室内养护，需充足阳光，可继续生长。生长期每半月施肥1次。有时发生象鼻虫危害，用50%杀螟松乳油1 000倍液喷杀。

10.4.2.5 番杏科

(1) 松叶菊(*Lampranthus spectabilis*)

又名龙须海棠，为松叶菊属的多年生常绿亚灌木。株高30cm。茎匍匐，分枝多，红褐色。叶对生，肉质多三棱，挺直像松针。单花腋生，形似菊花，色彩鲜艳。花期4～5月。常见的栽培品种有橙黄松叶菊(*L. aurantiacus*)、丝状松叶菊(*L. filicaulis*)和长叶松叶菊(*L. productus*)等。原产非洲南部。喜温暖干燥和阳光充足环境。不耐寒，怕水涝，不耐高温，耐干旱。土壤以肥沃的沙壤土为好。冬季温度不低于10℃。松叶菊见图10.15。

图10.15 松叶菊

常用播种和扦插繁殖。播种在春季4～5月进行。采用室内盆播，播后10d左右发芽。扦插春、秋季均可进行。选取充实的顶端枝条，剪成6～8cm长，带叶插入沙床，插壤不宜过湿，插后15～20d生根。

刚盆栽幼苗的盆土以稍干燥为好。当株高20cm时，需摘心剪去一半，促使多分枝、多开花。生长期需要充足阳光，每半月施肥1次，茎叶生长繁茂、健壮，开花不断。如光照不足，节间伸长、柔软，茎叶易倒伏，开花减少。盛夏进入半休眠状态，控制浇水，放冷晾通风处，否则高温多湿会引起根部腐烂。冬季生长缓慢，应少浇水，保持叶片不皱缩。若气温低、湿度大，叶片易变黄下垂，严重时枯萎死亡。越冬植株在早春整株修剪换盆后长出新枝叶，可在4～5月重新开花。

(2) 生石花(*Lithops psedotruncatella*)

又名石头草，生石花属的多年生肉质草本。无茎。叶对生，肥厚密接，幼时中央只有一孔，长成后中间呈缝状，为顶部扁平的倒圆锥形或筒形球体，灰绿色或灰褐色，外形酷似卵石；新的2片叶与原有老叶交互对生，并代替老叶；叶顶部色彩及花纹变化丰富。花从顶部缝中抽出，无柄、黄色，状似小菊花，午后开放，傍晚闭合，第二天又开，每朵花可开4～6d。花期4～6月，花后结果，可收到细小的种子。生石花见图10.16。

图10.16 生石花

生石花是典型的“冬型种”，即夏休眠，冬季至翌年春天生长。一年之中要经历开花→新球孕育发生→新球充实长大→休眠→脱皮分头→开花这样一个新旧交替的循环过程。不同的阶段对温度、水分的要求有很大的不同，因而管理比较复杂。原产南非和西非。喜温暖，不耐寒，喜阳光充足、干燥、通风，也稍耐阴。采用播种繁殖。

用疏松、排水好的沙质壤土栽培。浇水最好浸灌，以防水从顶部流入叶缝，造成腐烂。冬季休眠，越冬温度10℃以上，可不浇水，过干时喷些水即可。

10.4.2.6 大戟科

(1) 虎刺梅(*Euphorbia milii*)

图10.17 虎刺梅

又名铁海棠、麒麟花，大戟属的常绿灌木。株高可达1m，茎直立具纵棱，其上生硬锐刺，排成5行。嫩枝粗，有韧性。叶仅生于嫩枝上，倒卵形，先端圆而具小凸尖，基部狭楔形，黄绿色。二歧聚伞花序生于枝顶，单性同株，无花被，总苞片鲜红色，扁肾形，长期不落，为观赏部位；花期6～7月。常见的栽培品种有峦岳(*E. abyssinica*)、大戟阁(*E. ammak*)、绿鬼玉(*E. deccbta*)、玉麟宝(*E. globosa*)和孔雀姬(*E. flanaganii*)。虎刺梅见图10.17。

原产马达加斯加。喜高温，不耐寒；喜强光；不耐干旱及水涝。多春季进行扦插繁殖。土壤水分要适中，过湿生长不良；干旱会落叶。冬季室温15℃以上才开花，否则落叶休眠。休眠期土壤要干燥。光照不足总苞色不艳或不开花。

(2) 霸王鞭(*Euphorbia antiquorum*)

大戟属的常绿灌木。全株含白色有毒乳汁。茎肉质，粗壮直立，具不规则的棱，小枝绿色。叶对生，倒卵状披针形，先端圆。杯状花序生于翅的凹陷处。原产印度。喜强光、高温，不耐寒；宜排水好的砂质壤土，耐干旱。扦插繁殖。用嫩茎作插穗，四季皆可。浇水宜少，忌水湿，注意通风，冬季室温应在10℃以上。管理粗放，我国华南、西南以外地区均温室栽培。霸王鞭见图10.18。

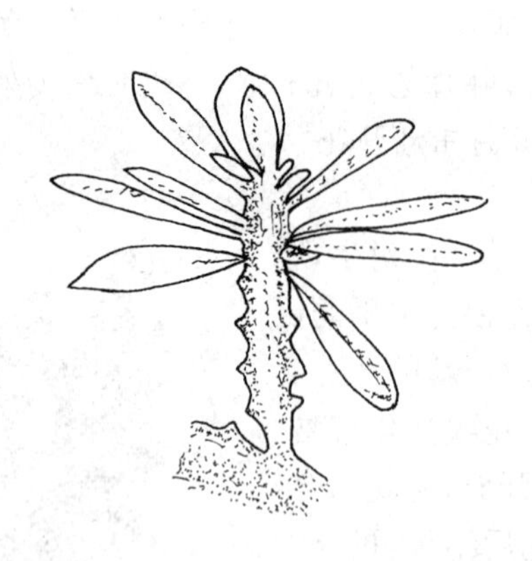

图 10.18　霸王鞭

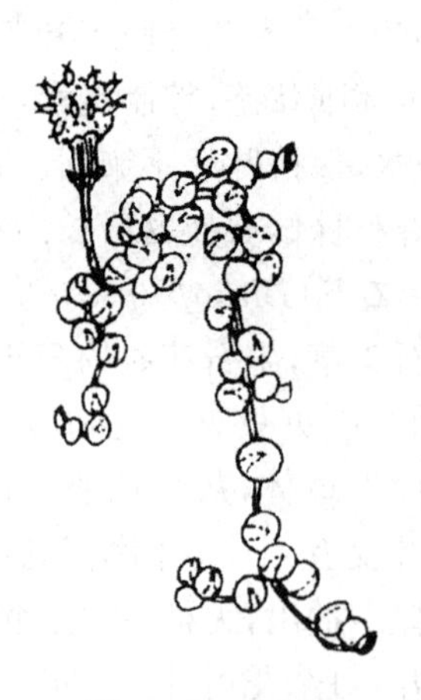

图 10.19　绿铃

10.4.2.7　菊科

绿铃(*Senecio rowleyanus*)

又名翡翠珠、一串珠,千里光属的多年生蔓性多浆植物。垂蔓可达 1m 以上。具地下根茎。茎铺散,细弱,下垂。叶绿色,卵状球形至卵椭圆球形,全缘,先端急尖,肉质,具淡绿色斑纹,叶整齐排列于茎蔓上,成串珠状。头状花序单生叶腋,花小白色,花期秋冬季,瘦果,圆柱形。常见的栽培品种有泥鳅掌 (*S. pendulus*)、菱角掌(*S. radicans*)、银锤掌(*S. haworthii*)和仙人笔(*S. articulatus*)等。绿铃见图 10.19。

原产南美。不耐寒,喜温暖、凉爽的环境,喜散射光照;耐干旱,宜排水良好的砂质壤土。除冬季外,春、夏、秋季均可进行扦插繁殖。剪取约 7cm 带球状叶的枝条,埋于砂壤土中,让顶芽露出,在气温 15℃～22℃条件下庇荫、保湿,约 20d 生根成活。生长期满足散射光照。每月结合浇水追施液肥 1 次。夏季置荫棚下通风处,忌烈日直射和雨淋,越冬温度 8℃以上。

10.4.2.8　萝藦科

豹皮花(*Stapelia pulchella*)

又名犀角,国璋属的多年生肉质草本。株高 10～20cm。茎丛生,光滑无毛,粗壮四棱形,棱上有对生的粗短软刺,叶片退化,消失。花单生于茎基部,梗短,有异味,五角星状,内面黄色,密布暗紫色横纹或斑块,花冠紫红色,花期夏季。蓇葖果。豹皮花见图 10.20。

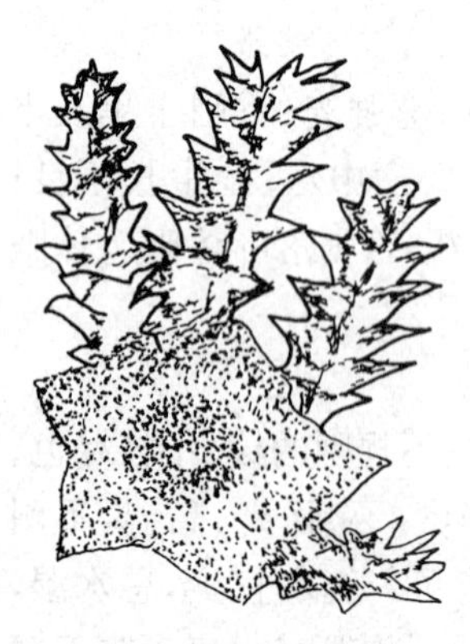

图 10.20　豹皮花

原产南非。喜温暖、干燥,不耐寒,也忌炎热;喜光;宜排水良好、富含腐殖质的砂砾土;极耐干旱。扦插或分株繁殖。分株宜在春季老株萌动前进行,也可在 5～6 月用带顶芽的茎段扦插,插穗切口晾干或沾草木灰后再扦插,保温、保湿,约 1 月生根成活。生长期浇水不可太多,否则易引起根部腐烂。每月追施淡液肥,生长最适温度 16℃～22℃。深秋入中温温室养护。冬季休眠期减少浇水。越冬温度 10℃以上。

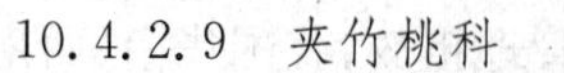

10.4.2.9　夹竹桃科

鸡蛋花(*Plumeria rubra* var. *acutifolia*)

又名缅栀子、蛋黄花，鸡蛋花属的落叶灌木或小乔木。株高5～8m，小枝肥厚多肉末梢分枝多呈二叉状，叶大，厚纸质，多聚生枝顶，叶脉在近叶缘处连成一边脉，花数朵聚生于枝顶，花冠筒状，5裂，外面乳白色，中心鲜黄色，极芳香，花期5～10月。鸡蛋花见图10.21。

图10.21　鸡蛋花

常见栽培有原种红鸡蛋花(*P. rubra*)，花冠深红色；沙漠玫瑰(*Desert rose*)，有矮性鸡蛋花之称，花红色娇艳欲滴，但它的树液是一种有剧毒的物质，切勿触摸或误食。鸡蛋花原产美洲热带，性喜高温、高湿和向阳的环境，耐干旱，不耐寒，冬天温度需7℃以上。宜排水良好的肥沃的微酸性砂质土壤。

采用扦插繁殖。剪取肉质枝条一段，长10cm，晾干乳汁后插入沙中。保持18℃～25℃的温度和65%～76%的湿度，约3周即可生根，1～2月可盆栽。盆土可用自制的培养土加入适量的细沙混合。生长期应每月追肥1～2次。盆土宜偏干防湿。翻盆换土时应混入骨粉、过磷酸钙等含磷丰富的肥料作基肥，以保证植株多开花。

思考题

1. 什么是多浆植物？仙人掌科植物特有的器官是什么？
2. 多浆植物可供观赏的特点有哪些？在园林中应如何加以利用？
3. 依据形态特征和生态习性，可将多浆植物分为几种类型？
4. 多浆植物对环境有什么要求？栽培管理中应注意的要点有哪些？
5. 如何来调控昙花的开花时间？仙人指与蟹爪兰有什么不同？
6. 常用哪几种方法繁殖多浆植物？

11　室内观叶植物

室内观叶植物种类繁多,常见的类型有地生和附生两大类,多为常绿草本、木本、藤本和蕨类植物等。

11.1　室内观叶植物的概念及特点

11.1.1　室内观叶植物的概念

有部分种类的花卉,具有奇特的叶形和斑驳的叶色,并能在室内较长时期地摆设观赏,这一类以观叶为主的植物(或观叶花卉),通称为室内观叶植物。目前世界各国已经筛选出约1400多个植物种和品种,可作为室内观叶植物。

11.1.2　室内观叶植物的生态特性

多数室内观叶植物原产于热带和亚热带雨林,在密林下生长,具有独特的生活习性和生态特性。

(1) 喜高温环境

室内观叶植物一般生长适温白天22℃～30℃,夜间为16℃～20℃。温度过高或过低,均不利于其生长和发育。

(2) 喜高湿的环境

室内观叶植物一般空气相对湿度在60%～80%以上。湿度过低易造成叶片萎缩,叶缘或叶尖部位干枯。

(3) 喜半阴或荫庇环境

室内观叶植物一般要遮光50%～80%,在强光直射的条件下,叶片易被灼焦或卷曲枯萎。

(4) 喜疏松透气排水良好的基质

室内观叶植物特别是附生种类,不少品种依靠地下根系稳定生机之外,还本能地利用气生根及叶片摄取空间水分和游离氮,供其发芽长叶。栽培时,要有支持攀附生长的桩柱、木板、岩石浅隙、怪石和墙壁等物品,供植株依附定位后向上延伸,扩大蔓延。

(5) 喜温润而忌渍水

室内观叶植物的茎、叶及暴露于空气的根系,喜高温多湿环境,而地下根系忌渍水。栽培过程中,盆土根系少灌水,而地面以上的根、茎、叶则需多喷洒清水保持湿润。多进行根外施肥,以促进生长。

11.1.3　室内观叶植物的繁殖方法

室内观叶植物的繁殖多采用扦插、分株法,以扦插为主,还可通过组织培养、孢子或播种繁殖而获得大量的苗源。

11.2 室内观叶植物各论

11.2.1 蕨类

蕨类也称羊齿植物，种类很多，包括不同科、属、种共约12 000多种，广布全球，以热带和亚热带地区为分布中心。我国素有“蕨类植物王国”之称，目前已知有2 400余种，其中半数以上为中国特有的种属，多分布在长江以南各地，尤以西南、华南最为丰富。蕨类是人类生活中具有特殊意义的植物，是探讨古地理、古气候以及古植物变迁的重要依据。现代蕨类是室内绿化的优良观叶植物，蕨叶是艺术插花重要材料。多数蕨类植物还具有食用价值。

11.2.1.1 肾蕨(*Nephrolepis cordifolia*)

别名：蜈蚣草、圆羊齿、排草

科属：骨碎补科，肾蕨属

多年生常绿草本，地生或附生，肉质块茎，其上着生主根茎和伏地茎，羽状叶密集丛生，边缘有锯齿，长 30～50cm 宽 5～8cm，长披针形，叶鲜绿色，叶背侧脉顶端整齐排列着孢子囊群，呈褐色颗粒状。肾蕨见图 11.1。

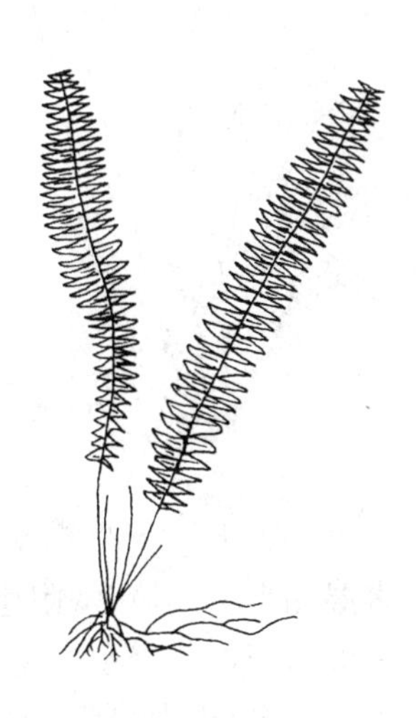

图 11.1 肾蕨

同属常见栽培有：

① 波斯顿蕨(*N. exaltata* cv. *bustoniensis*)。叶大，色淡绿，具有光泽细长的羽状复叶，是近年来较为流行的一个园艺品种。

② 高大肾蕨(*N. exaltata* cv. *schott*)。植株强健而直立，叶片长大至 60～150cm。园艺变种有碎叶肾蕨，叶片呈现 3 回羽状深裂，黄绿色，可作大型吊挂栽植。

原产热带和亚热带森林中，我国华南、西南地区有分布。喜温暖湿润和半阴环境，喜排水良好的微酸性肥沃壤土，忌阳光直射。天然分布在林阴下流水湿地和水溪旁；生长适温 20℃～35℃。

繁殖以分株为主。自叶丛间切成几块，每块带 5～6 片叶，然后分栽。盆栽选用疏松微酸性培养土作基质，植后放于荫棚内养护。晴热天气勤向叶面洒水，以防叶片干燥卷缩或焦枯。生长期每月施肥 1～2 次，以氮肥为主。深秋后要做好防寒工作，越冬保温 8℃以上。2～3 年分植一次。分株时尽量避免过分损伤，缩短缓苗期，保持旺盛生长。

盆栽作室内绿化装饰，摆放于花架、几柜。切叶作插花材料。

11.2.1.2 鹿角蕨(*Platycerium bifurcatum*)

别名：蝙蝠蕨、鹿角山草

科属：水龙骨科，鹿角蕨属

多年生附生性常绿草本，具肉质根状茎。株高 100cm。叶 2 型，不育叶圆形呈盾状，边缘波状，绿白色；生育叶片三角状，丛生，先端而有分叉，形如鹿角，灰绿色。孢子囊群散生于叉裂顶端。夏季成熟。

常见栽培变种有：大鹿角蕨(*P. bifurcatum* var. *majus*)，叶片深绿，中央叶片厚而立，甚美丽。

原产澳大利亚，我国各地有栽培。在天然条件下，附生于树干分枝或开裂处，潮湿的岩石或泥炭土上，喜高温多湿和半荫环境，根部要通风透气；耐旱，不耐寒；生长适温 16℃～21℃。

繁殖以分株为主。栽培管理要求疏松、通气性能极好的培养土作栽培基质，吊挂在阴棚下或有散光处养护。常向叶面喷水保持较高的湿度。生长期每月追施淡薄液肥 1～2 次。越冬保温 10℃以上。每隔 2～3 年换土栽植一次。也可以将鹿角蕨附植于枯木或特制的杉木板、椰树板上。初期用棕绳或铅丝扎牢，作吊挂栽植，当长出生育叶并形成孢子囊后标志栽培成功。

适于客厅、书房作壁挂，或悬吊于屋檐、书架上，是室内立体绿化装饰的佼佼者。

11.2.1.3 鸟巢蕨（*Neottopteris nidus*）

别名：山苏花、巢蕨

科属：铁角蕨科，巢蕨属

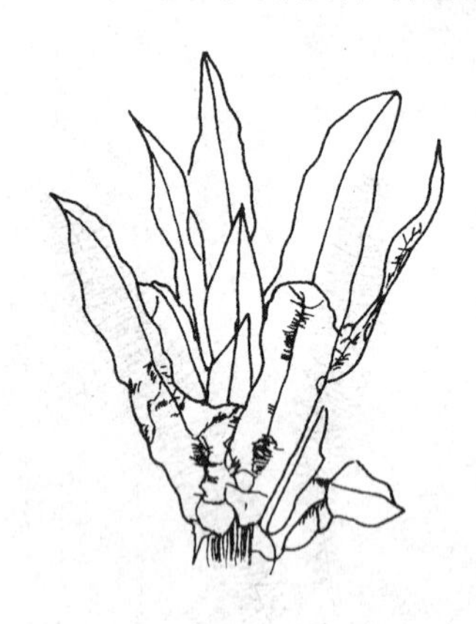

图 11.2 鸟巢厥

多年生常绿大型附生草本，形高 80～120cm，地下根茎短，有纤维状分枝并被有条形鳞片。叶片幅射状丛生于根茎顶部，阔披针形，浅绿色，革质，两面光滑，长可达 1m，叶丛中央空如鸟巢。孢子囊群狭条形，生于叶背侧脉上部。鸟巢蕨见图 11.2。

常见栽培品种有：

① 狭基巢蕨（*N. antrophyoides*）。叶片狭倒披针形，近肉质，两面光滑，顶端锐尖，呈短尾状，从中部起向下明显狭而长，全绿，有软骨质的边，杆后略反卷。

② 大鳞巢蕨（*N. antiqua*）。别名台湾山苏花。

③ 圆叶巢蕨（*N. nidus*）。别名圆叶山苏花。

原产热带和亚热带地区。我国南部各省区有分布，喜高温多湿和半阴环境，常附生于雨林中的树干和潮湿的崖石上。不耐寒，生长适温 20℃～28℃。一般采用孢子繁殖。每年 5～8 月，从叶背上刮下成熟的孢子，撒播于腐殖土中或苔藓上，喷足雾水，盖上薄膜，置于阴凉处，约一个月出现绿色原球体。待长出几枚真叶后移植于小盆培植。

盆栽用以疏松腐殖土和椰糠或苔藓作基质，将幼苗植入，稍加压实，置于阴处养护，经喷洒水保持湿润。生长期每月追肥 1～2 次。吊挂栽植，将株丛的根茎用棕衣包扎悬于空中培育，经常喷水、施肥，及时修剪残老叶片，维持植株生长发育均衡。

盆栽观叶；或制作吊盆、吊篮，悬挂于走廊、大门檐下，作为空间绿化装饰。在热带园林中附生在树干或岩石上，增添野趣。叶片可作插花用材。

11.2.2 苏铁

苏铁类是裸子植物，分布于热带至亚热带地区，全世界约有 10 属 110 余种。茎杆粗壮，呈圆柱状或块茎状，密生叶痕；叶为羽状复叶，丛生于茎顶；雌雄异株，花单性，雄花为长圆柱形，状似长形松球果；雄蕊由多数心皮组成羽毛状，能着生胚珠成种子。植株生长缓慢，成株树龄 10 年以上才能开花。树形优美，四季常青，幼株可作盆栽；茎杆奇形者，可制作成为高级盆景。大株栽植以美化庭园，叶片是插花高级叶材。苏铁见图 11.3。

我国苏铁植物资源丰富，广泛分布于福建、广西、云南、四川、贵州、海南和台湾等省区。

苏铁(*Cycas revoluta*)

别名：铁树、凤尾蕉、福建苏铁

科属：苏铁科，苏铁属

图 11.3 苏铁

常绿棕榈状植物，茎干圆柱形，由宿存的叶柄基部包围。大型羽状复叶簇生于茎顶；小叶线形，初生时内卷，成长后挺拔刚硬，先端尖，深绿色，有光泽，基部少数小叶成刺状。花顶生，雌雄异株，雄花尖圆柱状，雌花头状半球形。种子球形略扁，红色。花期7～8月，结种期10月。

同属常见栽培的种类有：

① 华南苏铁(*C. rumphii*)。又称刺叶苏铁，羽状叶片长而大，革质。叶轴两侧有短刺。原产大洋洲。

② 云南苏铁(*C. siamensis*)。茎低矮，羽状叶片大，具有较狭的小刁片，叶片基部收缩并对称。

苏铁原产我国南部。全国各地均有栽培。性喜光照充足、温暖湿润环境，耐半阴，稍耐寒；在含砾和微量铁质的土壤中生长良好，生长适温20℃～30℃。播种、分蘖和切茎繁殖。春季播于露地苗床或花盆里，覆土2～3 cm，经常喷水保湿，在30℃～33℃高温下2～3周可发芽，长出2片真叶时即可移植。也可分割蘖苗或侧向幼枝，有根的即分栽；无根的先扦插于沙池催根，经1～2个月，即形成新株。盆栽用肥沃疏松培养土加入少量铁屑作盆土。按植株的大小选择不同规格的花盆进行定植。幼苗栽植成活后，置光照充足处养护。生长期每月追肥1～2次，追施硫酸亚铁溶液1次。夏季常向茎叶洒水，保持湿润。抽长新芽时要及时喷洒农药预防虫害。春初割去茎基部老黄残叶，促使植株挺拔生长；雌雄花序花凋谢后，及早割除，以利顶芽生长。若想结实收种要进行人工辅助授粉。越冬保温5℃以上。每隔2～3年换土转盆一次。

盆栽观赏，摆设于大建筑物之入口和厅堂。可制成盆景摆设于走廊、客厅等。华南地区露地栽植可作花坛中心。切叶供插花使用。

11.2.3 天南星科

本科多为陆生或水生草本或木质藤本植物，常具块茎或根状茎，植体多含水质、乳质或针状结晶体，汁液对人的皮肤和咽喉有刺痒或灼热感觉。单叶或复叶，全缘或各式各样的分裂。雌雄同株或异株；多为浆果。全科有100余属约2 000种，主要分布于热带和亚热带地区。我国有23属100多种，近年引进栽培的园艺品种丰富，不少种属具有叶形奇特、色彩艳丽、耐荫庇和附生功能较强的特性，是高级的室内观叶植物。

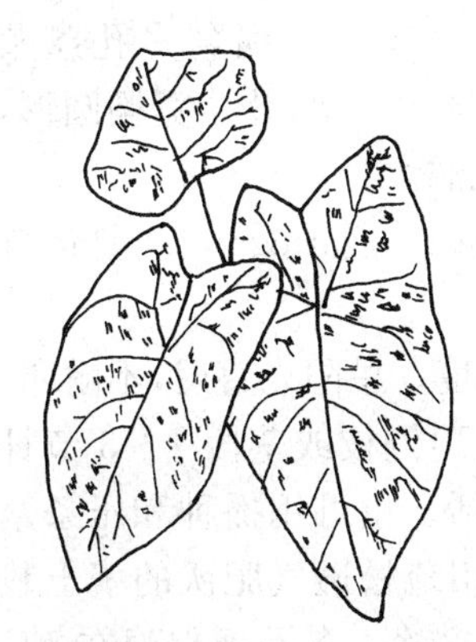
图 11.4 彩叶芋

(1) 彩叶芋(*Caladium bicolor*)

别名：花叶芋、五彩芋

科属：天南星科，花叶芋属

多年生草本。地下具扁圆形黄色的块茎。株高20～40cm。叶卵形、三角形至心状卵形，呈盾状着生，叶柄长，基部鞘状；叶面色彩变化丰富，泛布各种红、白、黄斑点或斑纹。肉穗花序，梗自叶丛中抽出，佛焰苞绿色，基部紫晕。浆果白色。彩叶芋见图11.4。

主要品种与类型：

① 白雪彩叶芋(*C. hortulanum* ‘Candidum’)。叶面白色，叶脉绿色。

② 红脉彩叶芋(*C. hortulanum* ‘Jessie Thayer’)。叶面有绿白色网纹，叶主脉红色。

③ 红艳彩叶芋(*C. hortulanum* ‘Postman Joyner’)。叶面红色，叶边有不规则浅绿色。

④ 粉虹彩叶芋(*C. hortulanum* ‘Gen. W. B. Halderman’)。叶面粉红色，中脉白色，叶边有绿色的斑纹。

⑤ 红点彩叶芋(*C. hortulanum* ‘Marie Moir’)。叶面白色，有红色斑点，叶脉黑色。

⑥ 漆斑彩叶芋(*C. hortulanum* ‘Wightii’)。叶面绿色，有红、白星点。

⑦ 娇点彩叶芋 (*C. hortulanum* ‘Miss Muffet’)。叶面黄色，有红星点，叶脉白色。

原产热带美洲，国内南方有引种栽培。喜高温高湿和半荫环境，不耐寒，生长适温 22℃～30℃，最低不可低于 15℃。当气温至 22℃时开始发芽长叶，气温降至 12℃时叶片开始枯黄。繁殖以分株或分球为主。在春季块茎的芽眼萌动时，按芽分切块茎，切口涂上草木灰或硫磺粉，干燥后再盆栽，3d 后才淋水。近年来，用叶片或叶柄作外植体组培成功，繁殖系数大，后代很少发生变异。盆栽用肥沃疏松砂质壤土，加入适量鳞、钾肥混合。将每个有芽眼的块茎或带块茎的幼株上盆，每盆 1～3 芽，覆土不宜深。植株抽叶后给予适度光照，促进叶色亮丽。生长期每月追肥 1～2 次，多施鳞、钾肥，盛夏必须遮荫并常向叶面洒水。若要周年赏叶，则入秋后存放于高温室内养护，给予充足光照，室温保持 18℃以上。

盆栽于室内，巧置案头，极为雅致。

(2) 龟背竹(*Monstera deliciosa*)

别名：蓬莱蕉、电线兰、龟背芋

科属：天南星科，龟背竹属

图 11.5　龟背竹

多年生常绿草本，茎伸长后呈蔓性，能附生他物成长。叶厚革质，互生，暗绿色，幼叶心脏形，无孔；长大后成矩圆形，具不规则的羽状深裂，叶脉间有椭圆形穿孔，极像龟背。叶柄长，深绿色；花梗自枝端抽出顶生肉穗花序，佛焰苞厚革质，白色。花淡黄色，花期 8～9 月，浆果紧贴连成松球状。龟背竹见图 11.5。

同属常见栽培品种有：

① 迷你龟背竹(*M. epipremnoides*)。别名多孔蓬莱蕉、小叶龟背竹、窗孔龟背竹。叶与茎均细，叶片宽椭圆形，淡绿色，侧脉间有多数椭圆形的孔洞。

② 斑叶龟背竹(*M. adansonii* cv. variegata)。是龟背竹的变种，叶片带有黄、白色不规则的斑纹，极美丽。

原产墨西哥热带雨林，常附生于大树上。喜温暖、潮湿和半阴环境。忌阳光直射，不耐寒。生长适温 20℃～28℃。繁殖以扦插为主。每年 4～8 月剪取带叶茎顶侧枝或茎段 2～3 节扦插，带有气生根的枝条可直接种植于盆中，经常保湿保温，易生根成活。也可用播种和压条繁殖。盆栽时，选用大花盆，需立支柱于盆中，让植株攀附向上伸展。用疏松透气肥沃的壤土栽植。叶面要经常洒水，保持一定的空间湿度。生长期每月追氮肥 1～2 次。冬季要保温在 5℃以上。

适宜盆栽，作室内装饰。在南方可散植于池边、溪边和石隙中，或攀附墙壁篱垣上。节叶可作插花用材。

(3) 合果芋(*Syngonium podophllum*)

别名：长柄合果芋、紫梗芋、箭时芋、丝素藤

科属：天南星科，合果芋属

多年生常绿草本，茎蔓性、粗壮，体内有乳液，节间有气生根，可攀附他物向上生长。叶互生，幼叶箭形、淡绿色；老熟叶常具3裂似鸡爪状深裂，或5裂及多裂，或心形。同一株中时有两种以上不同形状的叶片共存。叶面有斑纹、斑块或全绿。花佛焰苞状，生于茎端叶腋里，白或红，背面绿色。秋季开花。合果芋见图11.6。

图11.6 合果芋

常见栽培变种与品种有：

① 白蝶合果芋(*S podophllum* cv. White)。别名白蝴蝶、白丽合果芋。叶片箭形，叶色淡绿，中部浅白绿色，边缘深绿色。

② 粉蝶合果芋(*S podophllum* cv. Pink)。叶色淡绿，中部淡粉红色。

③ 银叶合果芋(*S podophllum* cv. Silver)。别名绒叶合果芋。叶缘淡绿色，中部银白色。

原产美洲热带雨林。性喜高温、多湿和半阴环境，耐阴，不耐寒，生长适温20℃～28℃。繁殖以扦插为主，3～10月均可剪取长10～15cm充实的茎段，仅保留上部叶片，插入沙池，或直接插植于栽培盆中，经遮荫、保温，10～15d即可生根成活。适应性强，对土壤要求不严，用肥沃腐殖土加珍珠岩、粗砂混合。经常洒水保持一定的空间湿度，生长期追肥1～2次，荫棚养护。越冬保温10℃以上。小盆栽植：通过摘心促发侧枝，保持低矮直立状态，可作盆花摆设。大盆桩柱栽植：需用高10～15 cm木柱稳定于盆中央，加培植土，在桩木旁种植3～5株小苗，让其均匀攀附于桩木周围向上延伸生长。经4～5个月细心养护，即成丰满的绿色桩柱。吊挂种植：用塑料花盆装满泥土，选取3～5枝有根小苗植入花篮中，吊挂起来，正常抚育管理。插瓶水养：剪取长20～30cm成熟顶苗，去除脚叶，直接插植入清水的玻璃瓶内，加入少量砾石稳定植株，经10～15d，即长根成活。注意换水保持清洁。

常用作室内装饰。在南方作斜坡、树盘、地被、围墙角附植美化，可作插花配叶使用。

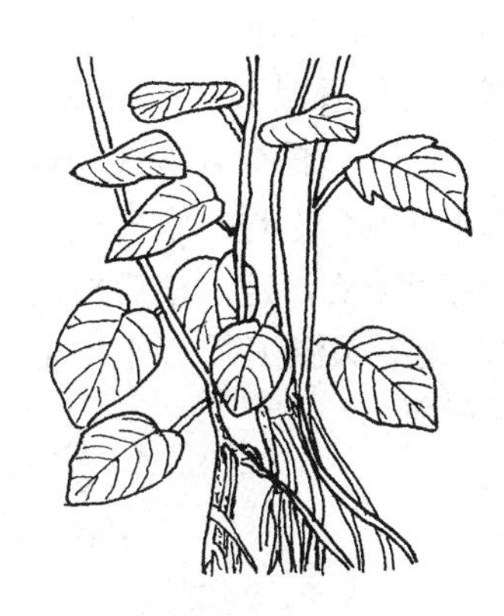

图11.7 花叶绿萝

(4) 花叶绿萝(*Scindapsus aureus*)

别名：绿萝、黄金葛、飞来凤

科属：天南星科，藤芋属

蔓性多年生草本，茎叶肉质，攀援附生于它物上，节有气根。叶广椭圆形，蜡质，叶面亮绿色，镶嵌着金黄色不规则的斑点或条纹。幼叶较小，成熟叶逐渐变大，往上生长的茎叶逐节变大，向下悬垂的茎叶则逐节变小。花叶绿萝见图11.7。

常见栽培变种与品种有：

① 白金绿萝(*S. aureus* cv. Marble)。别名白金葛，叶面有

白斑块。

② 三色绿萝(*S. aureus* cv. Tricolor)。别名金叶葛,叶面有奶白、黄色及灰绿三种颜色,花绿色。

原产马来半岛、所罗门群岛。喜高温多湿和半阴的环境,散光照射,彩斑明艳。强光暴晒,叶尾易枯焦。生长适温 20℃～28℃。扦插和压条繁殖均可,每年 4～10 月进行。剪取 2～3 节枝蔓作插穗,插于蛭石、粗砂池,或直接插植栽盆均可,需保温保湿,极易生根成活。水插也能成活。对土质要求不严,以肥沃、疏松的腐殖土为好。光照 50%～70%,经常洒水保持湿润,长期每月追肥 1～2 次,氮、磷、钾均衡施放。成品植株在生长期喷洒 1～2 次叶面肥,叶色更为亮丽。越冬保温 12℃以上。盆栽多年植株老化,需更新栽植。栽培形式多样,桩柱栽培、吊挂栽培、假山附石栽培、插瓶均可。

是高级室内观叶植物。在南方地区可附植于大树、墙壁、棚架、篱垣旁,让其攀附向上伸展。枝叶作切花用材。

(5) 花叶万年青(*Dieffenbachia picta*)

别名:黛粉叶

科属:天南星科,黛粉叶属

多年生灌木状草木。茎粗壮,肉质,茎基伏地,少分枝;叶常聚生茎顶,叶片宽椭圆形;叶面绿色,具白色或淡黄色不规则的斑纹;叶柄粗,全绿,叶缘略波状。佛焰苞宿存。肉穗花序上部着长雄花,下部着生雌花,雄与雌之间有退化雄蕊存在,这是与广东万年青的区别。很少开花。花叶万年青见图 11.8。

图 11.8 花叶万年青

同属 30 余种,常见栽培的有:

① 大王黛粉叶(*D. amoena* cv. 'Tropic Snow')。叶大茎状,叶面绿色,主脉两侧有斜向箭状乳白色斑纹。

② 乳斑黛粉叶(*D. maculata* cv. 'Rudolph Rochre')。叶脉、叶缘绿色,叶面有不规则乳黄色斑纹。

③ 绿玉黛粉叶(*D. amoena* cv. 'Marianne')。叶面及主脉乳黄色,叶柄、叶面绿色。

④ 白玉黛粉叶(*D. amoena* cv. 'Camilla')。叶面白色,叶缘呈绿色,叶形较小。

原产南美热带,现各地有栽培,喜高温多湿和半阴环境,不耐寒,生长适温 20℃～28℃。繁殖以扦插为主,4～10 月剪取长约 10cm 且带叶的茎段,待切口浆汁晾干后,再插入沙或珍珠岩、蛭石的基质苗床中,在 20℃～25℃的条件下,经庇荫保湿 15～20d 可愈合生根。水插也能生根。用肥沃疏松腐殖土作盆栽基质,每盆 1～3 株,按花盆口径和生产需要而定。植后放荫棚散光养护。注重保温保湿,生长旺盛期每月追肥 1～2 次磷、钾肥。越冬保温 15℃以上。低温期减水停肥。每 1～2 年换泥 1 次。植株耐阴,是室内装饰的优良材料。

(6) 花烛(*Anthurium andraeanum*)

别名:红掌、安祖花

科属:天南星科,花烛属

多年生具附生性常绿草本。茎长可达 1m。节间短。叶长圆状心形或卵圆形,深绿色。佛焰苞片直立开展，革质，正圆状卵圆形，橙红或猩红色。佛焰花序无柄，外翻，先端黄色。适温环境终年可开花不断。花烛见图 11.9。

图 11.9 花烛

常见栽培的变种有：粉花烛(*A. roseum*)、橙红花烛(*A. salmoneum*)、乳白花烛(*A. andraeanum*)。

同属还有：火鹤花(*A. scherzerianum*)，佛焰苞卵形，蜡质，鲜红至粉红；肉穗花序细长弯曲，呈螺旋状扭曲，朱红或黄色。

原产哥伦比亚南部，近年来我国有引种栽培。原产地经常雾雨不断。喜高温、多湿、半阴环境，不耐寒，生长适温 20℃～28℃。繁殖以分株为主。4～10 月均可对老植株进行脱盆分株，每盆栽植 2～3 苗。用疏松培养土作盆栽基质，如椰糠、发酵过的木糠、甘蔗渣或珍珠岩、蛭石等，单一或与腐殖土混合使用。盆底应填入一层洁净的细砾石或碎砖粒作排水层。将分株苗上盆，"浅种深埋"，置于荫棚内养护，经常洒水，保温保湿，特别注意向面叶及场地四周洒水，保持较高的空气湿度。生长期间每月追肥 1～2 次，间而喷洒一些叶面肥，特别注意剪除残花败叶，确保通风良好，促进叶色更为鲜艳。越冬保温 12℃以上，低温期减水停肥。每隔 1～2 年分植转盆一次。实生苗要经细心培育 3～4 年才能见花。

是世界著名花叶兼赏之品种。盆栽作室内摆设，切花水养保鲜期可长达 1 月之久。

(7) 白鹤芋(*Spathiphyllum kochii*)

别名：白芋、多花苞叶芋、一帆风顺

科属：天南星科，苞叶芋属

图 11.10 白鹤芋

多年生常绿草本。具短根茎，成株丛生状，分蘖力强，叶草质，长椭圆形或阔叶披针形，端长尖，叶面深绿色，波状线，佛焰苞白色，花序黄绿色或白色，多花性。花期春末夏季。白鹤芋见图 11.10。

常见栽培品种有：

① 大银苞芋(*S. floribundum*)。植株整齐矮生，佛焰苞洁白，有微香。花期甚长，单花久开不败。

② 白鹤掌(*S. knochii*)。开花繁多，叶片狭。花序高出叶丛，直立佛焰苞白色。

③ 巴拉斯白掌(*S. palas*)。

原产美洲热带。喜温热多湿和半阴环境，耐阴性强。不耐寒，生长适温 18℃～30℃。分株、播种、组培法均可繁殖。4～9 月均可进行分株，以花谢后分株最好。盆栽要求疏松肥沃、排水良好的基质，最好用椰糠、甘蔗渣、珍珠岩或木糠与腐殖土各半的混合培养土。将植株脱盆分株，1～3 株为一丛，用刀将小苗带根群切下。一般花盆口径 12～16cm，每盆一株，口径 20cm 每盆 3 株。若是组培苗，应先经练苗后再移植。栽种不宜过深。置荫棚内培育，每天洒水 2～3 次，保持一定的空气湿度。生长期每月追肥 1～2 次，低温期减水停肥。生长旺盛植株过密者，每年分植换泥 1 次。越冬保温 10℃以上。

是观叶、观花盆栽植物，既耐阴又适应空调环境，在温暖地区可作高荫庇植被使用，也可作切花。

(8) 巨苞白鹤芋(*Spathiphyllum sensation*)

别名：大花银苞芋、绿巨人

科属：天南星科，苞叶芋属

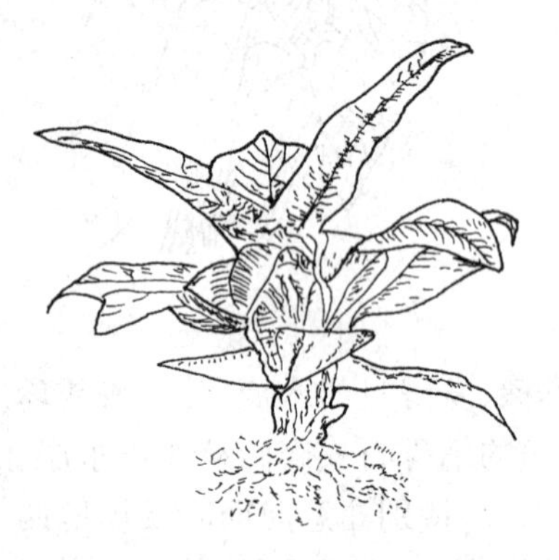

图 11.11 巨苞白鹤芋

多年生常绿草本，株高 70～90cm，无茎或茎短小，冠幅 110～130cm，叶阔椭圆形，全缘，草质，叶肉质较厚实，墨绿色，微被白粉，长 38～46cm，宽 22～25cm。佛焰苞呈长勾状，大而显著，高出叶丛，初开洁白色，25d 后变微绿，腋生。花期长，可达 3～4 周，常见春末夏季开花。巨苞白鹤芋见图 11.11。

原产南美，哥伦比亚为主要分布区，我国南方各地有引种栽培。喜温暖湿润荫庇、通风环境。植株叶片庞大，根系发达，吸水、吸肥能力特强。喜大水、大肥，忌干旱和强光暴晒，生长适温 18℃～25℃。

分株繁殖。用人为破坏生长点的方法，对老株进行抹顶促芽，每株可长出蘖芽 3～5 株。待幼芽长出 4～5 片叶并带有根系时才能分株。用疏松肥沃的培养土与椰糠或发酵的木糠等混作基质盆栽，置荫棚内养护。生长期每天淋水 1～2 次，洒水 2～3 次。保持较大的空气湿度，但盆土不能渍水。每月追肥 1～2 次，同时喷施叶面肥 1 次。低温期减水停肥。高温时节为预防心叶变黑和根颈腐烂，每月喷施 80％甲基托布津和波尔多液各 1 次。越冬保温 12℃以上。

宜作宾馆和大型厅堂装饰用花。

10.2.4 竹芋科

本科植物多达1 000余种，并有很多园艺品种。原产美洲、非洲热带。丛生状，株高 10～50cm，地下有根茎，根出叶，叶鞘抱茎。叶椭圆形、卵形或披针形，全缘或波状缘，叶面具有不同的斑块镶嵌，变化多样。花自叶丛抽出，穗状或圆锥花序。花小不明显，以观叶为主。性耐阴，不耐寒。叶形叶色如图案般美妙，适合盆栽，或园景荫庇地美化，是高级的室内观叶植物。

(1) 斑叶肖竹芋(*Calathea zebrina*)

别名：天鹅绒竹芋、紫背丝绒芋

科属：竹芋科，肖竹芋属

多年生常绿草本，地下具根茎，茎一般不分枝，单叶丛生于基部，薄革质。叶片椭圆形，叶面白绿色，杂以深绿色斑块和弧状条纹，沿中脉伸向叶缘；叶背紫红色，并带有同样斑纹，全缘，叶柄细长，紫红色。小花生于穗状花序苞片内，白色。斑叶肖竹芋见图 11.12。

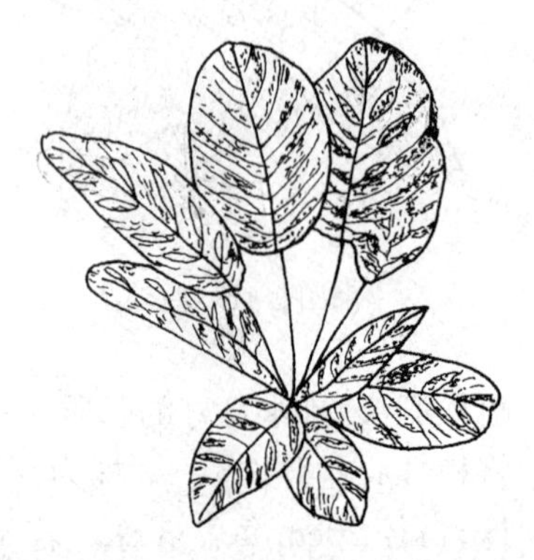

图 11.12 斑叶肖竹芋

常见栽培品种有：

① 斑纹竹芋(*C. lietzei*)。植株矮小，叶片箭羽状。

② 桃羽竹芋(*C. ornata* cv. Sander)。叶片革质,浓绿色有光泽,中脉两侧有成对的白色脉纹,泛桃红色,状如羽毛。

③ 天鹅绒竹芋(*C. zebrina*)。别名花条蓝花蕉。植株高大,叶片天鹅绒状,有深绿斑块。

④ 孔雀竹芋(*C. makoyana*)。原产巴西。绿色叶面呈现金属光泽,极似孔雀开屏尾羽。

原产巴西。我国南方引入栽培。性喜高温湿润半阴环境,忌强光直射,不耐寒,生长适温20℃～28℃。分株繁殖。每年4～8月对盆栽老株进行脱盆分割,按每2～3芽的根茎连在一起并为一丛,切断地下相连根茎,清除残叶腐根,带原土种植。用疏松肥沃、排水良好的砂质壤土盆栽。植株放半阴处养护,生长期每天浇水1～2次,经常对叶面和场地四周洒水,保持一定的空气湿度。生长期每月追肥1～2次,氮、磷、钾均衡施放。对残、老、折叶要及时修剪,以利通风。发现盆土渍水及时转盆新植,同时喷洒多种杀菌剂,如百日清、多菌灵等。低温期,植株呈半休眠状态,应减水停肥。越冬保温15℃以上。每1～2年按需分植换盆1次。

是高级室内观叶植树物。

(2) 双色竹芋(*Maranta bicdlov*)

别名:花叶竹芋

科属:竹芋科,竹芋属

多年生直立常绿草本。株高25cm,,茎基部具块茎。叶片长椭圆形,边缘稍波状,叶面绿白色,中脉两侧有暗褐色羽状条斑,叶背淡紫色。叶柄2/3以上呈鞘状,花腋生,白色。双色竹芋见图11.13。

图11.13 双色竹芋

同属品种和园艺变种较多,常见有:

① 竹芋(*M. arundinacea*)。地下有粗大白色的根茎,地上茎细而多分枝。叶片卵状披针形,绿色。变种有斑叶竹芋,叶面主脉两侧有不规则的黄白色斑纹。

② 豹斑竹芋(*M.* var. *kerchoviana*)。叶面白绿色,中脉两侧有对称的斜向暗绿色斑块,叶背灰白色。

③ 红纹竹芋(*M.* var. *erythroneura.*),叶面青绿色,中脉两侧有对称的浅绿白色的小斑块,侧脉呈红色,叶背红色。

④ 白纹竹芋(*M arundinacea* cv. 'Variegata'),栽培种。

原产美洲热带。喜高温多湿和半阴环境,生长适温15℃～25℃。分株繁殖。4～8月对盆栽老植株进行脱盆分割,每2～3株根茎相连为一丛。用疏松肥沃腐叶土与河沙等份混合配制作基质盆栽。置荫棚内养护。生长期每天洒水1～2次,每月追肥1～2次,均衡使用氮、磷、钾肥。低温休眠期,减水停肥。越冬保温12℃以上。宜作室内美化装饰。

11.2.5 凤梨科

观赏凤梨种类较多。属多年生常绿草本,地生或附生。形态多样,叶片姿态优雅,带有美丽的斑纹,花苞艳丽持久可达数月。能适应不良光线、温度或湿度。具有管理粗放、萌蘖力强、观赏期长的特点。

近年来,从国外引进不少新的种类和园艺变种,繁殖多用分株法,方法简单,成长迅速。多数品种采用无土栽培,效果极佳。观花品种若欲调节花期,成株可使用电石稀液灌注心部,灌注后1～2个月能抽出花穗,促进提早开花。

(1) 水塔花(*Billbergia pyramidalis*)

别名:筒凤梨、比尔贝亚

科属:凤梨科,水塔花属

图11.14 水塔花

多年生附生常绿草本,无茎;叶丛高约30cm,叶片旋叠状紧密排列,宽条形,先端圆钝;蓝绿色,革质;中央叶片围成筒状,能积水不漏。花葶自叶中央抽出,略高出叶面,先端着生穗状花序,有花10余朵;苞片粉红色,花冠鲜红色,花期5～6月。浆果。水塔花见图11.14。

常见栽培品种有:

① 俯垂水塔花(*B. nutans*)。别名狭叶水塔花。叶花狭条形,花茎自叶丛中抽出,先端着生穗状花序弯曲下垂,苞片淡红色花被淡绿色具蓝色边缘。

② 美叶水塔花(*B. sanderiana*)。叶缘密生黑色的刺状锯齿,长约1cm。花朵花被绿色,先端蓝色,外轮花被有蓝色斑点。

③ 斑叶水塔花(*B. pyramidalis*)。别名斑叶红笔凤梨,叶面鲜绿色,沿叶边有乳白色镶边。

原产巴西,性喜高温高湿和半阴环境,略耐寒。要求疏松、肥沃、排水良好的砂质土壤。生长适温21℃～28℃。分割吸芽栽植或分株繁殖。早春,将老植株基部的萌蘖幼株割下,切口平整,插入沙或珍珠岩基质苗床。在气温25℃条件下,经庇荫保湿,约1个月愈合生根。盆栽用椰糠、珍珠岩或发酵过的木糠、河沙、腐殖土各1/3混合配成的培养土最好。幼苗定植后置荫棚内养护。生长期每天洒水1～2次,每月追肥1～2次。肥料不要沾污叶面,更不能灌入花筒内,定期喷施叶面肥,以保叶色光亮鲜艳。植株花后有短暂休眠现象,及时剪除残茎,减少水分消耗,以保幼芽茁壮生长。低温期,减水停肥。每1～2年换泥分植1次。越冬保温10℃以上。

是花、叶兼赏的室内花卉。

(2) 美叶凤梨(*Aechmea fasciata*)

别名:美叶光萼荷、蜻蜓凤梨、斑粉菠萝

科属:凤梨科,光萼荷属

多年生附生常绿草本。茎短,叶10～20余枚,旋叠状着生,并围成一个漏斗状的莲座叶丛。叶片宽披针形,革质,叶面粉绿色,有数条银灰色横纹,叶缘密生小黑刺。圆锥花序呈金字塔形自中长出,苞片红色;花小,紫色,春末夏初开花。美叶凤梨见图11.15。

图11.15 美叶凤梨

常见栽培品种有:

① 亮叶光萼荷(*A. fulgens*)。又称珊瑚凤梨。叶面暗绿色,稍有光泽,叶背紫红色。紫色小花2枚,生于紫红色苞片内,夏、秋开花。

② 光萼荷(*A. chantinii*)。又称斑马凤梨、橄榄绿色的叶面上,横向分布着银灰色的斑条。

③ 紫凤光萼荷(*A. tillandes* var. *Amazonas*)。又称长穗凤梨,原产秘鲁。复穗状花序,分支较多。

原产巴西。常附生于雨林树杈上。喜高温、高湿度和半阴环境,不耐寒,生长适温15℃~25℃。分株或分割吸芽繁殖,容易形成新株。方法同水塔花。生长期要常洒水,叶筒内保持有水。冬季入高温室养护,给予充足光照,光照不足则来年难以开花。越冬保温10℃以上。

常作室内美化。

(3) 斑马火焰凤梨(*Vriesea splendens*)

别名:丽穗花、虎纹凤梨、火剑凤梨

科属:凤梨科,丽穗凤梨属

多年生常绿附生草本。茎极短。叶10余枚,基生,呈莲座状,叶片条形,长40~50cm,宽约5cm,先端稍下垂;革质,硬而有蜡质光泽;叶面灰绿色与深绿色横纹相间,叶背更为明显。穗状花序,扁平,苞片互叠,呈鲜红色;花小,黄色。花期在春末夏初。斑马火焰凤梨见图11.16。

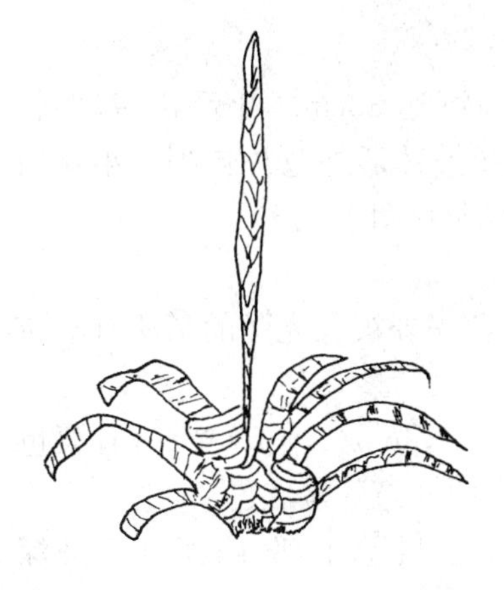

图11.16 斑马火焰凤梨

常见栽培品种有:

① 大火剑凤梨(*V. splendens*)。是火剑凤梨变种,植株较原种健壮。

② 莺歌凤梨(*V. carinata*),又称虾爪凤梨。花冠顶部苞片扁平,叠生,似莺歌鸟的冠毛。

③ 大莺歌凤梨(*V. carinata* cv. 'Mariae')。为栽培种。花序较莺歌凤梨更长、更宽。

④ 斑叶莺歌(*V. carinata* var. *iegata*)。叶身具纵向白色条斑。

原产巴西。附生于雨林的树杈上,我国南方有引种栽培。性喜高温、高湿和半阴的环境,不耐寒,生长适温20℃~25℃。分株或分割吸芽繁殖。与水塔花相同。生长期要常洒水,叶筒内保持有水,注意清理叶筒内的腐烂杂物,追肥不要玷污叶面,特别不要让农家肥或商品肥的残渣或颗粒残存于叶腋或叶筒内,以防引起腐烂。秋后移入高温室养护,给予充足光照,以保来年开花。越冬保温10℃以上。

是花叶兼赏的室内花卉。花序苞片能持久不褪色,是切花良材。

(4) 斑叶凤梨(*Ananas comosus*)

别名:艳凤梨、金边菠萝

科属:凤梨科,凤梨属

多年生常绿草本,茎高可达120cm,基部具莲座状叶丛,有叶30~50枚。叶剑状,硬质,亮绿色,两边有象牙黄色阔条纹,刺及边沿渐呈红色。穗状花序密集成卵圆形,着生于高出叶丛之花葶上,

图11.17 斑叶凤梨

花序顶端有 20～30 枚叶形苞片，小花，紫或近红色。斑叶凤梨见图 11.17。

常见栽培品种、变种有：

① 矮凤梨(*A. comosus* cv. Nanus)。为原种凤梨的矮性种，适于盆栽。

② 斑叶红凤梨(*A. bracteatus* cv. Striatus)。叶革质，扁平，中央铜绿色，两边象牙黄色，苞片及果呈鲜红色。

原产巴西热带。喜光，喜温热、通风良好环境。生长适温 20℃～30℃。分株法或扦插繁殖。主要分割植株从根或茎发出的株、芽栽植，而花葶顶端的叶状苞片丛也可切下扦插。选用中性或微酸性砂质壤土盆栽，同腐殖土或泥炭土、木糠、椰糠混拌。初植放半阴处，抽芽后放阳光充足处养护。生长期保温保湿，每月追肥 1～2 次，年中浇淋 1～2 次硫酸亚铁液。注意修剪残叶。低温期，减水停肥。越冬保温 10℃以上。南方地区可露地栽培观赏。

(5) 火红凤梨(*Guzmania lingulata*)

别名：果子蔓、姑氏凤梨

科属：凤梨科，果子蔓属

图 11.18　火红凤梨

多年生附生常绿草本。茎高可达 30cm。叶舌状，基部较阔，外弯，伞房花序由多数大型阔披针形外苞片包围。小花白色，外苞片鲜红或桃红色。火红凤梨见图 11.18。

常见栽培品种有：

① 大果蔓(*G. lingulata*)。花序外被有光泽的革质鲜红苞片。花亭上着生叶，基部红色。

② 小果子蔓(*G. lingulata* cv. Minor)。叶色黄绿，有栗色细纹自基部向上延伸，近叶端时隐没。苞片橙红色。

③ 镶嵌果子蔓(*G. musaica*)。叶上半部、两面具渗染深红色。

④ 红叶果子蔓(*G. sanguinea*)。叶上半部、两面具渗透深红色。

原产地为安第斯山雨林，哥伦比亚、厄瓜多尔有分布。喜温热湿润和半阴环境，生长适温 20℃～28℃。繁殖以分株为主。温暖时节分割较大株的基出芽，另行栽植。也可用组培法大量繁殖幼苗。用疏松、肥沃砂质土壤和椰糠、珍珠岩、蛭石等混合的基质盆栽。栽植后置 75% 荫棚内养护，保温保湿，保持通风良好。生长期每月追肥 1～2 次，氮磷钾要均衡使用。年中喷施硫酸亚铁液 1～2 次，及时清除残花茎，促发新芽。低温期减水停肥。越冬保温 8℃～10℃。

是花、叶兼优的室内观赏植物，可作切花使用。

11.2.6　百合科

本科通常为多年生草本。具鳞茎或根状茎，少数种类为灌木或有卷须的半灌木。叶基生或茎生，茎生叶通常互生，少有对生或轮生，极少数种类退化为鳞片状。花序各式各样；花两性，少有单性蒴果或浆果。

全世界约 240 属 4 000 种，广布世界各地。温暖地带和热带地区尤多。我国有 60 属约 600 种。不少种类具有生性强健、枝叶翠绿或色彩亮丽、耐阴性强或较强、适合盆栽等特点，是常用的室内观叶植物之一大种类。

(1) 吊兰(*Chlorophytum capense*)

别名：桂兰、挂半、折鹤兰

科属：百合科，吊兰属

多年生常绿草本。地下根肉质、肥厚。叶基生，叶片线形，全缘，常达数10枚。匍匐茎自叶丛中抽出弯垂，其上着生花茎，顶生总状花序；花小成簇，白色，后顶部萌发出带气生根的新植株，花期5～6月；蒴果，具3棱。吊兰见图11.19。

图11.19 吊兰

常见栽培品种、变种有：

① 金边吊兰(var. *marginatum*)。叶缘金黄色。

② 银心吊兰(var. *mediopictum*)。叶片中间有黄或白色纵向条纹。同属有宽叶吊兰(*C. elatum*)，叶片较宽，全缘或稍波状。有如下变种：

③ 金心宽叶吊兰(*C. elatum* var. *medio-pictum*)。叶面主脉呈黄、白色的宽纵纹；

④ 金边宽叶吊兰(var. *variegatum*)。叶缘黄白色；

⑤ 银边宽叶吊兰(*C. elatum* var. *marginata*)。叶缘绿白色。

原产南非。我国各地广泛栽培，喜温暖半阴和湿润通风环境，不耐寒。夏季忌强光直射，生长适温20℃～30℃。繁殖以分株为主。温暖时节，将盆栽老植株丛一分为二或一分为三，经整理，然后分植于新盆中。还可剪取匍匐茎上带气生根的幼株栽植于盆中，很快即成新的植株。选用中性疏松砂质培养土作基质，用普通花盆种植或用于悬吊的中、小型花盆栽植均可。置于荫棚内养护，生长期每日洒水1次，每月追肥1～2次，斑色品种多施磷钾肥，注重修剪残叶，使长出的匍匐茎向四周辐射、伸展、下垂。低温期减水停肥。越冬保温8℃以上。通常2～3年生的植株，可培育出数10枚匍匐茎向四周披散悬垂的盆株；先端又常长有幼株，幼株又能抽出匍匐茎，而再度抽出的茎又长有幼株。这类大株形的盆栽，趣味性极浓，是优良的室内吊挂观叶植物，可作穿孔桩柱栽培，或点植于假山、怪石上。

(2) 文竹(*Asparagus plumosus*)

别名：云片竹、平面草、山草

科属：百合科，天门冬属

图11.20 文竹

多年生常绿草本。根稍肉质。幼株直立，3～4年生的茎呈攀援状，高可达3m以上，多分枝；小枝叶状纤细扁平，10～13枚簇生，水平开展成羽毛状，鲜绿色。叶片退化成鳞片状，下部有三角形刺。花小钟状，黄白色，花期7～8月。浆果，成熟时紫黑色，内有种子1～3粒。果熟期12月。文竹见图11.20。

常见园艺变种有：

① 矮文竹(*A. plumosus* var. *nanus*)。植株低矮，叶状枝纤细、稠密、短小，生于岭南。

② 细叶文竹(*A. plumosus* var. *tenuissimus*)。别名鸡绒芒，叶状枝短小，被蓝粉，状如羊齿，但不是水平排列，

而是向四面呈辐射状生长。植株形态醒目动人。

③ 大文竹(*A. plumosus* var. *robustus*)。生长势旺,整片叶状枝长而不规则。

同属品种有:

④ 天门冬(*A. sprengeri*)。茎丛生下垂,上面具钩刺,浆果成熟时红色。

⑤ 石刁柏(*A. officinalis*)。别名芦笋,直立草本。茎平滑,分枝柔弱,后期常俯垂。成熟浆果红色。我国新疆有野生分布。

原产南非。我国各地普遍栽培,性喜阳光和温暖、湿润环境,耐半阴,忌炎热,不耐寒,生长适温 22℃～28℃。繁殖以播种为主,也可分株。11 月起陆续采收成熟的种子,用水搓洗浆果清除果、皮和肉浆,捞起晾干,立即点播于盆中。气温在 20℃～25℃,经 20～30d 发芽抽叶。苗高 3～5cm 时可移植。分株于春季进行,将株丛一分为二或三小丛,然后剪除老残根茎,将根系打泥浆后再重新定植于盆,成株较快。用疏松肥沃砂质土壤盆栽,每盆 3～5 株丛植。放于散光照的棚内通风处养护,常向叶状枝洒水,保持空气湿度,盆土防止积水。注意剪除残枝老叶,并对徒长蔓茎进行截顶,以保其直立美观的姿态。生长期每月施磷、钾 1～2 次,少施或不施氮肥,以防徒长蔓茎。低温期减水停肥。越冬保温 5℃以上。培育留种母株:一般实生苗经培育 3～4 年即能开花结果。可将盆栽老植株,脱盆后栽植于向阳地畦里,施足量基肥,搭简易棚架供新株攀援架上。生长期每月追施三要素肥 1～2 次,蔓茎抽长越快,开花结果越多。一般当年即可有收获,来年更为丰盛。在气温较低的北方或长江沿岸地区,利用温室花槽种植或保暖篷内培育,以便安全越冬。

文竹苍翠婆娑,形如云片,清雅秀丽,为优良的室内观叶植物,可作切花配叶。

(3) 蜘蛛抱蛋(*Aspidistra elatior*)

别名:一叶兰、箸竹、高粱叶万年青

科属:百合科,蜘蛛抱蛋属

图 11.21 蜘蛛抱蛋

多年生常绿草本。地下根茎粗壮、横走。叶由根茎上长出,叶片长椭圆状披针形,基部楔形、直立;叶柄长,边缘皱波状,叶面光滑,革质。花梗也自地下根茎抽出,贴近土面,顶生 1 花;花被钟状,褐紫色。花朵犹如蜘蛛卵囊,故名蜘蛛抱蛋。花期 4～5 月,不常开花。蒴果,球形,含种子 1 粒。蜘蛛抱蛋见图 11.21。

园艺变种有:

① 白纹蜘蛛抱蛋(*Aspidistra elatior* var. *variegata*)。别名花叶一叶兰,叶面具纵向不规则黄白色纹。

② 洒金一叶兰(*A. elatir* cv. *punetata*)。叶面散生有黄白星状斑点。

③ 条斑一叶兰(*A. elatir* cv. *variegata*)。叶面上有纵向黄白色条纹。

④ 斑叶小花一叶兰(*A. minutiflora* cv. *punetata*)。少数叶片簇生,叶面有黄色斑点,花朵小。

原产我国南方各省区。性喜温暖至高温,喜庇荫湿润环境,耐阴性强,稍耐寒,生长适温为 15℃～25℃。分株繁殖。春至秋季结合换泥期进行,切取连叶片的根茎栽植,最好有三枚叶以上连贯丛植。盆栽用疏松肥沃山泥栽培,置散光照的荫棚内养护,经常洒水保持一定的空气湿度，生长期每月追肥1～2次。斑纹叶色品种，多施磷钾肥少施氮肥。及时清除枯黄老叶，夏季注意喷洒防治虫害药物，保持叶片完好美观。低温期减水停肥。越冬保温5℃以上。

盆栽作室内装饰，或在庭园树阴下散植。叶片是良好的切花配叶。

（4）香龙血树（*Dracaena fragrans*）

别名：巴西铁树、香千年木

科属：百合科，香龙血树属

常绿乔木状、茎直立粗大，株高数米，幼枝有环状叶痕。叶披针形或长椭圆形，聚生在茎秆顶端，基部抱茎，亮绿色，变种具彩色条纹。圆锥花序无总苞，花黄色，2～3朵簇生，有香味。原产地西非。香龙血树见图11.22。

图11.22　香龙血树

同属约150种，我国常见栽培的有：

① 金心龙血树（*D. fragrcus.* cv. *massageana*）。别名金心巴西铁，叶缘具金黄色条纹。

② 银线龙血树（*D. deremeusis.* var. *wavmeckii*）。别名银边铁、白边富贵竹。

多数品种原产非洲西部，亚洲热带及我国南部均有野生原种。喜高温多湿和光照充足环境，耐阴，不耐寒。生长适温25℃～30℃。用扦插繁殖，播种也可。常用茎秆扦插，切取成熟粗壮枝杆15～20cm为一段，或更长一些作插穗，切口要平整，不伤皮层，逐条插于沙床或苗床均可。顶苗扦插，切取植株的顶苗或侧芽，剥净切口脚叶，剪去部分叶尾，一般长度15～20cm，逐条插于沙床，经保湿护理，20～30d出根后可移栽。盆栽选用疏松砂质石灰岩土为最佳。初植置半阴、通风良好环境内养护，保温保湿。成品可移到光照充足处培育，可增强叶片硬度，使色彩亮丽。越冬保温5℃以上。

盆栽或大缸盆栽，作室内装饰极为壮观。其茎、枝、叶是提炼中药“血竭”的重要原料。

（5）朱蕉（*Cordyline fruticosa*）

别名：红叶铁树、铁树、红绿竹

科属：百合科，朱蕉属

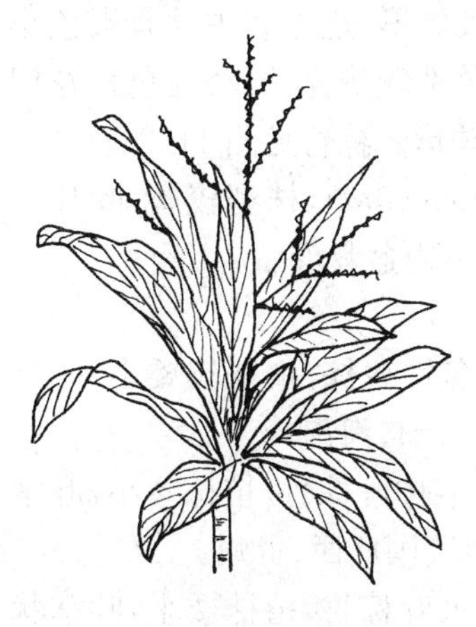

图11.23　朱蕉

常绿灌木，高1.5～2.5m，茎直立，细长，地下块根能发出萌蘖，丛生，单叶旋转聚生于茎顶，剑状，革质，叶柄长，具深沟，原种为铜绿色带棕红色，幼叶在开花时深红色。栽培种具有不同程度的紫、黄、白色，总苞，花小，淡红或淡紫色，偶有黄色。花期6～7月。浆果。朱蕉见图11.23。

主要变种有：

① 红边朱蕉（*C. fruticosa.* var. *hybrida*）。别名剑叶朱蕉，叶片深绿，边缘红色。

② 美丽朱蕉（*C. fruticosa* var. *amabilis*）。别名彩叶朱蕉，叶片深绿，散生有红白斑点。

③ 红心朱蕉（*C. fruticosa* var. *nigro rubra*）。别名柳叶朱蕉，叶片狭带状，深棕色，中线红色。

同属品种有：

④ 澳大利亚朱蕉(*C. australis*)。别名大叶朱蕉，叶片数十枚着生茎顶，长约 1m，绿色。原产新西兰。

⑤ 三色朱蕉(*C. australis* cv. *tricolor*)。叶片具红、黄、绿色条纹。

原产大洋洲和我国热带地区。喜高温和多湿环境，不耐寒，喜光，但忌烈日直射。生长适温 25℃～30℃。繁殖以扦插为主，3～10 月均可以进行。茎秆扦插，剪取成熟枝条长 10～15cm 为一段作插穗，插于沙池或苗床，经庇荫保湿 25～30d 出足根后移植。顶苗扦插，剪取顶苗，剥去切口脚叶，剪去 1/3 尾叶，扦插于苗床，20～25d 可移栽。植后茎秆直立，成苗快。春季结合换泥可分株繁殖。播种繁殖成苗慢，一般少用。用疏松和微酸性砂质壤土盆栽，置通风半阴环境内养护，保温保湿，生长期每月追肥一次。经常向叶面洒水，越冬保湿 10℃以上。

观赏期长，是室内装饰良材。

11.2.7 棕榈科

棕榈植物是单子叶植物中的一大群族。全世界有 217 属5 000多种。分布于热带、亚热带或温带地区，尤以南北回归线之间为主要分布地域。我国原产种加引进栽培种约有 30 多属 100 多种。

植株形态有常绿乔木、灌木或藤本，茎秆单生或丛生，罕见分枝。呈圆柱状，叶簇生于茎顶，有羽状复叶或掌状分裂，花有雌雄同株或异株，果实为坚果、浆果或核果。果皮为纤维质。因品种不同，株形富有变化，或小巧玲珑可爱，或高耸壮硕、雄伟挺拔。选其植株矮小的品种，或高茎秆种类，在培育过程中充分利用其中、小苗期的优美姿态。中、小苗期进行盆栽，婆娑飒爽、终年翠绿、管理粗放、观赏期长，是室内布置的优良观叶植物。种植时应注意，棕榈科植物的生长，先完全发展杆部的粗度，然后再长高，大多数品种依赖于中央顶部生长的心叶生长，心叶如果受损伤，影响整株的继续生长；没有再生组织，缺乏自我修补伤口的功能。

(1) 棕竹(*Rhapis excelsa*)

别名：观音竹、筋头竹、棕榈竹

科属：棕榈科，棕竹属

常绿丛生灌木。高 1～2m，茎圆柱状，细而有节，上部具褐色粗纤维质叶鞘。叶绿色掌状，4～10 裂，裂片条状披针形，或宽披针形，边缘和中脉有褐色小锐齿。内穗花序腋生，多分枝，花单性雌雄异株，淡黄色。花期 4～5 月，果熟期 10～12 月，浆果，球形。棕竹见图 11.24。

图 11.24 棕竹

常见变种有斑叶棕竹(var. *variegata*)，株型较矮，叶片具大小不一的金黄色条纹。耐阴，为室内盆栽珍品。

同属适宜盆栽观赏的品种有：

① 细棕竹(*R. gracilis*)。别名铁线棕，植株较矮小，叶片放射状，2～4 枚，裂片长圆披针形。产自海南较多。

② 观音棕竹(*R. humilis*)。别名中叶棕竹，植株矮小，叶掌状深裂，裂片 7～23 枚，线形。产自我国广西、贵州。

③ 粗棕竹(*R. robusta*)。别名大叶棕竹，植株矮小，叶掌状 4 深裂，裂片披针形或宽披针形。产自我国西南部。

产于我国广西、广东、海南、云南、贵州等省区。喜温暖湿润、庇荫和通风良好环境，不耐寒。萌蘖力强。生长适温20℃～30℃。分株或播种繁殖。分株宜在3～5月结合盆栽换泥时进行。3～5苗连株为一丛栽植较好。种子即采即播。将种子浸水一昼夜，捞出搓洗浆皮，用水冲洗干净，晾干后条播或撒播于苗床，用净河沙覆盖，厚1cm，拨平，洒水保湿。冬天覆盖薄膜保温。翌年5～6月，出第一枚真叶时，可移植入小盆培育。用疏松砂质壤土盆栽，置半阴通风环境内养护，叶面经常洒水保湿。生长期每月追肥1～2次。注意修剪残、老、黄叶。越冬保温5℃以上。

株形挺拔，叶形清秀，富有热带风情，是室内优良的观叶植物。

(2) 散尾葵(*Chrysalidocarpus lutescens*)

别名：小黄椰子

科属：棕榈科，散尾葵属

常绿灌木，丛生，茎高3～8m，偶有分枝。叶羽状全裂，扩展拱形，小叶线形；先端柔软，黄绿色，叶柄黄色。花小，金黄色，花期3～6月。浆果金黄色，成熟紫黑色。散尾葵见图11.25。

图11.25 散尾葵

原产马达加斯加。我国多为引种栽培。喜高温高湿和半阴环境，不耐寒，生长适温22℃～32℃。分株与播种繁殖。每年4～8月分株，结合换泥脱盆进行，一般有3株以上相连为一丛栽植。每年8～11月可以从南方引进种子播种。播种前浸种。条播到苗床内，加1cm厚的河沙覆盖。保温10℃以上越冬，来年4～5月，苗高3～5cm，即可分植于小盆或育苗袋内养护。用疏松肥沃沙质壤土盆栽，能掺加少量椰糠或发酵的木糠更好。每盆3～5株以上，丛植或品字形分植，成品较快。幼苗生长缓慢，拔茎后生长较快。置于半阴通风处养护，经常洒水保湿。生长期每月追肥1～2次。注意修残叶，2～3年分盆1次。越冬保温10℃以上。

枝叶茂密潇洒，四季常青，耐阴性强，中小苗盆栽，宜作室内陈设；大苗在南方作庭院绿化使用。

(3) 美丽针葵(*phoenix roebelenii*)

别名：软叶针葵、罗比亲王海枣

科属：棕榈科，海枣属。

常绿小乔木，单杆，高2～4m，细长杆面具突起状三角形叶痕，羽状复叶，小叶线状长披针形，叶面具银灰色鳞光，叶质极柔软，叶柄具刺；肉穗花序自叶腋抽出，多分枝，花小，黄白色，花期4～5月。核果，椭圆形，熟果10～12月，绿褐色。美丽针葵见图11.26。

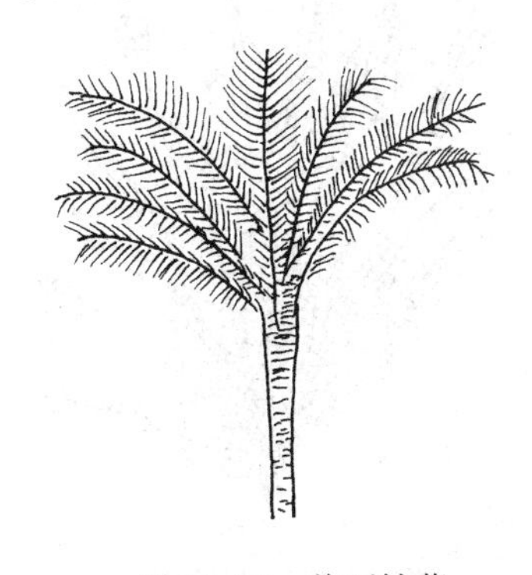
图11.26 美丽针葵

常见栽培品种有：

① 加那利海枣(*P. canariensis*)。别名长叶刺葵。单杆，高10～15cm，粗壮，具波状叶痕。叶、刺硬朗，雌雄异株：浆果，卵状球形，橙色。原产非洲加那利群岛。

② 刺葵(*P. loureirii.*)。别名糠椰。单杆，高3～7m，茎秆密披鳞片叶痕。叶色灰绿，小

叶线形，有沟，总柄基部叶变成刺状。浆果，椭圆形，熟果由橙黄转黑紫色。原产中国南部、东南亚至印度。

原产老挝、越南、柬埔寨。我国华南地区普遍种植。喜光照充足和温暖湿润环境，不耐寒，生长适温22℃～28℃。播种繁殖，即采即播，保持苗床湿润，常温15℃～25℃，极易发芽。子叶3～5cm高即可移栽。实生苗生长缓慢，先上小盆种植，经1～2年培育再转中盆，单株栽植。用疏松肥沃砂质土，置光照充足、通风良好处养护，保温保湿，生长期每月追肥1～2次。越冬保温8℃以上。

体态轻盈、柔软，株型较小。中、小苗期是良好的室内观叶植物；大苗在华南地区可植于庭院、草坪。

(4) 华盛顿棕榈(*Washingtonia filifera*)

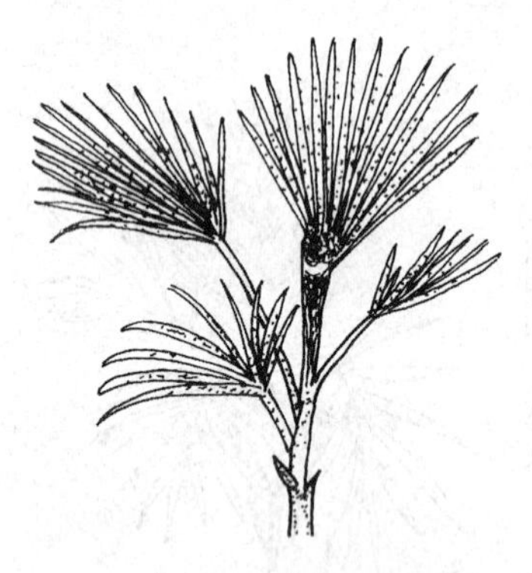

图 11.27 华盛顿棕榈

别名：老人葵、丝葵

科属：棕榈科，丝葵属

常绿乔木，单杆，高10～20m，叶掌状中裂，圆扇形折叠，灰绿色，裂片边缘具多数白色丝状纤维，先端下垂。叶柄淡绿色，略具锐刺；肉穗花序，花期5～6月，花小，白色。核果，椭圆形，成熟黑色。华盛顿棕榈见图11.27。

原产北美洲。性喜温暖湿润向阳环境，较耐寒，耐旱和耐瘠薄土壤。生长适温20℃～25℃，成长较快。播种繁殖。即采即播。先将种子浸水2～5d，搓洗净皮层，晾干条播或点播于苗床，保温、保湿。子叶长至10～15cm时可移植。幼苗先植于小盆或苗袋。长出真叶2～3枚，可转中、大盆栽植。置阳光充足处养护，生长期每月追肥1～2次。庭院绿化使用。

11.2.8 大戟科

变叶木(*Codiaeum variegatum* var. *pictum*)

别名：洒金榕

科属：大戟科，变叶木属

常绿灌木或小乔木，高50～200cm，光滑无毛。叶互生有柄，依品系不同，叶的形状、大小及色彩均有变化，植株具乳白状液体。总状花序自上部叶腋抽出，雄花白色，簇生于苞腋内，雌花单生于花序轴上。变叶木见图11.28。

图 11.28 变叶木

品系和园艺种及变种甚多，依叶色有绿、黄、橙、红紫、青铜、褐及黑色等不同的品种。

依叶形可有如下变型：

① 宽叶变叶木(*f. platyphyllum*)。叶宽可达10cm以上。

② 细叶变叶木(*f. taenissum*)。叶宽仅有1cm左右。

③ 长叶变叶木(*f. ambiguum*)。叶长可达50～60cm。

④ 扭叶变叶木(*f. crispum*)。叶缘反曲、扭转。

⑤ 飞叶变叶木(*f. appendiculatum*)。叶片分成基部和端部两大部分，中间仅由叶的中肋

连接。

原产地因品种不同而异。多数分布于大洋洲、亚洲热带及亚热带地区。喜高温多湿和光照充足环境，不耐寒，生长适温25℃～35℃，气温低于10℃会引起植株落叶。繁殖多用扦插和高压法。扦插在4～10月进行，茎枝切段10～15cm作插穗最佳。待插穗切口干燥后插于沙床。苗床要注意保温保湿、排水良好，一般扦插后20～35d可移植。高压法仅用于名贵和珍稀品种的繁殖，播种极少采用。用疏松肥沃砂质壤土盆栽，用适量椰糠或发酵过的木糠混合更好。叶片较大张的彩色品种，置于半荫棚内养护，多数品种置在强光下养护，方能株壮叶丽。叶面要经常洒水保湿，盆土排水要良好，慎防渍水浸坏根部。生长期每月追肥1～2次，多施用磷、钾肥，少施氮肥，避免彩叶退化返祖回青。每年春暖后，结合换泥转盆，修剪整型1次。低温期要防寒保暖，减水停肥。越冬保温15℃以上。

叶形多变，彩色亮丽，是点缀室内厅堂、会场的优良观叶植物。因是喜光性植物，以短期摆设为好。华南地区可作庭院丛植、点植、绿篱栽培。其叶形较宽的品种，可作切花配材。

11.2.9 桑科

桑科的榕属(*Ficus*)是常绿灌木或乔木。有白色乳汁。叶通常互生，多全缘，托叶合生，苞被于顶芽处，脱落后留一环形痕迹。花雌雄同株，少见异株，生于球形中空的花托内。

同属约1000余种，分布于热带或亚热带地区。我国约有120种，产自西南至东部，其中一些品种因其四季常青、叶色亮丽，可作盆栽或制作盆景使用。

(1) 榕树(*Ficus microcarpa*)

别名：细叶榕，小叶榕

科属：桑科，榕属

常绿大乔木，高20～30m，胸径可达2m，有气根，多细弱悬垂，入土生根，复成一杆形支柱。树冠庞大呈伞状，枝叶稠密，叶革质，椭圆形，全缘或线波状，单叶互生。花序托单生或成对腋生。隐花果，近球形，初时乳白色，熟果黄色或淡红色、紫色。

常见栽培品种有：

① 人参榕(*F. microcarpa*)。根部肥大，形似人参，是小品榕树盆景之良材。原产中国台湾。

② 厚叶榕(*F. microcarpa* var. *crassifolia*)。耐阴、耐旱，适合盆栽或庭院美化。原产恒春海岸。

③ 垂叶榕(*F. benjamina*)。别名垂榕，枝叶弯垂，叶缘浅波状，先端尖，叶较软，质薄。华南地区修剪成圆柱造型。原产中国南部、印度。垂叶榕见图11.29。

图11.29 垂叶榕

④ 金公主垂榕(*F. benjamina* cv. ‘Golden princess’)。别名金边垂叶榕，叶缘，黄白色，有微波状，生长较慢，可修剪造型，不耐寒。

⑤ 斑叶垂榕(*F. benjamina* cv. ‘Variegata’)。别名花叶垂榕，叶缘叶面有不规则的黄色或白色斑纹，生长较慢，不耐寒。

原产热带或亚热带地区，我国南部各省区及印度、马来西亚、缅甸、越南等有分布。性喜温暖多湿环境，喜肥沃微酸性土壤。对煤烟、氟化氢等毒气一定抵抗力。生长适温 22℃～30℃。扦插、嫁接、播种繁殖均可。硬枝扦插：切取具饱满腋芽之壮枝作插穗，长度 15～200cm。作枝条或柱状扦插均可，长短、大小按需选定，可在 3～5 月施行。软枝扦插：切取半木质化的顶苗作插穗，长 10～15cm，剪去半截叶片，待切口干燥后才扦插于苗床，庇荫保湿，宜 5～10 月施行。

嫁接常用于生长较慢的彩叶或珍稀品种繁殖上。用普通榕树品种作砧木，茎粗 1～2cm 以上，茎高 80～100cm，实施截顶芽接或切接均可，在 4～8 月进行。8～10 月将成熟种子先泡水 1 昼夜，捞起用双层纱布包扎沉入水中搓洗，清除浆果粘液和杂质，然后将种子晾干，混合细土撒播入苗床，庇荫，经常喷水保持湿润，1～2 个月发芽。苗高 3～5cm，可移植。用疏松肥沃微酸性土壤盆栽，置阳光充足处养护，经常注意修剪造型促发新枝。生长期每月追肥 1～2 次。普通品种越冬保温 5℃以上，彩叶及厚叶、柳叶品种越冬保温 10℃以上。

可用于制作盆景，修剪造型。在南方城市作庭院绿化和行道树使用。

(2) 橡皮树(*Ficus elastica*)

别名：印度橡皮树、印度榕

科属：桑科，榕属

图 11.30　橡皮树

常绿乔木，全株光滑，有乳汁，茎上生气根，叶宽大柄长，厚革质，叶面亮绿色，叶背淡黄绿色。长椭圆形或矩圆形，先端渐尖，全缘。幼芽红色，苞片。橡皮树见图 11.30。

常见栽培品种有：

① 黑叶橡皮树(*F. elastica* cv. Decora Burgundy)。叶面暗红色，叶背脉红色，幼芽鲜红色。

② 锦叶橡皮树(*F. elastica* cv. Doesheri)。叶缘及叶脉处具黄、白斑纹，叶长卵形。

③ 美叶橡皮树(*F. elastica* cv. Decora Tricolor)。叶稍圆，叶缘叶脉具黄、白斑纹，幼叶映晕红，托叶红色。

原产印度、马来西亚。我国引种栽培，喜温暖湿润环境，喜充足光照，耐阴，耐旱，不耐寒，生长适温 22℃～32℃。扦插或高压繁殖。扦插在 3～10 月进行，选植株上部和中部的健壮枝条作插穗，长 20～30cm，留茎上叶片 2 枚，收拢成筒状用胶圈套紧，待切口流胶凝结或用硫磺粉吸干，再插入疏松介质中，庇荫保湿约 30d 出根，即可移栽。高压法：在夏季选择生长充实壮枝，在枝条上环剥 0.5～1cm 宽，用青苔或糊状泥裹实，外包薄膜，保持湿度 1 个月后，连泥团一起剪下放到沙地中排植。先行催根 10～15d，见新根伸出泥团，再行种植，另成新株。幼苗置半阴处养护。用疏松肥沃壤土盆栽。注意截顶促枝，修剪造型。生长期每月追肥 1 次，每年换泥转盆 1 次。越冬保温 10℃以上。

叶大光亮，四季常青，盆栽供室内陈设。南方地区可作庭院绿化及行道树使用。

11.2.10　木棉科

木棉科多为常绿或半落叶乔木，原产亚洲热带、美洲、非洲，常见代表品种有马拉巴栗(*Pachira macrocarpa*)，别名发财树，可盆栽作为室内观叶植物。

马拉巴栗(*Pachira macroca*)

别名：发财树、瓜栗、美国土豆、大果木棉

科属：木棉科，瓜栗属

半常绿乔木，地栽高可达10m，胸径20cm以上，但可矮化盆栽。主杆通直，浅绿色，根基膨大，半露于地面，枝条近轮生，掌状复叶互生，小叶5～8枚。热带地区几乎全年有白色、粉红色花，单生于枝顶叶腋，花萼杯状黄绿色，果大似梨形，熟果浅黄色。变种斑叶马拉巴栗(*Pachira macrocarpa* cv. Variegata)，也有栽培。马拉巴栗见图11.31。

图11.31　马拉巴栗

原产墨西哥、哥斯达黎加、委内瑞拉和圭亚那等地。性喜温暖、光照充足、排水良好环境，耐半阴，耐干旱，不耐寒，生长迅速，生命力强。越冬保温5℃以上。播种、扦插、嫁接繁殖均可。因实生苗茎基肥大较为美观，一般以播种为主。在9～11月将成熟果实采下，摊放在阴凉通风处，数日后其自行裂开，剥去果壳，即得种子，立即播于沙床内，洒水保湿催芽。苗高10～15cm即移出地植或盆栽。

① 选地育苗：选疏松肥沃土层深厚、排水良好的微酸性砂质土壤种植。畦地深耕30cm以上，放足基肥。适当密植能使株苗快速长高。一般培育一年苗株行距10cm×30cm，来年再另行栽植培育2年或3年苗，株行距20cm×30cm。定植时，苗的主根要直。种后注重灌水保持土壤湿润。生长期每月追肥1～2次，氮、磷、钾均衡施放。及时抹除植株下部侧芽。暴雨期要防涝。

② 起苗编扎。这是提高观赏价值和经济效益重要一环。按市场需要分为一年苗编扎(高80～100cm)、二年苗和三年苗编扎(高120～170cm)三类。

起苗。提前1～2d灌足水入苗地，使畦土水分饱和松软，然后再将植株连茎根拔起，保持肥大茎基完好，不伤不折。适当剪去上部枝叶，搬回防雨棚内摊放晾软。

编扎。按3株、5株或7株为一组编绕成均匀的辫子状。选粗、细、高低相近的植株集拢，先将肥大茎基紧贴扎实，再逐枝编绕紧贴到顶部，再扎一圈绳匝收紧，最后将植株末端剪平。

③ 栽植养身。将编绕好的植株按大小或株数归类再进行栽植。

④ 盆栽。按植株茎基大小选高身花盆种植。深种浅埋，覆土达肥大茎基2/3即可。植株根系与盆土要夯实紧贴。置于荫棚内养护，早晚洒水保持植株杆、叶和盆土湿润。发芽抽枝后，适当施放1～2次复合肥即可上市出售。

⑤ 地栽。将编好的植株，分级排植到棚内地畦或加深的泥池里，继续养护。保温保湿。植株发芽抽叶时，洒淋1～2次复合肥，待1～2个月后，经编组造型的株杆紧贴较牢固后，即可拔出起运上市。植株经加工制作后，造型新颖、风格独特，且耐阴，作店堂摆设、室内装饰。

附表　其他室内观叶植物简介

中文名	学 名	科 属	习 性	繁殖	园林应用
铁线蕨	*Adiantum capillus-veneriL*	铁线蕨科 铁线蕨属	喜温暖、湿润、半阴环境，不耐寒	分株孢子	盆栽
卷柏	*Sclaginella tamariscina*	卷柏科 卷柏属	喜冷凉、潮湿、半阴环境	分株孢子	盆栽、插瓶
麒麟叶	*Epipremnum pinnatum*	天南星科 麒麟叶属	喜温暖、湿润、庇荫环境	扦插	垂直绿化、盆栽桩柱
麦冬	*Liriope spicata*	百合科 山麦冬属	喜温暖、湿润、半阴环境	分株	盆栽、地被
吉祥草	*Reineckia carnea*	百合科 吉祥草属	喜温暖、湿润、半阴环境	分株扦插	盆栽、池边地被
金叶山管兰	*Dianella caerulea*	百合科 山管兰属	喜温暖、湿润、半阴环境	分株	盆栽、溪边种植
鱼尾葵	*Caryota ochandra*	棕榈科 鱼尾葵属	喜温暖、湿润、半阴环境	播种	有长穗与短穗之分，庭院绿化
三药槟榔	*Areca triandra*	棕榈科 槟榔属	喜温暖、湿润、半阴环境	播种	中、小苗期可盆栽
蒲葵	*Livistona chinensis*	棕榈科 蒲椰属	喜高温、多湿，较耐低温	播种	中、小苗期可盆栽
假槟榔	*Archontophoenix alexandrae*	棕榈科 槟榔属	喜高温、多湿，较耐低温	播种	中、小苗期可盆栽
红雀珊瑚	*Pedilanthus tithymaloides*	大戟科 红雀珊瑚属	喜温暖、干燥环境	扦插	盆栽
紫叶草	*Setcreasea purpurea*	鸭跖草科 紫叶鸭跖草属	喜温暖、湿润、半阴环境	扦插	盆栽、槽植
红皱椒草	*Peperomia caperata* cv. 'Autumn leaf'	胡椒科 豆瓣绿属	喜温暖、湿润、半阴，忌烈日直射	枝插 叶插 分株	盆栽、孔柱栽、吊挂
斑叶垂椒草	*PePeromia scandens* cv. 'Variegata'	胡椒科 豆瓣绿属	喜温暖、湿润、半阴，忌烈日直射	枝插 叶插 分株	盆栽、孔柱栽、吊挂

（续表）

中文名	学 名	科 属	习 性	繁殖	园林应用
五彩椒草	*Peperomia clusiifolia* cv. 'Jewelry'	胡椒科 豆瓣绿属	喜温暖、湿润、半阴，忌烈日直射	枝插 叶插 分株	盆栽、孔柱栽、吊挂
乳纹椒草	*Peperomia obtusifolia* cv. 'Variegata'	胡椒科 豆瓣绿属	喜温暖、湿润、半阴，忌烈日直射	分株 扦插	盆栽、孔柱栽、吊挂
喜荫花	*Episcia reptans* (*E. fulgida*)	苦苣苟科 喜荫花属	喜温暖湿润、半阴，忌烈日直射	分株 扦插	盆栽、孔柱栽、吊挂
三色虎耳草	*Saxifraga sarmentosa* cv. 'Tricolor'	虎头耳草科	喜温暖、湿润、半阴，忌烈日直射	分株 扦插	盆栽、孔柱栽、吊挂
非洲凤仙	*Impatiens holstii*	凤仙花科 凤仙花属	喜温暖、湿润、半阴，忌烈日直射	分株 扦插	盆栽、孔柱栽、吊挂
冷水花	*Pilea cadierei*	荨麻科 冷水花属	喜温暖、湿润、半阴，忌烈日直射	分株 扦插	盆栽、地被
艳山姜	*Alpinia speciosa* cv. 'Variegata'	姜科	喜温暖、湿润、半阴，忌烈日直射	分株 播种	盆栽、庭院地栽
网纹草	*Fittonia verschaffe-ltii* 'Minima'	爵床科 网纹草属	喜温暖、湿润、半阴，忌烈日直射	扦插 分株	有红、白网纹之分，盆栽、吊挂
花叶鹅掌柴	*Schefflera arboricola* 'Jacqueline'	五加科 鸭脚木属	喜温暖、湿润、半阴，忌烈日直射	扦插压条	盆栽、造型
常春藤	*Hedera helix* 'Little Diamond'	五加科 常春藤属	喜冷凉、湿润、半阴，忌高温日照	扦插压条	盆栽、吊挂
南天竹	*Nandina domestica*	小檗科	喜温暖、湿润、半光照环境	分株播种	分栽、庭院
非洲紫罗兰	*Saintpaulia ionantha.*	苦苣苔科	喜冷凉、湿润、半阴环境，忌高热，不耐寒	播种分株	盆栽、吊挂
珠兰	*Chloranthus spicatus*	金粟兰科 金粟兰属	喜阴和温暖、湿润环境，不耐寒	分株扦插	盆栽
猪笼草	*Nepenthes* cv.	猪笼草科 猪笼草属	喜高温、半阴环境，不耐寒	播种、扦插	盆栽、吊挂

思考题

1. 室内观叶植物的概念是什么？它为什么能迅速发展并风行于世？
2. 室内观叶植物有什么特点和特殊功能？
3. 为什么说我国素有“蕨类植物王国”之称？蕨类植物对人类生活有什么特殊贡献？
4. 苏铁是裸子植物，它的种子为什么要经过人工辅助授粉才能发芽抽叶？
5. 天南星科观赏植物常用哪些繁殖方法？
6. 白鹤芋与巨苞白鹤芋两者怎样区别？
7. 凤梨类、龙舌兰、朱蕉、红背桂、变叶木等的最佳繁殖期是什么季节？为什么？
8. 棕榈科植物能自我修补和互相嫁接吗？为什么？
9. 原产热带与亚热带地区的观赏植物在低温时期为什么要减水停肥？
10. 简述盆栽马拉巴栗编扎制作过程的主要工序。

12　兰科花卉

兰科是单子叶植物中最大的科。全世界约有 800 多属20 000多种，广布全球。多数种属是多年生常绿草本，少数种属是亚灌木和攀援藤本。在繁多的种类中，根据其生活习性、对生态环境的要求和地理分布上的不同，分为地生兰、附生兰和腐生兰三大类。

我国是兰属花卉的分布中心，附生兰属、兜兰属的原种也很多。全国共有 173 属1 200多种，南北均产，尤以云南、台湾、海南、广西、广东、福建、四川、贵州、浙江等省区为最多。

兰科植物中有 2 000 种以上可供栽培观赏和药用，还有众多通过杂交育种筛选出来的品种，以奇特的花形、迷人的色彩、宜人的芬芳，深受人们喜爱，有很高的观赏价值和经济价值。随着国民经济的发展，兰科花卉作为产业开发前景可观。

12.1　兰花的生物学特性

12.1.1　兰花的特征

12.1.1.1　花

兰花花茎顶生或侧生茎上、假鳞茎上，具单花或排列成总状、穗状、伞形或圆锥花序。花朵由萼片 3 枚、花瓣 3 枚、蕊柱 1 枚组成。萼片形似花瓣，内中一片称为唇瓣，形状因品种不同而富有变化，呈筒状、片状和口袋状，是花中最华丽和高度特化的花瓣。

花色有黄、白、蓝、红、紫或条纹、斑纹、复色多种。

12.1.1.2　叶

兰花的叶通常互生，2 列或螺旋状排列，有时生于假鳞茎顶端或近顶端处；极少数品种为对生或轮生。叶片因品种不同而有较大差异，有呈圆柱状、细长的线形，也有叶片肥厚或大而薄软。全缘或边缘有细齿，平脉常绿；叶面多数为暗绿色，叶背较淡，一般无毛，顶端有些为不等的 2 列，叶梢尖锐或钝圆，基部有些具关节，通常有鞘，鞘抱茎。

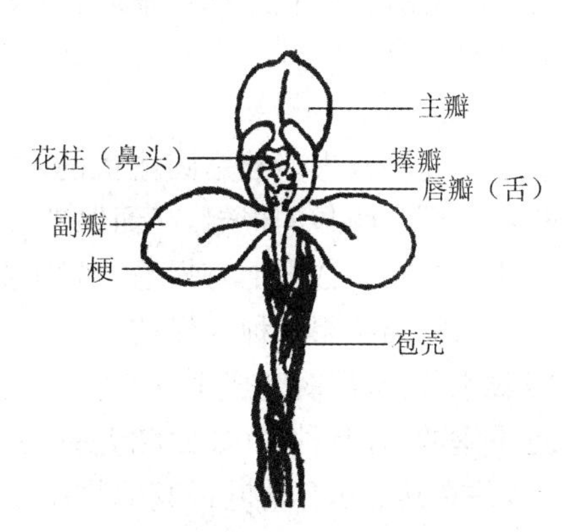

图 12.1　兰花的形态图

12.1.1.3　茎

兰花的茎是着生叶片、根系和花朵的重要器官，并具有贮存水分和养料功能。茎的形态因种类不同，分为直立茎、根状茎和假鳞茎三类。

(1) 直立茎

茎直立或稍倾斜向上生长，叶片生于茎两侧，顶端新叶不断生长，而茎秆下部老叶逐渐脱落，同时不断有气生根生出。兜兰、凤兰、指甲兰都属这一类。通称为单轴兰类。

(2) 根状茎

根状茎的形态因属的不同而有差异。如卡特兰，在根状茎的节上生长有根，并能长出新芽。经过一个生长季节，新芽发展成假鳞茎，再发叶抽葶开花，通称为合轴兰类。这一类兰在分株繁殖时，从假鳞茎旁剪断根状茎，可将1丛分成数株。

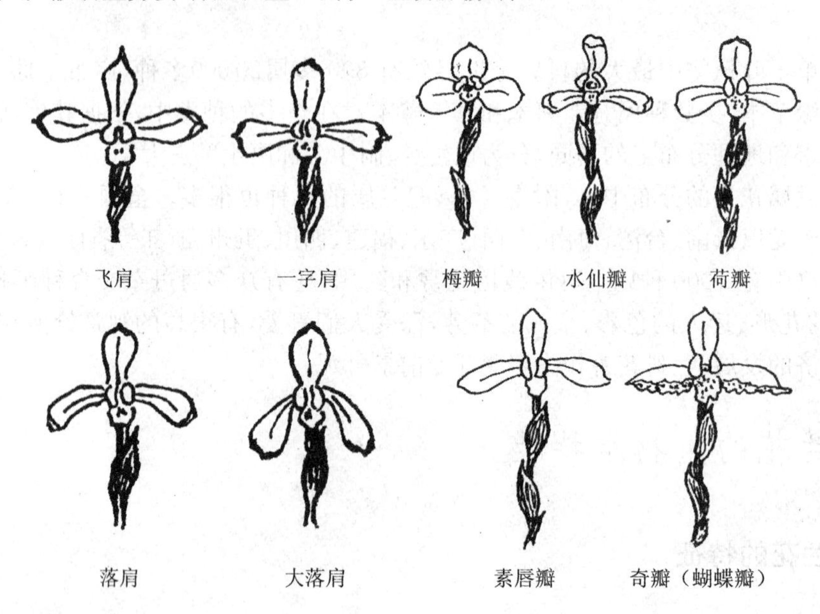

图12.2 春兰和蕙兰的五大瓣型

(3) 假鳞茎

假鳞茎是一种变态茎，在生长季节开始时从根状茎上长出的新芽，到生长季节结束时生长成熟。假鳞茎的顶端或各节上生出叶片，并是花芽着生的地方，其形态因品种不同而富有变化，呈卵圆形、棒状或细长条形。假鳞茎小的如米粒，大可高达数米，是重要的、经常使用的无性繁殖器官。

12.1.1.4 根

兰花的根大多数是圆柱状的，常呈线形，分枝或不分枝。肉质根粗大而肥壮，呈灰白色。根的前端有明显的根冠，起到保护根生长点的作用。根群具有吸收和贮存水分与养料的功能。地生兰种类多数根上有根毛。附生兰的气根是由中心维管束和周围疏松的海绵状组织构成，这一层海绵状组织称为根被。当空气干燥时气根细胞中充满空气，防止水分散失，并能极快地吸收水分；湿润时变成半透明状，皮层的受光部分可变成绿色进行光合作用。附生兰的根多数是下垂的，有些种类（如西藏虎头兰）其根或根的分枝是向上垂直生长的，形成篮状或鸟巢状根群，并在其上积存落叶或其他物质以吸取养分。

兰花的根组织内和根际周围，通常生存有根菌，称为兰菌，属真菌类。根菌吸收空气中的游离氮而大量繁衍菌丝，这些菌丝体侵入兰根内部后，逐渐被分解、吸收，成为兰花的养分和水分的特殊来源，促进兰株生长。因此，种兰花时应注意保护和引进兰菌种源。

12.1.2 兰花的种类及生长方式

兰花种类繁多，因原产地所在的自然环境不同，其生态习性和生长方式有很大差异，常分为地生兰、附生兰及腐生兰。

12.1.2.1 地生兰

地生兰又称陆生兰。多数种属原产温带、寒带地区和亚热带、热带高地。地生兰具有绿色的叶片,根系具有或多或少的根毛,根系生长在混杂落叶和砂石腐殖丰富的土壤中,靠从土壤中吸收水分和无机盐养料,并通过兰根菌的共生作用促进生长。种子成熟后,被风吹落到含水分和腐殖堆积物多的树杈处或石隙中,在适宜的温度、湿度、光照条件下萌芽抽叶、开花繁衍。地生兰多数品种的生长需要一定的荫庇环境,林缘或灌木丛中潮湿、排水良好和腐殖质丰富的砂质壤土,是地生兰良好的滋生地。常见栽培的地生兰种类有中国兰、兜兰和虾脊兰等。

12.1.2.2 附生兰

附生兰又称热带气生兰,多数种类原产热带或亚热带地区。附生兰具有肥厚、粗壮且带根被的气生根或假鳞茎的贮水器官,附生在树干或岩石和悬崖上,根系大部分裸露在空气中。附生兰所需要的水分和养料是取自雨水和雨水中含有的无机盐,夜间的露水和雾也作为水分来源;任何细小的残物,如落叶、脱落的树皮和死亡的昆虫等掉落到根系周围腐烂后都可以作为其养料来源。高温多湿、昼夜温差小的地区是附生兰良好的生长环境。

附生兰常见在高处生长,可避开森林底层浓密阴影和生存竞争障碍,可使传播花粉的小鸟、昆虫更容易发现它们,并将无数微小种子居高临下撒播到较远的地方繁衍。常见栽培的附生兰种类有卡特兰、万带兰、蝴蝶兰、石斛、紫兰、虎头兰等。

12.1.2.3 腐生兰

腐生兰原产于中国的寒温带、温带和亚热带的高山地区,海拔在800～3 500m林下阴湿处。腐生兰的茎和花生长在地面上,但无绿色的叶,茎上的鞘或鳞片也没有绿色,因此不能进行光合作用制造养料,通常只能生长在腐烂的植物体上,如地下的朽木、腐叶、烂根和某种真菌体上,成为与真菌共生,或靠吞食真菌而生长的非绿色的植物。裂唇虎舌兰为腐生兰类,产于西藏、云南、四川、甘肃、新疆、黑龙江和内蒙古等地的海拔1 200～3 500m林下阴湿处。毛萼山珊瑚腐生于海拔800～2 100m林下或沟边,分布我国西南部及广东、海南、陕西、湖北等省高山地区。珊瑚兰产于新疆、内蒙古、吉林、河北、陕西、四川、甘肃等省区的海拔1 700～3 150m的高山地林下。天麻盛产于华北、华中西南和东北各地的海拔1 600～2 700m阔叶林、松林、灌木丛或竹林下。天麻的块茎是著名的中药材,为国家三级保护植物。

12.2 兰科花卉的繁殖方法

12.2.1 分株繁殖

分株繁殖又称分盆,即将过于密集的一盆兰花分栽成两盆至数盆。凡具有假鳞茎和丛生的兰花种类均可采用分株繁殖。以中国兰为例。兰株每年从生长季节开始,在新生的假鳞基部长出1～2个新芽并逐渐抽叶成长,生长季节结束时即成为新生的、基部带有新假鳞茎的兰株。通常盆栽2～3年就必须分株。名贵珍稀品种1～2年内分株一次。

12.2.1.1 分株时间

兰花分株应避开生长旺期季节,选在兰株相对休眠期内、芽未出之前实施分株最好。一般冬末春初开花的墨兰、寒兰、春兰可在3～4月,夏末秋初开花的在花谢后1～2周内或新芽萌发前,建兰、蕙兰、台兰可在9～10月进行。

12.2.1.2 分株准备

选出确定分株的盆兰，提前剪去残花茎秆，停水2～3d让盆兰根、叶柔软，不易折断碰伤。备好培养土、碎砖块、毛发类或树皮、苔藓等用料，同时要收集一些无病虫害的旧兰花泥晾干备用。将旧花盆清洗干净，放强光下暴晒；新花盆先用清水浸透、晾干，加大盆底孔待用。

12.2.1.3 分株方法

先将兰株从盆中脱出，将旧盆土全部抖掉，露出完整假鳞茎和根系，然后剪去枯根败叶。因品种不同栽植目的不同，实践中有多种分株法。以墨兰为例：一般有3片叶以上连同带根的假鳞茎称为一株。从新芽的第一株算起，分蘖新株健壮、长势良好，并已有几条长根，即可剪离母株成为新的独立苗株。如新株苗弱，根少或无根，需要连同母株一同剪下，两株连在一起，称为母子苗。传统方法用母子连株苗种植较多。剩下的第三株和第四株苗，如叶色墨绿，长势尚佳，又可分离出作独立的单株或双株苗。第五株，一般叶色显黄、老化，只剩下1～2片叶，只能剪下另作催芽处理。如仅翻盆不进行分株者，只剪除无叶的假鳞茎，余下三连株或四连株为一丛栽回原盆即可。

分株时剪下的老假鳞茎，仍是宝贵的繁殖材料。将这些无根无叶的假鳞茎剥除上面的叶鞘，用清水洗干净后，插植于装有苔藓或粗砂的花盆或透水的木箱苗床中，保持湿润和温暖的环境，每个假鳞茎都能生出1～2枚新芽，并在新芽基部生根，细心培养可长成新的植株。中国兰和虎头兰通常每个鳞茎下部有两个芽眼，一般每年只萌发1个，另一个处于休眠状态。

兜兰类分株时一般以相连的2～3芽为一丛栽植，避免单芽单株，以保加快成长。万带兰类自然分株比较慢，通常盆栽3年以上，待生长旺盛的植株从基部生出一至数枚幼苗时，将母株上部连同2～3条根一起剪下重新栽植。留在原盆中的幼苗很快长大，再将它分切开来，单独栽植，成为新株。在生长旺盛的5～7月间实施，恢复较快。

石斛兰类多数品种有很长带肉质的茎秆，茎上有很多节。其分株繁殖，一是在丛生茎的基部切开，分成2～3株为一丛，分别植于盆中成为新株；二是将植株顶端或基部生长出有叶有根的小植株切下栽于盆中，即能长成新的植株。一般避开严寒冬、春季，每年4～10月均可进行。

12.2.2 扦插繁殖

12.2.2.1 扦插时间

原产热带或亚热带的种类一般选气温较高的4～10月进行。原产于温带的种类可提早在3月进行。

12.2.2.2 基质选择

多用透气性较强、排水良好的苔藓、河砂、珍珠岩、椰糠和泥炭土等作基质，单独或混合使用均可。

12.2.2.3 插穗选择

插穗的生根与母株的营养条件有很大的关系。要选择充分成熟而不太老化的茎段作插穗，较易发芽、长叶、生根。每个茎段一般有2～3个节眼较好。切口涂上硫磺粉或木炭粉，以防霉烂。

12.2.2.4 扦插方法

兰科花卉的插穗剪切因种类不同而方法各异。

石斛兰类应选取未开花而生长充实的直立外露假鳞茎，从根际剪下，每2～3节切成段，直立扦插于苗床内。如其茎节上长有无根小苗也可剪下扦插。

万带兰、千代兰、蜘蛛兰、火焰兰等种类的茎直立，可剪下无根的上部，切成2～3节为一小段，直插于苗床，待其抽芽生根即成为新的植株。如茎株上带有几片叶子，又有一些气生根，可切下直接种植成为新株。

蝴蝶兰、鹤顶兰类的长花梗有节和鳞片，每个节上都有潜伏芽，选择无花的下部花梗剪切成单节或双节为一段，斜插入苗床内，精心养护约2个月，有小苗发生在节眼上，小苗抽叶生根成为新的植株。

一些有根状茎(龙茎)的兰类，在根茎上有节有芽，分株时选出有芽眼的根状茎切成2～3节为一段，平铺于苗床上，覆盖1cm厚的基质，稍压紧贴，有意留出芽眼，待其发芽抽叶生根，即成为新植株。扦插按株行距3～5cm，先用木棍打洞，将插穗逐条插入基质中3～5cm深。

12.2.2.5　管理

扦插后浇透清水，用塑料薄膜覆盖，置于25℃左右的温室或荫棚内养护。经常在室内喷水保湿。无根的茎段吸收水分，节上的小芽或潜伏芽抽叶生根。每出一片叶就从新叶的基部发出一条或数条新根，1～2个月插穗节间抽出3～4片新叶，基部生出4～5条新根，即成为一株新兰苗，可以移栽上盆。

12.2.3　无菌播种繁殖

兰科花卉用种子繁殖可以获得大量的幼苗，同时也是杂交培养新品种的主要手段。兰科花卉常用无菌播种。无菌播种是用培养基在试管或玻璃瓶内播种。先配制培养基，再进行种子消毒、灭菌，然后播种，发芽出根之后再出瓶分栽。只要有组培技术与设备条件便可进行。

12.2.3.1　培养基

兰花种类不同，适于种子发芽的培养基配方也不相同。Kunason1923年发明的配方，长期以来是最常用的配方，见表12.1。Mariat于1952年在此基础上作了改进，现被广泛采用，见表12.2。另外在兰花无菌培养中添加一些天然复合物有比较好的效果，如椰乳或椰子汁，添加量10%～20%；香蕉果肉用量150～200g/L。常用的培养基配方有Yamad修改配方Ⅱ，见表12.3。组织培养中的MS培养基配方一般也可用于播种。

表12.1　Kundson配方/(g/1000ml)

成　分		含　量
硝酸钙	$Ca(NO_3)_2 \cdot 4H_2O$	1
磷酸二氢钾	KH_2PO_4	0.25
硫酸镁	$MgSO_4 \cdot 7H_2O$	0.25
硫酸铵	$(NH_4).SO_4$	0.50
硫酸亚铁	$FeSO_4 \cdot 7H_2O$	0.25
硫酸锰	$MnSO_4 \cdot 4H_2O$	0.0075
琼脂		15
蔗糖		20

表 12.2 Vacin 及 Went 培养基/(g/1000ml)

成分		含量
磷酸三钙	$Ca_3(PO_4)_2$	0.20
硝酸钾	KNO_3	0.525
硫酸铵	$(NH_4)_2SO_4$	0.50
硫酸镁	$MgSO_4 \cdot 7H_2O$	0.025
硫酸二氢钾	KH_2SO_4	0.25
酒石酸铁	$Fe(C_4H_4O_6)_3 \cdot 2H_2O$	0.028
硫酸锰	$MnSO_4 \cdot 4H_2O$	0.0075
蔗 糖		20
琼 脂		16

表 12.3 Yamad 修改配方Ⅱ

成分	含量
Gaviota67*	2.5g
幼椰子果汁	250ml
蔗糖	15g
胨	1.75g
鲜番茄果汁	3 茶匙
琼 脂	15g
蒸馏水	750ml

* 一种复合无机肥料商品名称，成分为 N_{14}，P_{27}，K_{27} 及微量 Mo，Mn，Fe，Cu，Zn 与维生素 B。

12.2.3.2 种子采收与播种

早期进行兰花胚培养的工作者普遍认为成熟的兰花种子其种皮较硬化，胚内部产生抑制发芽的物质，对种胚的萌发有妨碍，所以许多兰花工作者在兰花播种中常常采用未成熟的绿色果实。兰花种子在高温和高湿的环境中寿命极短，以随采收随播种为好。通常将种子在室内干燥 1～3d，装入试管用棉塞塞紧，再将试管放入干燥器内，置于 10℃以下的环境中，这样可在 1 年内保持种子有较高发芽率。

兰花种子接种到培养基之前必须灭菌，可以用 10%次氯酸钠水溶液浸泡 5～10min，再用无菌水冲洗；也可用 3%双氧水溶液浸泡种子 15～20min。尚未开裂的兰花蒴果，可用 10%～15%的次氯酸钠溶液浸泡 10～15min，在无菌条件下切开，取种子播种。经灭菌的种子用镊子移至培养基上。为使种子在培养基表面分布均匀，可以滴数滴无菌水到接种后的培养瓶中。

种子接种在培养基上的过程，通常在超净工作台上进行，工作人员的手需经过消毒，各种器具也需经过高压蒸气灭菌。整个接种过程必须遵从无菌操作的要求，以避免菌类的污染，使工作失败。

中国兰属地生兰类的种皮有较强的不透水性，可用 0.1mol/L(0.1M)的氢氧化钾溶液浸泡种子 10min，腐蚀种皮，然后再灭菌、冲洗和接种，一般有 2/3 的种胚能萌发。

10.2.3.3　接种后管理与移植

接种后的培养瓶可以放在培养室中或有散射光的地方，温度 20℃～25℃，在胚明显长大以后，需给予2 000lx光照，相当于距 40W 日光灯下 15～20cm，每日 10～12h。

不同种类的兰花，胚生长快慢有明显的差异，大花蕙兰、石斛、万带兰、卡特兰和独蒜兰等接种后 1～2 周胚明显长大，4～6 周种子变成绿色，表明胚上已生成叶绿素。在播种后 2～3 个月，第一枚叶片从原球茎的顶部中间生出。在出现 2～3 片叶时，原球茎伸长，并且第一条根生长出来。在播种后 9～10 个月，小苗可出瓶移植到小盆中。因为播种较密，通常在长出第一枚叶片时进行分瓶，经 2～3 次分瓶后使每瓶幼苗保持 20 株左右。最后一次分瓶应使用较大的培养瓶，以使幼苗生长健壮。

培养瓶中的兰花幼苗生长到具 5 片幼叶、有 2～3 条发育较好的根时，可将幼苗移出培养瓶。移苗前需将瓶移置栽培温室，打开瓶盖，炼苗 1～2 天，使之适应外界环境。小苗从培养瓶中取出后，需轻轻用水将其根部上的培养基洗去。用切碎的苔藓、泥炭、碎木炭和少量砂配成培养土，将小苗栽在小盆中，每盆 10～20 株，然后放在 25℃左右的温室中，保持较高的空气湿度和较强的散射光。每周施 1 次液体肥料，并喷洒杀菌剂。1 个月后可移植到光线较强的地方，随植株长大及时换盆。

10.2.4　组织培养繁殖

用茎尖分生组织在无菌条件下进行无性系繁殖可取得无病毒苗，有快速、大量、苗整齐、不带病毒等优点，一株母本在一年内可繁殖百万株。Morel 于 1960 首先把组培方法用于兰花繁殖，后经多人的改进，现已广泛应用于卡特兰属、兰属、石斛属、蝶兰属、万带兰属及许多杂交属的商品生产。

兰花组培繁殖的外植体均取自分生组织，可用茎尖、侧芽、幼叶尖、休眠芽或花序，最常用的是茎尖。外植体可在不加琼脂的 Vacin 及 Went 液体培养基中振荡培养。有时，外植体在几周内直接发育成小植株。为达到繁殖目的，应将小植株取出，将叶全部剥去后放回原处再培养，直至形成原球茎。原球茎是最初形成的小假鳞茎，形态结构与一般假鳞茎相似。

原球茎被移入不含糖的 Vadn 及 Went 培养基中继续培养，便能不断增殖。增殖的原球茎又可转移培养而不断扩大。若将原球茎转移到分化芽的培养基中，便能分化成小植株。最后将小植株再转移到生根固体培养基中使其生根，生根良好后可移栽成苗。组培苗在上盆后，一般 3～5 年可开花。

另外，兰花通过组织培养，可以对病毒感染的品种进行脱毒；也可以在组织培养的过程中对培养物加入诱变剂，促使幼苗产生变异，以达到培育新品种的目的。如 Winber(1963 年)用虎头兰进行液体振荡培养时，在培养液中加入秋水仙碱，成功地取得 40%的原球茎细胞染色体加倍。

12.2.4.1　培养物的采集和灭菌

正在生长中的芽是用于组织培养的最理想的外植体，但由于兰科花卉各属和种不同，采集芽的大小有区别，如大花蕙兰 3～8cm、卡特兰 6～8cm、米尔顿兰 2～3cm、中国兰(地生种)2～3cm；单轴类的如万带兰、树兰等应从旺盛生长的顶尖上采切一段，取其生长点部位。切取下来的芽，有数个隐芽(休眠芽)和生长芽。生长芽是细胞分裂活动最旺盛的部分，也是培养成功率最高的部位。

切芽应充分用流水冲洗30min左右，并把最外面的1～2片苞叶去掉，然后放在10%次氯酸钠溶液或漂白粉溶液(10g漂白粉溶解于140ml水中，充分搅拌以后静置约20min，取上层清液)中浸10～15min。灭菌的时间和灭菌液的浓度应根据芽的大小和成熟度及不同种、属或多或少地进行调整，做到既要防止菌类的污染，又要避免因灭菌液的杀伤作用而引起组织坏死。

灭菌后的芽，应在无菌条件下剥离和切割。卡特兰类容易产生褐变，在切割时应将芽放在无菌水中操作，这样会比在空气中褐变的机会少些。剥离出芽的大小要依培养目的而定。以脱毒为目的时，可以小到0.1mm；若以繁殖为目的，可以大到2～5mm。体积越小，越难成活。大体积的剥离可以肉眼直接操作，太小则需要解剖镜。剥出的组织可以直接接种在已准备好的培养基上，在瓶上做好标记，而后移到培养场所。

12.2.4.2 培养基

在兰花茎尖培养中，要求有四种培养基：适于形成原球茎的培养基、适于原球茎增殖的培养基、适于从原球茎分化芽和根的培养基，以及适于分化后的幼苗迅速生长的培养基。对于中国兰来说，培养方法与上述还不完全相同。中国兰通过茎尖培养，首先形成的器官虽和原球茎相似，但以后则不大相同。它不能直接从原球茎形成幼苗，而是形成根状茎，再由根状茎形成幼苗。因此，在具体到各个种、属的培养时，还有一段摸索和研究的过程。

(1) 适于形成原球茎的培养基

对于许多兰花来说，MS培养基的配方最好，用来培养卡特兰、虎头兰都十分理想。另外，KC培养基和狩野(1963年)培养基也不错。

(2) 适于繁殖原球茎的培养基(继代培养)

虎头兰用KC培养基+10%椰乳作液体培养，通过70d的培养，生长指数可以达到200左右(是原来的200倍)；在KC培养基+NAA(萘乙酸)lmg/L+细胞激动素(KT)0.01mg/L的固体培养基上也有比较好的效果。

繁殖卡特兰原球茎，通常用MS培养基+NAA 1mg/L和6-BA(苄基腺嘌呤)5mg/L的固体培养基，培养60d时生长指数可达30左右；也可以用MS培养基+NAA 0.1mg/L+KT0.5mg/L；或MS培养基+NAA 0.5ppm+KT 0.1mg/L；也可用MS培养基+BA 0.1mg/L+香蕉15%或椰乳15%效果也比较好。蝴蝶兰用狩野(1963年)培养基+蛋白胨3g+NAA 1mg/L+KT 0.1mg/L效果较好。

(3) 适于原球茎分化的培养基

通常兰科花卉用基本培养基进行固定培养就能分化幼苗和根。先出芽后生根，形成新的个体。添加植物生长调剂可以促进分化。

(4) 促进幼苗生长的培养基

一般情况下，用基本培养基可以连续完成3和4两步工作。但培养基不同，幼苗生长的健壮程度不同。大花蕙兰在White培养基上添加10%的香蕉汁，生长较好。蝴蝶兰在狩野培养基上加10%香蕉也比较好。另外，蝴蝶兰在幼苗生长过程中，不能转移培养瓶和更换培养基，每次转移都会有一批幼苗受到损伤。可以在原瓶中加注经过灭菌的培养液。

12.2.4.3 培养器材及栽培环境

(1) 容器

采芽后，培养的初期可以用50～100ml的小培养瓶，而后期的幼苗生长阶段需要较大的培养瓶，可以用200～500ml的三角瓶。目前生产单位多用一次性的耐高温平底塑料瓶，效果也好。瓶塞也十分重要。如果瓶口塞得过严密，根会向上伸长；如果用棉塞，因为水分散失过快，培养基会很快干缩，对幼苗生长有较大的影响。在橡胶瓶塞的中间打一个直径5～6mm小洞，洞中再用棉花塞紧。这样培养基干缩比较慢，幼苗生长也正常。

(2) 光照

在兰花培养中，通常光强约2 000lx，每天光照时间12h，黑白交替。目前多用40W日光灯，距灯管15～20cm培养，不可离得太远。

(3) 温度

最好恒定在22℃～25℃。温度低，生长缓慢；温度高，容易发生褐变，尤其夏季应特别注意防止高温。

(4) 清洁卫生

注意保持培养室的清洁、干燥，与外界空气交流不要太多，这样可以避免培养瓶的再污染。

12.2.4.4　液体培养

现代兰的生产性培养中，多使用液体振荡培养，大量地增加原球茎的数量。在液体培养中，为增加和改进培养液中的氧气供应，通常使用振荡培养机(60～120次/min)和旋转培养机(1r/min)。培养期间保持室温22℃和24h连续光照，可以在短期内得到大量的原球茎球状体(PLB)。在旋转培养中形成的原球茎球状体组织块比较大，在进行分化幼苗培养前必须把它切割成许多小块，转移到固体培养基上后可以直接形成幼苗。

12.2.4.5　试管苗的移栽

试管苗一般长至高5～8cm、有3片以上的叶和2～3条根时，即可以移出培养瓶，栽种到盆里。苗稍大些移栽成活率高，但太大又不易出瓶。栽培用的材料同播种苗。每盆栽种10余株。从试管中取出的幼苗要用水轻轻将附着在根上的琼脂洗掉，以免琼脂发霉引起烂根。另外，为了避免出瓶困难，在配制培养基时，可适当减少些琼脂，降低培养基的硬度，便于幼苗出瓶。

盆栽小试管苗必须特别细心，因为它十分脆弱，很易受伤。为了能使试管苗得到一些锻炼，可在出瓶前24～48h把瓶盖全部打开或打开一半，使幼苗叶片增强一些抗性。但打开时间不要太久，以免引起培养基发霉。盆栽试管苗需放在与培养室温度差不多的温室中，如25℃左右。湿度应稍高些，但盆栽材料和叶片不能经常沾水，以免引起腐烂。温室内应有较强的散射光，或30%左右的阳光能照射到室内。每周施1次液体复合肥(氮、磷、钾之比为20∶20∶20)，浓度0.1%左右，进行叶面喷洒或根部浇灌。每周喷1次抗菌剂。1个月以后可移至光线稍强的地方。待苗长大后分盆，每盆栽种1株。由于种类不同，植株生长的快慢差异较大。生长快的种类，盆栽后6～8个月可以开花；有些种类要3～4年，但一般情况下，组培苗比播种苗开花期早许多。

12.3　国兰

12.3.1　国兰的栽培历史

国兰多为原产我国，栽培历史悠久，是我国传统十大名花之一。据专家考证，我国兰花栽培始于唐朝，宋代栽培兰花日趋普遍，明代是栽培兰花的昌盛时期，清代兰花栽培又得到进一步的发展。历代兰花爱好者、艺兰辈出，对兰花的栽培积累了丰富的经验，同时有不少关于兰花的专著、诗、画流传于世。人们对兰花的欣赏不仅限于花奇、香溢、姿美，而是远远超出兰花本身，与文学、艺术、道德、情操结合在一起，成为中华民族文化的一个组成部分。中国兰花文化与名贵品种广传世界各地。

新中国成立后，兰花事业迅速发展。全国各地对兰花进行引种栽培，成立兰花协会，并经常举办专题兰展，普及兰花栽培知识，促使兰花得到较快发展。特别是改革开放以来，随着市场经济发展，人们物质生活的提高，兰花爱好者日趋众多，各地大办兰圃、兰场和兰花交易市场，中国兰花已成为花农发家致富，以及农业、林业、花卉业新的经济增长点。

12.3.2 中国兰的种类和品种

我国传统栽培的兰花是兰科兰属的地生兰，通称“中国兰”。兰属 40 多种，主要分布亚洲热带和亚热带地区，少数分布在大洋洲和非洲。我国有 20 多种和许多变种，是本属的分布中心，主要分布于东南、西南及华南地区。

中国兰依开花季节不同分为以下种类：

12.3.2.1 春天开花类

春兰(*Cymbidium goeringii*)

又名草兰、山兰。根肉质白色，假鳞茎呈球形，较小。叶 4～6 片，集生，狭线形，宽 0.6～1.1cm。花单生，偶有两花。花葶自立，花黄绿色，亦有近白色或紫色品种。有香气。花期 2～3 月。原产我国长江流域及西南各省。春兰见图 12.3。

图 12.3 春兰

本品种甚多，通常依花被片的形状可分如下花型：

① 梅瓣型。外瓣(萼片)短，顶端钝圆有小尖，向内弯曲，基部稍狭，形似梅花之瓣；内瓣(花瓣)短，边缘向内弯呈兜状；唇瓣短而硬。主要品种有：宋梅，西神梅、万字、逸品等。

② 水仙瓣型。外瓣中部宽，端渐尖，略呈三角状，基狭，形似水仙花的花瓣；内瓣有兜，短圆，唇瓣大而下垂。主要品种有龙字、翠一品、汪字等。

③ 荷瓣型。外瓣宽大，短而厚，先端宽圆，两内瓣左右平伸，唇瓣长宽而反卷。主要品种有郑同荷、张荷素、翠盖和绿云等。

④ 蝴蝶瓣型。中部的外瓣前伸，两侧的外瓣微向翻；内瓣侧伸稍内抱，唇瓣宽长反卷。主要品种有冠蝶、素蝶、迎春蝶、彩蝴蝶等。

在春兰原产地仍有不少野生优良品种，如云南的双飞燕，一葶二花；四川的春剑，一葶 2～5 花等。

12.3.2.2 夏季开花类

(1) 蕙兰(*Cymbidum faberi*)

又名夏兰、九节兰。叶线形，5～7 枚，比春兰直立而宽长，叶缘粗糙，基部常对褶，横切面呈“V”形。花葶直立，着花 5～13 朵，花淡黄绿色，花瓣较萼片稍小，唇瓣绿白色，具紫红斑点。花期 4～5 月。原产我国中部及南部。名贵品种甚多，以浙江产者最为著名。与春兰相似，耐寒性较强。品种约有 20～30 多个，有产自浙江的极昌、大一品、端梅、关顶、如意素、程梅等；产自四川的红香妃等。惠兰见图 12.4。

图 12.4 蕙兰

(2) 台兰(var. *pumilun*)

又名金棱边，是惠兰变种。叶长椭圆状线形，长 15～30cm。花葶比叶短，斜出着花 15～20 朵，外轮花被狭长椭圆形，带红褐色；内轮花被片边缘带黄色。花无香味，花期 3～5 月。原产我国浙江、湖北、湖南、四川等省。本种中观叶品种较多。叶面或叶缘常具黄或白色条纹，因此有金棱边之称。

12.3.2.3 秋季开花类

建兰(*Cymbidium ensifolium*)

又名秋兰、雄兰、秋蕙。叶 2～6 枚，丛生，长 30～60cm，广线型，叶缘光滑。花葶直立，总状花序，着花 6～12 朵，黄绿色乃至淡黄褐色，有暗紫色条纹，香味浓。花期 7～9 月。原产福建、广东、四川、云南等省。可分彩心建兰和素心兰两类品种。名贵品种很多。建兰见图 12.5。

彩心建兰有银边兰、大青、永安兰等，素心建兰有金丝马尾、荷花素、铁骨素、龙岩素、十八学士等。

图 12.5 建兰

图 12.6 墨兰

12.3.2.4 冬季开花类

(1) 墨兰(*Cymbidium sinense*)

又名报岁兰。叶剑形，4～5 枚，丛生，叶长 50～100cm，宽可达 3cm。花葶高 6cm，着花5～15 朵，花瓣多具紫褐色条纹。花期 11 月～翌年 1 月。原产我国广东、广西、福建及台湾等省区，越南、缅甸、日本也有分布。墨兰在我栽培历史悠久，品种丰富。墨兰见图 12.6。

常见的有墨兰(开花杂色，舌瓣有晕斑)和白墨(开花纯白色或绿色)两大品系。白墨又分为企剑和软剑两种，其中企剑白墨有仙殿白墨、柳叶白墨、短剑白墨、银丝白墨等 10 多个品种；软剑白墨有软剑白墨、软硬剑白墨、绿墨素、绿云等品种。一般墨兰常见有大红朱砂墨、黑墨、鹦嘴墨、徽州墨、秋榜墨等多种。

(2) 寒兰(*Cymbidium kanran*)

叶 3～7 枚，丛生，直立，叶狭线形，长 35～70cm，宽 1～1.7cm。花葶直立，较细，着花 5～

图 12.7 寒兰

10朵,有黄、白、青、红、紫等色。花有香气。花期 12 月～翌年 1月。原产我国福建、浙江、江西、湖南、云南、广东和广西等地。在日本普遍栽培,品种也多。寒兰见图 12.7。

本种叶形较建兰为窄,尤其基部更狭。常见品种有清花寒兰、红花寒兰、卷瓣寒兰、素心寒兰等。

12.3.2.5 叶艺兰类

叶艺兰,是上列各类兰花中的叶片产生突变,叶面呈现黄、白条纹或斑纹的变异植株,经较长时间培育,其遗传性稳定,已另列为一类。目前在广东兰市上常见的品种有:金丝马尾,属建兰类的变种,叶中部及尾部有金线脉数条。银边大贡,叶边为银白色,叶颇厚韧而柔顺,半垂。秋季开乳白色花,素心,有香气。金边大贡,叶边为金黄色,立叶,有大小两种株型。秋季开花。银边或银嘴墨兰,立叶或半垂叶。叶边或叶嘴为银白色,冬季开花,微香。金边或金嘴墨兰,立叶或半垂叶,叶边或叶嘴为金黄色。冬季开花,微香。达摩兰的厚叶蛤蟆皮状,叶雄健有力,株型较小而叶面较宽。产于台湾。

此外,兰属还有一些附生性的兰花,如虎头兰,硬叶兰等,栽培管理与热带兰相同。

12.3.3 中国兰花的栽培管理

12.3.3.1 栽培场所

① 宜选择树群环绕、靠近水面、空气湿润、通风良好、无煤烟及扬尘污染的场所。

② 兰棚的大小按需而定,要求遮阳通风,南北檐口、高 2.5～3.5m 以上,棚顶倾斜(或拱形),应急排雨和防寒方便;七分遮阳三分露天,防止过晒和过阴。

③ 盆兰摆放需设置盆架。盆架应 60～80cm 高,底部能通风透气。也可放在倒扣的花盆上,株行距以较疏为好。最密以两盆飘叶不接触为宜。

12.3.3.2 盆栽材料

(1) 基质

基质必须含有能为兰根吸收的足够的营养成分,要疏松、透气、排水良好;酸碱度为中性或微酸性(pH 值 5.5～7.0)。栽种兰花多用含腐质丰富的山泥,或特制的培养土和精制的塘泥。

(2) 辅助材料

辅助材料种类繁多。常见的有晾干无病害的旧兰花泥;发酵过的杉木糠、甘蔗渣、椰糠;泥炭土、苔藓;红砖碎粒、浮石粒、干树皮和棕丝;还有栽培香菇、木耳菌种的废弃材料等。

12.3.3.3 花盆选择

多用陶素盆或特制的盆身多孔的陶盆和宜兴紫砂盆。摆设可用瓷盆或塑料套盆。对兰盆的要求是:一雅(造型较高雅)、二高(盆体宜高,或有鼎足)、三宽口、四透气(透气性好)。兰株与选盆要协调统一。如墨兰株型高大,宜用大型高身、宽口盆;建兰、寒兰株型中等,宜用中型盆;春兰一般株型较矮小,宜用小盆、矮身盆,取其小玲珑。

12.3.3.4 兰花栽植

一般兰场主要靠分株和采集野生兰,或向专业机构购买组织培养或无菌播种育出的小苗来获得兰苗。

(1) 兰苗选择

以2～3株(带假鳞茎)连在一起成丛的兰苗为宜,其中有一株为当年生的新苗,种植后成活率和发芽率最高。全是老株的苗,种植后虽然成活,但发芽率低而慢。单株的,种植后成活率低且发芽慢;新出芽已开叉长成叶片并有根的,种植后容易成活。

(2) 成品栽培形式

应以花盆口径之大小、形状和兰花的品种形态,以及市场的需求来确定栽培形式和株数。

① 一盆一丛。3株以上,用较小口径的盆,成束植于盆中央,泥面铺一些青苔。

② 一盆多丛。可有三种布局。一是聚种法,即多丛聚集在一起,植于盆中央,让叶片自然向四周放射或下垂,呈伞状蘑菇型。二是散植法,用较大口径的盆,多丛在盆面上作几何图形布点种植,即3丛布成鼎足形,4丛布成四方形,5丛布梅花形,6丛以上可布成宝月形。三是以敞口大缸用几十株散点栽种,顺着盆面围成多个同心圆。

(3) 兰花盆景

又称奇种法,即出奇制胜。如将几丛一起植于盆的一角,让其叶同一个方向下垂,兰头配上小巧玲珑的英石装饰,造成兰生石隙的仿天然生态的景观。又可将不同品种的兰,一高一矮地植于一起,配以奇石,造就错落有序的画景。再者,把花丛高矮大致相同而开花时令不同的兰苗植于一起,同盆四季开花,各丛叶形互补、叶色浓淡相间,给人以丰富奇异之感。

(4) 上盆栽植

① 装盆。用曲瓦片覆盖底孔,垫一层直径2cm的碎砖粒加少量毛发或棕丝作排水层,再加粗粒泥铺平,放入基肥,再铺一层隔肥土盖过肥料,达盆身1/4。

② 定苗。将兰株放入盆内,根系摆布均匀,加入较粗粒泥至盆高1/3,压住根系,将兰株徐徐提起3～5cm,再加细粒泥于盆中心,同时加放一些旧兰泥,达盆高的2/3,又将兰株向上提到恰当位置,按等距要求摆正,假鳞茎埋入土,深浅一致,并轻轻振动花盆,用竹签沿盆边泥插一遍,振实拨平。

③ 加泥。加入中粒泥接近盆口,填密盆心盆面,中央稍拱起,内高外低,做到宁实勿空,“深种浅埋”。

④ 检验。植后按下列原则逐盆检视,发现偏差及时纠正:泥土覆盖假鳞茎3/4,顶尖低于盆面1.5cm左右,即深浅定得好;叶片无穿插,每丛距离相等,即疏密分得好;新株向外,旧株向内,不塞盆心,不贴盆边,即方位选得好;壮弱相间,四周均匀,外圆如月,中空如杯,即排列摆得好。

⑤ 淋定根水。新种植的第一次浇水称为定根水,分2次充分浇足,以盆泥湿透为准,严禁灌水溢出盆口。

(5) 驯化栽培

采集野生兰进行驯化栽培,是发展兰花的重要途径。按福建养兰传统方法:野生兰草运到后,先解捆存放阴凉处(不要浸水),修剪分级,先清除残老假鳞茎、腐烂根系、败叶、折叶等,再选出叶色清秀的新芽子母连株种上盆;接着,集中放在生铁器具内(有排水孔的旧铁器)密植培育;再以老根苗为主,即放到特定的泥池或泥沙混合池内分行密植,搭好荫棚,防晒防寒,经常洒水保持湿润。当新芽发出成苗后,施1～2次稀释硫酸亚铁液,并每月施一次淡薄肥水。残叶、花茎尽早清除。经2～3年精心养护,进行优次鉴定,遂成栽培品种。

12.3.3.5 浇水、喷雾

对兰花浇水是一项经常性工作。每天浇水量与次数应看天气、看盆土、看苗势，依实际情况而定。一般春冬季节气温较低，新芽未出，盆土宜干，浇水量少；夏秋季节气温较高，兰花生长旺盛，蒸发量大，浇水量要适当增加。

(1) 浇水

浇水分为叶浇和盆浇。叶浇即用喷壶或细孔花洒喷洒，一般1～2天喷洒一次，既增加空间湿度又除尘和润叶。盆浇是指看盆面泥块干白即浇，从盆边浇入，一般3～5d一次，水量以盆土湿透即可。

(2) 喷水

喷水常在干旱的秋冬季节进行。兰花盆土仍湿，但空气湿度小，或是秋雾笼罩叶面久久不散，常用雾状喷壶盛清水，喷洒植株叶面，一可润叶，二可冲洗叶面碱性雾渍，三可保持盆土湿润使兰花生长良好。

12.3.3.6 施肥

施肥是促进兰株生长发育良好的重要环节。养兰实践中常用下列方法施肥：

(1) 基肥

基肥在栽兰时直接放入盆土中。将发酵过的干牛粪，按1∶10比例和少量磷肥加入培养土或山泥中，栽兰时混合使用；或将发酵过的粕饼、马蹄片和牛羊角屑埋于栽盆泥的底层作底肥。

(2) 追肥

兰花生长发育时施用的肥料，可为液肥，也可为干肥，视天气情况，交替使用。液肥用经发酵的清尿按1∶8～10兑水施用；或将各种粕饼、马蹄片、骨粉，经泡水发酵，取出兑水5～10倍施用。干肥用氮、磷、钾含量全面的复合肥，或经短期浸水发酵过的粕饼、骨粉等捞出稍晾干后即可施用。追肥应"勤而淡"。兰株长势旺盛多施，长势衰弱少施或不施。一年当中，避开大雨、大风、严寒、曝日等天气，根据需要随时可以施用。特别注意兰株抽花葶前1～2月应施肥1～2次，为催葶肥；花朵凋谢后30d左右，施放1～2次，为催芽肥，每次间隔15～30d。施肥时尽可能避免肥料沾上兰叶、兰头，以防渍肥造成腐烂。施肥后可用清水喷洒冲洗叶面一次。

(3) 根外施肥

兰花叶色淡、叶质薄时，可用叶面宝、磷酸二氢钾或尿素0.1%兑水于傍晚或阴天喷洒兰株叶片，作为补充肥分，促使叶片增绿而壮根。或在喷洒农药时加入少量尿素，也有同等效果。在生长旺盛时，用0.1%的硫酸亚铁兑水喷洒全株，以弥补泥土中酸性不足，通常一年中喷洒3～4次。

12.3.3.7 修叶、摘花

修叶摘花可以疏通空气，保持植株整体美观，节约养料。发现枯黄叶、残叶和病虫害严重的叶片及时从叶脚修剪清除；如有焦尾折叶，只修剪成尖角形以保持兰叶原状即可，不必将全叶剪去。抽葶或开花时期，对长势较弱、每丛叶子不多和新分栽的兰株，应进行除葶摘花，全部摘除或保留1～2枝。名贵品种一般少留花葶；普通品种或急于上市出售的应多留。花朵凋谢后，不需留种者，其残苞也应及时剪除，积蓄养分促使多发或早发新芽。

12.3.3.8 增减盆土、松土除杂

兰花培育过程中，增减盆土和松土除杂，是及时清除隐患、促使兰株正常生长发育的重要一环。特别是新栽植的兰株,更要细心检查。如发现栽得过深,则可用竹签将盆面部分泥土剔除盆外,以露出假鳞茎1/3于土面为好。如发现盆土太浅或因常期浇水而造成假鳞茎凸出土面或兰根暴露,应加泥土盖好。

松土能促进盆土通透,利于兰根生长,应每隔2～3个月结合除杂草进行一次。可用竹签先插入土中试探,沿盆边下手,如正触及兰根,则避开从旁挑松,以免伤根。如发现泥土板结、渍水、不透气,应及时换土。如兰花株密盆小,则应换盆。特别是对一些已种植多年的兰株,更要注意及时调整。

12.3.3.9 防雨、防风、防寒

养兰实践证明,兰花怕连续大雨、暴雨、大风、狂风及严寒、霜、雪等自然灾害,必须根据当地气候情况采取相应措施,及时做好预防工作。

12.4 现代兰花

现代兰花是指近几十年来,国内外用一些原产于热带或亚热带的兰花培育出花大、色艳的一类兰花新种,又称为热带兰或洋兰。

洋兰虽然缺乏香气,但花形奇特、色彩斑斓、花朵较大、叶片较厚、四季常青、开花期长,观赏价值很高,深受人们喜爱。国内外很多花卉公司用现代化设施进行工厂化生产,发展成为一个新兴的兰花产业。

12.4.1 现代兰花的发展

洋兰的人工栽培时间较短。最初大多数是采集野生兰花进行驯化栽培,再通过人工杂交等方法选育新品种。1838年洋兰引进美国,加利福尼亚州成为美国的兰花产业中心。由于国际上喜爱观赏洋兰的人越来越多,荷兰也迅速扩展洋兰业务,1996年销往德、美、英、法、意和瑞士等国的各种兰花,共3亿多美元。南美洲的哥伦比亚近20多年来花卉业迅速崛起,着重生产高品位、高质量、高价值的10多种洋兰。据联合国有关部门预测,21世纪初期,欧美洋兰产业每年将以8%～10%的速度持续增长。

近年来,东南亚各国将洋兰生产作为一项调整农业结构、改善农业布局、增加农民收入、强国富农的措施来抓,使兰花业朝着综合性、系列化、创造性的方向发展。

新加坡从20世纪50年代以来大力开展对洋兰的研究和生产。全国种植洋兰410hm^2,主要生产石斛兰、万带兰、蝴蝶兰、文心兰等切花和盆花。1996年洋兰出口额为7 800多万美元。1996年全国有专种兰花的农场230多个,切花出口额比20年前增长11倍,其中洋兰占20%。所产洋兰切花大部分供应出口或转口,许多花农由此富裕起来。

泰国现成为世界最大的洋兰出口国,主要以石斛兰为主,畅销20多个国家。到1996年就有专业兰场2 800多个,洋兰出口额达8 200万美元。

日本采用现代设备,实行科学养兰,1996年全国兰花栽培面积达4.3万多公顷,以生产蝴蝶兰、卡特兰为主,洋兰出口额3.6亿美元。

韩国在以生产中国兰花为主的前提下,加快洋兰发展,抢占市场份额,促进花卉业发展。

我国台湾省凭着得天独厚的自然条件,20世纪60年代以来,在大力发展花卉业的同时也在抓紧发展洋兰生产,单是蝴蝶兰就曾一度占领了日本市场。

在我国辽阔的土地上有多种多样的气候类型，属热带和亚热带地区的土地面积共48万平方公里，很适宜洋兰的生长。如文心兰、大花惠兰等在南方露地栽培可安全越冬。改革开放以来，我国洋兰的科研、生产已得到很大发展。现在海南、云南、四川、甘肃、广东、福建等省均有不少花卉科研单位和花卉企业进行大量的引种试验和生产。近年来，随着人民精神文化和物质生活的改善，洋兰中的卡特兰、文心兰、蝴蝶兰、石斛兰这一类艳丽的花朵已受到人们的青睐。用洋兰来作为宾馆插花、婚礼捧花、喜庆花篮和贵宾的襟花已成时尚，因此洋兰市场广阔，前景喜人。

12.4.2 常见洋兰的种类和品种

洋兰种类甚多。全世界被引种栽培的野生兰达300属3000种以上，人工杂交种则有数万种之多。在市场上作为商品出售的洋兰多数是人工培植的杂交种，其常见的种类和品种有：

12.4.2.1 卡特兰属(*Cattleya*)

此属也称卡特利亚兰属。附生性兰。茎通常膨大成假鳞茎状，顶端，通常花大而艳丽，是兰科植物中花朵最大的类型之一，直径可达15～20cm，各瓣离生。全属有60多种，原产于美洲热带地区，以巴西为最盛。卡特兰见图12.8。

图12.8 卡特兰

主要栽培品种有：

① 卡特兰(*Cattleya labiata*)。原产巴西东部，具纵沟的假鳞茎顶生1叶，花3～5朵，花白色或红色，唇瓣有一大紫红斑。花期秋季。本种为现代杂种卡特兰用得最多的亲本之一。

常见的杂交种及栽培种有：

② 黑天鹅。花大型，深红色，1梗、1～2朵花，唇瓣基部有黄色斑块。花期秋季。

③ 富丽堂皇。大型花，1梗、1～3朵，花黄色，唇瓣红色，边缘呈波状褶皱。花期夏季。

④ 兰点。中型花，花瓣紫色，有红色斑点，蜃瓣紫红色，边缘波状。花期春季。

⑤ 雪白。中型花，1梗、3～4朵，花色雪白，蜃瓣基部浅黄色。花期秋季。为流行的切花品种。

⑥ 南方美人。大型花，单朵，花褐黄色，唇瓣深经色，基部有2个大黄斑。花期秋冬季。

12.4.2.2 蝴蝶兰属(*Phalaenopsis*)

附生兰，茎短具少数外貌似基生的叶，叶近2列，肉质、扁平，较宽阔，基部收狭，具关节和抱茎的鞘。花葶从植物基部发出，直立或下垂，总状花序，有时分枝，花通常较大，艳丽，花期较长，萼片近均等、离生、展开。全属有原种40多个，分布于热带至大洋洲和亚热带地区。我国有6种，产于台湾、海南和云南西部。多生于阴湿多雾的热带森林中离地3～5m的树干上，也有长于溪边的湿石上，花型奇特，深受人们喜爱。

蝴蝶兰(*Phalaenopsis amabilis*)，原产菲律宾、印度尼西亚、巴布亚新几内亚、澳大利亚及我国台湾。多生于低洼雨林中树干上，叶3～5枚，肉质，花序总状，可长达1m，有花约5～10朵，白色。花期夏季。蝴蝶兰见图12.9。

主要栽培品种有：

① 亚诺奇(*Ph. amabilis* 'Anouche')。1梗，开花十余朵，花深红色，唇瓣三角状，深红色，

喉部黄色有红色斑点。花期秋季。

图 12.9 蝴蝶兰

② 台北红(*Ph. amabilis* 'Taipei')。1 梗,开花十余朵,花深红色,唇瓣三角状,深红色,喉部黄色有红色斑点。花期秋季。

③ 槟城淑女(*Ph. amabilis* 'Pinlong')。1 梗,开花十余朵,花瓣深紫兰红色,边缘色较浅,唇瓣紫红色,喉部黄色,有紫红色条纹。花期冬季。

④ 龙狄(*Ph. amabilis* 'Ludy')。1 梗,开花 5～8 朵,花瓣黄色,基部白色,唇瓣有红色条纹和斑点,尖部分白色。花期夏季。

⑤ 苏拉特(*Ph. amabili* 'Georges')。1 梗,开花十余朵,花瓣白色密布红色斑点,唇瓣有红色条纹及斑点。花期夏季。

12.4.2.3 石斛兰属(*Dendrobium*)

图 12.10 石斛兰

附生兰类,茎丛生,直立或下垂,圆柱形,不分枝或少数分枝,具多节,有时 1 至数个节间膨大成多种形状(亦称假鳞茎),肉质,具少数至多数叶。叶互生,扁平,圆柱状或两侧压扁,基部有关节和抱茎的鞘。总状花序直立或下垂,生于茎的上部节。具少数至多数花,少有单朵的花;花较大而艳丽,直径 8cm,萼片近相似,离生。石斛兰见图 12.10。

全属 1000 多种,原产于亚洲热带、亚热带及大洋洲地区。我国有 60 多个原生种,多产于云南、台湾、广西、湖北等省区。

石斛兰多附生于树上或岩石上,它的外形富于变化,一般分为两大类,即花生于茎节间的节生花类和整个花序生于茎顶部的顶生花类。在园艺栽培上,石斛兰类的品种根据其开花期划分为春石斛系和秋石斛兰系。春石斛兰系多作为盆花栽培,秋石斛兰系多作为流行的切花栽培。

主要栽培品种有:

① 星尘石斛(*D. nobile* 'Stardust')。春石斛兰系盆栽用花。花序有花 2～3 朵生产于茎节间,花金黄色,唇瓣有数条红色条纹,边缘具小齿。花期春夏季。

② 花冠石斛(*D. nobile* 'Fantasia Crown')。春石斛兰系盆花栽用。花较大,集生于各节间,花深紫红色,唇瓣中央黄色,边缘有 1 紫红色阔环带。花期春夏季。

③ 熊猫 1 号石斛(*D. nobile* 'Ekapol Panda')。流行于全世界的切花品种,主产泰国,出口名习称“草兰”。花序总状,1 梗,有花 5～10 朵,花瓣和唇瓣边缘部分紫红色,中央部分白色。几乎全年有花。

④ 瓦加列石斛(*D. phairot* 'Subanjui Vacharee')。秋石斛兰系切花。总状花序,1 梗,开花 8～10 朵,花除中心小部分为白色外,均为深紫红色。几乎全年有花。

12.4.2.4 文心兰属(*Oncidium*)

亦称舞女兰属或金蝶兰属。

附生或地生。假鳞茎大或小,基部为 2 列排列的鞘所包蔽,顶端生 1～2 枚叶,叶扁平或筒圆状,大型、有分枝,多数花;花色为金黄或红色系列,具先端 2 裂的唇瓣。文心兰见图 12.11。

全属 400 余种,原产于美洲热带和亚热带地区,以气根附生于树上或岩石上。引种栽培历史较悠久，是重要的地栽切花种类，也可盆栽观赏。

喜高温潮湿和遮荫环境，冬季保温 12℃～15℃以上。

主要栽培品种有：

① 大花文心兰(*O. ampliotum*)。假鳞茎密丛生，花茎直立或弯曲，花鲜黄色，反面为白色，春季开花。

② 金唇文心兰(*O. boissiense*)。是切花品种，花序一般长约50cm，小花繁密，金黄色有棕色条纹，唇瓣基部有棕色斑点，几乎全年有花。

③ 罗斯文心兰(*O. gower*)。切花品种，花序长 30cm，小花繁密，金黄色，基部有棕色斑。几乎全年有花。

④ 金西文心兰(*O. kinsei*)。切花品种，花序长约 30cm，小花繁密，花瓣褐色，唇金黄色，基部有褐斑。可全年有花。

图 12.11　文心兰

12.4.2.5　兜兰属(*Paphiopedilum*)

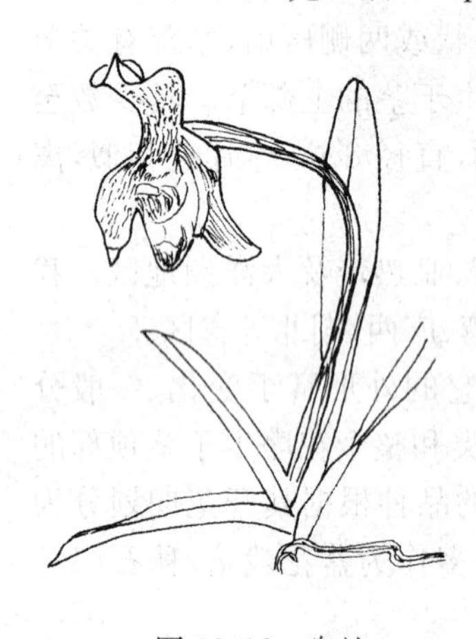

图 12.12　兜兰

又名拖鞋兰属。地生或附生兰，根状块茎不明显或少有具细长横走的根状茎，无假鳞茎，有稍肉质的根，茎短，包藏于 2 列的叶基内，新生苗紧靠老茎基部，或根状茎末端。叶基生，多枚，狭矩圆形或近带状，2 列对折，两面绿色或叶背淡紫红色，叶面淡绿色。基部叶鞘互相套叠。花葶从叶丛中长出，长或短，具单朵花或少有数朵花，花瓣较狭，形状多样，常水平伸展或下长垂，唇瓣大，兜状。全属 70 多种，多分布于亚洲热带和亚热带至太平洋地区。我国有 18 种，分布于广东、云南、贵州等地，特别是杏黄兜兰和硬叶兜兰、麻栗坡兜兰等品种，誉满全球。兜兰属一般分为单花系和多花系列。多作盆花栽培，但多花与长花枝的品种也可作切花使用。兜兰见图 12.12。

主要栽培品种有：

① 杏黄兜兰(*Paphiopedilum armeniaaun*)。原产我国云南省碧江。斑叶种，叶背密布紫点，花金黄色，蕊柱红斑。花期春季。

② 小叶兜兰(*Paphiopedilum godefroae*)。原产我国广西、云南、贵州等地。绿叶种，叶背基部有紫点，花褐色，背萼白色，中部黄绿色。花期秋季。

③ 铜色兜兰(*Paphiopedilum illosum*)。原产泰国、缅甸及我国广西、云南等地。斑叶种，叶背紫红色，花黄色，密布紫红小斑点。花期春夏季。

④ 文山兜兰(*Paphiopedilum illsigne*)。原产越南和我国云南文山地区。斑叶种，叶背有紫红斑点，花黄绿色，有褐斑及斑点，蕊柱疏生小斑点。花期春季。

⑤ 硬叶兜兰(*Paphiopedilum micranthus*)。原产我国云南、广西、贵州等地。斑叶种，硬革质，花紫红色，背萼及花辩有紫红色斑纹。花期春季。

12.4.2.6　万带兰属(*Vanda*)

又名万代兰属。附生兰。茎伸长，粗壮。具多数叶，叶扁平，近带状 2 列，较密集，先端具不整齐的缺刻或齿，基部对折而呈现出"V"形，具关节，茎木质。总状花序从叶腋发出，直立，疏生少数至多数花，花大或中大，艳丽，常稍肉质。万代兰见图 12.13。

全属 40 多种，分布于亚洲热带和亚热带、大洋洲等地区。

原产于我国海南、台湾、广西、广东和云南，是一种繁殖容易、管理粗放、花艳丽、花期长的著名观赏兰。

主要栽培种有：

① 叉唇万带兰(*V. bensoni*)。原产印度、缅甸、泰国和我国云南省，生于密林中树上或石壁上。叶平展，顶端 2 裂，花序 1 梗，开3～4朵花。花期春夏季。

② 短棒万带兰(*V. hookeriana*)。原产印度尼西亚、马来西亚和新加坡，生于低地平原树上。叶棒状、肉质。花序 1 梗，开花约 10 余朵，花紫色，边缘皱波状。花期夏季。

图 12.13　万代兰

③ 桑德氏万带兰(*V. sanderiana*)。原产菲律宾，生于林中树上或岩石上。叶套叠互生，顶端 2 裂。花序 1 梗，开花 10 余朵，花大型。上部花瓣白色，下部赭褐色，唇瓣较小，深褐色。花期夏秋季。

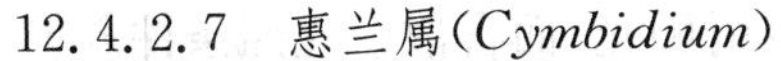

12.4.2.7　惠兰属(*Cymbidium*)

大花惠兰又称洋惠兰、喜姆比兰。这类洋兰是以原产于我国云南、四川、贵州、广西以及缅甸等的山区海拔 1 000m 左右的气候性种类，如虎头兰、碧玉兰、象牙白花兰、美花兰、红柱兰等相互杂交而产生的复杂品系。目前已有数百个品种。花色有白、淡黄、黄绿、深红、紫色和各种彩斑一应俱全。花大而多，花被片宽阔、圆钝、肥厚，展开甚为美观。在国内外有广阔的市场。大花惠兰见图 12.14。

图 12.14　大花惠兰

主要栽培种有：

① 城市姑娘大花蕙兰(*C.* ‘City Girl’)，大型花品种，1 梗，开花 10 余朵，花白色，唇瓣边缘满布红色斑点，喉部粉红色。花期春季。

② 女皇大花蕙兰(*C.* ‘Gawain Empress’)。中型花品种，总状花序，1 梗，开花十余朵，花白，唇瓣有许多红色斑点。花期春夏季。

③ 加拿利大花蕙兰(*C. trigo* ‘Royale Canary’)。大型花品种，1 梗，开花十余朵，花橙红色，唇瓣有 IV 形斑纹，喉部白色。花期冬春季。

④ 黄色热带大花蕙兰(*C. honeymoon* ‘Tropical Yellow’)。大型花品种，1 梗，开花 8～15 朵，花苋色，唇瓣尖端有 1 红色“V”形斑块。花期秋冬季。

⑤ 技工大花蕙兰(*C. mini* Sarah ‘Artisan’)。中型花，1 梗，开花约十余朵，花黄绿色，唇瓣绿白色有散布的黄色斑点。花期冬春季。

12.4.3　洋兰的栽培与管理

12.4.3.1　环境条件

(1) 温度

洋兰根据原产地不同分为三类：

① 高温类。如蝴蝶兰、蜘蛛兰、狐尾兰、仙人指甲兰等。这类兰大多数原产于热带或亚热

带的低地，夏季日间温度为30℃～35℃，冬季日间温度平均21℃～24 ℃，夜间温度平均18℃～21 ℃。

② 中温类。如卡特兰、文心兰、石斛兰、贝母兰、堇色兰和兜兰等。这类兰多数原产于亚热带或热带高山区。夏季日间温度为26℃～29 ℃，夜间为21℃～24 ℃；冬季日间平均温度为20 ℃，夜间平均为15℃～18 ℃。

③ 低温类。如杓兰、三尖兰、独蒜兰、南美杓兰等。这类兰大多数分布于亚热带高山区或温带降雪区。夏季日间温20℃～25 ℃，夜间温度18℃～20℃；冬季日间温度为15℃～18℃，夜间温为10℃～13℃。

(2) 湿度

洋兰一般保持最高空气相对湿度为90%以下的生长环境。

蝴蝶兰和万带兰在高温生长期内所需空气相对湿度白天为70%～80%，夜间为80%～90%；卡特兰、文心兰和兜兰类所需的空气相对湿度稍低些，一般在45%～65%。

(3) 光照

洋兰虽然大多数种类原产热带，但不少种类忌夏季直射阳光，而喜散射光照条件。

卡特兰、石斛兰、万带兰和树兰生长发育需要较强的光照，冬春两季可置于全日照条件下生长；夏秋两季则需要遮光50%；兜兰、蝴蝶兰、堇色兰等需要较低的光照量，上午40%，下午25%～30%为宜。

(4) 通风

空气流通可促进兰株的呼吸作用，增加吸收养分，使兰株旺盛生长，同时可以调节室内温度和湿度，减少兰株的病虫害发生。

12.4.3.2 栽培基质

(1) 地生兰类栽培基质

地生洋兰类常用的栽培基质有山泥、腐殖土、泥炭土、精选塘泥以及发酵过的甘蔗渣和培养香菇等食用菌的废弃料，均可作混合基质使用。

(2) 附生兰类栽培基质

要求基质具疏松透气和保水的特点，常见用料有树蕨根、木炭、碎砖、树皮、椰子衣、火山石、陶粒、水苔、木糠、椰糠、蛭石、珍珠岩等。

12.4.3.3 栽植洋兰的盆具

洋兰多用盆栽或吊挂等方式栽植，移动自由，销售方便。常用盆具有多孔陶素盆、多孔塑料盆、梯层木框、椰子衣外壳盆、特制的蛇木板、树蕨板、杉木板，按一定形状制作如开扇形、月亮形等，板面钻满排孔，将气生兰引植于板面上，作吊挂、壁挂等使用。

12.4.3.4 洋兰的种植

小苗种植一般用塑料筐或木箱。用椰糠、珍珠岩、山泥各1/3混合作基质，经过暴晒或消毒处理。装筐时，先放一些碎砖或粗粒泥于底部作排水层，其上放基质，用手稍加压实，拨平，按株行距5cm×10cm开槽将苗排入，再拨植料埋过根部，扶正压实，逐行排植，种满为止。浇定根水，放入防雨棚细心养护。也常用5cm口径塑料育苗盘或单体杯栽植。

经1年以上培育的大苗，应在春末夏初或秋季移植入中型盆或大盆中。先将碎砖或树皮、粗粒树蕨放入盆底占盆身1/4作为排水层，垫上一层培养土，把苗从筐或杯中连泥团一起脱出，移入大盆中央，摆正，加满植料压实，每盆种1～3株或3～5株，根据盆的大小和生产所需而定。脱盆时如果泥团已散可用原土裹实根系再栽。

盆栽3～4年以上的兰株，需要更新复壮。春季把老株从盆中脱出，除去老根茎及基质，用清水冲洗干净，晾于阴处，再用新基质重新栽植，正常护理促使新芽再发，1～2年又可开花如常。钾肥作根外施肥。兰株即可抽芽长枝，显蕾开花。

洋兰的切花生产，常见分为大田种植和几架栽植两大类。万带兰类的单轴型兰花，主要是大田种植，使用木架扶持生长。

大田种植前要先竖立供兰株攀附生长的木架，木架行距1～2m，约隔50cm处竖一交叉木条以作固定。立架后应挖一条10～15cm深的沟，将60～70cm长的兰株放于沟内排好，顶部用小绳缚于横木上固定。待成行的兰株缚好后，再将原土倒入沟中填满，并压实以固定兰株。进行正常的抚育管理，约6个月即可采收第一批切花。连续采收18个月或直至2年后，植株高达2.4m，此时难以采割花枝，可把顶部剪下作扦插繁殖，另行择地栽植。每2年更换一次可以提高切花产品的质量和数量。

切花秋石斛、文心兰类，主要是几架养植。在东南亚国家，采用椰子衣碎块作基质盆栽，或直接种于椰子衣壳内。将栽好的苗按次序放于离地60～80cm的板条空架上养护。初植的兰株盆中要置几块园石以固定植株，防止发生倒状。罩上50%遮光网防止暴晒。

日常管理，定期喷水，保持湿润环境及足够温度，每2周喷N-P-K＝10-10-10三元素稀释水溶液。4～6个月后即可采收第一批花。

洋兰切花品种如万带兰、文心兰类在热带地区种植，全年均有花。在长江中下游沿岸及以南地区，借助温室功能发展洋兰切花生产也是可行的。

12.4.3.5 浇水

在南方地区由于夏季雨量充沛、空气湿度较大，夏天可2～3天盆浇1次，每周叶面喷水1次，以除尘和润叶。秋天气温干燥，浇水频度和浇水量应适当增加。冬春气温低，浇水量可适当减少。长江沿岸地区，全年湿度相对较低，一般每天盆浇1～2次，每周叶面喷水1次。还应注意向温室或阴棚地面洒水，增加空气湿度。梅雨季节和冬寒时间里，浇水频度和浇水量适当减少。

冬季低温期，兰株处在半休眠状态，浇水时切勿在叶心鞘中或叶面上留有积水，以免导致烂心、烂叶，特别是卡特兰、蝴蝶兰和兜兰类，更要特别细心。

12.4.3.6 洋兰的施肥

气生性洋兰的根可以吸收空气中的游离氮，但合理、适当地加施肥料可使兰苗生长得更迅速、植株更健壮、花色更艳丽。小苗种植、老株分植，一般不放基肥。大苗转盆时，适量撒放一些复合肥或有机肥于盆底层作基肥，常用的肥料有饼肥、复合肥、磷酸二氢钾、花宝、魔肥等。兰株生长发育季节每10～15d施放1次。洋兰生长较为缓慢，对肥料吸收量不大。施肥要做到适时、合理、安全，掌握用量，宁少勿多，施用浓度要低。无机肥一般兑换水1 000倍以上使用较好。

春夏季生长旺盛，应多施氮肥促进植株抽枝、长叶，适当加一些钾肥促使新枝硬壮。夏末秋初，加大钾肥含量而降低氮肥比例，促进由营养生长变为植株成熟。花芽形成期，增加磷肥含量，有利于花芽分化和花芽生长。冬季植株处于半休眠状态时可完全停止施肥。施肥时，尽量避免肥料沾在植株枝、叶上。施肥后用清水冲洗叶面一次。还要适时进行根外施肥。

12.4.3.7 洋兰整形修剪

栽培洋兰要及时把枯叶、残枝，腐苞剪除；发现倒伏及时扶正。盆栽洋兰抽出花茎后要及时插枝绑扎，以使花葶直立，造型优美。

思考题

1. 兰科花卉常分为哪三大类？最具代表性的种是什么？
2. 中国兰花常分为哪几类？各有什么特点？
3. 什么是洋兰？常见有哪几类？
4. 地生兰和附生兰在栽培管理上有哪些不同之处？
5. 分别简述兰花的几种繁殖方法。
6. 我国有哪些省(区)有地生兰或附生兰原种分布？
7. 兰科花卉的栽培场所为什么要遮荫？
8. 从市场经济角度来看，兰科花卉发展前景怎样？

13 水生花卉

13.1 概述

园林水景园是园林景观的重要组成部分，水景构成的基本要素离不开水生花卉。水生花卉主要用于水景园水池岸边浅水处、水面景观的布置。水生花卉种类繁多，从植物分类学上看有低等的蕨类植物，又有单子叶和双子叶植物。多数水生花卉花朵大而艳丽，五彩缤纷，茎叶形态奇特，色彩斑斓，可构成美丽的水景景观。

13.1.1 水生花卉的概念

水生花卉指终年生长在水中或沼泽地中的观赏植物。大部分为多年生草本。常见的水生花卉如荷花、睡莲、王莲、凤眼莲等。水生花卉植株体内具有发达的通气组织，水下器官没有角质层和周皮，可以直接吸收水分和溶解于水中的养分，因此它们适宜于水中生长。

13.1.2 水生花卉的习性

多数水生花卉喜温暖湿润、阳光充足的环境，适应性强。根据水生花卉的生活方式与形态的不同，可将其分为四大类。

13.1.2.1 挺水型水生花卉(包括湿生、沼生)

挺水花卉植物种类繁多，植株高大，绝大多数有明显的茎叶之分。茎直立挺拔，仅下部或基部沉于水中，根扎入泥中生长，上面大部分植株挺出水面，有些种类具有根状茎，或根有发达的通气组织，生长在岸边浅水处，如荷花、欧慈姑、花叶芦竹、水生美人蕉等。

13.1.2.2 浮水型水生花卉

浮叶型花卉植物种类也很多，茎细弱不能直立，有的无明显的地上茎，根状茎发达，花大美丽。植株体内通常贮藏有大量的空气，使叶片或植株能平稳地漂浮于水面上，根茎常具有发达的通气组织，如王莲睡莲、芡实等，位于水体较深的地方。还有一些水生花卉的根不生于泥中，植株漂浮于水面上，随水流、风浪四处漂泊，多数以观叶为主，如凤眼莲。

13.1.2.3 沉水型水生花卉

此类花卉种类较多，花较小，花期短，以观叶为主，如金鱼藻、皱叶波浪草。它们生长于水体较中心的地带，整株植物沉没于水中，无根或根系不发达，通气组织特别发达，利于在水下空气极为缺乏的环境中进行气体交换。叶多为狭长或丝状。植株各部分均能吸收水体中的养分。

13.2 水生花卉的繁殖与管理

13.2.1 水生花卉的繁殖

水生花卉常用的繁殖方法为有性繁殖和无性繁殖。

13.2.1.1 有性繁殖

有性繁殖即播种繁殖。水生花卉中有些花卉种子成熟后掉落于潮湿的泥土中,翌年春天在适宜的环境条件下萌发,自行繁衍,如王莲和雨久花以有性繁殖为主。水生花卉常用播种繁殖来培育新品种,如荷花、水生美人蕉等。有性繁殖原品种性状易发生变异,但繁殖系数高。

13.2.1.2 无性繁殖

大部分水生花卉以无性繁殖为主,常用分株繁殖法,也采用扦插方式。分株繁殖可在 4 月进行。当天气渐暖时,将老株挖起,切取根茎,另行栽植。扦插繁殖大多在生长期进行,剪取嫩枝或顶芽,插入基质中,生根后进行栽植。扦插繁殖法易保持原品种的优良性状。

13.2.2 栽培管理

栽培方法主要有池塘栽植、盆(缸)栽植、盆栽沉水等。水生花卉生长在水中或沼泽地中,水是它主要的生长环境,在养护管理中,应注意以下几点:

13.2.2.1 水位

水位不宜过深,一般为 30~100cm,或更浅些。水的深浅要根据不同的花卉类型来定。如睡莲需水深 30~60cm,石菖蒲要求水深 10cm 以下。

13.2.2.2 水质

需新鲜、流动的水。小范围栽培可以通过换水来解决。

13.2.2.3 温度

室外水景应用的种类,宜选择耐寒的种类,或在春、秋之间进行一年生栽培。可以采用缸栽,冬季进温室越冬,或掘起地下茎置室内保护越冬。室内水景采用缸栽、地栽都可。喜温的种类冬季要进行加温,提高室温和水温。

13.2.2.4 土肥

喜含有丰富腐殖质的黏质土。种植前宜施基肥。生长过程中一般不必施追肥。

13.3 水生花卉各论

13.3.1 荷花(*Nelumbo nucifera*)

别名:莲花、芙蕖、水芙蓉、莲

科属:睡莲科,莲属

13.3.1.1 形态特征

荷花是多年生挺水草本植物。根为须状不定根,成束环绕在地下茎处。茎为地下茎(根状茎),生长前期为莲鞭,后期前端数节膨大成藕,藕有主藕、子藕、孙藕之分;藕顶端有顶芽、侧芽，藕节处有侧芽和叶芽。叶有钱叶、浮叶和立叶；叶片盾状圆形，上表面深绿色具白粉，背面淡绿色，叶脉放射状，叶柄密生倒刺。花单生两性，具芳香；花色有粉、红、白、黄等；萼片4～5枚，绿色，花开早落；花瓣分单瓣类、半重瓣类、重瓣类。果为坚果，俗称莲子，椭圆形、卵形、卵圆形。花期6～9月，果期7～9月。荷花见图13.1。

图13.1 荷花

13.3.1.2 主要种类与分布

荷花原产亚洲热带和大洋洲地区，我国广泛栽培。荷花的栽培品种较多，根据栽培目的的不同，分为三大栽培类型，即藕莲、子莲、花莲。以产藕为主的称藕莲，此类品种不开花或少开花，花单瓣。以产莲子为主的称为子莲，此类品种开花繁密，但观赏价值不如花莲。以观赏为主的称为花莲，此类品种雌雄蕊多数为泡状或瓣化，常不能结实，如贵妃、绛碗、白千叶、红千叶、西湖红莲。花莲系统常依据花瓣的多少、雌雄蕊瓣化程度以及花色进行分类，但目前国内尚未制定统一的分类方案。常见花型有以下各型：

(1) 单瓣型

花瓣16枚左右，如古代莲、白莲、红莲、粉川台、大粉莲、大紫莲等，开花繁茂，结实率高。

(2) 半重瓣型

花瓣100枚左右，观赏价值较高，如红千叶、大洒锦等。

(3) 重瓣型

花瓣200～2 000枚，属珍品，如千瓣莲、重台莲等。

其他还有一梗两花的并蒂莲，一梗四花的四面莲，一年中能数次开花的四季莲，小花小叶可植于小盛器内的碗莲等品种。

13.3.1.3 生长习性

荷花喜光，不耐阴，喜静水和温暖的环境，最适生长温度为22℃～30℃，15℃以下停止生长。要求富含腐殖质的黏质土壤。荷花春季萌芽生长，夏季开花结实，花后长出新藕，秋后茎叶枯萎进入休眠。荷花的生长发育规律是先叶后花，花蕾、叶同出，边开花边结实。整个生长发育期为180～190d，长短视各地气候而异。从栽种至开花一般约60d，视品种和栽植时期而异。荷花的生长发育具较明显的规律性和顺序性。种藕顶芽萌发，首先发出第一片小形叶片，浮于水面，称为“钱叶”；继而顶芽生出细长根茎，称为“藕鞭”；在其节处向上生出浮于水面的叶，称“浮叶”，并向下生出须根。“藕鞭”向前生长达一定长度，向上生出叶后，形大，且具高而粗的叶柄，使叶片挺出水面，称“立叶”。“藕鞭”继续自由生长，每节均生须根和“立叶”，“立叶”后生出花蕾。直至立秋后不再抽生花蕾，“藕鞭”开始变粗形成新藕时，抽出最后一片大形的立叶，称“后把叶”。在其前方再出现一片小而厚的叶片，称“终止叶”。此叶的出现，表明不再发叶并开始成藕。

13.3.1.4 繁殖

荷花的繁殖可分为播种繁殖（有性繁殖）和分藕繁殖（营养繁殖）两种。一般大面积湖塘中，用种子直接繁殖比较经济可行。分藕繁殖，不但可保持品种的优良性状，而且能早开花，提高莲藕的产量。

(1) 分藕繁殖

清明前后挑选生长健壮的根茎，每2～3节切成一段作为种藕，每段必带顶芽和尾节（否则水易浸入种藕内，引起种藕腐烂）。使顶芽向下以20°左右斜插入缸中或池塘中。种藕若不能及时栽种，应将其放置背风阴凉处，覆盖稻草，洒上水以保持藕体新鲜。

(2) 播种繁殖

播种前，应对种子进行处理。首先挑选充分成熟的莲子，然后进行浸种或刻伤处理，以利吸水萌发，否则因莲壳坚硬，水分不易渗入种子而难以发芽。通常可用清水浸没种子，每天换一次水，待莲子长出2～3片幼叶时便可播种。莲子生命力极强，无论随采随播或经长期贮藏后播种，均能发芽生长。日本的大贺莲和中日友谊莲等都是用千年古莲子播种后培育成功的。

13.3.1.5 栽培管理

池塘栽植荷花先排尽水，并施肥、深翻、耙平，株行距大小根据土壤肥沃程度而定，可按1.5m的株行距栽植。栽植时顶芽朝同一方向斜插入泥中，深10～15cm，尾节翘出泥面。栽植后，初期浅水，视长势逐步加水。立叶长出后，可以满水。

盆(缸)栽植选用适宜的盆，盆内装入肥土，不必填满，要留出储水层，灌水使土成糊状。栽植时一手保护顶芽，一手持藕尾，藕头朝下，沿盆边徐徐插入泥中，藕尾翘出泥面，约成20°斜角。若一盆栽2支，应首尾相接。入泥深度根据顶芽壮弱而定，健壮者入泥深10cm，细弱者入泥深5cm。碗莲种藕细小，应适当晚定植。如有条件，可于温室内促成栽培，待长出浮叶后，再移到室外养护。

沉水栽培方法同盆栽。不同之处，在生长季节将盆浸入水中培养，初期浅水，生长旺期水面高出盆面30～40cm。

(1) 栽培环境

荷花宜静水栽植。要求湖塘的土层深厚、水流缓慢、水位稳定、水质无严重污染，水深在150cm以内。荷花是强阳性花卉，所以栽植地必须保持每天10h以上的光照。此外，荷花嫩叶易被草、鱼等类吞食，因此在种植前，应先清除湖塘中的有害鱼类，并用围栏加以围护，以免鱼类侵入。

(2) 适时浇水

荷花对水分的要求在各个生长阶段各不相同。一般生长前期只需浅水，中期满水，后期少水。

(3) 合理施肥

缸(盆)栽植荷花，一般用豆饼、鸡毛等作基肥。基肥用量为整个栽植土的1/5，将基肥放入缸盆的最底层。在荷花的开花生长期，如发现叶色发黄，则要用尿素、复合肥片等进行追肥，也可用20～60mg/L铁锰液叶片喷施，或2mg/L进行灌施。

(4) 中耕除草

杂草对荷花的生长不利，因此要及时清除。荷花栽培园地应每月喷施1次除草剂，以控制杂草生长。对于缸盆中的杂草、水苔、藻类应及时人工清除。

13.3.1.6 应用

荷花是我国原产的传统名花，是夏季良好的水体绿化美化植物。荷花作大面积池栽，可美化水面，形成“接天莲叶无穷碧”的壮丽景观；还可与睡莲、王莲搭配摆放，预示着吉祥喜庆。荷花中的小型品种碗莲，小巧玲珑，可摆放在楼顶平台、阳台和光照充足的室内，装饰美化环境。

13.3.2 睡莲(*Nymphaea tetragona*)

别名：子午莲

科属：睡莲科，睡莲属

13.3.2.1 形态特征

为多年生浮叶型水生花卉。根状茎肥厚，直立或匍匐。叶两型，浮水叶浮生于水面，圆形、椭圆形或卵形，先端钝圆基部深裂成马蹄形或心脏形，叶缘波状全缘或有齿；沉水叶薄膜质，柔弱。

花单生，花径有大小之分，浮水或挺水开放；花色美丽，有红、白、黄粉、蓝、紫之分；萼片 4 枚，花瓣、雄蕊多数。果实为浆果，海绵质，在水中成熟，不规则开裂；种子坚硬，深绿或黑褐色为胶质包裹，有假种皮。花期 6～9 月，果期 8～10 月。睡莲见图 13.2。

图 13.2 睡莲

13.3.2.2 主要种类与分布

睡莲全球寒温带均产，分布于亚洲东部、南部的中国、日本、朝鲜和印度，美洲的墨西哥及欧洲、非洲等地。睡莲属近 40 种左右，种类丰富，园艺品种上百个，是世界上应用最多的水生花卉。依据耐寒性可分为两大类：

(1) 不耐寒性睡莲(热带性睡莲)

原产于热带，在我国大部分地区需温室栽培，主要种类有蓝睡莲(*N. caerulea*)、埃及白睡莲(*N. lotus*)、红花睡莲(*N. rubra*)、墨西哥黄睡莲(*N. mexicana*)。

(2) 耐寒性睡莲

原产温带和寒带，耐寒性强，均属白天开花类型。主要种类有睡莲(矮生睡莲)(*N. tetragona*)、香睡莲(*N. odorata*)、白睡莲(欧洲白睡莲)(*N. alba*)、块茎睡莲(*N. tuberosa*)。常见的栽培品种有大瓣白(var. *candissima*)、大瓣黄(var. *marliaca*)、娃娃粉(var. *rubra*)。

13.3.2.3 生长习性

睡莲性喜阳光充足、通风良好、水质清洁、温暖的静水环境。要求腐殖质丰富的黏质土壤。每年春季萌芽生长，夏季开花。花后果实沉没水中，成熟开裂散出的种子最初浮于水面，而后沉底。冬季，地上茎叶枯萎，耐寒类的根茎可在不冻冰的水中越冬，不耐寒类则应保持水温 18℃～20℃。最适水深为 25～30cm，一般水深 10～60cm 均可生长。不同种类的睡莲开花习性有所不同，根据开花习性可将其分为三类：

(1) 上午开花，下午闭合种类

如白睡莲、墨西哥黄睡莲、红花睡莲、香睡莲，花开浮水或挺水。

(2) 中午开花，傍晚闭合的种类

如黄海、沃花开浮于水面。

(3) 夜间开花，白天闭合的种类

如印度红花睡莲。

13.3.2.4 繁殖

常用分株法，耐寒类在 3～4 月间进行，不耐寒类于 5～6 月间水温较暖时进行。将根茎挖出，选带有顶芽的根茎切取长 10～15cm 作为繁殖材料，栽植在塘泥中。

也用播种繁殖。每年采种时应在花后加套纱布袋使种子散落袋中。因种皮很薄，干燥即丧失发芽力。应在种子成熟后即播或水中贮藏越冬，不能干放。第二年清明前后播种在花盆内，覆土要浅，然后把花盆浸入浅水缸中，当年即可长成地下茎，3 年以后才能开花。

13.3.2.5 栽培管理

(1) 盆栽或缸栽

盆栽或缸栽适合中小型品种，以挺水开花的品种为佳。栽培时可选直径 50～60cm、高 30～40cm 的盆缸(底部不漏水)，盆底放入蹄角肥 200g 并加入 250g 骨粉。培养土可直接用肥沃的塘泥或头年堆制成的混合肥土，也可用塘泥、园土、厩肥按 1∶1∶1 的比例配制，并堆制 1 年以上。将培养土装入盆中，盆口留出 15～20cm 的储水层。栽种方法根据不同品种的生长特性有所区别。对块茎匍匐生长的类型(多数耐寒品种)，可平放入土或呈 15°倾斜入土，使其芽端入土在盆的中心位置，基部紧贴盆边，促使顶部有向前生长扎根的空间。对短粗块茎类型或球茎类型(多数为热带品种)，栽后保持盆内有水。

(2) 套盆栽培

套盆栽培适合小型品种，栽植法同盆、缸栽。选择 25～30cm 口径的盆，植入块茎后将小盆沉入造型考究的水缸中，用于庭院或家庭摆放。

(3) 沉水栽培

沉水栽培适于大中型品种，多用于水池栽培。栽前将盆按定植要求，摆放于池中，装上肥土，方法同盆、缸栽培。植入块茎后，将盆沉入水中，分 3 次放水，使池内水温不发生骤然变化，有利于睡莲快速生长。

(4) 池栽

池栽适于大中型品种。水池深 1～1.5m，有排水口与进水口，池底至少有 40cm 深的肥沃泥土，块茎可按需要直接栽入肥沃的泥土中，以形成整体观赏的效果。

栽培睡莲应注意保持水体清洁，及时打捞浮萍，清除杂草。藻类过多时，可用 1%硫酸铜喷雾，整个生长期喷 3～4 次，能起到一定的控制作用。生长期时加强管理，及时剪除病叶、黄叶。盆栽叶子过密会影响光照，要适量疏叶，以利于通风透光。睡莲在不同的生长期对水位有不同要求，要注意控制水位变化。栽培应适时追肥，可于花前追肥，每半月施 1 次，连施 3～4 次，促花效果显著。适时收种。入冬前略加深水位，保护根茎越冬。

13.3.2.6 应用

睡莲为重要的水生花卉，是水面绿化的主要材料。盆栽在庭院、建筑物或假山石前摆放；微型睡莲可用小巧玲珑的盆栽培装饰室内；池栽时，大面积地密集型栽植，可形成莲叶接天的观赏效果。用睡莲与其他水生植物如王莲、芡实、荷花、荇菜、香蒲等配置，周围布置瀑布、溪流，形成动静结合、生机勃勃的自然景观。睡莲花还可作鲜切花或制作干花。

13.3.3 王莲(*Victoria amazornica*)

别名：亚马逊王莲

科属：睡莲科，王莲属

13.3.3.1 形态特征

王莲是多年生浮水型水生植物。具白色的不定根。茎短缩，呈梭状，下部半木质化。叶片有规律的变化，初生第一片叶呈针状，第二、三片叶呈矛状，第四、五片叶呈戟状，第六至第八片叶椭圆形，第九至第十片叶近圆形，第十一片以后的叶，叶缘上翘呈盘状，叶面微红有皱褶；叶背紫红色，具刺，叶脉为放射状网状脉。叶柄绿色有刺，长度随水的深度、光照而定，横切内有气道及维管束。花单生，两性，花径 25～30cm，花萼 4 片，覆瓦状排列；雄蕊多数合生，内弯排列 5 轮，相互交错，2～4 轮雄蕊上端具槽状花粉囊，成熟花粉为环槽四合花粉；雌蕊柱头短小，粉白色，圆锥状子房下位。花夏秋季于每日下午至傍晚开放，次晨闭合，一朵开 2d。果实圆球形，外果皮具刺，有宿存花萼，果成熟后变为绿褐色，内有种子 100～500 粒；种子圆形，长 8mm。王莲见图 13.3。

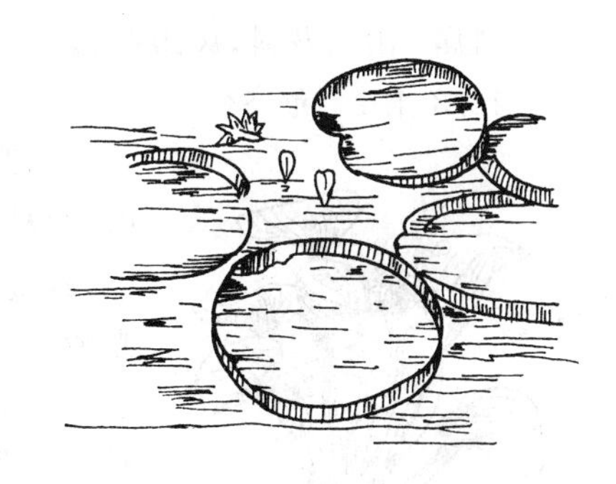

图 13.3 王莲

13.3.3.2 主要种类与分布

该属植物在世界上有两个栽培种。亚马逊王莲原产于南美热带，主要产区在巴西、玻利维亚等国。克鲁兹王莲的主要产区在巴拉圭及阿根廷北部。全属约 3 种，我国已有引种。亚马逊王莲(*Victoria amazornica*)与克鲁兹王莲(*V. cruziana*)形态基本相同；但克鲁兹王莲的叶在整个生长期由始至终保持绿色，叶径小于亚马逊王莲，叶缘直立高于亚马逊王莲，花色淡于亚马逊王莲。

13.3.3.3 生长习性

王莲性喜温暖、空气湿度大、阳光充足和水体清洁的环境。通常要求水温 30℃～35℃，若低于 20℃时便停止生长。空气湿度以 80%为宜。王莲喜肥，尤以有机基肥为宜。

13.3.3.4 繁殖

多用播种繁殖。王莲需温室育苗，在 1～2 月进行；克鲁兹王莲在 3～4 月进行。选择充分成熟的种子放入浅盆，再浸入 28℃～35℃水池中。王莲 20～30d 发芽，克鲁兹王莲 10～15d 发芽。浸种期间保持水体清洁。

13.3.3.5 栽培管理

栽培王莲的水池水深 1～1.5m，单株水面不小于 30m^2，王莲在水温达到 24℃～25℃时定植，克鲁兹王莲在水温达到 18℃～20℃时定植。将带土的苗移到有培养土的定植槽中。培养土可用肥沃塘泥，池底施基肥 2.5～3kg。种植深度以泥土不盖过心叶苞，叶浮于水面即可。栽后土面盖一层细沙，注入清水并保持一定水温。新植王莲水位宜浅，水面距种植槽面 15～20cm，随苗的生长，逐步加水。王莲喜光照充足。夏季天气炎热，要经常打捞池中水苔、藻类，清除槽内杂草，剪除黄烂叶，保证植株健壮生长。在叶旺盛生长期，可适当追肥。王莲果实在水中发育。为采收种子方便，可用纱布袋将果实在成熟前套上，成熟后连袋收获。种子采收后需在清水中贮藏，供翌年播种。

13.3.3.6 应用

王莲叶片巨大肥厚，叶形奇特，花香色美，花朵硕大，可用于水面布置，亦可孤植观赏，常用于植物园、公园的水景布置。种子含丰富的淀粉，可以食用，有“水中玉米”之称。

13.3.4 凤眼莲(*Eichhonia crassipes*)

别名：水浮莲、水葫芦、凤眼兰、洋雨久花

科属：雨久花科，凤眼莲属

13.3.4.1 形态特征

图 13.4 凤眼莲

凤眼莲是多年生水生草本花卉，漂浮于水面生长或根生于泥中，植株高 30～50cm。茎短缩，根丛生于节上，须根发达，悬垂于水中，具匍匐枝。叶呈莲座状基生，直立，叶片卵形、倒卵形至肾形，光滑，全缘；叶柄基部略带紫红色，中下部膨大为葫芦状气囊。生于浅水的植株，其根扎入泥中，植株挺水生长，叶柄也不膨胀呈气囊状。花呈短穗状花序，小花堇紫色，径约 3cm；中央花被片具深蓝色块斑，斑中具鲜黄色眼点，颇似孔雀羽毛，花期 7～9 月。凤眼莲见图 13.4。

13.3.4.2 主要种类与分布

凤眼莲原产于南美洲，现我国长江、黄河流域广为引种。凤眼莲属约有 6 种，我国有 1 种。栽培品种有两个：大花凤眼莲（var. *major*），花大，粉紫色；黄花凤眼莲（var. *aurea*）花黄色。

13.3.4.3 生长习性

凤眼莲适应性很强，喜温暖湿润阳光充足的环境，宜生活在富含有机质的静水中。随水漂流，繁殖迅速，一年中一单株可布满几十平方米水面。花葶在花后弯入水中，子房于水体中发育膨大。花后 1 个月种子成熟。不耐寒，生长适温为 20℃～30℃，气温低于 10℃停止生长。

13.3.4.4 繁殖

通常分株繁殖。在春夏两季，母株基部侧面生长出匍匐枝，其顶端长叶生根，形成新植株，可切取新株作繁殖材料。也可用播种繁殖，种子寿命长，能贮藏 10～20 年，可大量繁殖。

13.3.4.5 栽培管理

水面放养可在清明前后，当气温上升到 15℃以上时，越冬种株长出新叶就可进行，每平方米养 50～70 株。也可盆栽，用腐殖土或塘泥并施以基肥，栽后灌满清水。在生长前期，植株生长缓慢，水位宜浅；在旺盛生长期可适当施肥。秋分以后随气温逐渐降低，停止生长，在不受冻的条件下，可于浅水中或湿润的泥土中越冬。

13.3.4.6 应用

凤眼莲叶色光亮，叶柄奇特，花高雅俏丽，可布置和净化水面。花序可作切花材料，是美化环境、净化水源的良好材料。

13.3.5 花菖蒲（*Iris keampferi*）

别名：玉蝉花

科属：鸢尾科，鸢尾属

13.3.5.1 形态特征

多年生宿根挺水型水生花卉。根状茎短而粗，须根多并有纤维状枯叶梢，叶基生，线形，长 40～90cm，宽 10～18cm。叶中脉凸起，两侧脉较平整。花葶基生直立并伴有退化叶 1～3 枚。花大，直径可达 15cm。外轮三片花瓣，呈椭圆形至倒卵形，中部有黄斑和紫纹，立瓣狭倒披针形。花柱分枝三条，花瓣状，顶端二裂。蒴果，长圆形，有棱，种皮褐黑色。花期 4 月下旬～5 月下旬。花色丰富，有红、白、紫、蓝等。花菖蒲见图 13.5。

13.3.5.2 主要种类与分布

图 13.5 花菖蒲

原产于我国内蒙古、山东、浙江及东北地区，日本、朝鲜、俄罗斯也有。花菖蒲以日本栽培最盛，已育出一百多个品种。同属植物有溪荪(*I. sanguinea*)，花大，天蓝色，自然生长于沼泽地、水边和坡地；燕子花(*I. laevigata*)，花大，蓝紫色，叶明显无中肋，较柔软；黄菖蒲(*I. pseudacorus*)，花黄色，喜水湿，在水畔及浅水中生长，也可旱栽，有斑叶、大花、重瓣等变种；西伯利血亚鸢尾(*I. sibirica*)，根状茎粗壮，丛生性强，花蓝紫色，喜湿，也耐旱，是沼泽地绿化和环境美化的优良材料。

13.3.5.3 生长习性

自然生长于水边湿地及浅水中。性喜温暖湿润，耐半阴，耐寒性强，生长适温15℃～30℃。露地栽培时，地上茎叶不完全枯死。对土壤要求不严，以土质疏松肥沃生长良好。

13.3.5.4 繁殖

花菖蒲可用播种和分株繁殖。播种分春播和秋播两种。于露地冷床中播种，4～6周出苗，种子发芽不整齐，要细微管理，幼苗4～5片叶时可移栽。分株宜在早春3月或花谢后进行，掘起老株，剪去1/2叶，将根茎分割，各带2～3芽，分别进行栽种。

13.3.5.5 栽培管理

应选择池边湿地或浅水区，株行距为25cm×30cm，栽植深度以土壤覆盖植株根部为宜。栽植初期水尽量浅些，防止种苗漂浮，以利尽快扎根。生长期可用速效肥雨中撒施。水位应保持10cm左右，不能浸没整个植株。对肥料要求不高，施用肥沃河泥即可。要注意水湿条件，夏季地下部休眠期可稍干，冬季可略干燥，但水位要保持在根茎以下，根区要保持充分湿度。盆栽时选大口径的盆，施入基肥，装土栽植，栽后盆内不能断水。立冬前清除地面枯叶、烂叶，集中烧掉。

13.3.5.6 应用

花菖蒲花大而美丽，色彩也丰富，叶片青翠似剑，观赏价值高。在园林中可丛栽、盆栽布置花坛，或栽植于浅水区、河滨池旁，也可布置专类园，花可作切花材料。

附表 其他水生花卉简介

中文名	学名	科属	花期	繁殖方法	特征与应用
旱伞草	*Cyperus alternifolius*	莎草科 莎草属	夏秋	分株、播种	喜温暖、阴湿、不耐寒；室内观叶植物
千屈菜	*Lythrum salicaria*	千屈菜科 千屈菜属	夏秋	播种、扦插、分株	喜温暖、水湿，较耐寒；水边丛植、水池栽植、花境、盆栽
花叶芦竹	*Arundo donax* var. *versicolor*	禾本科 芦竹属	夏秋	播种、分株、扦插	喜温喜光，耐湿较耐寒；水景园背景、盆栽、切花
香蒲	*Typha latifolia*	香蒲科 香蒲属	夏秋	播种、分株	喜温喜湿，喜阳光；切花、造纸、编织

（续表）

中文名	学 名	科属	花期	繁殖方法	特征与应用
菖蒲	*Acorus calamus*	天南星科菖蒲属	春夏	分株、播种	喜温暖、湿润，不喜强光；岸边及水面绿化、盆栽、插花
泽泻	*Alisma orientale*	泽泻科泽泻属	夏秋	繁殖、分株	喜光喜温，耐寒耐湿；水景园配置、盆栽、入药
萍蓬莲	*Nuphar pumilum*	睡莲科萍蓬草属	春夏	分株、播种	喜阳光充分，耐寒；水面绿化、水池、盆栽
芡	*Euryale ferox*	睡莲科芡属	夏秋	播种	喜温暖、喜水湿，深浅皆可，不耐寒；水面绿化
水葱	*Scirpus tabernaemontani*	莎草科藨草属	夏秋	分株、播种	喜温喜光，耐湿，较耐寒耐阴，池边点缀、插花
大漂	*Pistia stratiotes*	天南星科大漂属	夏秋	分株、播种	喜高温高湿，不耐寒；水景、盆栽，抗污染

思考题

1. 简述水生花卉的概念及类型及特点。
2. 简述荷花的主要习性、繁殖方法及栽培要点。
3. 简述睡莲的主要习性及栽培要点。
4. 简述王莲的主要习性、繁殖方法及用途。

14 木本花卉

14.1 概述

木本花卉资源丰富，我国木本植物约 192 科 1 300 余属 8 000 余种，目前用于观赏的约 1 000多种。

木本花卉种类繁多，形态各异，有四季常青，有繁花似锦，有花艳叶秀，有芳香扑鼻，有树冠高大，有攀缘爬藤，有低矮丛生，千姿百态，五光十色，在园林应用中占主导地位。木本花卉在我国栽培历史悠久，深受人民群众的喜爱。中国十大传统名花中多数为木本花卉。“遥知不是雪，为有暗香来。”牵动诗人情怀的梅花在我国已经有3 000年的栽培历史；“灿红如火雪中开”的山茶，早在隋唐就由野生变为栽培。

14.1.1 木本花卉及其类型

木本花卉是指以观花赏果为主要目的的木本植物。木本花卉自古均归入花而不列入木中。我国的传统名花多数是木本。木本花卉以花为主要观赏对象，可孤植与盆养，可放入阳台或室内，栽培管理较精细。本章介绍的木本花卉主要是我国传统的木本花卉和以观花赏果为主要目的的灌木、小乔木。

木本花卉依据其生态习性的不同，大体分为常绿与落叶两大类。常绿类群大多喜温暖、湿润，不耐寒。落叶类群多较耐寒，常不耐高温。不论常绿或落叶，均可具有乔木、灌木及藤本的生长习性，如米兰是常绿灌木，梅花是落叶小乔木，牡丹是落叶灌木等。

14.1.2 木本花卉的特性

木本花卉从种子发芽开始，需经过一至几年的幼年期，通过一定的发育阶段，才进入开花、结实期。一经开花，在适宜条件下能每年继续开花，并保持至终生。木本花卉寿命长，如梅花能达上百年，甚至四五百年。因此多年生、生长周期长是其一大特征。

木本植物的又一特点是植物体能不断长高、分枝和增粗。故栽培时要先了解各种木本花卉或品种的生长速度及植株大小，计划好株行距。盆栽需不断换盆。为保证植株的优美形态和不断开花，根据其再生分枝的特性，每年应进行必要的整形与修剪。

不同种类的木本花卉各有其开花习性，了解其开花习性后采取相应的栽培措施，就能人为控制其花期。如茉莉、米兰、月季等在环境适宜时能四季开花。木本花卉的大规模栽培只能顺应自然或在保护地栽培，但它们的开花期可以用各种人为方法控制，如茶花用 GA_3 处理花蕾能提前花期；牡丹、梅花均可用控制温度的方法使花期提早或延迟；月季用短剪的日期来控制花期。

从观赏应用的角度看，木本花卉具有以下优良特性：

① 早花性。如梅花、腊梅、瑞香等开花极早，所需温度甚低；

② 连续开花性。如月季花及其品种、香水月季及其品种、“四季”桂、“常春”二乔玉兰。

③ 香花。开各型香花的观赏植物，在中国自古受到特殊重视，如米兰、桂花。

④ 突出的优异品质。如金花茶的金黄色花，梅花的黄香型及花心具"台阁"的奇品、大花黄牡丹的金黄大花。

⑤ 突出的抗逆性。如"耐冬"山茶的耐寒性、栀子花的耐热性等。

14.2 我国传统木本名花

我国传统的木本花卉种类繁多，栽培历史悠久。本章介绍受群众普遍喜爱的 10 种木本名花。

14.2.1 牡丹花（*Paeonia Suffruticosa*）

别名：花王、富贵花、木芍药、洛阳花、谷雨花等

科属：毛茛科，芍药属

14.2.1.1 形态特征

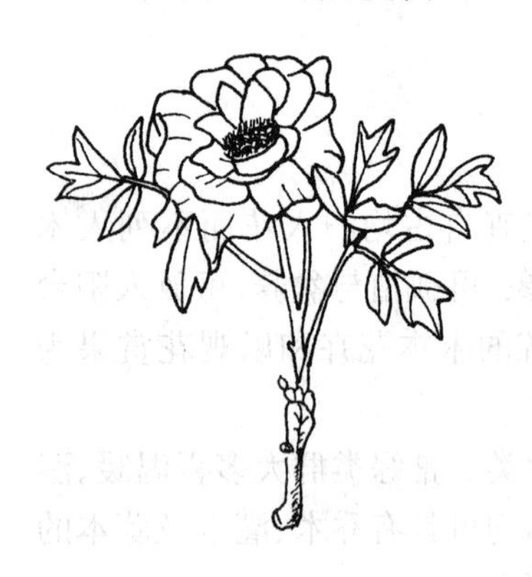

图 14.1 牡丹

落叶灌木，株高 1～2m，一些多年生老株可达 3m。枝条从地面丛生而出，节部和节痕明显。肉质直根系，向地层深处生长，无横生侧根。二回三出羽状复叶互生，小叶阔卵形至长圆形，顶生小叶的先端 3 裂，基部小叶小叶先端 2 裂，叶背被白霜，叶面平滑无毛，叶柄很长，7～20cm 不等。花大型，单生于一年生枝条的顶端，直径约 15～30cm，花萼 5 枚，原种的花瓣多为 5～10 片，倒卵形，先端 2 裂，多为紫红色，还有很多重瓣变种，花色极为丰富，有红、黄、白、粉、紫、雪青、暗红等多种花色，花期 4～5 月。蓇葖果，外皮革质，表面密被短毛，成熟时开裂。种子球形，黑色，有光泽，9～10 月成熟。牡丹见图 14.1。

14.2.1.2 主要种类与分布

牡丹属植物均原产我国，主要产于西北至西南地区。虽性喜冷凉，但有较强的抗寒和耐热能力，故我国以黄河流域、江淮流域栽培最普遍、生长最繁茂。洛阳与菏泽是我国栽培牡丹最盛的城市，也是牡丹的生产、科研和观赏中心。世界其他各国栽培观赏的牡丹最初均由中国引种。

(1) 牡丹变种

① 矮牡丹（var. *spontancea*）。叶背面、叶轴和叶柄有短柔毛，顶生小叶，3 深裂，裂片再浅裂。花瓣内面基部无紫斑，花盘革质。产陕西延安、宜川一带。

② 紫斑牡丹（var. *papaveracea*）。小叶不分裂，少有 2～4 不等线裂，基部有紫斑，花大，顶生，直径 12～15cm，粉色、紫红色最为珍贵。

③ 冬牡丹（var. *niberniflora*）。又称寒牡丹，花 11 月始开，年末岁首盛开，在白雪中露出红、白、紫各色，甚为艳美。为日本珍品。

④ 粉毬牡丹（var. *banksii*）。花粉红色，重瓣或单瓣，或带紫色。

⑤ 霞花牡丹（var. *rosea*）。花桃红色，重瓣或单瓣，或变为大红色。产上海松江。

⑥ 奇翠牡丹（var. *anneslei*）。又名一品朱衣，花大红色，阔瓣，径 10～12cm，色艳，易于开

放，产山东菏泽。

同属植物中重要的牡丹类还有：

⑦ 紫牡丹（*P. delavayi* Franch）。二回羽状复叶，小叶片披针形，背面白或青灰色。花数朵簇生，紫色，杯形，径5～6cm，花瓣5～6枚。产云南、四川、西藏。其变种狭叶紫牡丹（var. *angustifolia Rehd. et Wils.*）花期6月。

⑧ 黄牡丹（*P. lutea* Franch）。亚灌木。其他性状似牡丹，花外瓣有不整齐锯齿，鲜黄色。产我国西南地区。

⑨ 川牡丹（*P. szechuanica* Fang）。小叶多为菱形或菱状卵形。花瓣9～12枚，径8～14cm，淡紫或粉红色。产四川西北部。为重要的种质资源。

(2) 牡丹栽培品种

到目前为止，全世界有牡丹栽培品种约1600多种，中国牡丹品种在800个以上。通常按花瓣自然增加及雄蕊瓣化情况进行分类，归为3类11型。

① 单瓣类。花瓣宽大，1～3轮，雌蕊雄蕊正常，结实力强。仅1型，即单瓣型，特征同前。

② 千层类。花瓣多轮，由外向内渐变小，无内外瓣之分，雄蕊生于雌蕊的四周，不散生花瓣间；雌蕊正常或瓣化，全花扁平。此类有3型：

(a) 荷花型。花瓣4轮以上，雌、雄蕊正常。瓣型较宽大，内外轮花瓣的外形和大小比较一致。

(b) 菊花型。花瓣多轮，雄蕊减少，雄蕊大多瓣化成花瓣，排列比较杂乱，这些花瓣都比外轮花瓣小，雌蕊有瓣化现象。有瓣化成绿色花瓣的。

(c) 蔷薇型。花瓣极多，雄蕊全部消失，雌蕊全部退化或瓣化。内外轮花瓣近等长而不易区分，整个花冠似半球形或球形。

③ 楼子类。外瓣1～3轮，雄蕊全部或部分瓣化；雌蕊正常或瓣化；全花中部高起。

(a) 千层台阁型。无内外瓣之别，但中部夹有两轮"台阁瓣"或雌蕊痕迹。

(b) 金蕊型。外瓣明显，花药大，花丝变粗，花心呈鲜明的金黄色，雄蕊正常。

(c) 托桂型。外瓣明显；雄蕊瓣化；集成半球形，雌蕊正常。

(d) 金环型。外瓣明显；近花心雄蕊瓣化。内外瓣间残留一圈正常雄蕊。

(e) 皇冠型。外瓣明显；雄蕊全部退化，且中部高出。或在"雄蕊变瓣"中杂有不完全的雄蕊；雌蕊正常或瓣化。

(f) 绣球型。内外瓣大小相似；雌、雄蕊全部瓣化；全花成球形。

(g) 楼子台阁型。内、外瓣有显著差别，内外瓣间或内瓣之间夹有"台阁瓣"或雌蕊痕迹。

14.2.1.3 生长习性

牡丹有"其性宜凉畏热，喜燥恶湿"的习性。牡丹主产地菏泽、北京、洛阳一带及陕西、甘肃、四川等省海拔较高的山区，都有冬季冷凉的特性。耐寒力强，能耐－30℃的绝对低温。喜光又耐阴，夏季高温季节应遮荫。土壤以中性、疏松透气、排水良好、富含腐殖质的肥沃者最好，忌低洼积水。

14.2.1.4 繁殖

(1) 播种

种子一般在8月成熟。当果实开裂时即采收，采后即播，次年春季发芽整齐；若贮藏至冬春始播种，则当年不发芽，第二年春季才出苗，且发芽率低。因牡丹种子具有上胚轴休眠特性，当年秋播种子,发芽时先伸出胚根,但胚轴不伸长、不出芽,必须经过一定时间的低温(1℃~10℃,60~90d)才能打破休眠,于次年春季出土。为保证出苗,可将湿沙与新采种子混合,在保温与低温下,约2月可生根,再将已生根的种子播苗床中,次年春季即可出苗。牡丹种子萌发时子叶留土,幼苗生长极慢,一年生苗高仅10cm,叶少根浅,3年后生长加快,4年后方能开花。

(2) 分株

分株是牡丹繁殖最常用的方法,简便易行,但繁殖率低,一般在秋季落叶后进行。

(3) 嫁接

牡丹可用实生苗作砧木枝接,但更方便和常用的方法为根接。芍药的根粗,一般取作牡丹砧。根接通常在9~10月间结合移栽或分株进行。取10~15cm长的根段作砧木,当年生的萌枝或侧枝作接穗,留1~2芽切接或劈接。接后种植苗床中,将接口埋入土中,注意保湿防寒,次年春季成活者即可抽枝。嫁接苗将在接穗基部生根而成株。

(4) 扦插

牡丹也能扦插繁殖。取自基部生出的萌蘖作插条,用生长激素处理后,生根率可达80%以上。

14.2.1.5 栽培管理

牡丹具肉质根,根常深入土中,栽培时宜深耕并施基肥。盆栽宜用大盆。移栽时少伤根,过长或折损者应加以修剪。埋土至根茎,不宜过深。牡丹的移栽以秋季叶转黄时进行最好,古有"牡丹宜秋植"及"春分栽牡丹,到老不开花"之语。因移栽过早,植株尚未进入休眠期,易刺激芽萌动,影响次年开花;移栽过迟则气温太低,不利伤口愈合。

牡丹喜肥,一年至少应施肥3次,春季发芽前施一次,花后一次,入冬休眠期施一次。施肥恰当,对防止隔年开花有利。

开花期适当遮荫,可延长花期。夏季也应防止烈日直晒,南方夏热地区尤应注意。在常年养护中以中耕松土为主,雨季要特别注意排水防涝。

为使牡丹每年开出繁茂硕大的花朵,必须进行整枝和修剪。栽种2~3年后,先定干,即确定每丛所留干数,一般苗3~5干,生长势旺的品种也可留成独干,使成乔木状。在秋季可结合分株繁殖,将细弱的干分下或剪除,始终保持一定的干数。春季又常从基部长出一些萌枝,可及时除去,故有"牡丹修迟"、"气聚则花肥,开时必巨丽"之语。定干后,每年落叶后须对每干上部的侧枝进行修剪,去弱留强,去病留健,去平留直,去内留外,去冗留疏。落叶后,新梢基部常有数芽,可选留一大而饱满的,其余均除去,既可保持树形,又可促进每年开出硕大花朵。

牡丹常见病害有灰霉病、霜霉疫病、叶斑病、红斑病、锈病、环斑病、萎蔫病、茎腐病与根腐病等。实施病害综合防治技术,及时将枯枝落叶或病枝叶集中烧毁,绝不能作堆肥。选用无病种株繁殖。生长期定期喷洒杀菌剂。选择理想的栽培环境,坚持科学的管理技术。实行轮作,发现病株立即处理,并进行土壤消毒。

牡丹常见虫害主要有根瘤线虫、蝼蛄、蛴螬、地老虎等。

牡丹花期的人工控制:休眠的植株在气温升高时即萌动成枝并逐渐开花;在夜温10℃~15℃、昼温20℃~25℃下,不同品种经过35~60d处理便可开花。如芽不萌动,用300~500mg/L的赤霉素涂抹芽鳞,可打破休眠促使萌动。若花期提前,可在5℃下贮藏延迟。

使牡丹提前至春节开花的处理:选择早花、花大、色艳、生长旺盛的品种,如胡红、赵粉、洛阳红等于春节前 50～60d 起苗，注意少伤根系。将苗置空气流通处阴干十余天后栽于径 40cm、深约 60cm 盆中，盆土用砂壤土。每天需给植株喷水 3 次，并保持较高空气温度，3～4d 后花芽膨起。置于 8℃～9℃处 5～6d，然后加温至 10℃～11℃，经常喷水，保持潮湿，每天追施稀肥水 1 次，浓度可渐加大，枝叶与花蕾明显见长。春节前 10d 左右，温度升至 18℃～25℃，每天加光 4h，日喷水 3～4 次，追肥 1 次，即可按时开放。促成栽培的植株花后再放置 10℃条件下，春暖后再连土栽植于露地，缓苗 2 年才可再次应用。

14.2.1.6 应用

牡丹是我国的传统名花。牡丹株形端庄，枝叶秀丽，花大叶茂，花姿典雅，色香俱备，盛开时满园春色，美不胜收，远在唐代就赢得了“国色天香”的赞誉。千百年来，牡丹以其雍容华贵的绰约风姿，深为我国人民喜爱，一向被尊为群芳之首、百花之王和中国名花之最，歌咏传记，不胜枚举。各国有栽培，在园林中占有重要地位。常以多种布局植于庭园中，并为之砌台、配湖石，无论群植、丛植或孤植，或搜集著名品种开辟专类花园均相宜。灵活运用催延花期手段，可四季开花；有些品种还适宜作切花。牡丹根抽去根中心木质部，制成中药“丹皮”，有清血、和血、镇痛、降压、通经之功效。花可制酒及提炼香料；叶可作染料。

14.2.2 梅花（*Prunus mume*）

别名：梅花、春梅、酸梅、红梅、红梅花、干枝梅

科属：蔷薇科，李属

14.2.2.1 形态特征

落叶小乔木，有枝刺，一年生枝绿色。叶宽卵形，基部楔形或近圆形，边缘具细尖锯齿，两面有微毛或仅背面脉上有毛；叶柄上有腺体。花 1～2 朵腋生，梗极短，淡粉红色或近白色，芳香，径 2～3cm，栽培种有重瓣及白、绿、粉、红、紫等色，早春先叶开放。核果，长圆球形，熟时黄色，密被短柔毛，果味极酸，果肉粘核，核面具小凹点。梅花见图 14.2。

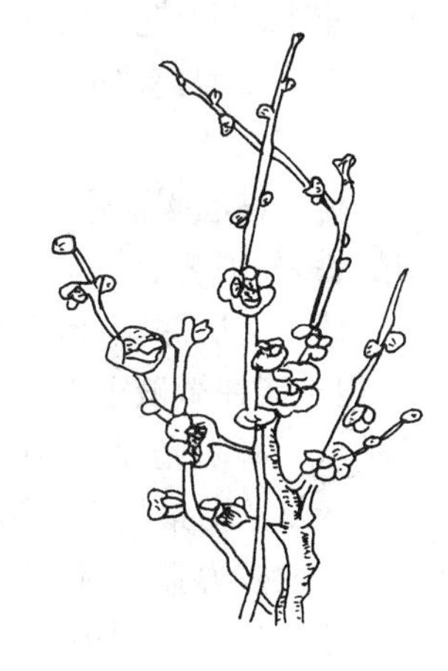

图 14.2 梅花

14.2.2.2 主要种类与分布

梅花原产我国，以云南与四川最为丰富。梅花的栽培，在我国主要分布于长江流域的大、中城市，最南达台湾与海南，向北达江淮流域，最北已在北京栽培，但冬季需防寒。

我国陈俊愉教授 1998 年被国际园艺学会批准担任梅品种国际登录权威。他的梅花分类系统将梅花分成 3 系 5 类 18 型：

(1) 真梅系

真梅系包括三类。

① 直枝梅类。为梅花的典型变种，枝条直上斜伸。

(a) 江梅型。花呈碟形；单瓣，呈纯白、水红、桃红、肉红等色；萼多为绛紫色或次绿底上洒绛紫晕。

(b) 宫粉型。花呈碟形或碗形；复瓣或重瓣；粉红至大红色；萼绛紫色。

(c) 玉蝶型。花碟形；复瓣或重瓣；花白色；萼绛紫或在绛紫中略现绿底。

(d) 洒金型。花碟形；单瓣或复瓣；在一树上能开出粉红及白色的两种花朵以及若干具斑

点、条纹的二色花;萼绛紫色;绿枝上或具有金黄色条纹斑。

(e) 绿萼型。花碟形;单瓣或复瓣,稀复瓣;花白色,萼绿色;小枝青绿无紫晕。

(f) 朱砂型。花碟形;单瓣、复瓣或重瓣;花紫红色,萼绛紫色;枝内木质部呈淡紫金色。

(g) 黄香型。花较小而繁密,复瓣至重瓣,花色微黄,别具一种芳香。

② 垂枝梅类。枝条下垂,开花时花朵向下。

(a) 淡粉垂枝型。花碟形;单瓣;白或粉红色。

(b) 残雪垂枝型。花碟形;复瓣;白色;萼多为绛紫色。

(c) 白碧垂枝型。花碟形;单瓣或复瓣;白色;萼绿色。

(d) 骨红垂枝型。花碟形;单瓣;深紫红色;萼绛紫色。

(e) 五宝垂枝型。花型同洒金型。

(f) 双粉垂枝型。花型同宫粉型。

③ 龙游梅类。枝条自然扭曲;花碟形;复瓣;白色。仅有玉蝶龙游型1型。

(2) 杏梅系

杏梅系仅杏梅类一类。

杏梅类:枝、叶均似杏或山杏。花呈杏花型;多为复瓣;水红色;瓣爪细长;花托肿大;几乎无香味。本类中有单瓣杏梅型、丰厚型、送春型等品种。

(3) 樱李梅系

樱李梅系仅1类1型。

樱李梅类:花有明显的花梗,叶终生红色。

美人梅型:有"美人"等品种。

14.2.2.3 生长习性

梅特喜温暖而适应性强,如在北京的背风向阳处能生存,但-15℃以下即难以生长。它又耐酷暑,我国著名的"三大火炉"城市南京、武汉、重庆均盛栽梅花,广州、海口亦有栽培。

性喜土层深厚,但在瘠土中也能生长,以保水、排水性好的壤土或黏土最宜,pH 值微酸性,但也能在微碱土中正常生长。忌积水,积水数日则叶黄而根腐致死。在排水不良的土中生长不良。喜阳光,荫庇则生长不良并开花少。喜较高的空气湿度,但也耐干燥,故在我国南、北均可栽培。但最怕空气污染,因而市区内往往生长不良。

梅发枝力强,休眠芽寿命长,故梅耐修剪,适于切花栽培和培养树桩。梅为并生复芽,每节的主芽为叶芽,将来生叶发枝,侧芽为花芽。每节可生1至几个侧花芽,依品种而不同,一般为1~2花。以细短而节间密的侧生枝及短枝着花最多,长枝和徒长枝着花稀疏。

梅是花后发芽抽梢,一般至6~7月间停止生长,不久即进行花芽分化,经过一段时期休眠,入冬即开花。开花时日平均气温约7~8℃。每单朵花开放时间依气温及品种差异在7~17d间变动。

14.2.2.4 繁殖

最常用的繁殖方法为嫁接,砧木常用梅、桃、杏、山杏、山桃等实生苗。嫁接方法多样,成活率均较高,早春可用砧木去顶进行切接或劈接,夏秋用单芽腹接或芽接。

扦插也能生根,成活率依品种而异,目前应用尚不普遍。

播种繁殖多用于单瓣或半重瓣品种,或用于砧木培育及育种。李属的种子均有休眠特性,需层积或低温或GA处理后才能发芽。

14.2.2.5　栽培管理

梅花的栽培无特殊要求，但应选择适宜的环境才能生长良好。施肥按一般原则于花后、春梢停止生长后及花芽膨大前施3次。切花栽培宜选生长势强、花多而密的宫粉型为主，以2～3m株行距密植，幼苗即短剪，培育成灌丛型，管理方便又能多产花枝。隔年轮流采剪一半枝条作商品切花，另一半培育供次年用，保持每年均衡产花。

梅花的开花时期受温度影响大。花芽形成后需一段冷凉气候进入休眠，经休眠的花芽在气温升高后才发育开放。开放的时间与温度高低和有效积温有关，故可用控温度来催延花期。一般用增温或加光促其提前开花，低温冷贮延迟开花。具体的处理时间与温度，应依不同品种及各地气候确定。

14.2.2.6　应用

梅花是有中国特色的花卉，历代与松、竹合称“岁寒三友”，又与菊、竹、兰并称花中“四君子”。梅花最宜植于中式庭园中，每当春节前后、冬残春来时节，虽在冰天雪地间，梅花却已“凌雪独自开”，表现出“寒梅雪中春，高节自一奇”的骨气。孤植于窗前、屋后、路旁、桥畔尤为相宜，成片丛植更为壮观，在名胜、古迹、寺庙中配以古梅树则更显深幽高洁，如南京的梅花山、杭州西湖的孤山、武汉东湖的梅岭、无锡的梅园都是著名的赏梅胜地。

14.2.3　腊梅花(*Chimonanthus praecox*)

别名：腊梅、蜡木、香梅、木梅、黄梅花

科属：腊梅科，腊梅属

14.2.3.1　形态特征

落叶小乔木，一般高2～3m，自基部多分枝而成丛。叶对生，坚纸质，多为卵状披针形，表面深绿，有光泽，但甚粗糙。花单生叶腋，无柄，叶落后开放。花被无萼冠之分，多数，螺旋状排列，可分为外、中、内3轮。外轮2～4枚，短小，近圆形；中轮6～11枚，大型，颜色多样，有金黄、黄、淡黄及淡黄绿色等；内轮6～10枚，短小，纯色或具紫红色条纹或斑块。花心的颜色依它而定。雄蕊5～6枚，内藏；雌蕊由多数离生心皮组成，生瓶状花托内壁。瘦果，藏于膨大的花托内部，熟时黑褐色。腊梅见图14.3。

图14.3　腊梅

14.2.3.2　主要种类与分布

腊梅原产我国，陕南、鄂西、川东是腊梅的原产地和分布中心。腊梅的分类尚无统一的认识，或分成几个变种，或认为这些变种均应为品种。变种或品种的划分均以花形、中轮花被片的形状及颜色、花心的色泽、花径的大小等特征而定。目前，腊梅依花形分为盘口、荷花、狗蝇三类：

(1) 盘口类

花较大，中轮花被宽而顶圆，花开时稍内弯而似盘口；盘口类花色常深黄，内轮花被常有紫纹或紫斑，花香较浓。

(2) 荷花型

在花开放时，中轮花被片上端向外张开，形似荷花。

(3) 狗蝇类

或称狗英、狗牙或狗爪腊梅，中轮花被片狭而较尖，花开时展开或平展；狗蝇类花色常较淡，内轮有紫色斑纹，香气淡，是腊梅中的下品。

腊梅又以花心颜色分为素心（var. *concolor*）、罄口（var. *grandiflora*）和红心（var. *intermedius*）三类。素心类花心常纯黄而香浓，被认为是腊梅上品；罄口类指内轮花被有紫红色条纹者；红心类指内轮花被有紫红色斑块者。另外，腊梅中花径小者称为米腊梅（var. *parviflorus*）。

14.2.3.3 生长习性

腊梅喜冬凉夏暖气候，能耐夏季40℃高温及冬季－10℃低温。喜光又耐阴，但过度荫庇则生长不良而开花少。土壤以微酸性最宜，要求土层深厚，排水良好的砂壤土，忌水湿、黏重的土壤。腊梅耐肥力强，不耐盐碱；腊梅耐旱，有“旱不死的腊梅”一说，但需较高的空气湿度。腊梅对空气污染有一定的抗性。狗牙腊梅对空气污染及寒冷的抗性均强于素心及罄口等优良品种。

14.2.3.4 繁殖

腊梅可用多种方法繁殖。

(1) 播种

播种常用于培养砧木或杂交育种。当夏季果实成熟、外壳由绿转黄时采收。当瘦果呈棕黑色，表示种子已成熟。温暖地区种子采后即播，冬冷地区可贮藏至次年春暖后播种。播前温水浸种催芽。一年生幼苗高达20cm，一般3年即可开花。

(2) 压条

压条是传统的繁殖方法。或在树丛基部埋土压条，或在枝部进行高压，生长季均可进行。早期的压条秋季即可取下，入冬便能开花。

(3) 分株

一般在花后发芽前分株，可以将株丛内较细的萌蘖枝分下，也可将整丛掘起，用刀分割为几丛。如伤根太多，常将枝干上部剪去以利成活。成活后能很快产生分枝，1～2年即可开花。

(4) 嫁接

嫁接是近年来大量繁殖腊梅所采用的方法。砧木可用实生苗或狗牙梅。嫁接繁殖可用切接、靠接、腹接、芽接，多以切接、靠接为主。春季发芽前用切接，生长季节用腹接较好。接前要培养砧木，接穗选1年生粗壮枝条，砧木选粗1～1.5cm者为宜。通常以腊梅的实生苗作砧木，2年生或部分1年生大苗即可利用，成活率高；或者用2年生的狗牙梅实生苗或分株苗亦可。切接在3～4月芽萌动如麦粒大小时进行，成活率高。切接的腊梅生长较旺，当年可生长0.7～1m高。秋后落叶，要打顶定干，促使发枝，便于造型。移植时要带土球，促使苗木生长旺盛。

靠接在春、夏均可进行，以4～5月为宜。“盖头皮靠接法”成活率较高。靠接腊梅当年可成株，但树形欠美观，生长差。

砧木的繁殖可用播种及分株法。播种多于8～9月间采种后即播，亦可干藏至次年春播。播前用温水浸种，覆土4～5cm。幼苗当年高10～15cm、5～6年生者才能作砧木用，故不如分株法快和方便。分株在3～4月进行。为了操作方便并使砧木积蓄更多养分，最好提前在冬季于距地面约20cm处剪除全部枝条。为了延长嫁接时期，可以将母树上准备作接穗的芽抹掉，约经1周又可发出新芽，待新芽长到黄米粒大小时即可采作接穗。

(5) 扦插

腊梅的插条生根较慢，目前生产上少用。用腊梅作半硬木扦插，插条用生长素粉剂处理，成活率在80%以上。腊梅的扦插繁殖，简便易行，适于大规模生产，值得推广。

14.2.3.5　栽培管理

腊梅花后发芽前最适移栽，小苗可不带土团。压条或分株繁殖的苗，一般培育成灌丛；通过嫁接，可培育成单干的乔木型苗木。前者生长快，干多枝繁，开花亦多；后者需不断剪除由砧木生出的分枝，以保持优美的树形，但生长较慢，枝少而花亦少。为了促进分枝并获得良好的树形，在嫁接成活后，应及时摘顶。花谢后应及时进行修剪，一般留3对叶摘心。每枝留15～20cm即可，同时将已谢的花朵摘除，以免因结实消耗养分。腊梅分枝力强，较粗的大干修剪后亦易发枝，故有“腊梅不缺枝”及“砍不死的腊梅”的谚语。上海作切花生产的腊梅，每年将一半花枝重剪，作切花出售；另一半不剪，留作次年开花。修剪后结合松土，施以重肥。

腊梅在庭院中露地栽培，为形成良好的树形，栽后应及时整形修剪，最好保留20～30cm的主干，让侧枝从主干上发出。为防徒长，一般留3～5对叶进行摘心。花谢以后保留20cm左右进行短截，以促使侧芽分化成花芽。每年的秋末冬初是花芽分化的关键时期，在此之前应施肥一次。地栽腊梅多不进行灌水，仅在入冬后灌一次冬水。雨季应注意排水，过干时可适当浇水。其他管理较粗放，也很少有病虫害发生。

腊梅属深根性植物，移栽可在秋后或春季带土球移植；当叶芽长大已萌发后不宜移栽。盆栽时最好使用深盆，大苗栽木桶内，并使用良好的砂壤土，每2年换土翻盆1次，冬季不让其萌芽生叶，强迫其进入休眠期，以利来年正常生长。为了冬季室内观花，可预先带土球挖出后上盆，干时只浇清水，不需加底肥和浇液肥，待花谢后再栽回地上，可免盆栽管理之烦。

14.2.3.6　应用

腊梅为典型的中国特色花卉，花黄如蜡，清香四溢；花色明快而不艳，香淡雅而不浓，色香俱备，在元旦、春节前开放，尤为可贵，且栽培容易，管理简单，庭园中无处不宜，孤植、列植、群植均可，更适于建筑物附近、房前屋后、水池边或林缘，甚至林间亦可。按照我国传统将南天竹与腊梅配植，黄花、红果、绿叶相映成趣，色、香、形三者相得益彰，极得造化之妙，配以山石，富有江南园林冬季的特色。腊梅耐重剪，也是盆栽及盆景的良材，切花更是冬令上品，瓶插期长，满室生香，深受广大群众的喜爱。

14.2.4　山茶花

栽培的山茶花或称为茶花，是茶科山茶属的许多种、变种以及相互杂交的后代，用以赏花栽培的植物统称。其中栽培最早、最广与最多的是山茶，其次为云南山茶和茶梅。其他较常见栽培或用作杂交育种材料的有冬红山茶、玫瑰连蕊茶、光连蕊茶、怒江红山茶、西南山茶、油茶、毛蕊红山茶、南山茶、陕西短柱茶、云南连蕊茶、川鄂连蕊茶、毛花连蕊茶、细萼连蕊茶、长瓣短柱茶、金花茶等。

14.2.4.1　山茶（*C. japonica*）

别名：山茶花、茶花、红山茶、川茶、华东山茶、海石榴、曼陀罗树、晚山茶、耐冬

科属：山茶科，山茶属

(1) 栽培历史

山茶属已知有250种以上，其中90%以上原产我国，又以山茶栽培历史最早和最普遍。最早的文字记载见于隋炀帝(604～617)的诗中，有“海榴舒欲尽”句。山茶花当时称海榴，故距今已有1400年的历史。唐代段成式著《酉阳杂俎》续集中有“山茶似海石榴，出桂州，蜀地亦有”句。宋代以后才出现“山茶”的名称，北宋陈景沂的《全芳备祖》，明代李时珍的《本草纲目》、吴彦匡的《花史》、王世懋的《花疏》、王象晋的《群芳谱》中都有对山茶形态、分类、用途及栽培的详细记录。历代文人对山茶也有许多题咏。约在公元7世纪初，茶花传入日本，并于18世纪时传入欧美，目前栽培品种已达1.5万余种，已成为各国不可或缺的庭院观赏花木，而且有的国家进行大宗的商品化生产，作为出口创汇的物资之一。

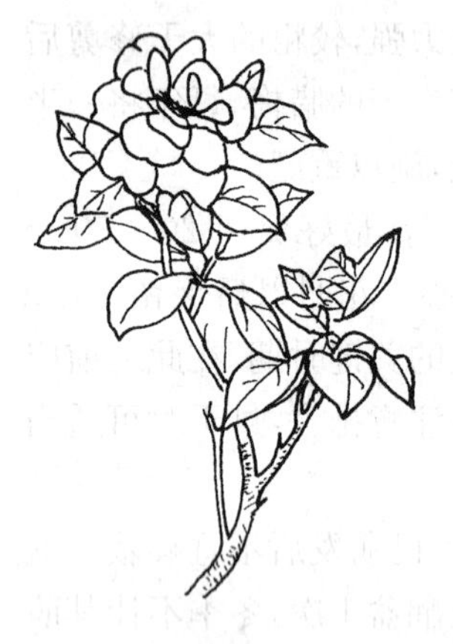

图14.4 山茶花

(2) 形态特征

常绿灌木或小乔木，高可达8m，小枝光滑。叶革质，表面平而光亮；叶柄短，无毛。花单生枝顶及近顶的叶腋，几无梗，大形，径5cm以上；苞片约10枚，外被白色绢毛；花瓣5～7，基部合生，一般红色，栽培品种有各型重瓣及白、粉、红、紫及数色相间；雄蕊多数，外轮花丝下部连合成管，内轮离生，花丝无毛；雌蕊柱头一般3裂，花柱1，子房3室，光滑无毛。蒴果，球形，3室，每室1～2大形褐色种子。花期11月～次年5月。果秋季成熟。山茶花见图14.4。

(3) 主要种类与分布

山茶原产于我国。山茶属的自然分布区，最北为陕西南部。我国的主栽区为长江流域，以四川、浙江、福建等省驰名。四川峨眉山、江西黎川县仍可采得野生标本，东南沿海一带也有天然分布。现代人工栽培范围遍布中国长江以南，以及日本、北美、西欧、澳大利亚、新西兰等国。

① 变种。山茶变种主要有：

(a) 白山茶(var. *alba*)。花白色。

(b) 白洋茶(var. *alba plena*)。花白色，重瓣。

(c) 红山茶(var. *anemoniflora*)。亦称杨贵妃，花粉红色，花型似秋牡丹，有5枚大花瓣，外轮宽平，内轮细碎，雄蕊有变成狭小花瓣者。

(d) 紫山茶(var. *lilifolia*)。花紫色，叶呈狭披针形，似百合之叶形。

(e) 玫瑰山茶(var. *magnoliaeflora*)。花玫瑰色，近于重瓣。

(f) 重瓣花山茶(var. *polypetala*)。花白色而有红纹，重瓣；枝密生，叶圆形。

(g) 金鱼茶(var. *trifide*)。又称鱼尾山茶，花红色，单瓣或半重瓣；叶端3裂如鱼尾状，又常有斑纹。

(h) 朱顶红(var. *chutinghung*)。花型似红山茶，但朱红色；雄蕊仅余2～3枚。

② 园艺品种。山茶除原种外，园艺品种很多，当今世界上山茶品种已发展到5000余种，我国目前常见栽培的约300余种。根据山茶雄蕊的瓣化、花瓣的自然增加、雄蕊的演变、萼片的瓣化，分为3大类和12个花型。

(a) 单瓣类。雌雄蕊发育完全，花瓣1～2枚。

- 单瓣型。雄蕊瓣化。

(b) 半重瓣类。花瓣排列3～5轮，共20片左右。

• 半重瓣型。雄蕊大部退化。

(c) 重瓣类。大部雄蕊瓣化,花瓣数 50 片以上。

• 松球型。花红色,花瓣排列 4～5 轮,花冠呈松球蕊形。
• 荷花型。花色较淡,花冠呈荷花形。
• 五星型。花瓣排列 2～3 轮,呈近五星形之花冠。
• 托桂型。花瓣常 1 轮,雄蕊高度瓣化,雌蕊存在。
• 菊花型。花瓣 3～4 轮,雄蕊集于花心,成菊花形的花冠。
• 芙蓉型。花瓣排列 2～5 轮,雄瓣分散。
• 绣球型。少量雄蕊散生于雄蕊瓣中,形成绣球形花冠。
• 皇冠型。花瓣 1～2 轮,数枚雄蕊大瓣居中,成皇冠形花。
• 放射型。花瓣排列 6～8 轮,呈放射状。
• 蔷薇型。花瓣排列 8～9 轮,呈蔷薇形花冠。

(4) 生长习性

适于温暖、湿润气候,不耐严霜,但在 0℃左右也开花。喜光而不宜烈日暴晒。土壤应富含腐殖质、疏松透气、排水保湿性能好,微酸性。忌土壤积水与重肥,也不耐旱与盐碱。山茶对空气污染有较强抗性。

短日照下表现休眠,不发芽生叶,秋季夜间延长光照时间,可促进温室内山茶的生长。高温是山茶花芽形成的必要条件。经试验,山茶在昼、夜温度均为 27℃时可大量产生花芽,若夜温降至 18℃则花芽减少,降至 16℃则完全不形成花芽。另一个促进花芽分化的因子为日照长度,一般以 12～16h 为宜。

另一方面,低温又是花芽发育及开花的必要条件。山茶的开花期也视温度高低而变动。夜温 15.5℃、日温 18℃,正常开花;夜温 15.5℃、日温 27℃,则开花不良。

(5) 繁殖

① 播种。播种繁殖多用于单瓣品种,培育的实生苗供优良品种嫁接时作砧木用。种子于 12 月采收,随采随播;如进行春播需沙藏一冬,来年 2～3 月下种。播种后一般要经 2 个月才能萌芽出土。当幼苗有 4～5 片真叶时即移栽。移栽时将直根先端剪去 1/3,促进更多的侧根生长。

② 扦插。山茶易于扦插生根,不同品种虽然生根的快慢不同,但成活率都很高,因而扦插是山茶最广泛的繁殖方法。扦插的方法有半硬枝插和叶芽插两种。

(a) 半硬枝插。在春梢发育成熟充实后即可剪作插条。南方在 6 月中旬～7 月中旬最适宜。这时气温不太高,空气湿度大,又正值春梢成熟;此外,在 9 月进行效果也好。选树冠外表生长健壮、芽充实、叶片完整的枝作插条,留枝端 4～5 节,顶端两片叶,基部平削,密插于苗床中。用 IBA 及 NAA 处理促进生根。一般 30～60d 生根。在自然条件下,当年生根后由于气温降低,日照变短,只生根不抽枝,第二年春季始抽梢。若生根后夜间加光并保持一定温度,当年即可抽梢生长。一般在第二年秋后移栽,2～3 年即可部分试花。

(b) 叶芽插。叶芽插能节约插条,在山茶繁殖上普遍使用,效果很好。插条的剪取和枝插相同,插条只带 1 芽 1 叶。选枝梢中、上部有明芽的作插条,生根后易抽枝梢。从每节芽的上方剪断,插条芽的下方留有较长的茎。扦插时可只将下端的茎插入基质中,或同时将叶柄基部及芽同时埋基质中,待生根后再使芽露出。

③ 嫁接。嫁接是山茶常用的繁殖方法，尤其在新品种的引进时能起到快速开花与加快繁殖的作用。从刚萌发的种子至大树，用各种不同的嫁接方法，在山茶上应用都很成功。

④ 压条。用高枝压条法易生根。一般 4 个月后可以剪离母体，进行栽植。

(6) 栽培管理

移栽时期在冬暖地区以秋植优于春植，冬冷地区春季发芽移栽最好。小苗可不带土裸根移栽，大树宜带土团。

山茶施肥宜淡忌浓。一年间有 3 次重要施肥时间。花谢后新芽萌发前施一次较重肥以促进春梢的良好生长，对下年开花丰盛起保证。第二次春梢停止生长后，有促进花芽分化的作用。第三次在秋凉后，促进花的生长。

山茶喜光，又怕夏季炎热，苗圃地夏季应适当遮荫。山茶生长较慢，不宜多修剪，只需将病、虫枝、过密、太弱枝、徒长及扰乱树形枝剪除即可。

山茶易形成大量花蕾，生长势弱的植株更多。必须在早期摘除一些，以保证留下的花蕾开出更好的花，并使树势得以恢复。视着花多少及树势差异，每一新梢上可保留 1～3 个花蕾。凡两个以上花蕾集生顶端或叶腋时，只保留顶花蕾或较大的 1 枚花蕾，其余的全部摘除。

一般早花品种花期控制效果更显著，最快的可在处理 25～30d 后开放。晚花品种效果差些，一般品种需 60～90d。有些品种经处理后花更大些，花形也有改变。在云南山茶上应用同样有效。

(7) 应用

山茶树姿优美，枝叶茂密，终年常青，花大色艳，花姿多变，耐久开放，是我国传统花木，为全国十大名花之一，在我国栽培历史悠久。由于品种繁多，花期长(11 月～翌年 5 月)，开花季节正当冬末春初，其他花少的时候，因此山茶是丰富园林景色的材料。孤植、群植均宜；矮小者，可数种穿插丛植，大型者缀于建筑物、甬道周围，或群植作背景。茶花性喜阴凉，与落叶乔木搭配，尤为相宜。山茶对二氧化硫有较强的吸收能力，对烟尘也有一定的抗性。

14.2.4.2 云南山茶花(*C. reticulata* Lindl.)

别名：滇山茶

科属：山茶科，山茶属

(1) 形态特征

常绿大灌木或小乔木，高可达 15m，树皮灰褐色，小枝无毛，棕褐色，叶椭圆状卵形至卵状披针形，长 7～12cm，宽 2～5cm，锯齿细尖，表面深绿色，但无光泽，网状脉显著，背面淡绿色。花 2～3 朵，生于叶腋，无花柄，形大，径 8～9cm，花色自淡红至深紫，花瓣 15～20，内瓣倒卵形，外瓣阔卵形或圆形，缘常波状；萼片形大，内方，数枚呈花瓣状；子房密生柔毛。蒴果，扁球形，萼片脱落，木质，茶褐色，内含种子 1～3 粒，花期长，原产地自 12 月开花，晚者开到 4 月。云南山茶见图 14.5。

图 14.5 云南山茶

(2) 主要种类与分布

原产我国云南，江苏、浙江、广东等省栽培亦较多，北方各地少量盆栽观赏。

云南山茶花品种甚多，目前已发展到 140 多个品种，花型繁杂。根据其花瓣数量、花瓣形状、花瓣排列及雌、雄蕊发育情况，分类大致如下：

① 根据云南山茶花的花瓣数量、花瓣形状、花瓣排列及雌、雄蕊发育情况分为单瓣、半重瓣、重瓣 3 个组，下又分喇叭型、玉兰型、荷花型、半曲瓣型、蝶翅型、蔷薇型、放射型、牡丹型等 8 个型。

② 按照花瓣颜色分类。

(a) 桃红色：如大桃红等。

(b) 银红色：如大银红色等。

(c) 艳红色：如大理花等。

(d) 紫红色：如紫袍等。

(e) 白色微带红晕：如单童子面等。

(f) 红白相间：如大玛瑙等。

③ 按花期早晚分类。

(a) 早花品种：12 月下旬～翌年 2 月上旬开花。

(b) 中花品种：1 月上旬～翌年 3 月上旬开花。

(c) 晚花品种：2 月中旬～翌年 4 月上旬开花。

④ 按照花瓣特征分类。

(a) 曲瓣种：花瓣弯曲起伏，呈不规则状排列。

(b) 平瓣种：花瓣平坦，排列整齐。

(3) 生长习性

云南山茶花喜侧方庇荫，耐寒性比山茶花弱；喜温暖湿润气候，畏严寒酷暑。空气相对湿度以 60%～80%为佳，对土壤酸性反应敏感，以 pH 值 5 左右为宜，可在 pH 值 3～6 的范围内正常生长，忌碱土，以富含腐殖质的沙质壤土为好。

(4) 繁殖

种子繁殖法多用于培育新品种或培养砧木用。山茶属于异花授粉植物，播种法可获得具有新性状的幼苗。种子在 9～10 月陆续成熟，采后即播或进行湿沙埋藏(注意温度勿超过 14℃，否则易于发芽或霉烂)。种子秋播后约月余生根，但胚芽需待次春温度回升后才能出土。当年苗高可达十余厘米。云南山茶为深根性，最好对当年生苗进行断根移植，以促使发生侧根，以利以后苗木的移植成活。幼苗期应注意设荫棚遮荫。实生苗经 4～7 年开花。

在云南当地习惯用靠接法繁殖。砧木多用 3～5 年生的白洋茶扦插苗。靠接时间以立夏至芒种间(5～6 月)为宜，约经 4 个月愈合牢固后即可与母株分离并移植在大盆中。在成活后的第一年如发生花芽，应当全部摘除以免消耗养分，砧芽也应随时除去。

此外云南山茶也可在 1～2 月或 6～9 月进行劈接，在 7～9 月进行芽接，或在 5～7 月进行扦插法繁殖，但成活率均不高。

(5) 栽培管理

云南山茶在露地定植后，在最初的 1～2 个月内注意浇水，待根系恢复后则可不必常浇，仅于施肥后或天气过旱时再浇。

盆栽的应注意盆土的排水、施肥、浇水等工作。在花盆内的底部孔口上可先叠 2～3 片凸形碎盆片以免碎土漏出，然后填入鸽蛋大小的干塘泥块及基肥至盆内约 1/3 处，放入植株并使土团的原来土面略低于盆口，填入混有肥料的蚕豆至黄豆大小的小泥块，蹾紧后再填入细土至盆口下方。基肥可用猪蹄壳或牛羊角碎片,注意勿使基肥直接与根系接触。在暖热季节每日早晚各浇一次水,冬季则数日浇一次。由于云南山茶的适应能力和生长势均较山茶为弱,故管理上应更加仔细。

(6) 应用

云南山茶是中国的特产,在全世界享有盛名。其叶常绿不凋,花极美艳,大者过于牡丹,且花朵繁密似锦,可谓一树万苞,妍丽可人,每年花时火烧云霞,形成一片花海,在云南昆明、大理、腾冲等地几乎到处可见。云南山茶自古以来用于布置庭园,列植于屋侧堂前,或在庭圃园中与庭荫树互相配植,如植于茶室及凉棚旁以及花架与亭旁,皆成佳景。

14.2.4.3 茶梅 (*C. sasanqua*)

日本称茶梅为山茶花。

茶梅原产日本九州海拔 500m 地带,亦说产于中国,但迄今我国未发现野生茶梅。茶梅在我国栽培已久,《花镜》已专有"茶梅花",描述:"茶梅非梅花也,因其开于冬月,正众芳凋谢之候……其叶似山茶而小,花如鹅眼钱而色粉红,心深黄,亦有白花者,开最耐久,望之素雅可人。"1811 年传至美洲。因其株矮叶小,花繁而早开,受人喜爱,现世界各地广为栽培,并用它作杂交育种的亲本。

茶梅为常绿灌木或小乔木,嫩枝无毛或有毛。叶椭圆形至长圆状卵形,小,长 3～7cm,宽 2～3cm,薄革质,近无毛。花顶生,径 4～6cm,苞片及萼片不分,花开时即脱落;花瓣白色,栽培品种有粉、红等色;子房 3 室,被毛,花柱 3 裂。果径 2～3cm。

亲缘上茶梅与我国油茶相近,但易于区分。茶梅叶较小、较薄,有钝锯齿;油茶叶较大,长 4～9cm,宽 3～4cm,厚硬,有细锐锯齿。茶梅花及果均小于油茶,油茶花均白色单瓣。茶梅的萼片秃净,油茶有毛,易与山茶区别。

茶梅作观赏栽培较晚,约始自 17 世纪初。我国栽培的多自日本及美国传入,品种也不多,故尚未有品种分类的方法。当代茶梅不仅花色有白、粉、红、紫、混色,花型也有单瓣、半重瓣、重瓣等类的各型,品种恐不下于 100 个,台湾已有 31 个品种栽培。

茶梅的习性近山茶,对环境适应性较强,我国江浙栽培较早,也较普遍,在重庆、昆明均生长良好。一般用扦插繁殖,也可播种或嫁接,繁殖容易。在环境适宜时生长快,一年可高达 30～60cm。故有时用作砧木嫁接山茶。茶梅稍耐阴,但在阳光充足处开花较盛。

14.2.4.4 油茶 (*C. oleifera*)

油茶盛产我国长江流域以南各省区,以江西、湖南最多,常成片栽培作为油料。偶见于庭园间。形态似山茶,更近于茶梅。叶被毛。花单瓣白色;雄蕊多离生;子房被毛。油茶在国外广泛用作杂交育种材料,如用其培育成功更抗寒的品种。油茶抗性强。所产生的一个变异称为白头翁,雄蕊已瓣化,颇美观。

14.2.4.5 怒江红山茶 (*C. saluenensis*)

原产于云南、四川的灌木,嫩枝有毛。叶长圆形或披针形,干后黄绿色,侧脉明显。叶长 5～7cm,宽 1～2.5cm,萼近无毛;外轮花丝无毛,子房被毛;花淡红色。果小,果皮薄。

怒江红山茶的优点是与同属其他种杂交易亲和产生杂种,是常用的亲本材料,国外早已普遍应用。例如 J. C. Williams 用它作母本与山茶杂交的后代称 J. C. Williams,英国园艺学会把此后的怒江红山茶与山茶杂交的后代命名为 *Camellia*×*Williamsii*。新西兰的 Brian Doak 是把怒江红山茶作母本和云南山茶杂交的先驱,所育成的品种以 phyl、Doak 、Brian 较著名。

怒江红山茶用尖叶山茶花粉杂交育成的 Cornish Snons 在 1950 年登录，是第一个叶小、花小、多花腋生的品种，现已普遍栽培。

14.2.4.6 冬红山茶(*C. hiemalis*)

冬红山茶很像山茶，花单瓣，粉红色，花期较早，但以子房及果实被毛而易区别。在浙江栽培较普遍，常用作盆景，当地称美人茶。因其形态与山茶极相似，外地引种时常作山茶品种看待。冬红山茶作为上海盆景引入日本，美国用它作抗寒育种亲本。

14.2.4.7 西南红山茶(*C. pitardii*)

西南红山茶广泛分布于云南、贵州、四川、广西、湖南等省区，形态和亲缘上都和云南山茶近。但西南红山茶树皮淡黄褐色，光滑；叶较小而窄，锯齿尖锐；花亦较小而不同，且对气候环境的适应性远较云南山茶广泛，多野生，偶见栽培，健壮。国外从它的实生苗中已得到重瓣品种。该种有广泛的利用前景。

西南红山茶形态变异较大，叶窄而似怒江红山茶的称狭叶西南红山茶(‘yunnanica’)，白花的称西南白山茶(‘alba’)。

14.2.4.8 陕西短柱茶(*C. shensiensis*)

陕西短柱茶虽已久经栽培和利用，但仍是一个鲜为人知而很有价值的新种，分布于陕南、鄂西、川北、川东一带，目前已引种到昆明、武汉栽培。重庆(模式标本采集地)尚有高 3m 左右的半野生植株。

灌木或小乔木，高可达 3m 左右，高达 0.5m 左右即可开花。树直立性强，生长快。嫩枝有毛。叶革质，宽椭圆形，长 3～6cm，宽 2～3cm，网脉在两面均明显，在叶面下陷，叶背有腺点。花 1～2 朵，顶生或近顶腋生，白色，径 3～4cm，苞片及萼片开花时早落；花瓣先端凹入；雄蕊近离生；花柱 3～4，离生，长约 3mm，子房 3 室，有毛。花期 11 月～翌年 1 月，花有八角淡香。

重庆栽培有重瓣品种，当地称菊花茶，白色重瓣，小巧玲珑，应视为珍品，不多见。

陕西短柱茶抗性强，扦插或播种繁殖。

14.2.4.9 长瓣短柱茶(*C. grijsii*)

又称闽鄂山茶，产于福建、江西、湖南、湖北、云南、广西等省区，是和陕西短柱茶相近的一个种，但叶长 6～9cm，花径 4～5cm，均大于前种。国外已注意到用它作小花型的育种亲本。福建等地栽培有一个重瓣品种，称为珍珠茶。

14.2.4.10 金花茶(*C. nitidissima* 或 *C. chrysantha*)

为山茶属中开金黄色花的成员之一。最早记载的黄色花山茶是 1916 年 Pitard 根据产于越南北部的标本命名为 Thea flava Pitard。直至 1965 年我国著名分类学家胡先骕教授以南宁药物研究所的标本发表了金花茶(命名为 *Theopsis chrysantha*)后才逐渐受到重视，在世界上掀起了金花茶热。已发表的种超过 20 个，大部产于广西，一些种分布在云南、贵州及越南。其共同的特点是花腋生，中等大小，径 1.5～6cm，有长梗，有明显的苞片与萼片分化，苞片 5～7，萼片 5～6，均宿存；花瓣 5～12 片，金黄色；雄蕊 4 轮，花丝离生或基部稍连合；花柱 3～5，离生；子房有毛或无毛。

较普遍的一个种为金花茶，灌木或小乔木，嫩枝，幼叶带紫褐色。叶一般较大，约长 11～16cm，网脉在表面明显下凹。花梗长 7～10mm，花径 3～6cm，具蜡质光泽；子房无毛。金花茶之所以受到重视，是它的金黄色花瓣被研究机构视为培育栽培黄色山茶花的绝好亲本。

概括而言，山茶花的应用分地栽及盆栽两种方式。因生长较缓慢，常绿，花期长，较适于盆栽。灌木型、小叶小花种类,特别适于阳台放置。名贵品种、稀有品种,也常盆栽,便于保护及供展览使用。

山茶地栽更为广泛,许多城市都有山茶专类园,集中栽培多种品种。山茶寿命长,我国南方的名胜古迹中常都有较大的山茶。生长迅速、健壮的种类,如茶梅、山茶等还可作花篱或树篱。庭园中的门侧、屋角,花坛中、草地边,种植山茶都相宜。

14.2.5 杜鹃花(*Rhododendron smsii* Planch.)

别名:山踯躅、映山红、照山红

科属:杜鹃花科,杜鹃属

图 14.6 杜鹃花

14.2.5.1 形态特征

映山红亚属落叶灌木。高 2～5m,多分枝,枝纤细,密被亮棕褐色扁平糙伏毛。叶互生,革质,常集生枝端,卵形、椭圆状卵形或倒卵形至倒披针形,春叶较短,夏叶较长,约 2～5cm,先端渐尖,边缘微反卷,具细齿,上面深绿色,下面色浅,密被褐色糙伏毛。花 2～6朵簇生枝端,花芽卵球形,被鳞片,花萼 5 深裂,花冠阔漏斗形,玫瑰色、鲜红色或暗红色,长 4～5cm,裂片 5,倒卵形,上部裂片具深红色斑点,雄蕊 10,花期 4～5 月。蒴果,卵球形,长约 1cm,种子细小,果期 5～6 月。该种花色变化很丰富,有白、黄、橙、橙红及重瓣或彩纹品种。杜鹃花见图 14.6。

14.2.5.2 主要种类与分布

杜鹃花产于我国中部及南部,广布于长江流域各地,多生于海拔 500～1 200m山地灌木丛或松林下,为我国中南与西南典型酸性土指示植物。

同属植物约有 960 种,广泛分布于欧洲、亚洲和北美洲,主要产在东亚和东南亚,非洲和南美洲不产。我国产 542 种,除新疆、宁夏外,各地均有,集中产于西南和华南。19 世纪中叶以来,随大量杜鹃属植物的发现,已有不下 600 余种的杜鹃被引种栽培,遍及世界许多国家。更由于杜鹃属植物在自然或栽培条件下,都较容易杂交,从而产生变异,这样便有大量的杂交种产生,其中一些杂交种的观赏价值比野生种好。

为了便于对杜鹃属植物和它们的亲缘关系有较全面的了解,许多分类学家做过不少研究。我国分类学家结合国内外对杜鹃植物分类的研究,将我国杜鹃属植物分为杜鹃亚属、毛枝杜鹃亚属、糙叶杜鹃亚属、迎红杜鹃亚属、常绿杜鹃亚属、马银花亚属、羊踯躅亚属、映山红亚属和叶状苞亚属等 9 个亚属。

杜鹃花的品种很丰富,全世界有数千种之多,我国常见栽培的也有二三百种,根据其形态特征和亲本来源,将这些品种分为:东鹃,即来自日本的东洋杜鹃;毛鹃,即毛叶杜鹃等及其变种和品种;西鹃,即来自欧洲的一些品种,多由荷兰、比利时等国育出;夏鹃,即主要在夏季开花的一些品种。杜鹃花多能露地栽培,我国有些地区建立了杜鹃专类园,供研究和观赏,也有不少种类供盆栽或制作盆景。

常见栽培的种类有:

(1) 毛肋杜鹃(*R. augustinii*)

杜鹃亚属常绿灌木。高 1～5m,幼枝被鳞片,密被柔毛。叶近革质,椭圆形至长圆状披针形，叶片亦被鳞片和短柔毛，中脉毛更密。伞形花序生于枝顶，有花2～6朵，花萼裂片5，花冠宽漏斗状，长3～3.5cm，淡紫色或白色，花期4～5月。蒴果，长圆形，密被鳞片，果期7～8月。产我国陕西、湖北、四川，生于海拔1000～2100m山谷、坡地林下或灌木丛中。

喜冷凉气候，要求较高空气温度及一定阳光照射，富含有机质、肥沃及排水良好的酸性土壤。本种为我国西南及中部的广布种，是园林中可很好利用的种类，可布置庭院，或在坡地栽培，也供制作盆景。

(2) 云锦杜鹃 (*R. fortunei*)

常绿杜鹃亚属。常绿灌木或小乔木。高3～12m，幼枝黄绿色，老枝灰褐色。叶厚革质，聚生于枝顶，长圆形至长圆状椭圆形，上面绿色，有光泽，下面淡绿色，边缘稍反卷。总状伞形花序顶生，有花6～12朵，具香味，花萼小，花冠漏斗状钟形，长4.5～5.2cm，径5～5.5cm，粉红色，花期4～5月。蒴果，木质，果期8～10月。

产我国陕西、湖北、湖南、河南、安徽、浙江、江西、福建、广东、广西、四川、贵州及云南，生海拔620～2000m的山脊阳处或林下。

要求空气湿润及疏松、富含有机质的酸性土壤。在阳光直射或空气干燥情况下，叶片常反卷成筒状，故栽培时一定要经常喷水，种植在树阴处，盆栽时夏季应设荫棚。

本种花大叶大、花朵艳丽，是庭院美化良好材料，有较高观赏价值，适宜在长江流域及以南地区应用，在育种方面也是良好的杂交亲本。

(3) 泉月杜鹃 (*R. indicum*)

映山红亚属。半常绿灌木。高1～2m，多分枝，小枝初时被褐色糙伏毛。叶集生枝端，近革质，狭披针形或倒披针形，长1.7～3.2cm，先端尖，边缘具细圆齿状锯齿，叶面深绿色，有光泽。花萼5裂，裂片近圆形，淡绿色，花冠阔漏斗形，鲜红色或玫瑰红色，常1～3朵生于枝顶，花冠长3～4cm，径3.7cm，具5裂片，裂片上具深红色斑点，雄蕊5，花期5～6月。蒴果，长圆状卵球形。

原产日本，我国亦广为栽培，有许多变种和园艺品种。

本种是西鹃和夏鹃的重要亲本，其植株较矮小，枝条坚硬、纤细，叶片亦较小，株形紧凑，且生长健壮，适应性较强，耐修剪，栽培较易。要求一定光照，但夏季避免强光直射。喜荫庇凉爽环境，栽培时要保持空气湿度和富含有机质、疏松、排水良好的酸性土壤。

(4) 满山红 (*R. mariesii*)

映山红亚属。落叶灌木。高1～4m，枝轮生，幼时被淡黄棕色柔毛。叶近革质，常2～3枚集生枝端，椭圆形或卵状披针形，长4～7.5cm，先端具短尖头，幼叶两面被淡黄棕色柔毛。花常2朵顶生，先花后叶，花萼环状，5浅裂，密被黄褐柔毛，花冠漏斗形，淡紫红色或紫红色，5深裂，上方裂片具紫红色斑点，花期4～5月。蒴果，圆柱状卵球形，果期6～11月。

产于我国河北、陕西、江苏、安徽、浙江、江西、福建、台湾、河南、湖北、湖南、广东、广西、四川、贵州，生海拔600～1500m山地稀疏灌木丛中。

本种在长江中下游地区分布较多，适应性亦较强，花期较早，各地园林庭院应用较普遍，栽培管理较易，花色红艳，花团锦簇，有良好的观赏价值。

(5) 照山白 (*R. micranthum*)

杜鹃亚属常绿灌木。高达2.5m，枝细密，幼枝被鳞片及细柔毛。叶革质，倒披针形，长3～4cm，叶面绿色，有光泽，下面黄绿色，被淡黄色或深棕色鳞片。总状花序生于枝顶，有花10～

28朵，花小密集，花萼长1～3mm，5深裂，花冠钟状，径1cm，白色，5裂，花期5～6月。蒴果，长圆形，果期8～11月。

产于我国东北、华北、西北及山东、河南、湖南、湖北、四川等地。生海拔1 000～3 000m山坡灌丛、山谷及岩石上；朝鲜也有分布。

适应性较强，对土壤要求不严，但在酸性土壤中生长更好。喜冷凉气候，较耐寒，甚至北京地区冬季背风向阳处亦可安全越冬。花期稍晚，夏季要庇荫且增加空气湿度。叶片有剧毒，谨防牲畜误食。

(6) 羊踯躅 (*R. molle*)

羊踯躅亚属。落叶灌木。高0.5～2m，少分枝，枝直立，幼时密被灰白色柔毛及疏刚毛。叶纸质，长圆形至长圆状披针形，较大，长5～11cm，有短尖头，叶下面密被灰白色柔毛。总状伞形花序顶生，花多达9～13朵，先花后叶或花叶同放，花冠阔漏斗形，长4.5cm，径5～6cm，金黄色，内具深红色斑点，裂片5，花期3～5月。蒴果，圆锥状长圆形，果期7～8月。

产于我国江苏、安徽、浙江、江西、福建、河南、湖北、湖南、广东、广西、四川、贵州和云南。生海拔1 000m山坡、丘陵灌丛或林下。

本种不甚耐寒，喜光，要求温润、肥沃、排水良好的酸性土壤。播种、扦插或分株繁殖。园林中布置庭院，金黄色花朵，惹人喜爱，也是育种的重要亲本材料。其枝叶与花有剧毒，可作为麻醉药和农药，要防止牲畜误食。

(7) 白花杜鹃 (*R. mucronatum*)

映山红亚属。半常绿灌木。多分枝，枝密被灰褐色长柔毛。叶纸质，披针形至卵状披针形，长2～6cm，上面深绿色，疏被灰褐色糙伏毛。伞形花序顶生，具花1～3朵，花萼大，绿色，裂片5，花冠白色，有时淡红色，阔漏斗形，长3～4.5cm，5深裂，有香气，无毛，无紫斑，花期4～5月。蒴果，圆锥状卵球形，果期6～7月。

产于我国江苏、浙江、江西、福建、广东、广西、四川和云南，各地栽培较多。有许多品种，其中有半重瓣的，也有花瓣带有紫红色的品种。喜温暖及湿润环境，要求肥沃、排水良好的酸性土壤。夏季避免阳光直射，并保持空气湿度。

花朵洁白，叶色青翠，园林中可供林缘、坡地种植，亦可盆栽观赏。

(8) 迎红杜鹃 (*R. mucronulatum*)

迎红杜鹃亚属。落叶灌木。高1～2m，多分枝，小枝细长，具疏生鳞片。叶散生，质薄，椭圆形或椭圆状披针形，长3～7cm，顶端锐尖或稍钝，边缘为全缘或有细圆齿，两面有褐色鳞片。花序腋生枝顶，花1～3朵，先花后叶，花萼短，5裂，花冠宽漏斗状，长约3cm，径3～4cm，淡紫红色，外被短毛，花期4～6月。蒴果，长圆形，果期5～7月。

产于我国内蒙古、辽宁、河北、山东、江苏北部，生山地灌木丛；蒙古、朝鲜、俄罗斯亦有分布。

本种耐寒性强，喜光及湿润环境，要求酸性土壤，适于北方园林中应用，可在庭院假山旁或疏林下种植，也多盆栽观赏。

(9) 钝叶杜鹃 (*R. obtusum*)

映山红亚属。常绿半常绿矮小灌木。高约1m，多分枝，枝纤细，枝条被锈色毛。叶薄，簇生枝端，叶椭圆形至椭圆状卵形或长圆状倒披针形至卵形，长1～2.5cm，边缘有纤毛，上面绿色，下面灰绿色。花萼裂片5，绿色，花冠漏斗状，钟形，长约1.5cm，径约2.5cm，红色或粉红色，深浅不一，花期春季。蒴果，圆锥形至椭圆球形，有褐色毛。

原产日本，我国东部及东南部均有栽培。本种又称岩生杜鹃，是东鹃品种的重要亲本，有许多园艺品种。

(10) 马银花 (*R. ovatum*(Lindl)

马银花亚属。常绿灌木。株高2～4m，小枝灰褐色。叶革质，卵形或椭圆状卵形，叶面绿色，有光泽，先端有明显短尖头，长约7cm，中脉及叶柄有绒毛。单生花朵生于枝顶叶腋，花萼5深裂，花冠辐射状漏斗形，淡紫色、紫色或粉红色，5深裂，内面具粉红色斑点，花冠长约2.5～3cm，花期4～5月。蒴果，阔卵球形，果期7～10月。

产于我国江苏、安徽、浙江、福建、台湾、湖北、湖南、广东、广西、四川和贵州，生海拔1000m林下或低山阴坡山脚。

喜温暖湿润，及富含有机质且排水良好的酸性土壤，要求夏季凉爽通风及荫庇环境。

播种或扦插繁殖。扦插可用半成熟枝条，剪去部分叶片，插于疏松、排水良好的泥炭与沙混合的基质中，易于生根成活。园林中可植于庭园、林下或溪边坡地上。

14.2.5.3 生长习性

喜冷凉湿润气候，耐寒怕热，要求肥沃、疏松通透、湿润且排水良好的酸性土壤，忌强烈阳光直射，耐半阴，不喜黏重和石灰质土壤，适应性强，不耐干旱，要求空气湿润。

14.2.5.4 繁殖

播种、扦插、压条繁殖。播种于春季进行，播种土可用细致的腐叶土，下面铺垫粗颗粒，以利排水。播前灌透水。播时种子可与细沙混合，以利播种均匀。播后可稍许覆土，但不宜过多。13℃～16℃时约10d可发芽。保持湿润，浇水时用洇水方法，待生长出3～6片真叶时移植，株行距保持3～5cm，仍需保持遮荫、湿润和通风，待第2年再行上盆或在其他苗床上继续培养。

扦插宜在6月进行。选当年生半成熟枝条作插穗，在85%空气湿度和半阴条件下，约1个月可生根。基质用腐叶土和细沙混合，或用蛭石、珍珠岩，厚20cm，下面铺垫排水层，保持22℃～25℃，如能采用全光照、电子自动喷雾系统装置更好。

压条或空中压条多在春季进行。优良品种也采用嫁接方法繁殖，常用劈接或靠接，在5月进行。多品种嫁接在一株砧木上，形成五彩缤纷的什锦杜鹃。

14.2.5.5 栽培管理

宜选地势稍高而利于排水的地方，可与乔木配合种植，为杜鹃花创造一定的庇荫条件及通风凉爽环境。种植时坑穴要大，栽植土要肥沃疏松，可选用腐叶土、松针土，或配合碎土屑、锯末等。肥料可用饼肥或其他有机肥料沤制，每周追施1次稀薄肥水，栽植坑内可伴以骨粉及少量麻渣等。杜鹃花要求土壤pH值5.0～5.5，最好不超过6，应尽量施用有机肥加以改善。当土壤缺铁时，叶片发黄，应施用硫酸亚铁。

盆栽杜鹃花用土和用水都很重要，同样要求通透性好，保持酸性，浇水要根据天气情况和生长情况掌握，高温季节随干随浇，并经常用水喷洒地面，保持空气湿度。秋季天气渐冷，浇水量和烧水次数都应相应减少。冬季北方室内栽培越冬温度宜8℃～10℃。

幼龄植株为形成较好的树形，常将花蕾去掉，以使植株枝条获得更多养分生长。成龄树主要防止枝条过密，常进行疏剪，尤其是花谢之后应及时剪去残花，减少养分消耗，促进新枝生长。如有病弱枝条，也应剪掉。修剪后还要加强水肥管理，使植株保持长时间而稳定的旺盛生长状态，开花不断。对于老龄植株应进行复壮修剪，常于早春萌发新芽之前进行，枝条留30cm左右，其余部分剪去，整个复壮修剪过程要3～5年完成，既达到复壮目的，又不影响赏花。

14.2.5.6 应用

杜鹃花是世界著名花卉，也是我国十大名花之一，受到世界各国植物学家、园艺学家的重视。在我国长江流域以南各地山区多有野生，开花时节，满山遍野的红花，故有映山红之称，用以布置园林、盆栽均相宜。

14.2.6 月季花(*Rosa chinensis*)

别名：蔷薇花、玫瑰花、月月红

科属：蔷薇科，蔷薇属

14.2.6.1 形态特征

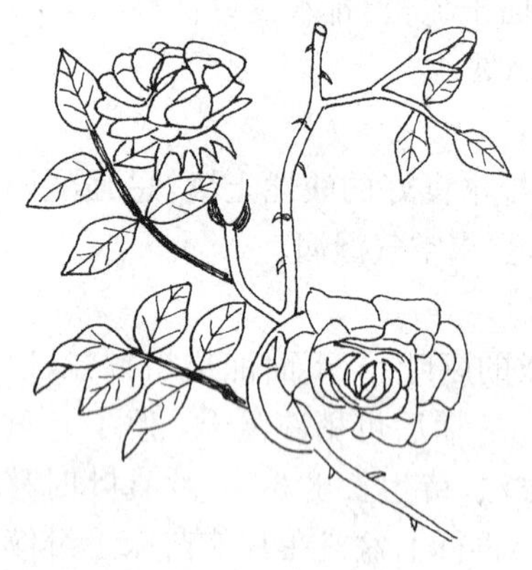

图14.7 月季

直立、蔓生或攀援灌木，大都有皮刺，常绿或落叶。奇数羽状复叶，叶缘有锯齿。花顶生，单花或成伞房、复伞房及圆锥花序。萼片与花瓣5，少数为4，栽培品种多重瓣；萼、冠的基部合生成坛状、瓶状或球形的萼冠筒，颈部溢缩，有花盘。雄蕊多数，着生于花盘周围。多数离生心皮生萼冠筒内侧、基部及侧面；花柱伸出，分离或上端合生成柱。果为聚合瘦果，包于萼冠筒内；萼冠筒熟时呈红、黄、橙、紫等色，称蔷薇果。月季见图14.7。

14.2.6.2 主要种类与分布

蔷薇属共200余种，广泛分布在北半球寒温带至亚热带，主要在亚洲、欧洲、北美及北非。我国有82种及许多变种，其中有几种原产中国，另几种原产西亚及欧洲。

现代月季是我国月季传入欧洲后，与各种蔷薇属的植物杂交而成。栽培的品种大致分为六大类，即杂种香水月季(简称HT系)、丰花月季(简称FL系)、壮花月季(简称Gr系)、微型月季(简称Min系)、藤本月季(简称CL系)和灌木月季(简称Sh系)。

14.2.6.3 生长习性

喜充足光照，每天在6～8h直射光下生长最好。多数品种生长适温为夜温16℃、昼温20℃～28℃。如夜温低于6℃，将严重影响生长与开花。某些品种在低温下花瓣数目增多，花形改变，色泽不佳；在高温下则开出瓣数减小的小型花，且花枝较软，品质也差。一般在5℃以下或35℃以上停止生长，进入休眠或半休眠状态；能忍受－15℃的低温。除少数野生品种耐瘠薄土壤外，一般喜有机质丰富、排水良好、保水保肥力强的土壤，忌土壤板结与排水不良。对土壤酸碱度适应性强，但以pH值6.5最适。空气宜流通而少污染，通风不良常导致白粉病等病害严重，空气中的有害气体，如二氧化硫、氯、氟化物等均对月季花有毒害。

14.2.6.4 繁殖

月季的繁殖方法有无性繁殖和有性繁殖两种，有性繁殖多用于培育新品种。无性繁殖有扦插、嫁接、分株、压条、组织培养等方法。生产上多用扦插或嫁接繁殖。

(1) 扦插

常用绿枝扦插，常年都可进行。用花枝作插条既经济，又有枝壮芽肥的优点，故多在开花季节扦插，但以5～6月及9～11月最佳。

花凋后甚至插瓶后的花枝均可作插条。去掉上下两端芽不饱满部分，依节间长短剪成含1～3芽的插条，保留上端1～2片叶，基部平削，用生根剂处理后，按行距7cm、株距3～4cm插入苗床中。生根难易依品种而定，一般5～6周生根。根生长良好后移入径7.5cm小盆中培育或直接栽生产床中。

(2) 嫁接

嫁接苗具生长快、成株早、根系发达、适应性强、生长壮旺、花枝长而挺直等优点，最适切花生产。但生产成本高，常需剪除砧木的萌枝。砧木选生长强壮、繁殖容易、抗性强并与接穗亲和的种或品种。我国常用蔷薇及其变种。

① 枝接。用一年生扦插或实生苗作砧木，停止生长的新梢作新穗，在早春发芽前或5～6月间进行切接或劈接，接穗一芽一叶即可。为操作方便，可将砧木种在直径7.5cm盆中。嫁接后最好放24℃下保湿，不使叶片干枯或脱落，约4周便愈合。

② 芽接。商业性切花苗常用芽接，有省接穗、操作快、接合口牢固等优点。通常用扦插苗作砧木，多于9～11月扦插。插条长20cm，扦插时保留上端叶3片，按行距12cm插苗床中。培育至次年5月，新梢可长15～25cm。至6月前后，当新梢已充实便可芽接。常用嵌芽接或"T"形芽接，接口应在新梢的最低处。粗度不足的砧木延迟到9～11月芽接。

夏季芽接后3～4周即愈合，用折砧方式将砧木顶端约1/3折断，不断抹除砧木上的萌生芽，约3周后再剪砧。秋接苗在次年春季发芽前剪砧。

(3) 压条

枝繁而长的品种，用高压法易取得大苗。如木香是一种快速成苗方法。生根较难的品种也常用高压。

14.2.6.5　栽培管理

(1) 切花生产

① 品种。要求株高、花枝长而挺直、生长强健、周年开花、产花量高、花大色艳的品种。花色宜多种配合，但红色最受欢迎。月季切花品种更新更快。

② 栽培环境。高品质切花都在温室或大棚内栽培，不和其他花卉混栽才能保证温、光、湿度及病虫害防治。应光照充足和通风方便。栽培床一般宽120～125cm，每行种4株，每平方米种10株。为保证排水良好，床底常呈"V"形，底铺排水管，管上覆碎石，表面用培养土覆盖。

基质最好含有15%～20%的疏松物质，如锯木屑、谷壳等，也应含丰富的有机质。床土最好在栽植两月前备好，pH值6.5左右。一般每立方米加过磷酸钙500～1 000g，氮肥视土壤原有肥力而定。土壤深25cm左右。

③ 定植。幼苗若有干枯现象，立即充分浇水或将根浸水中24～48h使其尽快复原，保持湿润，在21℃～27℃下3～4d，见已有白根及芽开始膨大时定植。移栽必须在休眠期完成，一般在1～3月。受冻的苗木应贮于1℃～2℃的黑暗处2～3d，使逐渐适应恢复。

定植前先修剪，过长的根要剪短，受伤部分要剪除。未分枝小苗距土面15cm短剪，留5个分枝能获得最佳效果。大株距土面60～80cm处短剪。嫁接苗接口高于土表2.5～5cm，若埋入土中易从接穗上生根。

移栽后最初6周的管理很重要。先充分灌水，使根与土粒紧密结合，几次充分灌水后便转入正常浇水。移栽后用薄膜覆盖保湿，在夜温16℃下，1周至10d新梢便开始生长，可揭去覆膜。

④ 浇水与施肥。水与肥在月季花生产中很重要，肥、水不足常导致生长不良及开花不好。旺盛生长期需水量大，不断浇水易使土表板结。进入盛花期宜用稻壳、厩肥、泥炭或枯草等覆盖土壤。滴灌时不加覆盖。

月季花喜肥，施肥量最好根据土壤或叶片测定的数据确定。滴灌水内加 200mg/L 氮及 150mg/L 钾效果很好。必要时再加入适量的磷、铁及镁。春季发芽前一个月定期施肥及每次剪花后施一次。

⑤ 修剪。修剪是月季切花栽培必不可少的工作。枝上的侧芽以中部的发育最好。一般情况，紧接花朵的第一片叶只具 1 片小叶，第二片具 3 片小叶，再下方具 5 小叶。第一片 5 小叶及其上方具 3 或 1 小叶的腋芽均不充实，先端细尖，但处于枝梢的顶端部位易于抽出。由它们抽出的枝梢虽也能开花，但枝短而细，花质差，观赏及商品价值均极低。第二片 5 小叶及其下方发育饱满、先端钝圆的芽所抽出的枝长而粗壮，能开出高质量的花。

在生长期中，采花或为调整花期时均要短剪部分枝梢，一般在采花或新梢停止生长时进行。对那些未产生花的盲枝及不够规格的花枝及时在较低的部位短截，使另抽壮枝开花，一般在剪后 6～9 周又再开花。采收也达到短剪目的。短剪后新生侧枝与母枝相接处的弯曲部位，生产者称为“钩”，长势强的品种保留“钩”上方第一片 5 小叶，长势弱的品种保留两片 5 小叶，剪去枝端。

休眠期中进行一次重修剪，目的使植株保持一定的高度，去掉老枝、弱枝、枯枝，促进旺盛生长。依品种的高度不同，一般在距地面 45～90cm 处短剪，并剪除下部交叉、病弱枝条。

低温或高温干燥都能迫使月季休眠。在我国北方入冬后休眠，南方温室栽培。许多地区入夏后气温太高，又使月季生长停滞或休眠，应在夏季某一次花采收后停止浇水，使土壤逐渐干燥至裂缝，迫使休眠。

休眠期进行修剪管理，约使土壤干燥 1 个月，再浇水施肥，又能抽枝开花。勤浇几次透水，使土壤水分达到饱和后转入正常浇水。若在 7 月迫使月季休眠，至 10 月又可开花。

⑥ 采收与处理。切花必须在花开放至一定程度时立即采收才能保证品质。大多数红色及粉红色品种当萼片反卷已超过水平位置，最外 1～2 片花瓣张开时采收；黄色品种应更早一点采；白色品种宜稍迟一些采。采收过早，即花萼尚未张开时采收，这时花茎尚未充分吸水，易发生弯颈现象，甚至花不能吸水开放；采收过迟，既不利于处理、包装、运输与贮藏，也使瓶插寿命缩短。月季切花生产者很重视及时采收，每天开始和结束的工作都是采收，即每天早晚各采一次花，在生产旺季尤应如此。

花枝剪下后立即将基部 20～25cm 浸入与室温一致的清洁水中，再在 5℃～7℃下放几小时使花枝充分吸水，同时进行整理与分级。通常按花枝长短分级后，再将过长花枝的基部剪去一段使各枝等长。然后去掉基部一段的叶片与皮刺，每 10 枝或 25 枝捆成一束，用透明薄膜或玻璃纸包装。这些都可以半机械化操作。包装后在 10℃下冷藏。

(2) 盆花栽培

盆栽宜用株矮或枝短的品种，微型月季很适合盆栽。月季花很长，最好用径 13～20cm、深 20～27cm 的月季盆栽种。盆栽的适期、处理与基质均和切花月季一致。最初上盆多为裸根小苗，注意保护细根与叶。上盆后的单干小苗在根颈以上 2.5～4cm 处短截，将来留 2～4 分枝。先浇透水，再覆膜保湿保温。待第一片叶已开展时逐渐去膜。

新栽的月季不宜高温，在高温下 48h 便会受害。盆栽月季每开一次花修剪一次，修剪后立即施肥一次。休眠期应适当重剪。

(3) 露地栽培

庭园露地种月季花非常广泛，聚花月季、攀援月季、蔓生月季、现代灌丛月季及地被月季几系的品种主要作露地栽培用。地栽首应选好小地形，光照充足、无强风、土层深厚并排水良好。穴宜深大，并用有机肥与磷肥作基肥。地栽大苗，可减少苗期管理并早见效果。大苗应掌握好移栽时期及栽后管理。

14.2.6.6　应用

不同生长习性的月季花各有用途。攀援的大型品种，如木香，杆长枝繁，用于棚架十分壮观。一般攀援、蔓生类多用于拱门、花篱、花柱、围栅或墙壁上。聚花及微型类更适于花径与花坛。各类直立灌木型广泛孤植或丛植于路旁、草地边、林缘或花台中。月季花多四季常花，色香俱备，无处不宜。枝长勤花品种适作切花，一般能保鲜几天。

某些特别芳香的种类，如我国的玫瑰、保加利亚的墨红，专为提炼昂贵的玫瑰油或糖渍食用。

14.2.7　茉莉花（*Jasminum sambac*）

别名：茉莉、抹厉

科属：木犀科，茉莉花属

14.2.7.1　形态特征

常绿小灌木，高 1m 左右，枝基部树皮灰褐色，枝长细长，近匍匐状，嫩枝青绿色，微被短柔毛。叶为单叶，对生，光亮，椭圆形至倒卵形或卵形，全缘，先端钝或短尖，基部圆形或楔形；长 1.5～8.5cm，宽 1.1～5.5cm；叶柄短，约 0.2～0.3cm，向上弯，微具柔毛。花顶生或腋生，聚伞花序或单生，未成熟花蕾呈青白色，成熟花蕾为浅白色；花冠管部长 1.1cm 左右，花冠白色，直径 2.5cm 左右，具浓郁芳香，多为重瓣，先端深裂 7～17 片，圆形至长圆形，长 1.4cm 左右；雄蕊长 0.3cm 左右，着生于花冠管内侧；雌蕊一枚，子房上位；花柱常露于花冠口外，长 0.35cm，柱头顶端 2 裂，毡绒状，浅绿色，通常不结实。花期 7～10 月。茉莉花见图 14.8。

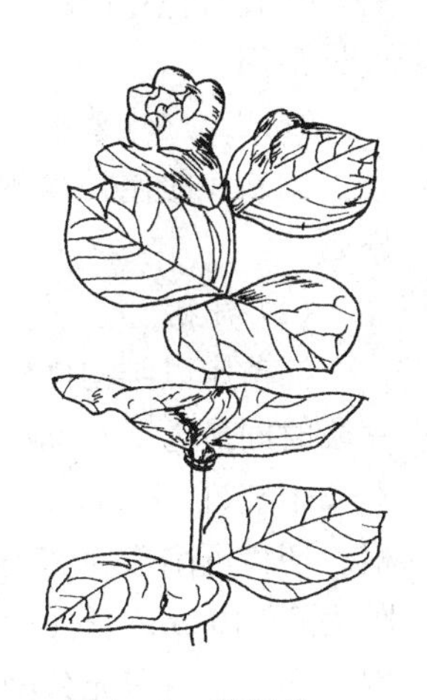

图 14.8　茉莉花

14.2.7.2　主要种类与分布

茉莉原产于印度。早在 1000 多年前传入我国，初时作为观赏栽培，后来被用于熏制茉莉花茶。近百年来，长江流域以南及西南、华中地区广为栽培。广州地区栽培最多，其次是福州，均系露地栽培；在江苏、浙江一带，则有大量盆栽。

茉莉品种较多，达几十种；但大面积栽培的主要有三种类型，即单瓣茉莉、双层瓣茉莉和重瓣茉莉。目前，普遍栽培的为双层瓣茉莉。

14.2.7.3　生长习性

茉莉为亚热带植物，喜温暖湿润的气候条件，耐寒力弱，经不起低温霜冻。在最低温度 0℃时有轻微霜冻；最冷月月平均温度长时间持续 9.9℃，叶片大量脱落；在－3℃左右，枝条受冻干枯。以 25℃～35℃为生长最适温度。生长期需要充足的水分和湿润的气候，以月降雨量

250～270mm 和空气相对湿度为 80%～90%时生长最好。耐旱力弱，在缺水和干燥气候条件下，新梢萌发受到抑制，因而鲜花产量大幅度下降。栽培地久积水，也会使叶色变黄，停止生长，严重时根部霉烂而死。茉莉是阳性植物，生长期如光照不充足，会影响生长和产花量，所以遇连续阴雨天，花生长不好，不但花的产量少，而且难以开放和放香。一般在炎热、潮湿和光照充足的季节，花苞香最浓，精油含量也较高。茉莉吸肥力强，适于微酸性、pH 值 5.5～7 的肥沃、疏松而结构良好的砂壤土；当土质黏重，有机质缺乏，通透性不好，肥力较低，则根系生长受抑制，植株矮小，花产量少。忌碱性土壤和熟化程度差的底土。

茉莉花期在广州地区一般从 4 月中下旬开始，福州地区约推迟半月，江浙一带的盆栽花则迟 1 个月。一般广州地区的花期为 4～11 月，而其他地区由于气候关系，花期均比广州地区短。定植后第二年即可开花。3～6 年生产花量最高。通常连续收花 6 年后，生活力逐渐衰退，产花量减少，发现这种现象就应及时更新。3～6 年生的茉莉花，每亩年产花为 250～350kg。茉莉从花蕾形成到花朵开放约需 15d。在花期内每隔 30～35d 可采收一期（俗称一造花）。因为花生长在新生枝梢的顶部，每抽一次新梢便有一造花。花为聚伞花序，顶端的一朵花先开放，然后两侧的 2 朵同时开放，当 4 朵同时开放时，形成每次花产量的高峰，一般可持续一星期左右，尤以 5～6 月或 6～7 月出现的 2 次高峰，花产量多。初期花少，以后逐渐增多，达到最高峰后急剧下降，以后便是采收零星的花。在广州地区一年可形成 5～6 次采花期。开放时间是晚上 7～11 时。作为工业生产的原料，需采收洁白饱满的成熟花蕾，放置一定时间后，于当晚自然开放。成熟的花蕾，花未开放时香气不足，当盛开时，即花瓣全部开放，这时香气最浓郁。

14.2.7.4 繁殖

茉莉一般用扦播繁殖，也可压条或分株。华南地区用大田育苗，在江浙一带多用盆栽繁殖。

(1) 扦插

插苗床以结构良好的砂质土壤为宜。扦插时期全年均可以进行，但以春季新梢萌发前的一段时间最为适宜，成活率最高，出芽生根快。插条宜选择健壮的枝条，剪去叶和侧枝后，留 2～3个节，长 10～15cm，下端距节应比上端距节稍短。一般在节下 1cm 左右处削断，有利发根。切口可削成为 45°斜面，也可平削。然后以 60°～70°倾斜插下，地面上留一个节，扦插的株距为 5～10cm。扦插后在苗床上撒一层切碎的稻草或其他覆盖物，以免土壤板结，保持苗床土壤湿润。盖后应充分浇水。插条一般先萌芽出叶，约 2 个月左右生根，3.5～4 个月即可起苗定植。

(2) 压条

选用较长的枝条，在节下部轻轻刻伤，埋入盛沙泥的小盆，经常保温，20～30d 开始生根，2 个月后可与母株割离，另行栽植。

14.2.7.5 栽培管理

(1) 大田栽植

① 定植。起苗前，苗圃地应灌水，并剪去 2 个节以上的梢尖，然后起苗，及时定植。旱地定植，起苗后应用泥浆沾根，采用三角形双行定植，株距 30cm。穴植，每穴 3 株。由于茉莉喜肥，不耐干旱，以选土层深厚、有水灌溉而又排水良好的旱田定植为宜。定植前应在前一年冬季深耕翻地。地下水位较高的地块应采用高畦定植，即畦宽 120cm，畦间沟宽 60cm，畦高

50cm，干旱地区可用低畦定植。

② 田间管理。小苗定植应保持土壤湿润。成活后可施稀人粪尿。在生长季节内，杂草极易生长，一般每个月应除草一次。除草中耕结合施肥。肥料可用人粪尿、硫酸铵，以及适当加施磷、钾肥。以后在每次花形成前，应施肥一次。在生长期间应及时灌溉，一般采取沟灌。当水灌至畦高的一半时即堵住水口，让其自流灌溉；待畦面湿润后，即除积水。在有条件的地区可以采用人工降雨方式进行喷灌。在生长期间常有徒长枝，长达1m以上，而只开几朵花，幼龄树徒长枝尤为常见，应及时修剪，以免消耗养分而影响花枝。在春梢萌发前重剪1次，将枝梢和枯枝剪去，如过冬还有老叶未落，最好也把老叶一起剪去，这样可以促进多抽新枝。11～12月应培土1次，最好用塘泥或河泥，以提高肥力，促进根系及地上部的旺盛生长。

茉莉忌连作。如连续种植，长势不良，新枝萌芽少，植株弱，花产量低，所以应采用轮栽。

(2) 盆栽茉莉花

盛夏季每天要早晚浇水，如空气干燥，需补充喷水；冬季休眠期，要控制浇水量，如盆土过湿，会引起烂根或落叶。生长期间需每周施稀薄饼肥一次。春季换盆后，要经常摘心整形。盛花期后，要重剪，以利萌发新技，使植株整齐健壮，开花旺盛。

14.2.7.6　应用

茉莉花株形玲珑，枝叶繁茂，叶色如翡翠，花色洁白，花朵似玉铃，且花多期长，香气清雅而持久，浓郁而不浊，可谓花树中之珍品。南方地栽常做花篱。江、浙一带多用盆栽，点缀厅室，清雅宜人。还可加工成花环等装饰品，作为熏茶香料。花、叶、根均可入药。

此外，用茉莉花制成的茉莉花浸膏和茉莉花精油是高级日用化妆品香精和优质香皂香精的主要原料之一，尤其是配制高级香水香精的重要香原料。茉莉花除直接用于熏制茶叶外，茉莉花精油还可以用于配制茶叶香精。

14.2.8　桂花(*Osmantus fragrans* Lour)

别名：木犀、岩桂、金粟、九里香等

科属：木犀科，木犀属

14.2.8.1　形态特征

常绿乔木，高可达15m，胸径100cm。单叶对生，革质，卵形至卵状椭圆形，缘有稀疏的锯齿或间有全缘。花簇生于叶腋呈聚伞花序，花小，黄白色，极芳香。花期9～10月。核果，椭圆形，紫黑色。果期次年3～4月。树冠圆头形、半圆形、椭圆形。桂花见图14.9。

14.9　桂花

14.2.8.2　主要种类及分布

桂花原产于我国西南、中南地区，在我国已有2500多年的栽培历史，是我国十大传统名花之一，也是现代城市绿化最珍贵的花木之一。现广泛栽培于长江流域各省区，华北、东北地区多行盆栽。是传统的香花。

栽培品种较多，主要有金桂、银桂、丹桂和四季桂等。金桂树身高大，树冠浑圆，叶大浓绿有光泽，呈椭圆形，叶缘波状，叶片厚，花金黄色、香气最浓。银桂叶较小，椭圆形、卵形或倒卵形，较薄，花为黄白色或淡黄色，香味略淡于金桂，花期也比金桂迟1周。

丹桂叶较小、披针形或椭圆形、先端尖、叶面粗糙，花为橙黄或橙红色，香气较淡。四季桂叶较小、椭圆形、较薄，花呈黄色或淡黄色，花期长，除严寒酷暑外，数次开花，但以秋季为多，香味淡，多呈灌木状。

14.2.8.3 生长习性

桂花适应于亚热带气候广大地区。性喜温暖，湿润。种植地区平均气温14℃～28℃，7月平均气温24℃～28℃，1月平均气温0℃以上，能耐最低气温－13℃，最适生长气温是15℃～28℃。湿度对桂花生长发育极为重要，要求年平均湿度75%～85%，年降水量1000mm左右，特别是幼龄期和成年树开花时需要水分较多，若遇到干旱会影响开花，强日照和荫庇对其生长不利，一般要求每天6～8h光照。

对土壤要求不高，喜地势高燥、富含腐殖质的微酸性土壤，尤以土层深厚、肥沃湿润、排水良好的沙质土壤最为适宜。不耐干旱瘠薄土壤，忌盐碱土和涝渍地，栽植于排水不良的过湿地，会造成生长不良、根系腐烂、叶片脱落，最终导致全株死亡。

14.2.8.4 繁殖

桂花的繁殖方法有播种、扦插、嫁接和压条等。生产上以扦插和嫁接繁殖最为普遍。

(1) 扦插繁殖

① 扦插时间。可在3月初～4月中旬选1年生春梢进行扦插，这是最佳扦插时间。也可在6月下旬～8月下旬选当年生的半熟枝进行带踵扦插，但它对温湿度的控制要求高。

② 插穗的剪取与处理。从中幼龄树上选择树体中上部、外围的健壮、饱满、无病虫害的枝条作插穗。将枝条剪成10～12cm长，除去下部叶片，只留上部3～4片叶。

③ 基质准备。用微酸性、疏松、通气、保水力好的土壤作扦插基质。扦插前用多菌灵、五氯硝基苯等药物对基质消毒杀菌。

④ 插后管理。主要是控制温度和湿度，这是扦插能否生根成活的关键。最佳生根地温为25℃～28℃，最佳相对湿度应保持在85%以上。可采用遮阳、搭塑料棚、洒水、通风等办法控制。其次要注意防霉，因高温高湿易生霉菌。每周可交替使用多菌灵、甲基托布津喷洒杀菌。

(2) 嫁接繁殖

嫁接繁殖具有成苗快、长势旺、开花早、变异小的优点，也是比较常用的方法之一。

① 培育砧木。多用女贞、小叶女贞、小叶白蜡等1～2年生苗木作砧木。其中用女贞嫁接桂花成活率高、初期生长快，但伤口愈合不好，遇大风吹或外力碰撞易断离。

② 嫁接在清明节前后进行。生产上最常用两种方法，一是劈接法，二是腹接法。接穗选取成年树上充分木质化的1～2年生健壮、无病的枝条，去掉叶片，保留叶柄。采用劈接法的，应在春季苗木萌芽前，将砧木自地面4～6cm处剪断再进行嫁接。接穗的粗度与砧木的粗度要相配，接穗的削面要平滑。劈接成功的关键在于砧木与接穗的形成层要对齐，绑扎要紧实。采用腹接法的，不需断砧，直接将接芽嵌于砧木上，待嫁接成功后再断砧。无论采取哪种方法嫁接，尽可能做到随取穗随嫁接。从外地取穗的，务必保持穗条的新鲜度。嫁接以晴天无风的天气为好。

③ 嫁接后要注意检查成活率，搞好补接、抹芽、剪砧、解除绑扎带、水肥管理和防治病虫害等工作。

(3) 桂花压条繁殖

压条时间应选在春季芽萌动前进行。因桂花枝条不易弯曲，所以一般不采用地压法，只采用高压法。采用高压法时，选优良母株上生长势强的2～3年生枝条，在枝上环剥0.3cm宽的一圈皮层，在环剥处涂萘乙酸，用塑料薄膜装上山泥、腐叶土、苔藓等，将刻伤部分包裹起来，浇透水，再把袋口包扎固定。时常注意观察，并及时补水，使包扎物处于湿润状态。经过夏秋两季培育会长出新根。在次年春季将长出根的枝条剪离母体，拆开包扎物，带土移入盆内，浇透水，置于阴凉处养护，待萌发大量的新梢后，再接受全光照。

14.2.8.5 栽培管理

(1) 整地

选择光照充足、土层深厚、富含腐殖质、通透性强、排灌方便的微酸性(pH值为5.0～6.5)砂性壤土作培植圃地。在移植的上一年秋、冬季，先将圃地全垦一次，并按株行距为1m×1.5m(2年后待其长粗长高时，每隔一株移走一株，使行株距变为2m×1.5m)，栽植穴为0.4m×0.4m×0.4m的规格挖好穴。每穴施入腐熟性平的农家肥(猪粪、牛屎)2～3kg、磷肥0.5kg作基肥。将基肥与表面壤土拌匀，填入穴内。肥料经冬雪春雨浸蚀发酵后，易被树苗吸收。

(2) 移栽

在树液尚未流动或刚刚流动时移栽最好，一般在2月上旬～3月上旬进行。取苗时，尽可能做到多留根、少伤根。取苗后要尽快栽植，需从外地调苗的，要注意保湿，以防苗木脱水。栽好后要将土压实，浇一次透水，使苗木的根系与土壤密接。

(3) 水肥管理

移栽后，如遇大雨使圃地积水，要挖沟排水。遇干旱，要浇水抗旱。除施足基肥外，每年还要施3次肥，即在3月下旬每株施速效氮肥0.1～0.3kg，促使其长高和多发嫩梢；7月每株施速效磷钾肥0.1～0.3kg，以提高其抗旱能力；10月每株施有机肥(如农家肥)2～3kg，以提高其抗寒能力，为越冬作准备。

(4) 修剪整形

桂花萌发力强，有自然形成灌丛的特性。每年在春、秋季抽梢两次，如不及时修剪抹芽，很难培育出高植株，并易形成上部枝条密集、下部枝条稀少的上强下弱现象。修剪时除因树势、枝势生长不好的应短截外，一般以疏枝为主，只对过密的外围枝进行适当疏除，并剪除徒长枝和病虫枝，改善植株通风透光条件。要及时抹除树干基部发出的萌蘖枝，以免消耗树木内的养分和扰乱树形。

(5) 松土除草

在春、秋季，结合施肥分别中耕一次，以改善土壤结构。越冬前垒蔸一次，并对树干涂白一次，可增强抗寒能力。每年除草2～3次，以免杂草与苗木争水、争肥、争光照。

(6) 防治病虫

桂花的病虫害较少，主要有炭疽病、叶斑病、红蜘蛛和蛎盾蚧等，可用波尔多波、石硫合剂、退菌特、甲基托布津、敌敌畏、三氯杀螨醇等药剂进行防治。

14.2.8.6 应用

桂花树姿优美飘逸、枝繁叶茂、碧枝绿叶、四季常青、飘香宜人，真正是“独占三秋压众芳”，被苏州、杭州、桂林等世界著名的旅游城市定为市花。桂花的应用较广泛，常植于园林内、道路两侧、草坪和院落，是机关、学校、军队、企事业单位、街道和家庭的最佳绿化树种。由于它对二氧化疏、氟化氢等有害气体有一定的抗性，也是工矿区绿化的优良花木。它与山、石、亭、台、楼、阁相配，更显端庄高雅、悦目怡情。它同时还是盆栽的上好材料，做成盆景后能观形、赏花、闻香，真是“一举三得”。除此之外，桂花材质硬、有光泽、纹理美丽，是雕刻的良材。桂花是制作桂花糖、桂花茶、桂花酒、桂花糕的重要原料。从桂花中提炼的香精，广泛运用于食品行业和化工业。桂皮可提取染料和鞣料；桂叶可作为调料，为食品增香。

14.2.9 白兰花（*Michelia alba*）

别名：白玉兰、白缅花、玉兰花、缅桂、白兰、黄葛兰

科属：木兰科，含笑属

14.2.9.1 形态特征

图 14.10 白兰花

常绿乔木，高达 10～20m，而矮化后树高为 4～6m。树皮灰色，分枝甚多，幼枝及芽绿色。叶革质，具有浓郁的青鲜香气，互生，全缘，卵状椭圆形或长形，长 10～20cm，宽 4～10cm，先端渐狭，基部楔形，叶面绿色，叶背淡绿色，两面均秃净，幼叶背面稀被茸毛，网脉两面均甚明显；叶柄长 1.5～2cm，具托叶痕迹，长约叶柄长的 1/3。花白色或略带黄色，肥厚，具浓郁芳香，长 3～4cm，单生于当年生枝的叶腋；花被片狭长，披针形，先端渐尖，约 10 片以上，雄蕊多数，螺旋排列，雌蕊多数，螺旋排列于花托上部，子房被毛；多不发育。聚合果，疏生小果。花期 6～10 月，夏季盛开。白兰花见图 14.10。

14.2.9.2 主要种类与分布

白兰花原产于喜马拉雅山脉及马来半岛。我国长江流域以南、华南、西南等省广泛栽培，已有几百年历史，为著名庭园花卉植物之一。现在在广东的广州、东莞、南海、新会地区，广西南宁、桂林地区，福建的福州、漳州、厦门地区，都有大面积的栽培；浙江金华、杭州地区，江苏的苏州、南京地区等都有大量的盆栽。国外以东南亚最为普遍。

同属植物约 40 种，常见栽培的还有：

(1) 含笑（*M. figo*）

又名小叶含笑、含笑花、香蕉花。常绿灌木或小乔木，高 2～3m，分枝密，小芽、小枝。叶柄及花梗均密被黄褐色绒毛。叶革质，倒卵形或倒卵状椭圆形，先端短钝尖，基部楔形或宽楔形，上面有光泽，无毛，下面中脉常留着黄褐色平伏毛，余无毛，托叶痕达叶柄顶端。单花腋生，花蕾椭圆形，长达 2cm；花有水果香，花被片淡黄绿色，边缘带红色或紫红色，长椭圆形，聚合果长 2～3.5cm，果梗长 1～2cm，蓇葖果，扁卵圆形或扁球形，先端有短尖的喙。花期 3～5 月。果期 7～8 月。含笑见图 14.11。

图 14.11 含笑

含笑产于我国华南各省，广东北部及中部有野生。野生于阴坡杂木林中，溪谷沿岸尤为茂盛。栽培分布较广，长江流域各地可露地栽培，长江以北多温室栽培。

亚热带树种，喜温暖湿润半阴环境，不耐干燥及强阳光照射。喜暖热多湿气候及酸性土壤。不耐石灰土壤。具有一定耐寒力，能耐霜冻。据记载遭受－13℃低温虽全部叶落但未被

冻死。长江以北地区，盆栽观赏，温室越冬。扦插、播种或压条繁殖。

含笑为著名的芳香树种，花半开，不能完全开放，开时常下垂，态似含笑。其树冠浑圆，绿叶葱茏，开花时节，苞润如玉，浓香扑鼻，深受人们喜爱。宜配植于庭院、建筑物周围、街坊绿地、草坪边缘和树丛林缘；可于门前对植，路边、林缘丛植，草坪边片植，安闲幽静，意趣尤浓。含笑对氯气有抗性，故厂矿绿化亦适宜。

(2) 醉香含笑(*M. macclurei* Dand)

乔木，树皮具棕褐色斑块，花白色，芳香。产华南各地，为重要的用材树种和城市绿化树种。

14.2.9.3 生长习性

白兰花性喜温暖、潮湿、阳光充沛和通风良好的气候。不耐阴，不耐酷热和灼日。木质较脆，枝干易被风吹断。土壤以微酸性、排水良好的砂质壤土为宜。在砂质土壤中，根系发达，深入土层。不易被风吹倒。根肉质，忌积水，抗烟力弱，在城市工矿区附近，容易遭到烟害，以致生长不良，甚至会枯死。白兰花耐寒力弱，在江浙一带盆栽的树，冬季要移入温室，温室内的温度应不低于8℃。

白兰花在南亚热带终年生长，在中亚热带气候条件下，每年春季抽发新梢，以夏花为主，秋花较少。一年发芽3～4次。在江南地区1年抽发3次新梢，第一次在清明前到谷雨，第二次在梅雨期，第三次在立秋前后。花期长达150d，以6～7月开花最盛。为了达到枝密、叶茂、花多和易采花的目的，常采用环剥方法，即植株高达2.5m时，在2～3月(南方地区)，长出新叶后，在部分枝条上进行环剥，称为圈皮“节水”。枝条的圈皮“节水”每年要轮换进行，使光合作用所形成的一部分养分不能转入根部，营养物质集中在部分枝条顶部，形成繁茂的枝叶，以增加开花量。另外圈皮“节水”后也达到部分矮化的目的。加之每年在春、夏花采收后，摘除枝上直生顶芽，促使其多生侧枝；同时，又采摘成熟老叶，有利于新叶生长，为多开花提供营养基础，既可增加第二次产花量，又使树冠逐年向四周扩展，并且树形不高，树冠宽大丰满，长势健壮。

白兰花种植3年后开始开花，一般4～5年后，就开始小量收花，10年生树即进入盛花期，在正常的年份每666m^2可产花350～500kg。以后随着树龄的增加，花量也随之增多，寿命达50～60年之久。

花期主要有两季，第一季在5～6月，第二季在8～9月；在暖和的南方，冬季11月还有少量花开放，这就形成了第三次收花。花的产量以第一次最高，占全年产量的60%～70%；第二次花量次之，约占全年产花量的25%～30%；第三次花量仅占全年产花量的5%～10%。

通常白兰花均在清晨开放。开放时，花瓣微开，散发出清新雅致的花香，随着花的逐渐开放，香气也变成浓郁的白兰特征香；但到全开放时，花瓣散开，花蕊暴露，此时香气变得淡而浊，并夹杂着花败气，香气品质变劣。

14.2.9.4 繁殖

白兰花可用扦插、高压和嫁接法进行繁殖。嫁接可用含笑、黄兰、辛夷等作砧木，目前均采用黄兰作砧木，以白兰花枝条做接穗的嫁接方法。最好选用开花枝作接穗，能促使早开花。嫁接后约50d，才能形成嫁接苗。嫁接苗初期生长缓慢，后期生长较快，开花较多，花朵较大，树的寿命较长。一般嫁接苗培育半年至1年之后就可以定植。

嫁接可用靠接和切接等方法。靠接可在2～3月选择株干粗0.6cm左右的黄兰作砧木上盆，4～9月在白兰花大树的枝条上进行靠接，尤以5～6月为宜。两者的切口长3～5cm，接合后用塑料条捆紧，使两者的形成层紧密结合。接后约 50d，嫁接部位愈合，即可将其与母株切离。新植株应先放在有遮蔽的地方，傍晚揭开遮盖物。要注意防风，以免在接处折断。切接可采用 1～2 年生粗壮的黄兰作砧木，于 3 月中旬的晴天进行。约 20～30d 后，顶芽抽发叶片。6 月上旬可开始施薄肥，到 8 月下旬停止施肥，10～11 月可挖起上盆，移入温室培育。一般当年生苗可高达 60～80cm，比靠接苗生长快 3～4 倍。

软枝扦插在 6～7 月剪取春季抽发的半老熟枝，剪成长 6～9cm 一段，插于繁殖箱或温床中，即可发根成活。

14.2.9.5 栽培管理

(1) 露地栽培

① 定植。如系水田栽培应高畦定植为宜。定植时株距约 6m，每 666m^2 约可种 24～26 株。一般定植 3～4 年后就开始产花，5～6 年可以成长小乔木。当白兰花未长成高树之前，为充分利用土地与光照条件，常可间种短期收获的农作物。

② 田间管理。白兰花是喜肥树，但肥料过于浓厚，根部非但不能吸收，反而造成肥害，使根部细胞枯死。施肥过量，会使枝叶徒长，影响花芽分化，减低产花量；而肥料不足，叶的先端变成黄色，渐次凋萎、脱落。肥可用腐殖肥、人粪尿、牛粪及化肥等。在 3～4 月间应施薄肥一次，以促进新枝叶的生长；在春花和秋花前，均应追施一次，以促进花蕾生长，达到多开花、花朵饱满和香气浓郁的目的。一年约施肥 5～6 次。如用豆饼、花生饼，必须先经过发酵，发酵后的豆饼应在离树盘 40～60cm 处挖坑埋入。这种肥料的肥效较好，时间保持亦久。盆栽多采用人粪尿和腐殖肥。在梅雨季节，不宜多浇水，水分过多不利于新根生长，也会造成根部腐烂，应注意排水。在生长期间，还要经常除草松土，一般可在施肥前进行，这有利于肥料和水分均匀渗入，根部得到充分吸收，促使植株生长旺盛。

每年冬季要用塘泥和河泥培土一次。此法亦适用于盆栽。如果枝叶生长过密，造成缺乏阳光影响生长时，就要修剪疏枝。

(2) 盆栽

盆栽白兰花，移植时要带土球。上盆或换盆时间以春季为宜。一般幼株每隔 1～2 年换 1 次，长大后可每隔 3～4 年换 1 次。换盆时不修根，用新土植入较大的花盆。换盆时间可在 4 月下旬～5 月上旬；盆以较浅的为好。盆栽白兰花必须用疏松、透气、含腐殖质丰富的土壤。可用腐叶土、泥炭土加 1/4 的珍珠岩和少量基肥配成培养土。若用透气差的细砂土或其他黏重土壤则生长不良，第一、第二年叶片发黄，部分老叶脱落；第三年根系明显衰弱，大部分叶片变黄，部分嫩叶出现褐斑状坏死，部分枝条枯死，甚至整株死亡。白兰花为肉质根，在透气性较差的盆土中栽培容易腐烂。通常，北方多用偏酸性的草炭土（用阔叶腐叶土、河沙、园土配制），并施以马蹄片、角片作基肥，其中河沙不少于 20%。南方多用山泥 6 份、腐殖土 3 份、干青苔 1 份配制盆土。

白兰花不耐旱也不耐湿，因此盆栽白兰花，可根据植株生长情况酌量增减浇水次数，宜少不宜多，不干不浇，浇必浇透。发育不旺的植株，应保持干燥状态，过湿易引起烂根，春季出房时要浇 1 次透水，以后每隔 1 日浇 1 次，每次必须浇足；夏季每天早、晚要各浇 1 次，盛夏时还需增加喷水次数。雨季注意排水。秋季可 2～3d 浇水 1 次；冬季应严格控制浇水，只要盆土保持湿润即可。对采花后和生长弱的植株，需减少浇水，并且水温不宜过冷，应与室温、盆土相差不大。

白兰花全年中要摘叶2～3次。一般第一次在2月上旬（立春）于温室中进行。摘叶前要先扣水，使叶片发软下垂，然后浇足水，待其恢复正常后，过2～3d，除保留顶端1～2片叶外（以便观察盆土干湿情况），将其余叶片全部摘去。第二次是在立秋“伏花”快开完的时候于露地摘叶，根据植株健壮程度来决定摘叶多少，一般为1/2～2/3。第三次摘叶在秋花后、进房前进行，适当摘去一些叶片。

施肥一般宜选用水溶性、速性肥料，如饼肥等。白兰花喜肥，冬季盆栽时用饼末、过磷酸钙、草木灰加水沤制作底肥。施肥要在出房后、新抽发的枝叶展开时才可开始，到进房前1个月停止施肥。开始施肥至6月，可每隔3～4d施1次肥；7～9月每隔5～6d施1次肥。白兰花开花期，隔3～4d施1次腐熟的有机肥。施几次肥以后，应停施1次。

白兰花耐寒力较差，在霜降至立冬前，应将盆花搬入温室越冬，放在阳光充足的地方欣赏。夜间温度10℃～12℃以上、白天18℃～25 ℃较适合。若日夜温度相等或昼低夜高则生长不良，易落叶。为了增强其抗寒能力，减少虫害，最好能让植株在露天经受几次寒露的锻炼，但如有寒流或霜出现，必须及时搬进室内。出房时间一般以清明后至谷雨前为宜。生长不健壮的病株，可延迟半月左右出房。移出室外时，放在日光较强的地方或初期稍加遮荫。北方栽培，易发生黄化病，可用0.2%硫酸亚铁水浇灌，以改善盆士缺铁及碱性大的现象。

14.2.9.6　应用

白兰花是我国的传统香花之一。白兰花树势高大，枝叶繁茂，花朵洁白，花香浓烈，在南方是园林中的骨干树种，也是极好的行道树种。在北方可盆栽，用来布置大门两旁、厅堂、会议室、会客室等处。花朵可做胸花、头饰，还可窨制茶叶。白兰花是采收呈微开状的花朵，一般在早晨6～9时进行。采摘时，花柄宜短。不要采摘未成熟的花蕾或前一天已开放的花朵。花和叶可入药。

14.2.10　米兰(*Aglaia odorata* var. *mirophylla*)

别名：米仔兰、树兰、鱼子兰、碎米兰、伊兰、四季米兰

科属：楝科，米仔兰属

14.2.10.1　形态特征

常绿灌木或小乔木，一般株高1.5～2m，最高可达4～5m。分枝稠密，小枝上端常被有星状锈色的小鳞片。奇数羽状复叶互生，小叶3～7枚，小叶具短柄，倒卵形，长约2cm，叶面光滑亮绿具蜡质。小型圆锥花序腋生，长5～10cm，略疏散，花小而繁密，花瓣5枚，黄色，极芳香，花萼5裂，具短梗。浆果，近球形，直径约1cm，内含种子1～2枚。花期从夏至秋。米兰见图14.12。

图14.12　米兰

14.2.10.2　主要种类与分布

米兰产于我国南部各省区和亚洲东南部。现在长江、淮河流域均有栽培。

同属植物约130种以上。常见栽培的米兰分大叶、小叶两类品种。大叶米兰每年开1次花，枝叶粗大，可作为米兰嫁接用的砧木；小叶米兰可四季开花。

14.2.10.3 生长习性

米兰性喜温暖、湿润、阳光充足的环境，能耐半阴。土壤以疏松、肥沃、深厚、微酸性为宜。不耐寒，除华南、西南外，需在温室盆栽。冬季室温保持在12℃～15℃，植株生长健壮，开花繁茂。

14.2.10.4 繁殖

米兰主要用高压和扦插繁殖。

(1) 高压繁殖

宜在5～8月间选1～2年生壮枝环状剥皮，待切口稍干再用苔藓或湿土、蛭石包裹，外用塑料薄膜上下扎紧，约50～100d生根后剪下上盆或移植。米兰高空压条最好在高温高湿的雨季进行，更易生根。

(2) 扦插繁殖

于6～8月剪取1年生木质化的旺盛枝条顶端的嫩枝，剪去下部叶片，削平切口，以河沙、膨胀珍珠岩或排水性好的砂黄土等材料作插壤，插床用塑料薄膜覆盖。有条件的可用全光照自动喷雾插床。一般插后50～60d开始愈合生根。扦插前使用50mg/L萘乙酸溶液浸泡15h，有促进生根效果。

成活的幼苗生长较慢，喜阴。换床分栽或上盆的小苗应进行遮荫，切忌阳光暴晒。1个月后，幼苗开始长出新根和新叶时，可每2周施稀释饼肥水1次，水量要控制。

14.2.10.5 栽培管理

米兰在南方露地可以越冬，在江淮流域和华北温室盆栽，冬季最低温度需保持12℃以上。因冬季较冷，应在“霜降”前移入室内，室温保持在10℃～12℃为宜，一般不低于5℃才可安全过冬。冬季米兰进入休眠期，应停止施肥。土壤保持不干不湿，过干叶易脱落；过湿则易烂根，叶发黄，所以要适量浇水。

根据各地气温情况，一般在4月下旬和5月上旬移出温室。米兰不能过早出温室晒太阳，如受低温和干风影响会因落叶、枝条干缩而死。出房后不要遮荫，应经常喷水，保持湿润。夏季每天下午可浇1次矾肥水，早上喷1次清水，雨季结合松土，可在盆内追施一些马掌片或饼肥，与盆土混合，以利植株吸收。9月后停止施肥，控制浇水量，以备越冬。在气温高、通风条件差的环境下，米兰容易受红蜘蛛、介壳虫及煤烟病的危害，要及时防治。

14.2.10.6 应用

米兰树姿秀丽，枝叶茂密，叶色葱绿光亮，花香似兰，宜盆栽陈列客厅、书房、门廊。在南方可植于庭院，四季常绿、花香馥郁，是绿化环境、香化住室、观赏价值很高的花卉。米兰花可熏茶，能提取芳香油。花入药可行气解淤，根能治疗疔疮。木材细致可用于雕刻和制造家具等。

14.3 一般木本花卉

14.3.1 叶子花（*Bougainvillea glabra*）

别名：九重葛、三角花、勒杜鹃、宝巾

科属：紫茉莉科，叶子花属

原产巴西。木质常绿大藤本，有枝刺。叶无毛。花3朵附着于3片并生的大形苞片上，苞片淡紫红色。叶子花见图 14.13。

图 14.13 叶子花

叶子花属共 18 种,我国引种有毛叶子花,枝叶均被短毛,苞片常砖红色。更不耐寒,宜在 10℃以上越冬。

近年育出很多花色的园艺品种,有白、红、橙、淡褐、橙黄、红紫、粉红色等。还有各色的重瓣品种。并育出株高 50cm 的矮生品种,和株高不到 200cm 的半矮生品种,适于盆栽。

性喜温暖湿润环境,适于在中温温室栽培。叶子花喜热怕冻,4℃以下便落叶,冬季室温不可低于 7℃。较耐炎热,气温达 35℃以上仍可正常生长。高气温下可周年开花。华南地区可以露地越冬。生长期对水分需要量较大,水分供应不足,容易产生落叶现象。要求光照充足,光照充分则着花多。每日 9h 光照经 45d 即可整齐开花。光线不足,新枝生长细弱,叶片色暗淡。对土壤要求不严,但以疏松肥沃的砂质壤土为宜。

繁殖采用扦插法。温室扦插可在 1～3 月进行,选充实成熟枝条,插入沙床中。室温 25℃,约 1 个月生根,发根后即可上盆。若露地扦插可在花谢后进行。用 20mg/L 的 IBA 处理 24h,有促进插条生根的作用。对于扦插不易生根的品种,可用嫁接法或空中压条法繁殖。

繁殖成活后,及时上盆。盆土以壤土、牛粪、腐叶及沙等混合堆积腐熟,使用时再掺入适量的骨粉。盆栽时矮化为直立灌木,要控制生长,不产生徒长枝。栽培过程中要经常摘心,以形成丛生而低矮的株形。也可设支架,使其攀援而上。叶子花属喜光植物,无论在室内或露地栽培,都要放置或栽植在阳光充足的地方。春天发芽前进行换盆,夏季和花期要及时浇水,花后应适当减少浇水量。生长期每周追施液肥 1 次,花期增施几次磷肥。开花期落花、落叶较多,要及时清理,保持植株整洁美观。花后进行整形修剪,调整树势,将枯枝、密枝、病弱枝及枝梢剪除,促生更多茁壮的新枝,保证开花繁盛。大约 5 年可以重剪更新 1 次。冬季要控制浇水,使植株充分休眠,到来年春夏会更加花繁色艳。

为满足节日布置的需要,可使叶子花在"五一"、"十一"开花。叶子花的正常花期是 5～8 月,5 月中旬为盛花期。如"五一"布置用,要进行加温处理,在室温 20℃以上条件下,经 40～50d 即可开花。若"十一"布置用,要遮光进行短日照处理,每天 8h 光照,约 60d 开花。

叶子花属植物是攀援灌木,生长旺盛,在热带地区能攀援十余米高,常在被攀援树木的树冠上开花,十分壮观。花期极长,在我国昆明地区可露地越冬,几乎全年开花。盛花时节,一片火红、一片橙黄,着眼欲迷、艳丽无比,在华南地区是十分理想的垂直绿化材料,可用于花架、拱门、墙面覆盖等,也适于栽植在河边、坡地作彩色的地被应用。叶子花耐修剪,萌发力强,是制作桩景的良好材料。在长江流域以北,是重要的盆花,可用以布置夏、秋花坛。也偶作切花。

14.3.2 玉兰花 (*Magnolia denudate* Desr)

别名:白玉兰

科属:木兰科,木兰属

落叶乔木。树冠卵形或扁球形,树皮灰褐色;嫩枝及冬芽均被灰褐色绒毛。单叶互生,倒卵状椭圆形,先端突尖。花顶生,前一年秋季形成花芽,先花后叶;花白色具香气,萼片与花瓣相似,共 9 枚。蓇葖果,熟时暗红色;种子具鲜红色假种皮。其变种紫花玉兰,花被外面紫红

图 14.14 玉兰花

色，里面淡红色。玉兰花见图 14.14。

玉兰产于我国中部各地山区，自秦岭到五岭均有分布。各地庭园栽培，已有近千年历史。

玉兰性喜向阳、温暖湿润而排水良好土壤，要求土壤肥沃、富含有机质。肉质根，不耐积水；可能有菌根伴生，移植需带原土。具一定抗寒性，能在－20℃条件下安全越冬，亦能在半阴环境生长。

多用木兰为砧木嫁接繁殖，或高枝压条。扦插可于 6、7 月间选当年生的嫩枝，用 α-萘乙酸 500ppm 浸蘸插穗后，在塑料薄膜覆盖下扦插，成活率可达 70% 左右。此外播种繁殖也广泛采用。应注意种子采后立即处理，先将红色假种皮用草木灰浆搓去，及时沙藏，次年春播，或者处理后即时秋播。

幼苗出土后第一、二年盛夏期应适当庇荫，切勿暴晒；冬季寒冷地区还应适当保护越冬。但播种植株一般花型较小，花被瓣片窄长而薄，外面基部有红斑，常有生长十余年而不开花者，应注意培养。通常 10 年生都可开花，未开花者往往是生长过旺，可适当剪去过旺枝条，保留小分枝，促进花芽分化。修剪时间应掌握在萌动之初或新芽形成之时。因玉兰伤口愈合能力弱，过早修剪容易造成伤口干枯；深秋修剪，养分已回流，也易干枯。一般情况下不必修剪。

移植玉兰不宜过早，以花落后叶芽尚未打开时最好，最早也应在发现花芽鳞片张开初期。过早移植，因树液刚开始流动，挖掘时断掉部分根系而影响继续供应水分和养分，影响成活。玉兰喜肥，但忌大肥，施肥应多用腐熟有机肥，以春季花前和伏天两次为好，伏天施肥对新花芽形成极为重要。新栽植树可不施肥，待伏天根系生长好后再施。花后叶芽膨大到展叶期，北方往往干旱缺雨，应注意适当浇水，保证新叶及幼枝生长健壮，有利伏天花芽分化。

玉兰是著名花木，各地园林和寺庙多有栽培。我国素有“玉棠富贵”之说，即将玉兰、海棠和牡丹三种花木同栽。不但可以在堂前点缀庭院，也可列植路旁或大型建筑物、纪念性建筑前，草地一角；常绿树丛中孤植、丛植均可。早春开花，花朵洁白如玉而又香气如兰，成为春季观赏一大盛事。花梗是插瓶欣赏佳品；花瓣还可窨茶和制作糕点，花蕾、树皮均可入药。

14.3.3 扶桑(*Hibiscus rosa-sinensis*)

别名：佛桑、朱槿、大红花、朱槿牡丹

科属：锦葵科，木槿属

常绿灌木，在栽培中常整成小乔木状，盆栽株高可达 1.5～3m。茎直立，多分枝，树皮灰色，表面粗糙。单叶互生，阔卵形，有光泽，深绿色，先端渐尖，叶缘具大小不同的粗锯齿或有浅缺刻，基部全缘。单花生于枝条顶部的叶腋间，花梗细长，作半下垂状，花冠成漏斗状；花心细长，伸出花外；花萼杯状 5 裂，绿色，花径约 10cm，单瓣或重瓣，花色有鲜红、粉红、大红、橙、黄、白等。叶片亦有大有小。花期很长，全年开花不断，每朵仅开 1～2 天。扶桑花有朝开暮谢的特性。在长江流域以北，每年 5 月初开花，直至霜

图 14.15 扶桑

降。蒴果，椭圆形，光滑，有喙，盆栽者多不结实。扶桑见图 14.15。

扶桑原产于我国华南地区，现南北各地栽培极为普遍，云南和四川的南部也有野生分布。

扶桑主要品种有：

单瓣扶桑。花冠呈滤斗状，蕊柱粗壮，伸出花冠之外，多为鲜红、大红或粉红色。

重瓣扶桑。北京地区把这种扶桑叫做朱槿牡丹，其花蕊和蕊柱均瓣化成花瓣。花瓣相互叠在一起，花型不固定，有粉红、大红、橙、黄等多种花色，还有复色。

主要变种斑叶扶桑，叶上有红色和白色斑，为观叶变种。

扶桑在美国的夏威夷极受重视，被定为夏威夷的州花，并大力进行杂交育种工作，育出了众多的品质优异的品种，达3 000个以上。参加杂交的主要种有：*H. arnottianus*、*H. kokio*、*H. waimeae*、*H. denisonii*、*H. schizopetalus* 和 *H. rosa-sinensis* 等。这类品种称扶桑已不确切，特称之夏威夷扶桑(*Hawaiian Hibiscus*)，是种间杂交种，品种繁多，有单瓣、复瓣和重瓣类型，花有大花和小花之分，花色有纯白、灰白、粉、红、深红、橙红、橙黄、黄和茶褐色等。

扶桑喜温暖湿润气候，不耐寒，属强阳性植物，在阳光充足、通风良好的条件下生长更佳。枝条萌芽力强，耐修剪。极不耐阴。除原产地外均作温室花卉盆栽。要求富含腐殖质的肥沃土壤，对酸碱度不太敏感。

扶桑常用扦插和嫁接方法繁殖，以扦插为主。

老枝、嫩枝均能插活，发根适温为 20℃～25℃，5～6 月扦插成活率最高。扶桑的节间较短，采条不要过长，最好剪取枝梢部分，长 10cm 左右，上带叶片 2 枚，并剪去叶片的 1/2～1/3，在基部节下用利刀削成马蹄形，插入素沙土内，深 2cm 即可。然后庇荫保湿，30～40d 生根。长江以南 1～2 月即可进行扦插，长江以北 3～4 月可在室内进行扦插。带顶芽扦插更利成活。

嫁接多用于扦插成活率低的重瓣品种，枝接、芽接均可。砧木用单瓣扶桑。嫁接苗当年就可开花。

用 4 份砂壤土、1 份粪土，搅拌均匀成盆土，盆底先置放一些基肥，或碎小骨块。上盆后浇透水，以后每天浇水 1 次，置于阴处。4～5d 缓苗后，放置阳光充足处。苗高 15cm 左右时摘心，促发新枝。幼苗发根后先用旧盆土上入小花盆内，放在荫棚下养护 20d 左右，待新梢长长后再用加肥培养土换入略大的花盆内，然后放在阳光下养护。扶桑喜肥，可在腐叶培养土内混入 20%的厩肥或 10%的鸡鸭粪，最好在花盆四周施入马蹄片。

前 4 年每年翻盆换土 1 次，逐年换入大盆，以后 2～3 年翻盆换土 1 次，最后换入木桶。在生长旺季每 10d 左右追施 1 次液肥，10 月中旬移入高温温室越冬，来年 4 月下旬再移到室外。扶桑喜阳光，4 月下旬出室后，应放在背风向阳处，并及时进行修剪，疏枝短截，保证生长旺盛，以利抽枝开花。3 年以上盆栽的扶桑要换盆。在生长季节每周浇施稀肥 1 次，春夏以氮肥为主，秋季以磷肥为主，促使枝茂花多。10 月下旬移入室内，冬季停肥控水。

扶桑生长迅速，整形应从苗期开始，首先要保留 25cm 左右高的一段主干，不要使它们长成灌木丛状。每年早春应在温室内对所有的侧枝进行短截。如果修剪过晚，新梢不能提前发出，会使花期推迟。

扶桑花形多样，花色艳丽，花期很长。重瓣扶桑花瓣丰满，形似牡丹，故称朱槿牡丹。在我国南方多散生于池畔、亭前，又是花篱的好材料。盆栽扶桑，枝密花繁，雅丽大方，用来布置居室、点缀会场，更显示出一派喜气洋洋的热烈气氛。扶桑根、叶、花均可入药，清热解毒，利尿消肿。茎皮纤维可制编织袋。

14.3.4 金丝桃(*Hypericum chinensis*)

别名：金丝海棠、照月莲、土连翘、夜来花树

科属：金丝桃科，金丝桃属

图 14.16 金丝桃

常绿或半常绿灌木，高 1m 左右。全株光滑无毛，分枝多。小枝对生，圆筒状，红褐色。幼枝有 2～4 纵棱。单叶对生，无柄，椭圆至长圆形，长 2～10cm，具透明腺点，全缘，端钝尖，基楔形。花单生或 3～7 朵集合成聚伞花序，顶生，金黄色，有金属光泽；雄蕊极多，花丝与花瓣近等长；花柱合生，蒴果，卵圆形。花期 6～7 月，果期 8 月以后。金丝桃见图 14.16。

金丝桃原产我国，现各地均有栽培。金丝桃属约 400 种，我国约 50 种，灌木类多有观赏价值。其中金丝梅(*H. patulum*)常见栽培，叶卵形，雄蕊短于花瓣，花柱分离。其他栽培的还有长柱金丝桃(*H. longistylum*)及川滇金丝桃(*H. forrestii*)等。

金丝桃为暖温带树种，稍耐寒。喜光，略耐阴，适应性较强，性强健，常野生于湿润的河谷或溪旁半阴坡的砂质壤土中。栽培以肥沃的中性土壤最为适宜。畏积水。北方多盆栽，长江以北栽培，多成半常绿。

用分株、扦插和播种等方法繁殖。分株在 2～3 月进行，最易成活。扦插多在梅雨季节进行，用嫩枝作插条，插条最好带踵。插后当年可长到 20cm 左右，翌年可地栽，3 年可长到 70cm 左右，这时可出圃。播种宜在春季 3 月下旬～4 月上旬进行。因种子细小，覆土宜薄。播后要保持湿润，3 周左右可以发芽。苗高 5～10cm 时可以分栽，翌年能开花。移植在春、秋季进行。每年花后需剪去凋谢的花朵。冬季需培土防寒。在北方，宜种在背风向阳处。

金丝桃雄蕊尤长，散落花外，灿若金丝，而且枝柔披散，叶绿清秀，为南方庭园中常见的观花树木。适于假山石旁、庭院角隅、门庭两侧、花坛花台中配植；园林中常大片群植于树丛周围或山坡林缘，构成林下浑厚、丰满的景观。夏日骄阳当空，于芳草绿荫之间，逸出金黄耀眼之花，倍觉绚丽清适。若在入口对景的山石小品中配植一二，有增加色彩变化的效果；作花篱或盆栽，亦甚适宜。是良好的药材。

14.3.5 八仙花(*Hydrangea macrophylla*)

别名：绣球、阴绣球、草绣球、斗球

科属：虎耳草科，八仙花属

落叶灌木，高 1～3m。叶对生。伞房花序具多花，水量大，适于通气良好、保水力强、pH 值 5.5～6.0 的土壤。pH 值过高易因缺铁而黄化。因此，在自然条件下，夏末秋初时日照渐短、气温日低，花芽便开始分化。据测定，在 18℃以下约 6 周 10h 短日照，花芽即分化完成。八仙花见图 14.17。

图 14.17 八仙花

八仙花原产东亚。在我国久经栽培。八仙花的花色因品种不同，开花后也随时间的推移而改变，更受土壤的影响。经研究，土壤中的 Mo、Al 及肥料中氮、磷、钾的比例影响花色。Al 的吸收与

土壤 pH 值有关。据研究,蓝色花的土壤 pH 值应为 5.5,氮、磷、钾以 25∶5∶30 为当;粉红花 pH 值应为 6.0,氮、磷、钾为 25∶10∶10。

八仙花多散栽于露地或大盆中使长期自然开花。4～8 月间取带叶新梢进行硬木扦插。插条可用顶梢,剪成长 9cm,带 2～4 对叶,也可 1 节 2 芽或将单节插条纵剖成 1 叶 2 芽使用。插条用低浓度生根剂处理,大约 3～4 周生根。早插苗可摘心两次,迟插苗不摘心。依扦插时间、插条种类及盆的大小每盆栽 1～5 枝花。最后一次摘心在 7 月上旬前完成。摘心时至少必须留 2 对以上的叶。生根后即时上盆,在室外培育,加强肥水管理,夏季适当遮光。入秋在短日照及低温下完成花芽分化。冬季及早春短日照使花停止生长,停留在雌蕊形成阶段(G 时期),生产上称为总休眠。在自然条件下只有至次年夏季 6～7 月才开花。可通过低温处理使其提早开花。将花芽已分化完全的植株的叶片去掉,移入 2℃～9℃有光环境下冷藏 6 周,休眠即被打破。用 GA_3 处理或在长日照下不冷冻也同样可打破休眠。冷藏结合 GA_3 处理效果更好。休眠破除后花序又开始生长,直径达 1.5～2.0cm 时用 10mg/L 的 GA_3 喷 1～2 次,可提早 1～2 周开花。

若要"五一"开花,应 4 月下旬扦插;6 月下旬最后一次摘心;8 月下旬自然进入花芽分化;10 月下旬去叶后在 2℃～9℃下冷藏;12 月上旬换盆并在夜温 15℃、日温 20℃左右催花,开花早迟与温度高低有关;2 月上旬,当花序直径达 0.5cm 时移至夜温 12℃下,至 4 月底开花。

八仙花柔枝纷披,碧叶葱葱,清雅柔和,风姿自然,繁英如雪,聚集如球,犹如蝴蝶成团,丰盛娇妍,花色能蓝能红,艳丽可爱,宜配植在林丛、林片的边缘或门庭入口处,对植于乔木之下;若点缀于日照短的湖边、池畔、庭院,花色既艳,姿态亦美;配植于假山、土坡之间,或列植成花篱、花境,更觉花团锦簇,悦目怡神。八仙花用于盆栽,可供室内欣赏,也可用于工厂绿化。

14.3.6 海棠花(*Malus. spectabilis*)

科属:蔷薇科,苹果属

海棠是我国久经栽培的名花,是苹果属(*Malus*)一些观花种的统称,包括山荆子(*M. baccata*)、垂丝海棠(*M. haliana*)、湖北海棠(*M. hupehensis*)、西府海棠(*M. micromalus*)、楸子(*M. prunifolia*)、海棠花(*M. spectabilis*)及其变种与杂交种。

海棠的各种形态相似,均为落叶小乔木,叶缘有细齿。花数朵集生成花序,花有长梗,瓣白色至粉红色;雄蕊 15～25 枚;花柱 3～5。梨果,较小,径 2.5cm 以内。2～5 月开花。海棠见图 14.18。

图 14.18 海棠

海棠喜冷凉气候,抗寒耐旱,荫庇则花少。开花期集中,盛开时花红一片,颇为壮观。花期 10～14d。

海棠类观花树种多数为我国传统花木,它们春天开花,形体挺秀,修柯柔枝,叶茂色艳,宛若婷婷少女,妩媚动人,美丽可爱。花时盛若绮霞,色赛胭脂,英英点点,尤为悦目。

海棠栽培容易,可用播种、压条、分株、根插和嫁接等法繁殖。种子有休眠特性,需层积或冷冻处理。实生苗约需 7～8 年生才能开花,且多不能保持原来特性,故一般多用营养繁殖法嫁接,芽接或枝接均可。压条、分株多于春季进行。定植后每年秋季可在根际培一些塘泥或肥土。春季进行一次修剪,将枯弱枝条剪去。海棠生长迅速，发枝力强，重剪后易生徒长枝。春旱时进行1～2次灌水。要注意及时防治病虫害，在早春喷石硫合剂可防治腐烂病等。在桧柏较多之处易发生锈病，宜在出叶后喷几次波尔多液进行预防。

海棠宜配植门、厅入口两旁、亭台、院落、角隅、堂前、栏外、窗边、草坪、水边、湖畔、公园游步道旁，或群植于大庭园中；亦可作树桩盆景及切花材料。海棠盆景更别具风趣。海棠对二氧化硫有较强抗性，适宜于厂矿绿化、美化。

14.3.7 桃花（*Prunus persica*）

科属：蔷薇科，李属

桃花原产我国，2000年前经波斯传至欧洲，现全世界广泛栽培，一类供赏花，另一类为著名水果。

图14.19 桃花

桃花赏花品种甚多，根据树型、叶色、花型、花色的不同而分。如枝梢下垂的为垂枝桃，花有白、粉红、红等色；节间短缩，株矮花密的称寿星桃，花有白、粉红、红等色，宜于盆栽；叶终身紫红的为紫叶桃，花瓣红色，单瓣或重瓣；重瓣品种常称为碧桃，依花色不同又分白碧桃、粉碧桃、红碧桃及洒金碧桃等。桃花见图14.19。

桃花为落叶小乔木。多为复花芽。喜光，耐旱，喜肥沃而排水良好的土壤，不耐水湿，如水泡3～5d，轻则落叶，重则死亡。植于碱性土及黏重土时，树冠较小。喜夏季高温，但宜冷凉气候，有一定的耐寒力，冬季能耐－20℃低温，除酷寒地区外均可栽培。开花时节怕晚霜。根系较浅，忌大风。

桃的繁殖以嫁接为主，各地多用切接或芽接。砧木多用山桃、毛桃或单瓣种的1～2年生实生苗。春季切接或秋季芽接均极易成活。寿星桃可作其他桃的矮化砧；郁李也有矮化性，但常用李作中间砧。此外，还可用播种、压条法繁殖，一般不用扦插。种子有休眠特性，应先层积、冷贮或用GA_3处理才能发芽。桃树作为果园经营时，要注意早、中、晚熟品种和授粉树的搭配。

桃生长快，一年中可生3～4次副梢，2年生幼树即可开花，但树龄较短。寿命一般只有30～50年。桃树进入花果期的年龄很早，一般定植后1～3年就开始开花结果，4～8年达花果盛期。生长势与发枝力皆较梅强，但不宜持久，约自15～20龄起逐渐衰老。大多数品种以长果枝开花结果为主，但有少数品种多在中、短果枝、花束枝上着生花果。花芽分化一般在7～8月间。自交结实率很高，异花授粉能提高产量和品质。

桃花株行距3～5m，修剪可较重，多进行杯状整形，并注意施肥、灌水等管理措施。观赏品种的栽培可稀可密，视品种习性及配景要求而定。修剪宜轻，且以疏剪为主，多整成自然开心形。施肥、灌水多在冬、春施行。南方多秋植，北方多春植，要施足基肥，灌足定根水。雨季要注意排水。

桃花久经栽培，广泛应用品种达千以上。花开时节，烂漫芳芬，妩媚诱人，不论食用种、观赏种，盛开时节皆"桃之夭夭，灼灼其华"，加之品种繁多，着花繁密，栽培简易，故南北园林皆多应用。可在风景区大片栽种或辟专园种植，形成"桃溪"、"桃圃"、"桃园"、"桃坞"，花时凝霞满布，红雨塞途，令人流连忘返。此外孤植、丛植于山坡、水畔、石旁、墙际、庭院、草坪边俱宜，但须注意选阳光充足处，且注意与背景之间的色彩衬托关系。碧桃尚宜盆栽、催花、切花或作桩景等用。寿星桃株矮花繁，色泽艳丽，适于制成盆景。我国园林中习惯以桃、柳间植水滨，形成"桃红柳绿"之景色，但要注意避免柳树遮桃树的阳光，同时也要将桃植于较高燥处。

14.3.8　日本樱花(*Prunus yedoensis*)

别名：东京樱花

科属：蔷薇科，李属

落叶乔木，高可达16m，树皮暗灰色，平滑；小枝幼时有毛，叶卵状椭圆形或倒卵形，长5～12cm，先端渐尖或尾尖，基部圆，稀楔形，叶缘有深锐重锯齿，叶柄近顶处有2腺体。花白色至粉红色，径2～3cm；常为单瓣，微香，萼筒管状，有毛；花梗长约2cm，有短柔毛；3～6朵成短总状花序。白色微淡红，径2～3cm。花期4月，与叶同放或先叶开放。果近球形，黑色。日本樱花见图14.20。

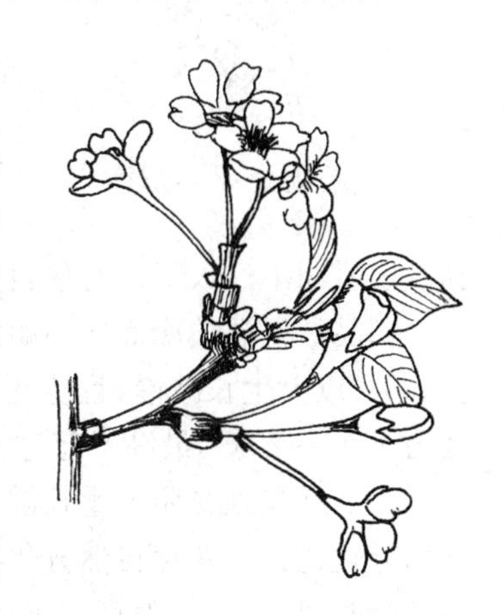

图14.20　樱花

日本樱花原产日本，我国广为栽培，尤以华北及长江流域各城市栽培观赏为多。变种、变型有：

① 粉霞樱(*P. taizanfukum*)。又名泰山府君，系东京育成的优良类型，树体高度中等，花重瓣，粉红色。

② 彩霞樱(*P. shojo*)。亦称少女樱，花型大，重瓣，粉红色，外部色更浓。

③ 垂枝江户樱(*P. perpendens*)。亦称垂枝染井樱，枝条细长，下垂，花梗及萼均有毛。

称为樱花的植物甚多，我国常见栽培的还有：

④ 日本晚樱(*P. lannesiana*)。叶缘有具长芒的锯齿。花大，径达5cm，重瓣，花梗长而花下垂，有淡粉、深红、淡绿等品种。原产日本，我国北部及长江流域多有栽培。以花大而艳丽引人注目。

⑤ 樱花(*P. serrulata*)。与日本晚樱相似，但花较小，一般为单瓣，亦有重瓣品种。原产我国北部及东部，朝鲜、日本亦产。我国北方及日本均有栽培。

日本樱花又名江户樱花、吉野樱花以及大和樱花，系日本国花，以其繁花烂漫、素雅清香、淡雅端庄的风姿，赢得了日本及我国人民的喜爱。

日本樱花喜光、较耐寒，对土壤的要求不甚严格。低湿地不宜栽培。生长较快但树龄较短；盛花期在20～30龄，至50～60龄进入衰老期。用嫁接法繁殖，砧木可用樱桃、山樱花、尾叶樱及桃、杏等实生苗。栽培管理较简单。春天开花时满树灿烂，很美观，但花期很短，仅能保持1周左右即谢尽。

日本樱花宜于山坡、庭院、建筑物前及园路旁栽植，尤适于片植。于草坪、溪边、林缘、坡地或列植于公园游步道两旁，与庇荫树配植，对比鲜明，尤具特色。

14.3.9　一品红(*Euphorbia pulcherrima*)

别名：圣诞花、猩猩木、象牙红、老来娇

科属：大戟科，大戟属

图 14.21 一品红

常绿或半常绿灌木，高 1～3m。植物体各部具白色乳汁。枝光滑无毛。叶全缘或浅裂。杯状聚伞花序在枝顶陆续形成，每一花序只具 1 枚雄蕊及 1 枚雌蕊，下方具一大形鲜红色的花瓣状总苞片，是观赏的主要部分。栽培品种有白、粉、红及复色。果为蒴果。原产墨西哥，后传至欧、亚各洲。我国各大城市均有栽培。一品红见图 14.21。

一品红依分枝习性不同分为两大类，每类中均有一些主要品种，每一品种又因芽变及人工选择又分出不同色彩的品种。

① 标准型品种。最早栽培的品种 Early Red 为典型代表，幼时不分枝，近于野生种，植株高。

② 多花型品种。多花型品种或称为自然分枝型品种，生长到一定时期不经人工摘心便自然分枝，自然形成一株多头的较矮植株，更适于盆栽应用。

一品红喜温怕冷而绝不耐霜冻。在光照充足时，20℃～30℃生长最佳；12℃以下便停止生长；35℃以上生长减慢，且茎变细，叶变小成畸形，插条也延迟生根。花芽分化发育时，白天温度为 17℃～25℃，最高不超过 28℃。

一品红在强光照下生长健壮。一品红是典型的短日性植物，每天 12h 以上的黑暗时间便开始分化花芽。花芽自然分化期为 10 月初～次年 3 月上旬。花芽发育比花芽分化要求更长的黑暗时间，以 15h 为宜。花芽发育期中，总苞片充分发育成熟前中断短日照则发育停止并转为绿色。每天用 100lx 的白炽灯加光 2h，冬季短日照下也能继续营养生长，不进行花芽分化。

一品红均用绿枝扦插繁殖，插条采自专门培育的母本，一般于 3～6 月间用已生根的扦插苗作母本，盆栽或苗床上。定期摘心以促进分枝。标准型品种在高 20～30cm 时摘心，此后每隔 4 周再摘一次心，如此继续下去，最后一次摘心在预计采取插条前 5 周完成。采取插条后 4～5周又可剪取第二次插条。扦插一般在 7 月中旬～9 月下旬间进行。透气性好的基质能促进生根。生根最适土温为 21℃～22℃，7d 开始形成愈伤组织，14～21d 开始生根。用低浓度生根剂处理，有助于生根。

一品红多在温室内盆栽。栽培方式有二：一为标准型，用标准品种，不摘心，每株形成 1 枝花；另一为多花型，用自然分枝品种或标准品种，经摘心后每株形成数个花枝。标准型用 12cm 以下的小盆栽培，每盆种 1 苗，15cm 的盆种 3 株，20cm 的盆种 8～10 株。多花型用 15cm 以下的小盆栽培，每盆种 1 株，20cm 的盆种 3～4 株。

从幼苗开始就应注意肥水管理，幼苗期生长不良将降低成株品质。一般在扦插后 1 周，当愈伤组织形成时施用 0.06％硝氨，再 1 周开始生根后施用一次完全肥料。以后肥料的浓度依施肥方式而异，每次浇水中均混入含氮、磷、钾(6∶1∶3)的化肥。氮的浓度约 250mg/L；若每周施肥一次，浓度可加大 1 倍或更高，但氮的总浓度不能超过 750mg/L。摘心后要不断喷水及适当遮荫以保持约 1 周的高空气湿度，有利于侧芽的生长。

植株高度的控制除受品种、营养生长期长短及光照、温度、放置密度等栽培条件左右外，常用生长调节剂处理。因低温或品种原因达不到需要株高时，在 10 月中旬左右用 20mg/L 的 GA_3 叶面喷洒。GA_3 同时能延缓叶、总苞片及花序的脱落。当花芽开始分化时，茎尖保留 6～7个未伸长的节间；若不加控制，植株会生长过高。生长抑制剂有 CCC、B_9、A-Rest 及乙烯丰等。

短日照处理是控制花期的必要措施，大约在预计供花前3个月进入短日照。我国相当于北京纬度的地区，元旦或春节用花，不需人工遮光，10月上旬已进入能满足花芽分化的短日照时期。其观赏部分是色泽鲜艳的大形总苞片，观赏期长而备受欢迎，成为圣诞、元旦及春节期间的重要花卉。

14.3.10 栀子花(*Gardenia jasminoides*)

别名：黄栀子、白蟾花、山栀、重瓣栀子

科属：茜草科，栀子属

原产我国长江流域以南各省区。常绿灌木。枝丛生，幼时具细毛。叶对生或3片轮生，有短柄，革质，色翠绿，表面光亮。花大，白色，有芳香，有短梗，单生于枝顶。果实卵形，橙黄色。花期4～5月，果期11月。栀子花见图14.22。

图14.22 栀子花

常见栽培观赏的变种有：

① 大栀子花(var. *grandiflora*)。叶大，花大，有芳香。

② 卵叶栀子花(var. *ovalifolia*)。叶倒卵形，先端圆。

③ 狭叶栀子花(var. *angustifolia*)。叶较窄，披针形。

④ 斑叶栀子花(var. *aureo-variegata*)。叶具斑纹。

同属与本种相近似种有雀舌花(*G. radicans*)，矮小灌木，茎匍匐，叶倒披针形，花重瓣。

栀子花喜温暖，好阳光，但又要求避免强烈日光直晒。喜空气湿度高、通风良好的环境。宜疏松、湿润、肥沃、排水良好的酸性土壤，是典型的酸性土植物。耐寒性差，温度在－12℃以下，叶片受冻而脱落。

栀子花用扦插、压条、分株和播种繁殖。分株和播种均以春季为宜。扦插以嫩枝作插穗，在梅雨季进行，成活率高。压条在4月上旬选取2～3年生强壮枝条处理。移植宜在梅雨季进行，植株需带土球。夏季要多浇水，增加湿度。开花前多施薄肥，促进花朵肥大。

栀子是叶肥花大的常绿灌木，主干宜少不宜多。其萌芽力强，如任其自然，往往枝叶交错重叠，瘦弱紊乱，失去观赏价值，因而，适时整修是一项不可忽视的工作。栀子于4月孕蕾形成花芽，所以4、5月间除剪个别冗杂的枝叶外，一般应重在保蕾。6月开花，应及时剪除残花，促使抽生新梢。新梢长至2、3节时，进行第一次摘心，并适当抹去部分腋芽。8月对二次枝进行摘心，培养树冠，就能得到有优美树形的植株。栀子在pH值5～6的酸性土中生长良好。北方呈中性或碱性的土壤中，应适期浇灌矾肥水或叶面喷洒硫酸亚铁溶液。

栀子花枝叶繁茂，叶色亮绿，四季常青，花大洁白，芳香馥郁，又有一定耐阴和抗有毒气体的能力，故为良好的绿化、美化、香化树种，可成片丛植或配置于林缘、庭前、院隅、路旁，植作花篱也极适宜，作阳台绿化、盆花、切花或盆景都十分相宜，也可用于街道和厂矿绿化。根、叶、果均可入药。花含芳香油，可作调香剂。

14.3.11 瑞香(*Daphne odora*)

别名：睡香、瑞兰、蓬莱花

科属：瑞香科，瑞香属

图 14.23　瑞香

原产我国，分布于长江流域以南各省区。日本亦有分布。常绿灌木，小枝带紫色。叶互生，长椭圆形、表面深绿色，全缘。花密生成簇，白色或带红紫色，有芳香。头状花序顶生。核果。花期2～3月。瑞香见图14.23。

常见栽培变种有：

① 毛瑞香。花白色，花瓣外侧有绢状毛。

② 边瑞香。叶边缘金黄色。花淡紫色，花瓣先端5裂，白色，基部紫红，香味浓烈，为瑞香中之珍品。南昌市花。

③ 薇红瑞香。花淡红色。

同属植物约有80种，我国有35种，常见的有：

④ 尖瓣瑞香(*D. acutiloba*)。常绿灌木。花白色，产于湖北、云南、四川。

⑤ 橙黄瑞香(*D. aurantiaca*)。常绿小灌木。花橙黄色，有芳香，产于云南。

⑥ 黄瑞香(*D. giraldii*)。落叶小灌木。花黄色，有微香，产于陕西、甘肃、四川、青海。

⑦ 白瑞香(*D. papyracea*)。常绿小灌木。花白色，有芳香，产于广东、广西，云南、贵州、四川、湖南。

⑧ 凹叶瑞香(*D. tangutica*)。常绿小灌木。花淡红紫色，有芳香，产于陕西、甘肃、四川、云南。

瑞香喜阴凉通风的环境。不耐寒。怕高温伴随的高湿，尤其一些园艺变种，遇烈日后潮湿易引起萎蔫，甚至死亡。要求排水良好、富含腐殖质、肥沃的酸性土壤。忌积水。萌芽力强，耐修剪，易造型。忌日光暴晒。

瑞香繁殖以扦插为主，也可压条、嫁接或播种。

在春、夏或秋季都可进行扦插。剪取母树上顶部枝条，长8～10cm，带踵，保留顶部叶片，插于沙床中，随即遮荫。插后保持一定湿度，50d左右生根。

除寒冻天外，全年均可进行高压繁殖。选2年生枝条，对枝条作环状剥皮，刀口宽2cm，伤口稍干后，用塑料袋或竹筒将枝条套入，内衬苔藓，保持湿润，约100d后生根，即可从母树上剪下盆栽。寒冷地区盆栽植株入温室内越冬，要求温度不低于5℃。

瑞香栽培中需注意土壤不可太干太湿，还要防止烈日直接照射。肉质根有香气，需防止蚯蚓危害。春季对过旺枝条应加修整。害虫主要有蚜虫及介壳虫，多在干热时期出现，应及早防治。病害有由病毒引起的花叶病，染病植株叶面出现色斑及畸形，开花不良，生长停滞，发现后需连根挖除烧毁。

瑞香枝干丛生，株形优美，四季常绿，早春开花，香味浓郁，有较高的观赏价值。宜栽在建筑物、假山的阴面及树丛前侧。也可盆栽，制作盆景。根、叶可入药，有活血、散瘀、止痛之效。花可提取芳香油。

14.3.12　石榴(*Punica granatum* Linn)

别名：安石榴、海石榴、花石榴、若榴、丹若、金罂、金庞、涂林

科属：石榴科，石榴属

石榴原产于伊朗、阿富汗等小亚细亚国家。今天在伊朗、阿富汗和阿塞拜疆以及格鲁吉亚

共和国海拔300～1000m的山上，尚有大片的野生石榴林。石榴是人类引种栽培最早的果树和花木之一，引入我国栽培已有2000多年历史。石榴传入我国后，因其花果美丽，栽培容易，深受人们喜爱，被列入农历五月的"月花"，称五月为"榴月"。现在我国南北各地除极寒地区外，均有栽培分布，其中以陕西、安徽、山东、江苏、河南、四川、云南及新疆等地较多。京、津一带在小气候条件好的地方尚可地栽。在年极端最低温平均值－19℃等温线以北，石榴不能露地栽植，一般多盆栽。石榴经数千年栽培驯化，发展成为果石榴和花石榴两大类。果石榴以食用为主，并有观赏价值，我国有近70多品种。我国石榴以产果为主的重点产区，有陕西省的临潼、乾县、三原等，安徽省的怀远、萧山、濉溪、巢县等，江苏省的苏州、南京、徐州、邳县等，云南省的蒙自、巧家、建水、呈贡等，四川省的会理地区等。新疆叶城石榴，果大质优，闻名于世。

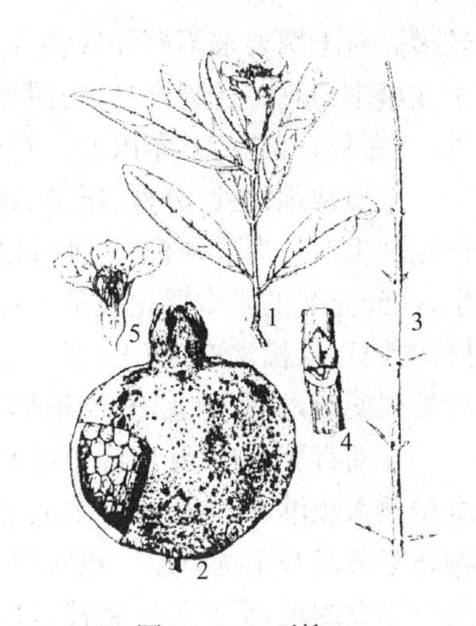

图14.24 石榴

1. 花枝 2. 果实 3. 小枝 4. 芽 5. 花

石榴为落叶灌木或小乔木，在热带变为常绿树，树冠丛状自然圆头形，高2～7m；矮生石榴仅高约1m或更矮。干灰褐色，上有瘤状突起，干多向左方扭转。树冠内分枝多，幼枝常四棱形，顶端多为刺状，光滑无毛。小枝柔韧，不易折断。一次枝在生长旺盛的小枝上交错对生，具小刺。刺的长短与品种和生长情况有关。旺树多刺，老树少刺。芽色随季节而变化，有紫、绿、橙三色。叶长倒卵形至长圆形，或椭圆状披针形，长2～8cm，宽1～2cm，顶端尖，表面有光泽，背面中脉凸起，质厚，全缘，在长枝上对生，短枝上近簇生；有短叶柄。花1至数朵，生于枝顶或腋生，两性，有短梗，花有单瓣、重瓣之分。重瓣品种雌雄蕊多瓣化而不孕，花瓣多达数十枚；通常红色，也有白色、黄色、粉红、玛瑙等色。雄蕊多数，花丝无毛。雌蕊具花柱1个，长度超过雄蕊，心皮4～8，子房下位，成熟后变成大型而多室、多子的浆果，每室内有数粒子粒；外种皮肉质，呈鲜红、淡红或白色，多汁，甜而带酸，即为可食用的部分；内种皮为角质，也有退化变软的，即软籽石榴。浆果，近球形，果皮厚，种子多数，多汁，味美。石榴见图14.24。

石榴栽培观赏的品种主要有：

① 白花石榴（'Albescens'DC.）。花白色。

② 黄花石榴（'Flavescens'SW.）。花黄色。

③ 玛瑙石榴（'Legrellei'Vanh.）。花红色，重瓣，有黄色条纹。

④ 重瓣白花石榴（'Multiplex'Sweet.）。花白色，重瓣。

⑤ 四季石榴（'Nana'Hers.）。植株矮小，花红色，单瓣，花期长，自夏至秋均有花开。温室栽培可常年有花。

⑥ 重瓣四季矮石榴（'Nana Plena'）。植株矮小，花红色，重瓣，常年可开花。

⑦ 墨石榴（'Nigra'Hort.）。植株矮小，花红色，单瓣，果小，紫黑褐色。

⑧ 重瓣矮石榴（*F. plena* Voss.）。植株矮小，花红色，重瓣。

⑨ 重瓣红花石榴（'Pleniflora' Hayne.）。花红色，重瓣，一般不结果。

另外，栽培种还培育出软籽石榴，种子软化可食。

石榴为亚热带和温带花果木，性喜温暖，较耐寒，较耐瘠薄和干旱，怕水涝，生育季节需水较多。对土壤要求不严，pH 值 4.5～8.2 均可，湿润肥沃的石灰质土壤较好。土质以砂质壤土或壤土为宜。喜肥喜光，在阴处开花不良。有一定的耐寒能力。花期 5～7 月。生长速度中等，寿命长，可达 200 年以上。石榴在江南一带一年 2～3 次生长。

石榴常用播种、分株、压条、嫁接和扦插繁殖，以扦插为主。扦插繁殖的苗木一般 3 年后可开花结果。冬春取硬枝、夏秋取嫩枝扦插均可。硬枝扦插以选 2 年生条为宜，嫩枝扦插选当年生、已经充实的半木质化枝条。播种繁殖苗通常 5 年后才能开花结果。9 月采种，取出种子，摊放数日，揉搓洗净，阴干，湿沙层积或连果贮藏，至翌年 2 月播种，发芽率高。分株是利用粗壮的根蘖苗，掘起分栽，只要稍带须根即能成活。

石榴喜肥，在发芽前施 1 次基肥，花后再施 1～2 次液体追肥。盆栽石榴雨季开花时应注意避雨水浇淋，防花瓣因存水而沤烂。修剪时注意调整树形姿态，疏剪的要防止重新萌发，影响花芽形成和干扰树形。花后应及时剪去残花，着果后及时蔬果。约 3 年进行 1 次更新，剪掉前三年发的枝，促其另生新枝，可使枝旺、花繁。石榴的酸甜可从枝条上判断：在冬春间枝一折即断者多为甜石榴；枝条软绵，弯折不断者多为酸石榴。亦可以果形判断：凡果形端正，果皮光亮而果嘴（由花萼发育而成）外张的多为酸石榴；果形不规整，果皮粗糙和果嘴闭合的，多为甜石榴。或者叶宽而短者甜，窄而长者酸。

石榴是花果俱美的著名园林绿化树种，可孤植，也可丛植于草坪一角。小型盆栽的花石榴可用来摆设盆花群或供室内观赏。大型的果石榴可栽在大盆内，在花卉装饰中作立体陈设或背景材料。可大量配置于自然风景区。

石榴对有毒气体抗性很强，是绿化美化有污染源厂矿区的良好树种。果皮及根皮有收敛止泻、杀虫作用；也可作黑色染料。叶炒后可代茶叶。石榴汁中含有丰富的抗氧化剂。

附表　其他常见木本花卉一览表

中文名	学名	生长习性	株高/m	花色	花期	用途
贴梗海棠	*Chaenomeles lagenaria*	灌木	1～1.2	红、淡红	3 月下旬～5 月中旬	盆栽、丛植
桃	*Pruna persica*	落叶小乔木	2～3	红	2 月～4 月上旬	风景树
夹竹桃	*Nerium indicum*	大灌木	1～3	粉红(白)	4 月下旬～8 月下旬	风景、绿篱
龙船花	*Ixora chinensis*	灌木	0.5～2	红、橙红	3 月下旬～8 月下旬	盆栽、花坛
木芙蓉	*Hibiscus mutabilis*	落叶灌木	2～4	淡红、紫红	7 月～11 月	灌丛、花墙
凌 霄	*Canmpsis grandiflora*	藤木	6～8	鲜红	5 月上旬～9 月下旬	垂直绿化
十大功劳	*Mahonia fostunei*	灌木	2	黄	6 月下旬～7 月下旬	庭园绿化

（续表）

中文名	学名	生长习性	株高/m	花色	花期	用途
阔叶十大功劳	*M. bealei*	灌木	1～2	黄褐	11月～翌年3月	岩石园、庭园
绣 球	*Hydrangia macrophylla*	灌木	0.5～1	淡蓝	4月中旬～6月中旬	花坛、盆栽
银边绣球	*Hydrangia macrophylla* Var. *maculata*	灌木	0.5～1	淡蓝(香)	4月中旬～6月中旬	花坛、盆栽
紫 荆	*Cercis chinensis*	落叶灌木	1～3	紫红	4月上旬～5月下旬	观赏配植
紫 藤	*Wistera sinensis*	落叶灌木	8～9	淡紫蓝(香)	3月上旬～4月下旬	垂直绿化
红花檵木	*Loropetalum* var. *rubrum*	灌木	1～2	紫红	4月上旬～5月上旬	片植、灌丛、盆景
鸡爪槭	*Acer palmatum*	落叶灌木	2～3	紫红	4月	庭园、盆景
醉鱼草	*Buddleia lindleyana*	灌木	1～2	蓝紫	5～6月，9月	绿篱
蓝雪花	*Plumbago auriculata*	小灌木	1	淡蓝	5～7月	盆栽花坛
变色牵牛	*Pharbitis indica*	藤木	3～4	紫蓝	5～10月	垂直绿化
金丝桃	*Hypericum chinense*	灌木	1	鲜黄	4月下旬～8月	灌丛、花坛、盆栽
双荚槐	*C. bicapsularis*	灌木	1～1.5	金黄	10月～翌年2月	花坛、灌丛
决 明	*C. tora*	半灌木	0.5	黄色	全年	地被
葡 萄	*Vitia vinifera*	落叶藤木	10	淡黄	5～6月	垂直绿化
爬山虎	*Parthenocissus tricuspidata*	落叶大藤木	20～30	黄白	5～6月	垂直绿化
连 翘	*Forsythia suspense*	落叶灌木	1	金黄	2～3月	盆栽、花带

（续表）

中文名	学名	生长习性	株高/m	花色	花期	用途
金钟花	*F. viridissima*	落叶灌木	1～1.2	金黄	2～3月	盆栽、花带
黄素馨	*Jasminum mesnyi*	蔓性灌木	3	淡黄	3月～5月	盆栽、花带
黄蝉	*Allenanda neriifolia*	灌木	1～1.5	黄	3月下旬～10月	花坛
黄花夹竹桃	*Thevetia peruviana*	灌木	2～5	黄、鲜黄	7月上旬～10月下旬	庭荫、风景
木槿	*Hibiscus syriacus*	落叶灌木	3～4	白、紫蓝	6月～10月	花坛、灌丛、绿篱
枇杷	*Eriohotrya japonica*	小乔木	2～4	白(香)	10～翌年2月	庭荫、风景
石楠	*Photinia serrulata*	灌、小乔木	3～8	白	5月～6月下旬	庭荫、风景
红背桂	*Excoecaria cochinchinensis*	灌木	1	绿白	5～6月	绿篱
金樱子	*R. laevigata*	藤状灌木	2～3	白(香)	3月上旬～5月中旬	绿篱
火棘	*Pyracantha fortuneana*	灌木	1～1.5	白	6月上旬	盆景
麻叶绣球	*Spiraca cantoniensis*	落叶灌木	1～1.5	白	2月中旬～4月下旬	盆栽、灌丛
白花紫藤	*Wisteria sinensis* var. *alba*	落叶藤木	8～9	白	3月上旬～4月下旬	垂直绿化
络石	*Trachelospermus jasminodes*	藤木	7～8	白	5月中旬～11月上旬	垂直绿化
栀子	*Gardenia jasminoides*	灌木	0.5～2	白(香)	4月上旬～6月中旬	盆栽、花坛
六月雪	*Serissa foetida*	灌木	1	白(香)	4月下旬～6月中旬	盆栽、花坛

(续表)

中文名	学名	生长习性	株高/m	花色	花期	用途
珊瑚树	*Viburnum odoralissimum*	小乔木	3	白	4月下旬～7月上旬	风景树
福建茶	*Carmona microphyla*	灌木	0.5～1	白	4～6月	绿篱、盆景
大花曼陀罗	*Datura arborea*	灌木	0.5～2	白	7～9月	庭园绿化

思考题

1. 木本花卉有何特性?
2. 简述腊梅的繁殖方法。
3. 牡丹的分株时期一般在什么季节较好? 为什么?
4. 简要说明梅花的繁殖方法以及栽培管理中应注意的问题。
5. 简要说明切花月季的栽培方法。
6. 简述山茶花的栽培管理要点。
7. 简述杜鹃花的栽培管理要点。
8. 简述桂花的栽培管理要点。

15　花卉生产与贸易

15.1　花卉生产与管理

花卉的经营管理是管理科学的一个新的分支。在当前市场经济为导向的情况下，经营管理就是要最佳组织人力、物力和财力，在花卉的生产、应用和销售等方面，发挥最大的作用，取得最优的效果，最终获得最高的经济效益。

15.1.1　花场的类别

按照花场的生产目的、经营性质和承担的任务，可将花场分为以下两类。

15.1.1.1　生产性花场

生产性花场的生产目的主要是为了销售，实行企业管理，进行成本核算。生产性花场为了提高劳动生产率、降低成本、增加收益，应因地制宜地进行单一生产，从事专业化栽培，如福建漳州以生产水仙为主；四川成都以生产兰花和盆景为主。这些专业化的生产花场经济效益一般都较高。国营花木公司的任务除承担一部分市场销售外，主要是满足城市园林、广场、会堂、宾馆等在进行园林布置和室内装饰时对商品花的需要，还要为重大节日和外事活动供花，因此以生产盆花和切花为主，或出售，或出租，同时还组织从外地调运和展销。

15.1.1.2　服务性花场

服务性花场的生产目的主要是满足各单位对花卉的需要，包括各公园、大型宾馆饭店、院校、工矿企业、机关部队和医院等自办的花场，他们大多兼管本单位的园林绿化工作。服务性花场既要生产地栽草花，又要生产盆花和少量切花，同时还要承担一部分良种繁育和推广的任务。

15.1.2　花场的设置

15.1.2.1　建立花场的可行性研究

要想建立一个以赢利为目的花圃，需要先进行多方面的研究论证，考虑其可行性。主要涉及的问题有：

(1) 市场的需求和发展前景

目前国内外花卉产品的消费量每年都在增长，但消费量的增长与经济的发展和人们收入的提高有密切关系。我国各地经济发展很不平衡，如果产品以供应某一地区为主，就要考虑到该地区的市场潜力。

(2) 当地的自然条件

我国各地自然条件差异很大。由于花卉种类繁多，原产地也各不相同，应当根据当地自然条件来确定发展哪一类或哪一种花卉。

(3) 技术力量依托

优质花卉产品对技术要求更高，技术力量的强弱关系到能否生产出多而好的花卉产品。所以，要建花圃必须有花卉技术人员和相应的管理人员。

(4) 运输条件

国际市场上交易的花卉产品有鲜切花、盆花、种苗、球根等，目前以鲜切花占的比例最大，主要原因之一是重量轻且易于包装运输。但鲜切花鲜活性很强，较远的距离需用空运。

(5) 资金

根据资金的多少来确定生产规模。花卉生产要有一定的规模才能获得较好的经济效益。特别是设施栽培，成本大大提高，尤其要注意经济效益的分析。

15.1.2.2　花场的建立

根据生产花卉的种类、环境条件、运输条件、安全条件等因素，选择适当的地点建立花场。花场的建立首先要解决水电问题。根据种类、规模等建立相应的办公室、住房、肥料工具房、堆肥土和换盆场地、鲜切花冷藏库、停车场、防盗设施等。这些设施的建设要结合花卉的生产布局进行，使整个花场的规划要有利于生产、管理、销售和美观。根据需要，配备相当的负责人及技术、管理、财务、供销人员和工人。

15.1.3　花场的分区规划

花场的分区规划对单一性生产的专类花场比较简单。综合经营的花场应根据各类花卉对环境条件的不同要求以及栽培特点来进行合理规划，分别建立以下几个栽培区。

15.1.3.1　草花区

草花区以生产一、二年生草花苗、球根和宿根类草花和切花为主。要求有充足的阳光，深厚、肥沃、排水良好的中性壤土，便于自流灌溉或安装喷灌设备。塑料大棚、温床、冷床等也应设在其中。

15.1.3.2　水生花卉区

水生花卉区可利用花场内的水塘及低洼湿地，必要时还应开挖水塘或建造水池。池塘内的水应便于排放和更新，但流速必须缓慢，水质必须优良。

15.1.3.3　兰科植物区

兰科花卉多作温室培养，但在南方的综合性花场内，专门开辟兰科植物种植园，满足它们对特殊环境条件的需要。

15.1.3.4　温室区

各类温室在建造时最好能够集中，但不能相互遮光和影响通风。温室集中不但便于管理，同时也便于集中供暖，减少能源的浪费。温室包括有以下几个部分。

① 高、中、低温温室及冷室和地窖。

② 露地荫棚及盆花养护场地。

③ 温室群的锅炉房及煤炭堆放场地。

④ 培养土的沤制、堆放及翻盆换土场地。

⑤ 花盆、肥料的堆放场地。

⑥ 种子、球根、农药贮存库。

⑦ 农具、蒲帘、工具及其他材料贮存库。

15.1.3.5 花木培育区

花木培育区以露地繁育木本花苗和培育大苗为主，一般占地面积较大，既要配备塑料大棚、温床、冷床等保护地苗床，又要留出苗木假植、包装场地。

15.1.3.6 种子繁殖区

为了避免花卉种子的天然混杂和人为混杂，应将繁殖种子的农田与草花区远远隔开。

15.1.3.7 职工生活区和办公区

办公和科研用房多设在花场的中心或大门附近。职工宿舍和食堂等应设在整个花场的一角，不要和温室建筑群混在一起。车库和农机维修库可建在生活区的附近。

15.1.4 生产计划的制定与实施

花卉的种类繁多，栽培方式各异，并且技术性强，商品供应的时间较严，市场的需求变动也比较大，因此应根据每年的实际情况，制定出切实可行的年度生产计划，以此作为花场日常工作的依据。

年度生产计划的制定应根据市场商品信息，结合花场的特点和实际生产能力，在前一年的年底或当年的年初制定出来，内容包括产品的种类、品种、数量、规格以及供应的时间，还有隔年培养或今后几年出圃的产品。在制定生产计划的同时还应把财务计划制定出来，内容包括劳动工资、材料、种苗、消耗、维修以及产品收入和利润等。

按照年度计划制定出季度和每月的生产、劳力、产品和经费安排，逐月、逐季检查执行情况，并加以适当调整和修订。

在执行过程中首先要保证生产资料的及时供应，在年初和每季度之前必须采购好，特别是一些需要提前定货的花盆、包装材料、批量性用具等都应尽早准备。除年年在当地固定销售的产品需尽早和门市部门挂钩外，还应派出产品推销员或联络员，根据本场的生产量外出签订供销合同。合同签订后必须严格执行，信守协议。如需成批外运，有关运输事项也应提前与车站货运部门联系，以免措手不及。

在日常工作中还要建立健全必要的规章制度，经常督促和检查计划的执行情况，按月进行统计和核算，定期组织技术人员进行现场检查和评议，解决生产、运输和销售中存在的重大问题，同时根据市场情报对原有计划进行适当调整，使整个花场各个环节的工作有条不紊地进行下去。

15.1.5 生产的布局与调整

为了充分利用温室和露地的生产面积，生产布局非常重要。由于各种花卉的生态习性、生产周期、供应和销售时间等差别很大，因此应在掌握花卉特点、生长期长短、栽培和出圃时间的早晚，以及对病虫害的抵抗能力、是否需要轮作等情况的基础之上，制订全场的生产方案，在实际工作中还要进行适当调整。

一、二年生草花的留床时间较短，半年左右需调整一次田间布局，以适应生产任务的变动和对轮作的需要。需要每年进行采收和贮藏的球根类花卉，以及需要每年进行分株繁殖的宿根花卉，则应每年调整一次生产布局。一些需要经过多年培养才能出圃的多年生木本花卉，生产布局可数年调整一次。每次的布局安排，都应考虑下次调整布局时的状况，因此还需要有一个3～5年的长远布局规划。在每年的全场生产布局确定后，要绘出平面布局图，然后逐月将已经下种、移苗和栽种的花卉种类、品种等标在图上，使管理人员一目了然，便于掌握生产进度情况。

15.1.6　优良种质的保存与繁育

优良而又丰富的花卉种类和品种，是花场中最宝贵的财富。有时引进一个优良品种，经繁殖后，可使经济收益大大提高；一些当地所特有的古老品种更为珍贵，因此在整个生产过程中必须做到品种不丢失，不混乱，同时还要不断提高优良品种的特性和不断培育出新的优良品种。这是衡量一个花场技术水平的重要标志之一，甚至可以左右花场的经济命脉。

要想做好上述这项工作，除必须掌握较高的栽培和繁殖技术外，还要制定出一套完整的品种管理制度，并在干部、工人和技术人员中贯彻执行。执行的具体方法是建立品种保管责任制，分片和分类指定专人负责，人员要相对稳定，不要任意调动。

在全场的技术管理中心应建立种类和品种档案，进行编码或编号。每年对留种母株应普查一次，如果发现死亡、丢失或衰老，应及时补充。对于一些名贵的花木，如盆景、兰花等都应另外建立固定资产账。上述档案和账本均应一式两份，正本应存放在档案柜里，副本供生产中使用，各作业区还应建立品种登记卡片。不论地栽还是盆栽的品种母本都应始终挂有标牌，还要绘制定植图，以便核对。

15.2　花卉贸易

15.2.1　花卉产品的采收、分级、包装和运输

花卉的种类和品种繁多，产品类型有盆花、切花、球根、种子和花苗五大类。这些产品除部分由花场直接销售外，大部分由门市部门去完成。不论采用哪种销售方式，花场都必须做好采收、分级、包装、运输贮藏工作。

15.2.1.1　盆花

(1) 分级和定价

出售的盆花应根据运输路途的远近、运输工具的速度以及气候等情况，选择适度开放的准备出售，然后按照品种、花龄和生长情况，结合市场行情来定价。

同一品种中不同盆株的分级标准应分为观花、观叶、观果及盆景四大类。观花类盆花主要分级依据是株龄的大小、株型特点、花的大小、花型、花色和着花的多少。观叶盆花大多按照主干或株丛的直径、高度、冠幅的大小、株形以及植株的丰满程度来分级；而苏铁及棕榈状乔木树种，常按老桩的重量及叶片的数目来分级。观果类花卉主要根据每盆植株上挂果的数目来定价，常以一个果实为定价的基本核算单位，再乘以挂果的数量，就是这盆花卉的出售价格。

在花卉市场上，一般性的商品盆花都有一个比较统一的价格，但在出售或推广优良品种时，其价格往往要超过一般品种数倍之多，新培育出来的奇特品种的价钱更高。这是因为花卉属于观赏性商品，而不是人民生活的必需品，因此“物以稀为贵”就成了左右盆花价值的决定因素。对盆景来说，这种价值规律就显得更为突出。

(2) 包装

盆花在出售时大多不需要严格的包装。大型木本或草本盆花在外运时需将枝叶拢起后绑

扎,以免在运输途中折断侧枝或损伤叶片。幼嫩的草本盆花在运输中容易将花朵碰损或震落,有的需用软纸把它们包裹起来,有的则需设立支柱衬托,以减少运输途中的晃动。

用汽车运输时,在车厢内应铺垫碎草或沙土,否则容易把花盆颠碎。用火车进行长途运输时,必须装入竹筐或木框,盆间的空隙用纸板或碎草填好。对于一些怕相互挤压的盆花,还要用铁丝把花盆和筐、框加以连接固定,否则火车站不给办理托运手续。

瓜叶菊、蒲包花、四季秋海棠、紫罗兰、樱草等小型盆花,在大量外运时为了减少体积和重量,大多脱盆外运,并用厚纸逐棵包裹,然后依次横放在大框或网篮内,共可摆放三至五层。名贵桩景或盆花则应装入牢固的透孔木箱内,每箱一至三盆,周围用纸板垫好并用铁丝固定,盆土表面还应覆盖青苔保湿。

(3) 运输

夏季运输时一定要注意遮荫和通风。冬季或早春必须作好防寒工作。小花苗都用空运,运输时间大大缩短,效果更佳。

15.2.1.2 切花

(1) 采收

应在植物组织内水分充足和大气凉爽时剪取切花,切下的花枝应尽快放到阴凉湿润的场所。如果每天的采收量很大,则应在傍晚切取,通宵进行分级、计数和捆扎,以便清晨运往市场。严格来讲,切花采收后要用保鲜液处理。

大部分切花都应在含苞待放时切取,并根据气温的高低来灵活掌握。夏季切取时开放的程度应小些,冬季切取时开放的程度应充分些。还要根据切花的种类来掌握采收时间,比如大丽花、菊花、一品红、马蹄莲等应切取接近盛开的;唐菖蒲、香石竹、郁金香、百合、月季等则应切取半开的;腊梅、芍药、碧桃、海棠花、银芽柳以及夏季采收的唐菖蒲,应含苞待放时切取。

(2) 分级

在田间剪取切花时,应同时按照大小和优劣把它们分开,区分花色品种,并按一定的记数单位把它们放好。如果等全部采完后再进行分级和记数,不但费工费时,还会加大损耗。

切花的分级标准主要是花色和品种,还有花序的长度、花枝上花朵的数目、花朵的大小和开放程度等等。一般枝条长、花序长、花朵多、花大而丰满、色泽鲜艳和开放适度的优良品种可列为一级品。如切花月季的分级标准见表 15.1。

表 15.1 切花月季产品质量分级标准

评价项目	等级			
	一级	二级	三级	四级
整体感	整体感、新鲜程度极好	整体感、新鲜程度好	整体感、新鲜程度较好	整体感、新鲜程度一般
花形	完整优美,花朵饱满,外层花瓣整齐,无损伤	花型完美,花朵饱满,外层花瓣整齐,无损伤	花型整齐、花朵饱满,有轻微损伤	花瓣有轻微损伤
花色	花色鲜艳,无焦边、变色	花色好,无褪色失色,无焦边	花色良好,不失水,略有焦边	花色良好,略有褪色,有焦边

（续表）

评价项目	等级			
	一级	二级	三级	四级
花枝	① 枝条均匀、挺直 ② 花茎长度 65cm 以上，无弯颈 ③ 重量 40g 以上	① 枝条均匀、挺直 ② 花茎长度 55cm 以上，无弯颈 ③ 重量 30g 以上	① 枝条挺直 ② 花茎长度 50cm 以上，无弯颈 ③ 重量 25g 以上	① 枝条稍有弯曲、挺直 ② 花茎长度 40cm 以上，无弯颈 ③ 重量 20g 以上
叶	① 叶片大小及分布均匀 ② 叶色鲜绿，有光泽，无褪绿叶片 ③ 叶面清洁、平整	① 叶片大小分布均匀 ② 叶色鲜绿，无褪绿叶片 ③ 叶面清洁、平整	① 叶片分布较均匀 ② 无褪绿叶片 ③ 叶片较清洁，稍有污点	① 叶片分布不均匀 ② 叶片有轻微褪色 ③ 叶面有少量残留物
病虫害	无购入国家或地区检疫的病虫害	无购入国家或地区检疫的病虫害，无明显病虫害斑点	无购入国家或地区检疫的病虫害，有轻微病虫害斑点	无购入国家或地区检疫的病虫害，有轻微病虫害斑点
损伤	无药害、冷害、机械损伤	基本无药害、冷害、机械损伤	有轻度药害、冷害、机械损伤	有轻度药害、机械损伤
采切标准	适用开花指数 1～3	适用开花指数 1～3	适用开花指数 2～4	适用开花指数 3～4
采后处理	① 立即用保鲜剂处理 ② 依品种 12 枝捆绑成扎，每扎中花枝长度最长与最短的差别不可超过 3cm ③ 切口以上 15cm 去叶、去刺	① 保鲜剂处理 ② 依品种 20 支捆绑成扎，每扎中花枝长度最长与最短的差别不可超过 3cm ③ 切口以上 15cm 去叶、去刺	① 依品种 20 枝捆绑成扎，每扎中花枝长度最长与最短的差别不可超过 5cm ② 切口以上 15cm 去叶、去刺	① 依品种 30 支捆绑成扎，每扎中花枝长度的差别不可超过 10cm ② 切口以上 15cm 去叶、去刺

开花指数 1：花萼略有松散，适合于远距离运输和贮藏
开花指数 2：花瓣伸出萼片，可以兼作远距离和近距离运输
开花指数 3：外层花瓣开始松散，适合于近距离运输和就近批发出售
开花指数 4：内层花瓣开始松散，必须就近很快出售

（3）包装和运输

出圃的切花按品种、等级和一定数量捆绑成束，以便鲜花门市部在进货时选择、议价和计

数。捆绑时既不要使花束松动，也不要过紧而将花朵挤伤。每捆的记数单位因切花种类和各地习性不同而异。出圃的切花一般不需要各色搭配，要分色包扎，因为不同颜色的花价格不一样。

15.2.1.3 球根

(1) 分级和定价

球根多按直径大小来分级。如上海的崇明水仙分为五级，每千克 14 个的为一级品；16～18 个的为二级品；20 个的为三级品；22～26 个的为四级品；其他有损伤的为五级品，其中四级品不作商品出售而用来继续培养，五级品可减价处理。北京的唐菖蒲球茎向外地出售时也分为五级，直径达 6～7cm 的为一级品；4～5cm 的为二级品；3～4cm 的为三级品；2cm 左右的为四级品；再小的子球是五级品。四级品培养一二年后才能开花，五级品多用来撒播，经多年的培养才能长成大球。唐菖蒲种球分级标准参见表 15.2。美人蕉的块茎则不按大小来分级，而是按重量定价，晚香玉则是按墩定价。

表 15.2 北美园艺学会报的唐菖蒲种球分级标准(直径/cm)

<table>
<tr><td>特大号球</td><td>No. 1</td><td>≥5.1</td><td rowspan="4">开花用球</td></tr>
<tr><td rowspan="2">大号球</td><td>No. 2</td><td>5.1～3.8</td></tr>
<tr><td>No. 3</td><td>3.8～3.2</td></tr>
<tr><td rowspan="2">中号球</td><td>No. 4</td><td>3.2～2.5</td></tr>
<tr><td>No. 5</td><td>2.5～1.9</td><td rowspan="3">繁殖用球</td></tr>
<tr><td rowspan="2">小号球</td><td>No. 6</td><td>1.9～1.3</td></tr>
<tr><td>No. 7</td><td>1.3～1.0</td></tr>
</table>

(2) 包装和运输

球根的包装比较简单，除无皮鳞茎类的百合以及大丽花的根茎部分需加以保护外，其他球根类均可直接装筐外运，但要在筐、篓内垫衬蒲包，也可装入侧边具孔的纸箱。要注意通风和防止霉烂，冬季要注意防冻。在外销市场上，为了装潢和防止品种混杂，常将每个球根用彩色暖纸或玻璃纸包裹，有的则将几个不同的花色品种搭配在一起，然后装入特制的纸盒，外贴商标(包括品种学名、花色、产地、日期等信息)。

15.2.1.4 苗木的起苗与分级运输

(1) 起苗和分级

落叶木本花苗可裸根起苗，但需将根系沾上泥浆保护。草花苗和长绿木本花苗需带有完好的土团，不能散落。起苗后先按照株丛的大小、株高、主干直径和侧枝的多少来分级，一般多分为三级，按级定价。株行间夹杂的细弱小苗和将根系挖坏的大苗都应算作等外级，不能出圃。起苗后应立即假植或包装，一定要始终保持根系的湿润。如果用穴盘育苗则可省略起苗的工序。

(2) 包装和运输

草花苗多就近供应，装运比较简单。为了提高装运效率，应事先把它们紧密地直立排放在浅筐内，然后再装车运走。落叶木本花苗将根系沾上泥浆后，应用竹篓、蒲包、湿干草等严密包裹，有时还要用苔藓包裹，并浇水以保持湿润。常绿木本花苗在包装前首先要将土团加固，然后套上蒲包或草袋，外面再用草绳纵横捆绑，以装卸抛放时不会松散为标准。有些名贵的花木除需将枝叶拢起捆绑外，还要用牛皮纸把主干缠好，以防擦伤树皮；或者每株装筐一个。

近年来在培育草花苗时已改用容器育苗法，因而花苗的计数、销售、运输和定植都非常方便，既可免去起苗、包装的麻烦，又能提高成活率和降低花苗的损耗。

15.2.1.5 种子

(1) 采收和分级

适时采收才能获得充实而优良的种子。作为商品出售的种子必须充实饱满、发芽率强。分级标准按千粒重或每克种子的含量为依据；种子还要进行发芽实验，把发芽率也作为分级的标准之一。

(2) 包装和出售

花卉种子在出售时多用小纸袋来包装，纸袋的规格有 7 cm×10cm、5 cm×8cm 的长方形袋，也有 3.5 cm×10cm 的狭长形袋，纸袋的开口都在短边，以避免种子漏出。微粒种子需事先装入一个柔韧而薄的小纸袋内，然后再套入大纸袋中。为了防止种子受潮，一些出口的商品花籽都先装入一个软金属小套内，并用热烫法将袋口封固，然后再装入一个彩色印刷的大袋内，袋外印有用中、英、日等文字书写的商标、种名和品种名、采收日期、保存年限和简要的栽培方法等，有的还印有这种花卉的彩色图片。

15.2.2 花卉的周年供应

发达国家的花卉销售都有完善的体系，经过拍卖市场，到批发商或中间商，再到零售商店，可以较好地实现花卉的周年供应。我国规模化花卉商品生产历史不长，产销体系不健全，批发市场少且不完善，这就增加了实现花卉周年供应的难度。

要实现花卉的周年供应，主要是解决生产与销售的问题，生产必需实现产业化。目前花卉产品的销售渠道有：消费者直接到花圃购买；批发市场（我国广州、上海、昆明等城市都形成了颇具规模的花卉批发市场）；春节花市（专门为了满足人们春节购花而设立的）；直接面向需要者，如用花量大的宾馆、酒店、单位、公司等；零售；出口（直接或间接的通过进出口公司出口）。

15.2.3 国内花卉的销售

花卉产品的销售有批发和零售两大主要形式。

15.2.3.1 花卉批发市场

花商对花卉的质量要求很高，如花卉产品的规格、标准、包装等，同时要求的数量也很大，一般花场是难以满足其需要的，因此不少花卉企业便组成一个机构，制定统一的价格，以利于市场竞争，这就形成了花卉批发市场。荷兰的阿斯米尔鲜花市场是世界最著名的花卉批发市场。它始于 20 世纪 50 年代的一个合作性专业花卉市场，目前已实现了计算机化管理，每分钟可处理 20 笔生意。一般前一天来到市场的鲜花，第二天上午就能完成批发任务，最迟 3d 就可以在美国或欧洲等地的花店中出现。批发市场的主要任务是：收集各地花卉，并负责销售。国内以鲜切花批发为主、批零兼营的全天候花卉交易市场有昆明斗南花卉市场、上海曹安花卉市场、北京亮马河花卉市场、广州芳村大道花卉市场。

拍卖市场具有三大优势：一是交易效率高，方便、快捷；二是交易过程公平、公正、公开，可反映市场的需求，规范市场竞争，确保供货商货款的安全；三是能促进花卉产业的社会分工，使产销分离,加快标准化、产业化的进程。拿到市场来拍卖的必须是批量化、规格化的产品,拍卖市场促进了种植者的专业化生产,通过专业化生产,降低生产成本,增强产品的市场竞争力。

花卉批发市场在进行花卉交易过程中,必须对花卉进行分级、挑选。比起花农直接零售的花卉,鲜花批发市场对花卉的质量要求更高了。有关花卉的质量,国际上许多园艺组织均制定了相关的标准。如切花常依据花茎的长度、花朵的品种特性、花色、花型等进行分级,一级品用红色标签,二级品用黄色标签,三级品用绿色标签等。分级以后的产品已经非常规格化了。

15.2.3.2 花店经营

花卉的零售是花卉销售的最初形式,即直接将花卉卖给花卉消费者。一些经济发达的国家有难以计数的花店,有许多超级市场也兼营鲜花,而且往往和生活用品归在一类。

(1) 经营形式与市场调查

花店在开设前,应进行经营形式与市场调查的评估。经营形式可以是一般水平的,或高档次的;可以是一般零售或零售兼批发、零售兼花艺服务等。对花店的位置及环境也要进行分析,如区域内的医院、饭店、百货公司等重要单位的用花可能性。根据调查,初步确定花店规模、使用面积、花店的陈设风格、花店外观设计等。

(2) 花店经营的可行性

花店经营与发展情况,应有一个可行性报告,主要内容包括:所在城市的人口,同类相关的花店,交通情况,本地花卉的产量与用量,宾馆、百货公司、大型厂矿企业以及城市的发展状况。可行性报告应解决以下几个问题:如何促销花卉用量;如何开拓花卉市场;如何从主要用花单位取得供应权;如何训练花店员工,扩展连锁店。

(3) 花店的经营项目

常见的花店经营项目有:鲜花(盆花)的零售与批发;花卉材料(培养土、花肥、花药)等零售与批发;缎带、包装纸、礼品盒等的零售服务;花艺设计与外送各种礼品花卉服务;室内绿化设计与养护管理;婚丧喜事的会场、环境布置;花艺培训,花艺期刊、书籍的发售咨询;园林绿化工程设计、施工;花卉苗木、盆景销售。

(4) 经营花店实务

经营花店有许多实务工作要做。花卉促销是经营花店的关键,除了正确估计市场,广告、宣传、推广介绍是必需的行销手段。很多研究结果表明,花卉爱好者以及用花的顾客更愿意购买那些标明花卉特征和栽培指导的产品。这一小小的额外支出可以增加销售量。

广告和标牌的设计应该是美丽诱人的,主要内容应包括花卉名称和其特点,如耐阴、特别的花期等;具有何等美丽的花色、花型;可以应用于哪一类场合;价格及优惠,并附上彩色诱人的照片。好的广告和标牌有助于顾客了解产品,同时有助于销售。花卉的广告宣传等行销手段有其特殊性,主要有时间性,如对一年中各种节日。计划性也是花卉行销的特点,花卉市场的安排和生产单位有紧密联系,必须有计划地安排市场。另外花卉市场必须考虑流行性,即市场的变化。

15.2.4 国际花卉贸易

在花卉的国际贸易中,市场信息和质量要求是贸易成败的关键。花卉产品的进出口有其特殊性。为做到运输后保持产品的质量,必须掌握有关的信息和要求,除需了解海关、检疫、税收等政策外,还必须熟悉运输方式、空运的航班、运费以及公路运输过程等详细资料。产品质量要严格检验，包装要注意统一和美观。为了有利于制订生产计划，在进口国设立办事处，加强价格和产品等信息的收集。一般来讲，远销产品应以新品种、高质量、高价格产品为主。另外还应了解以下内容：

15.2.4.1 花卉生产、贸易先进国

(1) 荷兰

世界上最大的花卉生产和出口国，素有“欧洲花园”的美誉，花卉品种已超过 11 000 种，其中以郁金香最为闻名，培育的郁金香品种约 700 种，远销 100 多个国家和地区。

(2) 哥伦比亚

世界第二大鲜花生产和出口国。哥伦比亚地处赤道附近，首都波哥大郊区是该国切花的主要产地。

(3) 以色列

鲜花出口位居世界第三。以色列花卉种植面积约为2 000ha，每年生产切花 15 亿支以上，其中最多的是玫瑰，约占 2/3；其次是康乃馨、百合花等。

(4) 泰国

世界花卉主产国、最大兰花出口国，1998 年出口额为4 500万美元。

(5) 马来西亚

1993 年花卉种植总面积为1 286ha，金马伦高地、吉隆坡、柔佛为主产区。马政府计划大力发展兰花。该国切花产值2 000万美元以上。

(6) 伊朗

1999 年有4 000多个花卉生产单位，生产的花卉有2 000多种，其中有 50 多种花卉用于出口，创汇能力可达 3 亿美元。但由于缺乏花卉出口基地，实际出口值仅 1.8 亿美元。

(7) 新加坡

花卉业十分发达，其野生资源丰富，境内拥有多个兰花植物园，拥有兰花种类数百种。1995 年新加坡向日本、澳大利亚、美国及欧洲等国家和地区出口价值 4.2 亿人民币的热带兰花切花，约占世界热带兰切花市场份额的 10%。出口的兰花中以其“国花”——胡姬花著称于世。

(8) 印度

印度花卉业有三部分：

① 切花、切叶(包括鲜花和干燥产品及增值产品)。观叶花卉种植总面积中约 2/3 是传统花卉，另 1/3 用于生产切花。其观叶植物有树类、龙血树类、长寿花、杜鹃类、秋海棠类、花叶万年青类、一品红、非洲紫罗兰等。

② 苗圃业，包括花籽、球根、组培苗及其他苗木。花籽的生产普遍，但仅由少数公司出售，也有唐菖蒲、百合的球根在北部山区生产。目前已有 30 余家单位生产组培苗，年生产能力4 000万株以上。晚香玉和非洲菊普遍采用组培苗。

③ 工业用的花香精油及浸膏等的生产。

(9) 法国

既是生产大国，又是消费大国和进口大国。法国的鲜切花很有名，盆栽花卉、室内观叶植物也越来越受到客户的欢迎。切花年消费额为 23 亿美元，年人均消费 80 支，在欧洲居第三。法国花卉生产不能满足国内需求，还需大量进口。每年进口各类花卉价值 6 亿美元。

(10) 意大利

1995 年意大利已成为世界第四大生产国，1996 年为世界第三大消费国。花卉种植约 2.3 万 ha，从业人员约有 2.2 万人，1999 年产值约 20 亿美元。

(11) 美国

世界主要生产国和消费中心。1988、1991 和 1997 年国内花卉销售额分别为 100 亿美元、130 亿美元和 200 多亿美元。

(12) 日本

亚洲重要的花卉生产国，1995 年鲜花收益 150 亿美元。同时，日本又是世界三大花卉消费国之一，每年需进口大量鲜花，是世界最大的兰花和百合花进口国。

15.2.4.2 花卉生产贸易后起国

(1) 中国

在世界花卉市场中，我国属后起国。1996 年种植面积为 7.55 万 ha，产值达 5.86 亿美元，出口额 1.3 亿美元。中国历来擅长盆栽生产，而切花业则是一个新兴的行业。近几年，切花商品生产有较大发展，由 1986 年的 950 万支增长到 1997 年的 19 亿支。中国花卉市场体系已初步形成。

(2) 澳大利亚

从总体上看，该国的花卉生产尚处在起步阶段，但其起点高，发展速度很快。1998 年全国鲜切花基地4 000ha，1995 年切花销售总值超过 3 亿澳元。

(3) 韩国

韩国花卉产业在近 6 年时间得到了快速发展，1994 年栽培面积近5 000ha，从业人员达 1.2 万人，总产值 5 亿多美元。花卉消费量逐年增加，1990～1995 年花卉需求量增长了 30%，人均消费约 9 000 韩币。

15.2.4.3 花卉生产发展新趋势

(1) 易拉罐花卉

将传统的泥土代之以经过特殊配方的无菌培养介质及花卉生长所需的缓释性肥料，并按比例装入易拉罐，植入花种后进行真空密封。罐上印着可爱的花形图案，并写有各种花卉的象征意义和浪漫的赠言。买回家后，拉开上面的盖子和底部的排水孔，加水后 7d 左右就可发芽，只要经常浇水即可。

(2) 茶用花卉

在大中城市喝“鲜花茶”已渐成时尚，只要适时采摘花卉，进行干燥处理后即可饮用。适用于泡饮的品种有红玫瑰、甘菊、贡菊、杜鹃、金莲花、金银花、辛夷花、紫罗兰、芙蓉花等等，市场前景甚好。

(3) 食用花卉

食用花卉市场一直看好，我国有大宗出口业务。食用花卉主要用以提取食用色素、香料，用于食品糕点、饮料、化工等产品制作，主要品种有玫瑰、万寿菊等。

(4) 盆景花卉

将各种花卉、蔬菜、食用菌等按特殊栽培管理方法，培植成形态各异、色彩缤纷的盆景花卉，如观赏香茄、五彩辣椒、盆桃、盆景灵芝等都很好销。

(5) 吸毒花卉

主要放在新装修的房屋和办公室内,用于吸收室内有害气体及缓解有害射线辐射,是一种新兴的保健花卉。

(6) 多元花卉

目前,多季开花和同株多种花的多元花卉十分受青睐。这种花卉主要用嫁接等技术,使一年四季开花,而且同一株花会开出众多不同颜色、品种的花,色彩绚丽、芬芳无比,备受人们喜爱。

(7) 克隆花卉

采用克隆技术,将众花之长集中在同一株花卉上,开创出花卉新品种。

思考题

1. 花场按经营方式分哪几种类型?
2. 建立花圃应考虑哪些问题?
3. 花圃的管理包括哪些方面?
4. 苗木和花卉如何进行起苗和包装?
5. 国内花卉销售形式有哪些?
6. 花卉生产发达国家主要是哪些?
7. 花卉生产发展有哪些新趋势?

实 习 指 导

实习1　常见花卉种类识别与观察

1. 实习目的

识别当地主要花卉，掌握它们分类情况，了解各种花卉的基本特征。

2. 材料用具

花卉种类登记表、植物标签、笔等。

3. 方法步骤

在老师指导下到校园花坛、花卉基地或公园、植物园对露地花卉和温室花卉逐一识别观察并登记。一、二年生花卉、宿根花卉、球根花卉、多浆植物、观叶植物，每类30种以上；木本花卉50种以上；兰科花卉10种以上；水生花卉8种以上，共计250种以上。

花卉种类登记表

序号	花卉名称	别名	学名	科属	类别	生长习性	园林应用
1							
2							
3							
4							
5							

4. 观察与思考

(1) 花卉的概念？花卉在国民经济中的意义和作用是什么？

(2) 本省(市)省(市)花、省(市)树是什么？为何确定它们为(省)市花、(省)市树？

实习2　花卉播种育苗

1. 实习目的

学会花卉露地播种育苗和盆播育苗的操作方法；掌握花卉播种育苗技术要领。

2. 材料用具

(1) 露地播种。育苗畦、培养土、铁锹、锄头、细齿钯、竹筛、喷壶；一、二年生草花种子。

(2) 盆播。育苗浅盆或育苗穴盘、培养土、小花铲、细罗筛、细眼喷壶、花卉种子。

3. 方法步骤

(1) 露地育苗：

① 将育苗畦面土壤打碎、整平。

② 预先准备好的培养土过筛备用。

③ 根据种子情况采用撒播或条播法播种。

④ 用筛好的培养土覆土。

⑤ 浇透水。

⑤ 播后管理：经常检查，保持湿润，至出苗长出 2 片真叶。

(2) 盆播育苗(在温室或荫棚内进行)：

① 将播种盆、育苗穴盘洗净消毒。

② 筛出培养土，消毒处理或暴晒数天备用。

③ 播种盆底垫排水层，填土，轻压。

④ 按要求播种、覆土。

⑤ 用浸盆法给水，或喷雾器喷水，使土壤湿润。

⑥ 播后管理：播种盆盖塑料膜保湿，经常检查，出芽后立即揭去覆盖，至长出 2 片真叶。

4. 观察与思考

(1) 花卉播种育苗要注意哪些问题？

(2) 花卉播种后要做哪些管理工作？

(3) 播种后，发芽、生长情况记载：

花卉名称	播种时间（月 日）	幼芽出土时间（月 日）	子叶出土类型	真叶展现时间（月 日）	出芽率（%）

实习 3　花卉扦插育苗

1. 实习目的

学会花卉嫩枝扦插和硬枝扦插操作方法；掌握扦插环境、管理技术要求。

2. 材料用具

直径 20cm 以上花盆或木箱、干净河沙或珍珠岩、修枝剪、切接刀、萘乙酸、酒精、小铁铲、细眼喷壶。

3. 方法步骤

(1) 嫩枝盆插(在温室或荫棚内进行)：

① 扦插容器洗净、消毒，装入干净扦插基质(河沙或珍珠岩)。

② 配制生根剂(萘乙酸浓度 50mg/L)。

③ 准备插条(菊花、大丽菊带顶芽嫩枝长 8～10cm，顶端留 2～3 片叶，下端削成斜面)。

④ 将插条在生根剂中蘸 5s，晾干药液。先用与插条等粗的小木棍插调，再将插条插入基质中，深度为插条长 1/2。

⑤ 插后管理：浇透水，用塑料膜覆盖，放荫凉稍见光处，保持环境温度 15℃～20℃，至发根长出新叶。

(2) 露地硬枝插：

① 插床加入河沙或珍珠岩(疏松壤土亦可)。

② 配制生根剂(萘乙酸浓度 200mg/L)。

③ 准备插条(月季、紫薇等木本花卉休眠枝,枝长 15cm 左右,至少 2 个芽,下端削成斜面)。

④ 操作同嫩枝盆插相同。插后可用遮阳网覆盖,适当遮荫。

4. 观察与思考

(1) 怎样采集和加工插条有利于发根成活?

(2) 哪些环境条件对插条生根成活有影响?应怎样调节?

实习 4 月季芽接(盾形芽接)

1. 实习目的

学会芽接操作方法,掌握芽接的技术要领。

2. 材料用具

盆栽野蔷薇、盆栽品种月季、修枝剪、单面刀片、塑料条、喷水壶。

3. 方法步骤

(1) 嫁接前一周将盆栽砧木施肥一次,嫁接前半天浇水一次,并剪去多余分枝。

(2) 从品种月季上剪取成熟枝条,选枝条中部的饱满芽,在叶芽的上端 0.5cm 处横切一刀,再在叶芽下端 0.5cm 处横切一刀,然后用刀片自下端横切处紧贴枝条的木质部向上削去,切到上端横切处,将叶芽取下,剪去叶芽上的叶片,留住叶柄,这样便得到嫁接的芽片。可将芽片含在口中或用湿布盖好。

(3) 在砧木根基部上端 1～3cm 光滑处横切一刀,长 0.5～0.7cm,再在横口的中间直切一刀,长约 1m,形成"T"字形,再用刀尖挑开左右两边皮层,将芽片嵌入皮层内,叶芽的长短应和砧木横切部位平。然后用塑料薄膜带将砧木和接穗扎牢。

(4) 将接好的盆株放荫棚养护,正常浇水,暂时不要施肥,如基部出现砧芽要及时剥除。一星期后,若接芽叶柄发黄变枯,一碰即落,说明接口已愈合。当接芽长出的新枝达 10cm 以上时,可把砧木上端枝叶全部修去,拆去塑料带,即成一株新月季。

4. 观察与思考

(1) "T"字形芽接操作要领是什么?

(2) 月季芽接成活的关键是什么?

实习 5 茶花高枝压条繁殖

1. 实习目的

学会茶花高枝压条的操作方法,掌握高枝压条的技术要领。

2. 材料用具

盆栽茶花、修枝剪、切接刀、塑料薄膜、绑扎绳、水苔、浇水壶。

3. 方法步骤

(1) 选上部有 3～4 个分枝的枝条,在距顶端 15～25cm 处进行环状剥皮,长 1～1.5cm。

(2) 用长约 12cm、宽 8cm 的塑料薄膜,把剥过皮的枝条围住,下端用绑扎绳扎住,绑扎部位在剥皮下端 2～3cm 处,然后往塑料袋内填入水苔或其他保水透气基质,填满后再把上端扎牢。盆花放花圃中正常管理。

(3) 经常注意往塑料袋中加水,并将压条枝叶喷湿。经40～50d,当袋中布满根须时,连塑料袋一起剪下,轻轻拆去塑料膜,注意不要弄碎泥团,栽入花盆中,即为一株新植株。

4. 观察与思考

(1) 高枝压条成活的关键是什么?

(2) 难以生根的花卉应怎样进行高枝压条?

实习6 菊花枝接(什锦菊)

1. 实习目的

学会用青蒿做砧木嫁接菊花的技术要领,掌握塔菊的培养方法。

2. 材料用具

青蒿、切接刀、竹竿(2m长)、大中小号花盆。

3. 方法步骤

(1) 培育青蒿苗。于11月上中旬选生长健壮的蒿苗,种在小盆里,放温室越冬,至翌年2月上中旬移入中盆,并加强肥水管理;3月上中旬移入大盆,并施足基肥,抹去基部30cm以下侧芽,保留上部侧芽。

(2) 菊花接穗培育。选花期一致、花型中等、花期长、花色相近的菊花品种母株,地栽精心培育,使接穗苗粗壮。

(3) 嫁接。4～6月都可嫁接。每株接3～4种花色相近品种,分层嫁接,每层接一品种,约接3～6个侧枝。当第一层侧枝长出10cm左右时,即可开始嫁接。第二层接五枝,第三层接3～4枝。砧木嫁接部位不宜太老或太嫩。选幼嫩部位短截至7cm左右,然后把已选好3～5cm长的菊花嫩枝接穗顶端切下,其粗细与砧相同或细一些。去掉接穗嫩枝基部较大的叶片,保留顶部3cm以下2～3张叶片,并在基部两侧斜削一刀,使成楔形,先含在口中。再将砧木在剪断处中部劈开,深1.5～2cm,比接穗的削面略长一些,然后嵌入接穗,使与青蒿茎的形成层相接。用绑扎塑料绳缚住接口,松紧要得当,用纸将嫁接部位包住,以免阳光暴晒。

(4) 培育管理。接后将盆移至阴处,注意浇水不可浇入切口内,以免腐烂。2～3周后接穗成活,即可解除缚扎物,并剪去多余的青蒿侧枝。5月上旬开始摘心,每次摘心保留4片叶片,共摘4～5次。4～5d施液肥一次,至现蕾止。用竹竿将主干绑紧扶直,至深秋即能开出五彩缤纷的塔菊。

4. 观察与思考

(1) 塔菊嫁接成活的要领是什么?

(2) 怎样培育使塔菊花多、花大?

实习7 盆花培养土配制

1. 实习目的

学会堆制腐叶土的操作方法,掌握盆花培养土的配制要领。

2. 材料用具

杂草、树叶、园田土、有机液肥、塑料膜、铁丝筛、草炭土、珍珠岩、河砂、腐熟有机肥、pH值试纸。

3. 方法步骤

(1) 堆制腐叶土。在花园适当地点挖2m×4m、深0.4m的坑，将预备好的杂草、树叶和园田土，一层层交替填入。每层浇上有机液肥，堆成约1m高的土堆。用铁锹拍紧拍实，用旧塑料膜盖严，四周用土块压住。秋冬季3个月、春夏1个半月翻堆一次，约堆制1～2年，树叶、杂草腐烂，用铁丝筛筛去土块杂物即为腐叶土。

(2) 盆花培养土配制。

① 普通培养土：园土＋腐叶土＋黄沙＋骨粉(6∶8∶6∶1)；或泥炭＋黄沙＋骨粉(12∶8∶1)。

② 加肥培养土：腐叶土＋园土＋厩肥(2∶3∶1)。

③ 仙人掌类培养土：腐叶土＋园土＋黄沙(2∶1∶1)。

4. 观察与思考

(1) 堆制腐叶土应注意哪些要点?

(2) 培养土的主要成分各起何种作用?

实习8 切花月季整形、修剪

1. 实习目的

学会切花月季抹芽、整枝修剪操作技术，掌握切花月季生长期整形修剪技术要领。

2. 材料用具

地栽切花月季、修枝剪。

3. 方法步骤

(1) 切花月季小苗定形修剪。当定植小苗花蕾长到黄豆大小时，摘除上部3枚小叶，使主枝上至少保留4～5片叶片，高度约25cm，待主枝上芽萌发长出侧枝。当侧枝顶端花蕾达0.6～0.8cm时，选留3～4枝向各方向分布均匀的侧枝，剪去上部1～2片5数小叶的部分。其余侧枝从基部剪去。

(2) 折枝修剪。在需要修剪处不剪断枝条，而作折枝处理，使枝条折而不断，既能保留原来的叶片，又能使弯折处的腋芽很快萌发，用于小苗定植后修剪和成苗度夏修剪。

(3) 成熟枝摘芽、摘心修剪。当生长枝先端长蕾，且开始露包时摘除花蕾，并随时除去侧芽，约1个月，当5枚小叶处的腋芽比较充实时，剪去上部枝条，用于控制树高。

(4) 产花枝抹芽及剪切花。形成粗壮的产花枝后，及时摘除叶腋中侧芽，以保主蕾长大。当花蕾现色，微微张口时，于清晨保留花枝基部2～3枚5小叶叶片，剪切花枝。

4. 观察与思考

(1) 观察切花月季不同品种修剪后萌发特性。

(2) 思考折枝修剪应注意的问题。

实习9 长寿花组织培养

1. 实习目的

学会用茎叶营养体组织块培养繁殖成小植株，掌握植物组织培养的操作方法。

2. 材料用具

配制MS基本培养基的各种化学药品6-BA、NAA、70%酒清、无菌水、0.1%氯化汞及玻璃仪器、三角瓶、接种室、培养室、盆栽长寿花等。

3. 方法步骤

(1) 配制分化和生长培养基 MS＋BA1.0＋NAA0.1；配制生根培养基 1/2MS＋NAA0.1～1.0。

(2) 从盆栽长寿花上采集茎尖和带腋芽的茎段作外植体，并经流水冲洗 1h。

(3) 外植体材料置于接种室超净工作台，用 70%酒精进行表面消毒 30s，再用 0.1%氯化汞溶液消毒 8min，然后用无菌水冲洗 4 遍。在无菌条件下，将嫩茎横切为 1cm 左右的茎尖和带 1～2 个节的茎段，将茎尖和带腋芽茎段接种到诱导分化培养基上。

(4) 培养。将接种好的三角瓶移至培养室培养，温度 22℃～24℃，光照 3 000lx，18d 后顶芽萌动，并长出侧芽和分枝。

(5) 将侧芽和分枝在无菌条件下切割成 1～2 个节的茎段继续分化培养，以便增殖。

(6) 将分枝切成带 2 个节的茎段，在生根培养基中培养 3 周左右，同时腋芽萌动长成新梢，形成完整植株。

(7) 移栽。将生根苗放入大棚中，打开瓶盖，炼苗 2d 后，取出组培苗，轻轻冲洗掉培养基，栽到消过毒的苗床培养，用塑料薄膜覆盖保湿，成活后可移栽并正常管理。

4. 观察思考

(1) 观察组织块分化和污染情况，发现污染及时剔除。

(2) 注意接种操作要领，思考在哪些环节易造成污染。

实习 10　蟹爪兰嫁接

1. 实习目的

学会仙人掌类植物的嫁接方法，掌握切砧木接穗及嫁接操作要领。

2. 材料用具

仙人掌、蟹爪兰、切接刀、仙人球长刺(竹签)。

3. 方法步骤

(1) 切砧木。在仙人掌顶部横切一刀，再在切口两侧垂直向下各切一个深 2cm 的切口。

(2) 削接穗。将蟹爪兰接穗下部两面削成 1cm 长的楔形。

(3) 插接穗。将削好的接穗立即插入切口，使接穗与砧木维管束紧贴。

(4) 固定。用仙人掌长刺(或细竹签)刺入仙人掌与接穗相接处，使蟹爪兰接穗固定。

(5) 管理。嫁接后将植株置荫凉处管理，注意浇水时勿使水溅入切口，以免引起腐烂。约 20d 嫁接成活，可进行正常管理。

4. 观察与思考

(1) 仙人掌植物嫁接成活的要领是什么?

(2) 怎样防止切口感染腐烂?

实习 11　参观花卉展览

1. 实习目的

了解花展的布局及布置形式，掌握花展的花卉种类、品种名称及应用。

2. 材料用具

笔记本、笔、直尺、卷尺。

3. 方法步骤

(1) 观察花展有几个分区或展室,每个分区或展室的特色。

(2) 观察记载主要景点的花卉布置形式和效果。

(3) 观察记载花展花卉名称、应用效果。

4. 观察与思考

参观后写一篇心得体会。

实习 12 君子兰翻盆、分株、上盆

1. 实习目的

学会盆花翻盆及分株的操作技术,掌握君子兰脱盆、翻盆、上盆技术要领。

2. 材料用具

君子兰成株(有分蘖)、君子兰盆(大、小规格)、君子兰培养土、切接刀、小铲子、硫磺粉(或草木灰)、喷水壶、碎瓦片、碎树皮。

3. 方法步骤

(1) 脱盆。用手托花盆基部,翻转花盆,防止盆土散裂和植株损伤,除去部分旧土,修去枯根烂根。

(2) 分株。若母株有萌蘖苗,脱盆后,轻轻抖散盆土,找到萌蘖苗同母株连接处,用刀将小苗切割下来。注意使小苗带有 2~3 条根。用硫磺粉(或草木灰)涂抹切口,以免引起伤口感染腐烂。

(3) 种植。根据植株大小,选用相应规格君子兰盆。盆底排水孔用瓦片覆盖,并填 3~5cm 厚的碎树枝或粗土粒作排水层,然后填一层培养土。将君子兰植株垂直放入盆中,保持根系伸展,边填土边轻轻抖动植株,使根系周围土填实,不留空隙。忌种植过深。

(4) 排盆浇水。将种植好的盆花整齐排列,中间高,周边低,用喷壶浇透水,浇后植株不歪。

4. 观察与思考

观察君子兰根系生长情况,分析其对土壤的特殊要求,思考盆花翻盆、分株的技术要领。

实习 13 插花(盆插、瓶插、花束、花篮选择一种)

1. 实习目的

学会插花的基本操作技艺,掌握插花的立意、构图、色彩、造型等技巧。

2. 材料用具

各类花材及配叶、花盆、花瓶、花泥、花插、修枝剪、细铁丝、绑扎绳、花束包装纸、丝带等。

3. 方法步骤

(1) 确定插花的形式,并根据命题进行立意、构思,并准备相应花材和用具。对花材进行整理加工。

(2) 根据立意构思和准备的花材,将主枝或中心花、焦点花插入相应位置,然后根据构图及色彩原理,再插入辅枝或填充花及配叶。

(3) 对插花进行观察、调整,使插花表现主次分明、变化统一的艺术原理,操作技巧熟练,有新意。

4. 观察与思考

观察作品造型是否均衡,是否体现命题含义,思考花材应用、构图及色彩运用是否有新意。

实习 14 花坛种植

1. 实习目的

学会根据花坛种植设计图进行整地放样的施工技术;掌握花坛花卉的栽植技术要领。

2. 材料用具

铁锹、锄头、细齿耙、皮尺、线绳、石灰粉、花苗、移植铲、喷水壶。

3. 方法步骤

(1) 整地。将花坛内土壤翻耕、打碎、平整,形成里高外低或后高前低。

(2) 放样。按种植设计图用皮尺量标尺寸,用石灰粉作出标记,做到不变形,不走样。

(3) 根据花苗的品种,花色栽植,注意种植深度适宜,排列整齐均匀,不同品种间界限分明,图案清晰,充分体现出设计效果。

(4) 浇水清场。浇透水,花苗不歪倒。清理现场,花坛无杂物。

4. 观察与思考

(1) 哪些花卉适合布置花坛,为什么?

(2) 常见花坛有哪几种形式,各有何特点?

实习 15 花卉市场调查

1. 实习目的

了解本地花卉市场布局、经营特点,掌握畅销花的种类、品种、价格和市场行情走向。

2. 材料用具

笔记本、笔、照相机等。

3. 方法步骤

(1) 走访当地花卉主管行政部门;了解花卉市场分布及总体数据。

(2) 重点调查几个花卉市场,了解主要花卉种类品种、批发价格、零售价格、全年各季节销售情况。

(3) 调查了解市场花卉来源及消费群体。

4. 观察与思考

写出一份花卉市场调查报告,对本地花卉市场作较全面的分析。

实习 16 花卉生产计划制订

1. 实习目的

学会花卉生产单位的生产计划或种植方案制订;掌握小型生产单位生产任务要求和综合管理技能。

2. 材料用具

了解花场盆花、观叶植物、盆景的生产规模和任务;了解节日草花的生产任务和要求;了解鲜切花的种类、面积和任务要求、上年生产计划和总结等资料。

3. 方法步骤

(1) 制订盆花、盆景、观叶植物的分株、扦插,嫁接繁殖的数量、方式、材料及来源计划、场地安排以及资金预算、劳力安排计划。

(2) 根据节日草花的任务要求,制订生产数量、种类、开花时间;制订购买花卉种苗品种、数量及播种育苗和上盆时间,作出场地、劳力、农药、肥料安排及资金预算。

(3) 根据鲜切花的生产任务,制订种植品种、面积、产量、产花期计划,并制订采购种苗、栽植时间、土地、人力、生产资料的预算安排。

(4) 将生产花卉种类、数量、面积、资金投入及产值、利润预算归纳汇总。

4. 观察与思考

花场应如何进行专业化生产,提高效益。

参考文献

[1] 北京林业大学园林学院花卉教研室.花卉识别于栽培图册[M].合肥:安徽科学技术出版社,1995.

[2] 鲁涤飞主编.花卉学[M].北京:中国农业出版社,1998年.

[3] 姬君兆等.花卉栽培学讲义[M].北京:中国林业出版社,1987.

[4] 陈俊愉等.中国花经[M].上海:上海文化出版社,1990.

[5] 刘海涛等.花卉园艺学(南方本)[M].广州:华南农业大园艺系花卉教研室,1995.

[6] 王宏志等.中国南方花卉[M].北京:金盾出版社,1998.

[7] 施振周等.园林花木栽培新技术[M].北京:中国农业出版社,1999.

[8] 陶萌春等.家庭养花[M].福州:福建科学技术出版社,2001.

[9] 贺振主编.花卉装饰及插花[M].北京:中国林业出版社,2001.

[10] 王莲英主编.插花艺术问答[M]. 北京:金盾出版社,1993.

[11] 蔡仲娟主编.中国插花艺术[M]. 上海:上海翻译出版社,1990.

[12] 刘金海主编.盆景与插花技艺[M]. 北京:中国农业出版社,2001.

[13] 黎佩霞主编.插花艺术基础[M]. 北京:中国农业出版社,1998.

[14] 吴涤新主编.花卉应用与设计[M].北京:中国农业出版社,1994.

[15] 韩裂保主编.草坪与管理手册[M].北京:中国林业出版社,1999.

[16] 北京林业大学园林系编.花卉学[M].北京:中国林业出版社,1990.

[17] 穆鼎编.鲜切花周年生产[M].北京:中国农业出版社,1997.

[18] 金波等编.宿根花卉[M].北京:中国农业大学出版社,1999.

[19] 叶剑秋编.花卉园艺[M].上海:上海文化出版社,1997.

[20] 邹秀文等编.水生花卉[M].北京:金盾出版社,1999.

[21] 余树勋,吴应祥主编.花卉词典[M].北京:中国农业出版社,1993.

[22] 施振周等.园林花木栽培新技术[M].北京:中国农业出版社,1999.

[23] 谢维荪.仙人掌类与多肉花卉[M].上海:上海科学技术出版社,1999.

[24] 南京林业学校主编.花卉学[M].北京:中国林业出版社,1993.

[25] 薛聪贤编著.台湾花卉实用图鉴[M].台北:台湾普绿有限公司出版部,1997.

[26] 顾文祥,诸淑琴主编.芦荟栽培与加工利用[M].上海:上海科学普及出版社,1995.

[27] 孙樱芳编译.观赏性附生植物[M].台北:台湾精美出版社.

[28] 北京花卉研究所.室内植物[M].北京:中国经济出版,1989.

[29] 赵世伟主编.园林工程景观设计应用大全[M].北京:中国农业出版社,2000.

[30] 中国科学院植物所.中国高等植物图鉴(第五册)[M].北京:科学出版社,1976.

[31] 陈心启,吉占和编著.中国兰花全书[M].北京:中国林业出版社,1998.

[32] 中国科学院昆明植物研究所,云南省林业科学院编.兰花—中国兰科植物集锦[M].北京:中国世界语出版社,1993.

[33] 李少球,胡松华编著.世界洋兰[M].广州:广东科学技术出版社,1999.

[34] 吴应祥编著.中国兰花[M].北京:中国林业出版社,1992.

[35] 刘清涌著.兰花[M].广州:广东旅游出版社,1991.

[36] 杭州园林局编.杭州园林资料选编[M].北京:中国建筑出版社,1977.

[37] 宛成刚主编. 设施园艺[M]. 苏州:苏州大学出版社,2001.
[38] 康亮主编. 园林花卉学[M]. 北京:中国建筑工业出版社,1999.
[39] 南京中山植物园编. 花卉园艺[M]. 南京:江苏科学技术出版社,1981.
[40] 宛成刚主编. 花卉栽培学[M]. 上海:上海交通大学出版社,2002.
[41] 刘祖棋,宛成刚主编. 世界名花赏析[M]. 昆明:云南美术出版社,2003.
[42] 毛洪玉主编. 园林花卉学[M]. 北京:化学工业出版社,2005.
[43] 古润泽主编. 高级花卉工[M]. 北京:中国林业出版社,2006.